普通高等教育“十三五”创新型规划教材·电气工程及其自动化系列

数字逻辑电路设计

（第2版）

主　编　张玉茹
副主编　赵　明　李　云　李　晖
主　审　苏晓东

哈爾濱工業大學出版社

内容简介

"数字逻辑电路设计"是电类专业必修的一门专业基础课。本书主要介绍数字电路及逻辑设计的基本知识、分析与设计的基本方法及常用集成芯片的使用方法等。全书共分9章，基础理论部分深入浅出，简要、透彻；数字逻辑电路的分析与设计部分注重实践性；常用集成芯片的选型考虑实用性。书中备有大量例题和习题，部分章节后附带实验内容，最后一章给出数字系统设计案例。

本书定位于本科层次，既可作为高等院校数字逻辑电路教学用书，也可作为教师、科技人员和有关专业学生的参考用书。

图书在版编目(CIP)数据

数字逻辑电路设计/张玉茹主编. —2版. —哈尔滨：哈尔滨工业大学出版社，2018.1(2020.8重印)

ISBN 978-7-5603-7208-2

Ⅰ.①数… Ⅱ.①张… Ⅲ.①数字电路-逻辑电路-电路设计-高等学校-教材 Ⅳ.①TN790.2

中国版本图书馆CIP数据核字(2017)第330065号

策划编辑 王桂芝
责任编辑 范业婷 高婉秋
出版发行 哈尔滨工业大学出版社
社 址 哈尔滨市南岗区复华四道街10号 邮编150006
传 真 0451-86414749
网 址 http://hitpress.hit.edu.cn
印 刷 哈尔滨经典印业有限公司
开 本 787mm×1092mm 1/16 印张19.25 字数472千字
版 次 2016年2月第1版 2018年1月第2版
2020年8月第2次印刷
书 号 ISBN 978-7-5603-7208-2
定 价 39.00元

序

随着产业国际竞争的加剧和电子信息科学技术的飞速发展，电气工程及其自动化领域的国际交流日益广泛，而对能够参与国际化工程项目的工程师的需求越来越迫切，这自然对高等学校电气工程及其自动化专业人才的培养提出了更高的要求。

根据《国家中长期教育改革和发展规划纲要(2010—2020)》及教育部“卓越工程师教育培养计划”文件精神，为适应当前课程教学改革与创新人才培养的需要，使“理论教学”与“实践能力培养”相结合，哈尔滨工业大学出版社邀请东北三省十几所高校电气工程及其自动化专业的优秀教师编写了《普通高等教育“十二五”创新型规划教材·电气工程及其自动化系列》教材。该系列教材具有以下特色：

1. 强调平台化完整的知识体系。系列教材涵盖电气工程及其自动化专业的主要技术理论基础课程与实践课程，以专业基础课程为平台，与专业应用课、实践课有机结合，构成了一个通识教育和专业教育的完整教学课程体系。

2. 突出实践思想。系列教材以“项目为牵引”，把科研、科技创新、工程实践成果纳入教材，以“问题、任务”为驱动，让学生带着问题主动学习，在“做中学”，进而将所学理论知识与实践统一起来，适应企业需要和社会需求。

3. 培养工程意识。系列教材结合企业需要，注重学生在校工程实践基础知识的学习和新工艺流程、标准规范方面的培训，以缩短学生由毕业生到工程技术人员转换的时间，尽快达到企业岗位目标需求。如从学校出发，为学生设置“专业课导论”之类的铺垫性课程；又如从企业工程实践出发，为学生设置“电气工程师导论”之类的引导性课程，帮助学生尽快熟悉工程知识，并与所学理论有机结合起来。同时注重仿真方法在教学中的作用，以解决教学实验设备因昂贵而不足、不全的问题，使学生容易理解实际工作过程。

本系列教材是哈尔滨工业大学等东北三省十几所高校多年从事电气工程及其自动化专业教学科研工作的多位教授、专家们集体智慧的结晶，也是他们长期教学经验、工作成果的总结与展示。

我深信：这套教材的出版，对于推动电气工程及其自动化专业的教学改革、提高人才培养质量，必将起到重要推动作用。

教育部高等学校电子信息与电气学科教学指导委员会委员
电气工程及其自动化专业教学指导分委员会副主任委员 戈宝军

2011年7月

再版前言

“数字逻辑电路设计”是高等院校电子信息工程、计算机科学与技术、软件工程、信息管理与信息处理和物联网工程等专业的一门重要的专业基础课，是后续学习“微机原理”“单片机原理及应用”“感测技术”“计算机组成原理”和“嵌入式系统”等课程以及相关课程设计的必修基础课。

本书是在总结多年教学经验的基础上，结合数字逻辑电路技术的发展趋势，充分考虑以数字逻辑电路为基础的相关专业的培养目标，参考诸多数字逻辑电路教材和资料的基础上编写而成。

全书共分为9个章节，分别是：数制和码制、逻辑代数基础、小规模组合逻辑电路、中规模组合逻辑电路、触发器级时序逻辑电路、模块级时序逻辑电路、脉冲信号的产生与变换电路、D/A 和 A/D 转换电路和数字系统设计实例等。

此次再版，除了更正第一版中的少许错误之外，主要做了以下三方面的修订：

(1)部分章节增加了例题，以便引导读者更好地掌握数字逻辑电路的分析和设计方法；

(2)对部分章节的内容进行了调整，知识阐述更加深入浅出，分布更加合理；

(3)对第9章数字系统设计实例的文字部分重新进行了撰写，细化了电路结构，方便读者进行电路调试时能够分模块进行，帮助读者更好地掌握设计原理，有效地提高调试效率；9.8节的设计实例更换成 A/D 和 D/A 转换实例，为后续学习“计算机组成原理”和“单片机原理及应用”等课程做好衔接。

修订后的版本保持了第一版“重视基础，强调功能，注重应用，以提高读者分析和设计能力为目的”的特点：

(1)注重基础：书中逻辑代数基础讲解详细，由浅入深，在讲解逻辑代数基础知识的过程中深化对逻辑门概念的理解，完成由逻辑代数到逻辑器件的无缝连接；逻辑门精选了 TTL 门和 CMOS 门两种典型电路，帮助读者更好地理解和掌握逻辑器件的逻辑功能和工作原理；

(2)注重逻辑器件选择的实用性：书中涉及的逻辑器件及其应用均结合相关专业的特点，在器件的应用上力求与专业知识相关联；

(3)重点章节编入实验：“数字逻辑电路设计”课程是一门应用性极强的专业基础课，在教材中编入了6个典型实验，实验采用开放式设计方法，做到了基础实验有指导题目，深入实验有提示环节，扩展实验可创新设计；

(4)每章习题按照基础、应用和综合的结构安排:可满足不同层次的学习需求,习题的设置涵盖了相应章节重要的知识点;

(5)精选了8个综合设计实例:给出了设计实例的Proteus电路仿真图,并在附录中列出了Proteus中常用逻辑器件清单,方便读者参考学习。

本书既可作为高等院校数字逻辑电路课程的教学用书,也可作为教师、科技人员和相关专业学生的参考用书。作为教材用书适合于68学时的课程,实验环节可根据需要设置在15学时左右;第9章可作为数字逻辑课程设计或综合实验的参考资料,精选的题目均可作为20学时课程设计使用。

本书参编人员均为多年从事电工电子基础教学、电子信息工程专业教学及实验指导的一线教师,具体编写分工:第1章由陈得宇编写;第2章由李晖编写;第3章由赵明和韩轲编写;第4章由李云编写;第5章由金浩编写;第6章和第7章由张玉茹编写;第8章由赵明和张楠编写;第9章由赵明和李艺琳编写;附录部分由金浩和李艺琳整理编写。本书由张玉茹教授担任主编,赵明、李云和李晖担任副主编,苏晓东教授担任主审。

由于编者研究水平和资料查阅范围有限,书中难免存在不足和疏漏之处,敬请广大读者指正。

编　者

2018年1月

目 录

第 1 章　数制与代码

数字逻辑电路是用于处理数字信号的电路。本章首先介绍有关数制和代码的基本概念及编码方法，然后介绍几种常用的编码。

1.1　概　　述

在电路中，根据信号自身特性的不同，通常把信号分为模拟信号和数字信号两大类。

1.1.1　模拟信号和数字信号

1. 模拟信号

人们在自然界感知的许多物理量，如速度、压力、温度和声音等都具有一个共同的特点，即它们在时间上是连续变化的，幅值上也是连续取值的，这种连续变化的物理量称为模拟量。表示模拟量的电信号称为模拟信号。处理模拟信号的电子电路称为模拟电路。正弦电压信号就是典型的模拟信号，如图 1.1 所示。

2. 数字信号

与模拟量相对应的另一类物理量是数字量，它的变化发生在一系列离散的瞬间，数值的大小和增减总是某一最小单位的整数倍，即数字量是一系列时间离散、数值也离散的信号。表示数字量的电信号称为数字信号。对数字量进行算术运算和逻辑运算的电路称为数字电路。数字信号的典型例子是应用比较广泛的二值信号，图 1.2 所示是一个二值电压信号的波形，该信号只有 0 V（低电平）和+5 V（高电平）两种电压值。在逻辑分析和设计中，通常用两个抽象的符号“1”和“0”分别表示高、低电平。

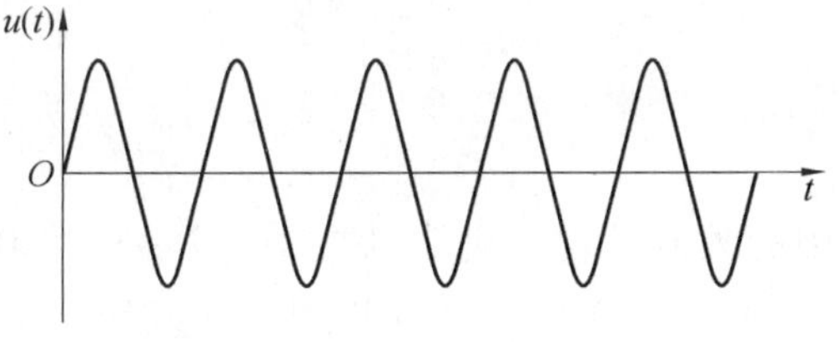

图 1.1　正弦电压信号的波形图

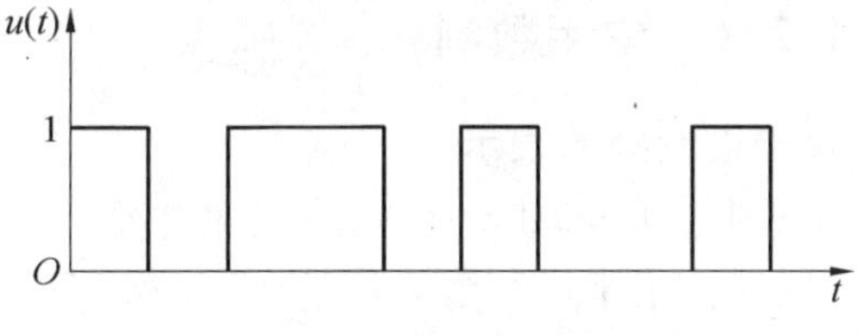

图 1.2　二值电压信号的波形图

电子系统通常采用计算机对信号进行处理。由于计算机无法直接处理模拟信号，所以需要将模拟信号转换为数字信号后，再送到电子系统做进一步处理。

1.1.2　数字电路的发展

最初的数字电路是用若干个分立的半导体元件、电阻及电容连接而成的。不难想象，用这种分立元件组成大规模的数字电路非常困难，这就严重制约了数字电路的普遍应用。

1961 年美国得克萨斯仪器公司率先将数字电路的元件制作在同一硅片上，制成了数字集成电路（Integrated Circuit，IC）。由于集成电路体积小、质量轻、可靠性好，因此在许多领域里迅速取代了分立元件组成的数字电路。直到 20 世纪 80 年代初，这种采用双极型三极管组成的 TTL（Transistor-Transistor Logic）型集成电路一直是数字集成电路的主流产品。

然而，TTL 电路也存在着严重的缺点，即它的功耗比较大。因此，只能用 TTL 电路制作小规模集成电路（Small Scale Integration，SSI）（SSI 仅包含 10 个以内的门电路）和中规模集成电路（Medium Scale Integration，MSI）（MSI 包含 10～100 个门电路），而无法制作成大规模集成电路（Large Scale Integration，LSI）（LSI 包含 100～10 000 个门电路）和超大规模集成电路（Very Large Scale Integration，VLSI）（VLSI 包含 10 000 个以上的门电路）。CMOS（互补对称式金属-氧化物-半导体）（Complementary Symmetery Metal-Oxide-Semiconductor）集成电路出现于 20 世纪 60 年代后期，它最突出的优点在于功耗低，所以非常适合制作大规模集成电路。随着 CMOS 制作工艺的不断进步，无论在运行速度上还是在驱动能力上，CMOS 电路已经不比 TTL 电路逊色。因此 CMOS 电路也成为当前数字集成电路的主流产品，不过在现有的一些设备上仍然使用 TTL 电路。

随着数字集成电路的问世和大规模集成电路工艺水平的不断提高，如今已经可以把大量的门电路集成在一块很小的芯片上，构成功能复杂的“片上系统”（System on Chip，SOC）。目前所生产的巨大规模集成电路（Great Large Scale Integratian，GLSI）的一个芯片所含等效门电路的个数已超过一百万。数字电路已从简单的电路集成走向数字逻辑系统集成，即把整个数字逻辑系统制作在一个芯片上。

1.2 常用数制

用数码表示数量的多少称为计数，把多位数码中每位的构成方法以及从低位到高位的进位规则称为数制（Number System）。在日常生活中，人们习惯使用十进制。在数字系统中，所有信息都以高、低两种电平的形式存在，其处理的对象被抽象为“1”和“0”两个符号。在目前应用广泛的计算机系统中，指令、数据和字母等所有信息都必须转换成硬件系统可以接受的信号——“1”和“0”，采用的数制通常是二进制，有时也采用八进制或十六进制。

1.2.1 常用数制

1. 十进制数的表示

十进制（Decimal System）是日常生活中最常用的数制。在十进制计数中有 0～9 共 10 个数码，任何一个十进制数均用这 10 个数码来表示。计数时的基数为 10，并且计数规则是“逢十进一、借一为十”，同一数码在不同位置上表示的数值不同。例如，十进制数 7 326.51 可以表示为

$$7\,326.51=7\times10^3+3\times10^2+2\times10^1+6\times10^0+5\times10^{-1}+1\times10^{-2}$$

其中，10^3，10^2，10^1 和10^0 分别为千位、百位、十位和个位数码的权值，而小数点以右数码的权值是 10 的负幂。

对于任意一个十进制数 N 可表示为

$$(N)_{10} = \sum_{i=-m}^{n-1} K_i \times 10^i \tag{1.1}$$

其中,K_i 是第 i 位的系数,可以是0 ~ 9 中的任意一个,n 为整数部分的位数,m 为小数部分的位数。10^i 称为第 i 位的权值。

2. 二进制数的表示

在二进制(Binary System)计数中,只有“1”和“0”两个数码,计数的基数为 2,并且计数规则是“逢二进一、借一为二”。对于任意一个二进制数 N 可表示为

$$(N)_2 = \sum_{i=-m}^{n-1} K_i \times 2^i \tag{1.2}$$

例如$(1010.101)_2 = 1\times2^3+0\times2^2+1\times2^1+0\times2^0+1\times2^{-1}+0\times2^{-2}+1\times2^{-3}$。

3. 八进制数、十六进制数的表示

除了二进制计数制,数字系统中还采用八进制(Octal System)计数制和十六进制(Hexadecimal System)计数制。

(1)八进制数的表示。

八进制数由 0 ~7 共 8 个数码表示,计数的基数为 8,且计数规则是“逢八进一、借一为八”。对于任意一个八进制数 N 可表示为

$$(N)_8 = \sum_{i=-m}^{n-1} K_i \times 8^i \tag{1.3}$$

例如$(367.2)_8 = 3\times8^2+6\times8^1+7\times8^0+2\times8^{-1}$。

(2)十六进制数的表示。

十六进制数有十六个数码,分别为 0,1,2,3,4,5,6,7,8,9,A,B,C,D,E,F,其中 A,B,C,D,E,F 分别代表十进制的 10,11,12,13,14,15。计数的基数为 16,且计数规则是“逢十六进一、借一为十六”。对于任意一个十六进制数 N 可表示为

$$(N)_{16} = \sum_{i=-m}^{n-1} K_i \times 16^i \tag{1.4}$$

例如$(4AB.22)_{16} = 4\times16^2+10\times16^1+11\times16^0+2\times16^{-1}+2\times16^{-2}$。

1.2.2　数制的转换

1. 二进制数和十进制数之间的转换

(1)二进制数转换为十进制数。

根据式(1.2),很容易将一个二进制数转换为十进制数,例如:

$$\begin{aligned}(1001.01)_2 &= 1\times2^3+0\times2^2+0\times2^1+1\times2^0+0\times2^{-1}+1\times2^{-2}\\ &= 8+0+0+1+0+0.25 = 9.25\end{aligned}$$

(2)十进制数转换为二进制数。

转换方法是把整数部分与小数部分分开处理。

①整数部分的转换。把十进制整数转换为二进制整数时,可将十进制数连续除以 2,直到商为 0,每次所得余数依次是二进制由低位(LSB)到高位(MSB)的各位数字。

例如$(37)_{10} = (100101)_2$,运算过程如下:

除数	被除数/商	余数
2	37	1(LSB)
2	18	0
2	9	1
2	4	0
2	2	0
2	1	1(MSB)
	0	

②小数部分的转换。把十进制小数转换为二进制小数时，可将十进制小数乘以 2，所得乘积的整数部分即为对应二进制小数最高位的值；将上次所得乘积的小数部分再乘以 2，所得乘积的整数部分即为对应二进制小数次高位的值；重复执行以上操作，直到乘积的小数部分为 0 或所得小数部分已满足精度要求为止，小数部分转换时，其乘积结果往往不能达到 0，所以转换值存在一定的误差，一般在二进制小数的位数达到要求的精度时，便可结束乘 2 取整的运算。

例如$(0.687\,5)_{10}=(0.1011)_2$，运算过程如下：

十进制数的小数部分乘以 2	乘积的整数部分即二进制数的小数部分
0.6875×2	1(MSB)
0.3750×2	0
0.7500×2	1
0.5000×2	1(LSB)
0.0000	

结合以上两个例子可得到

$$(37.687\,5)_{10}=(100101.1011)_2$$

2. 十进制数与八进制数、十六进制数之间的转换

十进制数转换为八进制数、十六进制数的方法与十进制数转换为二进制数方法相似，只需将二进制数的基数分别换为对应的八进制和十六进制数的基数 8 和 16 即可。

例如$(254.358\,4)_{10}=(376.2674)_8$，运算过程如下：

整数部分转换

除数	被除数/商	余数
8	254	6(LSB)
8	31	7
8	3	3(MSB)
	0	

小数部分转换

0.358 4×8=2.8672	2(MSB)
0.867 2×8=6.9376	6
0.9376×8= 7.5008	7
0.800 8×8= 4.0006	4(LSB)

例如$(254.3584)_{10}=(\mathrm{FE.5BC})_{16}$，运算过程如下：

整数部分转换

除数	被除数/商	余数
16	254	14(LSB)
16	15	15(MSB)
	0	

小数部分转换

0.358 4×16=5.734 4	5(MSB)
0.734 4×16=11.750 4	11
0.750 4×16=12.006 4	12(LSB)

3. **二进制数与八进制数、十六进制数之间的转换**

(1)二进制数转换为八进制数。

由于$2^3=8$,所以3位二进制数与1位八进制数相对应,转换方法:以小数点为分界线,分别向左和向右每3位看作一组,遇到不足3位时填0补足,向左扩展时在高位补0,向右扩展时在低位补0。八进制数的二进制编码见表1.1。

表1.1　八进制数的二进制编码

八进制数	二进制编码	八进制数	二进制编码
0	000	4	100
1	001	5	101
2	010	6	110
3	011	7	111

例如$(11010111.11010111)_2=(011\ 010\ 111.110\ 101\ 110)_2=(327.656)_8$。

(2)八进制数转换为二进制数。

八进制数转换为二进制数的方法是将八进制数的每1位用等值的3位二进制数代替。

例如$(67.731)_8=(110\ 111.111\ 011\ 001)_2$。

(3)二进制数转换为十六进制数。

由于$2^4=16$,所以4位二进制数与1位十六进制数相对应,转换方法:以小数点为分界线,分别向左和向右每4位看作一组,遇到不足4位时填0补足,向左扩展时在高位补0,向右扩展时在低位补0。十六进制数的二进制编码见表1.2。

表1.2　十六进制数的二进制编码

十六进制数	二进制编码	十六进制数	二进制编码
0	0000	8	1000
1	0001	9	1001
2	0010	A	1010
3	0011	B	1011
4	0100	C	1100
5	0101	D	1101
6	0110	E	1110
7	0111	F	1111

例如$(11010111.110101101)_2=(1101\ 0111.1101\ 0110\ 1000)_2=(D7.D68)_{16}$。

(4)十六进制数转换为二进制数。

十六进制数转换为二进制数,转换时将十六进制数的每1位用等值的4位二进制数代替。

例如$(3AB6)_{16}=(0011101010110110)_2$。

1.2.3　无符号二进制数运算

数字电路中“1”和“0”既可以表示逻辑状态,又可以表示数量的大小。当表示数量时,它们之间可以进行数值运算。

二进制数的加、减、乘、除四则运算在数字系统中经常遇到,运算规则与十进制数相似。下面介绍无符号二进制数的算术运算。

1. 二进制加法

无符号二进制数的加法规则是：

$$0+0=0,\quad 0+1=1,\quad 1+0=1,\quad 1+1=[1]0$$

括号中的1是进位位，表示两个1相加“逢二进一”。

【例1.1】 计算两个二进制数1001和0101的和。

解

$$\begin{array}{r} 1001 \\ +0101 \\ \hline 1110 \end{array}$$

所以 $1001+0101=1110$

无符号二进制数的加法运算是最基本的一种运算，利用它的运算规则可以实现其他3种运算。

2. 二进制减法

无符号二进制数的减法规则是：

$$0-0=0,\quad 1-1=0,\quad 1-0=1,\quad 0-1=[1]1$$

括号中的1是借位位，表示0减1时不够减，向高位借1。

【例1.2】 计算两个二进制数1001和0101的差。

解

$$\begin{array}{r} 1001 \\ -0101 \\ \hline 0100 \end{array}$$

所以 $1001-0101=0100$

3. 二进制乘法

二进制数的乘法规则是：

$$0\times0=0,\quad 0\times1=0,\quad 1\times0=0,\quad 1\times1=1$$

【例1.3】 计算两个二进制数1001和0101的积。

解

$$\begin{array}{r} 1\,0\,0\,1 \\ \times 0\,1\,0\,1 \\ \hline 1\,0\,0\,1 \\ 0\,0\,0\,0 \\ 1\,0\,0\,1 \\ +0\,0\,0\,0 \\ \hline 0\,1\,0\,1\,1\,0\,1 \end{array}$$

所以 $1001\times0101=0101101$

4. 二进制除法

二进制数的除法规则是：

$$0\div1=0,\quad 1\div1=1$$

【例1.4】 计算两个二进制数1001和0101的商。

解

```
          1.11
    0101)1001
         0101
          1000
          0101
           0110
           0101
           0001
```

所以　　$1001 \div 0101 = 1.11$

1.3　有符号数表示法

在实际工作中，常常需要用计算机处理有符号数据，即带“+”和“-”号的数据。这些“+”和“-”号也必须用二进制符号来表示。下面介绍常用的有符号数（Sign Magnitude）表示方法。

1.3.1　原码表示法

原码（True Form）表示法是将二进制数值的最高位定义为符号位。通常用 0 表示正数，用 1 表示负数，后面的数位表示数的大小。

【例 1.5】　分别写出$(+11)_{10}$和$(-11)_{10}$的 8 位二进制原码。

解

$$(+11)_{10}=(+1011)_2=(+0001011)_2=(00001011)_{原码}$$

$$(-11)_{10}=(-1011)_2=(-0001011)_2=(10001011)_{原码}$$

1.3.2　反码表示法

反码（One's Complement）表示法的符号位表示与原码相同。数值位表示的规则如下：对于正数，其数值位与原码表示法中的数值位相同；对于负数，其数值位各位取反。

【例 1.6】　分别写出$(+11)_{10}$和$(-11)_{10}$的 8 位二进制反码。

解

$$(+11)_{10}=(+1011)_2=(+0001011)_2=(00001011)_{反码}$$

$$(-11)_{10}=(-1011)_2=(-0001011)_2=(11110100)_{反码}$$

1.3.3　补码表示法

计算机中通常采用的有符号数表示法是补码（Complement）表示法，其规则是：对于正数，补码与原码相同；对于负数，符号位仍为 1，二进制数值位要按位取反，然后末位加 1。也就是在反码的基础上加 1。

【例 1.7】　分别写出$(+11)_{10}$和$(-11)_{10}$的 8 位二进制补码。

解

$$(+11)_{10}=(+1011)_2=(+0001011)_2=(00001011)_{反码}=(00001011)_{补码}$$

$$(-11)_{10}=(-1011)_2=(-0001011)_2=(11110100)_{反码}=(11110101)_{补码}$$

需要指出，当有符号数为纯小数时，原码和补码的符号位在小数点的前面，原来小数点前面的 0 不再表示出来。

【例 1.8】　分别计算$(0.01101)_2$和$(-0.01101)_2$的 8 位二进制原码、反码和补码。

解

$$(0.01101)_2=(0.0110100)_{原码}=(0.0110100)_{反码}=(0.0110100)_{补码}$$

$$(-0.01101)_2=(1.0110100)_{原码}=(1.1001011)_{反码}=(1.1001100)_{补码}$$

表 1.3 为 8 位原码、反码和补码的对照表。

表 1.3　8 位原码、反码和补码的对照表

十进制数	二进制数		
	原码	反码	补码
+127	01111111	01111111	01111111
+126	01111110	01111110	01111110
+125	01111101	01111101	01111101
⋮	⋮	⋮	⋮
⋮	⋮	⋮	⋮
+2	00000010	00000010	00000010
+1	00000001	00000001	00000001
+0	00000000	00000000	00000000
−0	10000000	11111111	00000000
−1	10000001	11111110	11111111
−2	10000010	11111101	11111110
⋮	⋮	⋮	⋮
⋮	⋮	⋮	⋮
−125	11111101	10000010	10000011
−126	11111110	10000001	10000010
−127	11111111	10000000	10000001
−128	—	—	10000000

1.3.4　有符号数的补码运算

利用补码，可以方便地进行有符号数的加、减运算。运算过程中需要注意的是：同号相加或异号相减时，有可能发生溢出（Overflow）。溢出是指运算结果超出了原指定位数所能表示的有符号数范围。发生溢出时需要增加二进制补码的位数。

【例 1.9】　利用 8 位二进制补码计算$(89)_{10}-(71)_{10}$，计算结果仍表示为十进制数。

解　$(89)_{10}-(71)_{10}=(89)_{10}+(-71)_{10}$

$=(01011001)_{补码}+(10111001)_{补码}$

$=[1](00010010)_{补码}$

$=(00010010)_{原码}$

$=(+18)_{10}$

```
  01011001
 +10111001
 ---------
[1]00010010
 └→自动丢失
```

采用补码加法运算时，运算结果仍为补码。对于字长为 8 位的运算器，只保留 8 位运算结果，最高位向上的进位“1”自动丢失。当结果的符号位为 0 时，结果为正，否则为负。

【例 1.10】　利用 8 位二进制补码计算$(71)_{10}-(89)_{10}$，计算结果仍表示为十进制数。

解　$(71)_{10}-(89)_{10}=(71)_{10}+(-89)_{10}$

$=(01000111)_{补码}+(10100111)_{补码}$

$=(11101110)_{补码}$

$=(10010010)_{原码}$

$=(-18)_{10}$

```
  01000111
 +10100111
 ---------
  11101110
```

两个不同符号补码相加总能得到正确的结果，而两个相同符号的补码相加时，可能发生溢出，请看下面的例子。

【例 1.11】　利用 8 位二进制补码计算 $(-71)_{10}-(89)_{10}$，计算结果仍表示为十进制数。

解　$(-71)_{10}-(89)_{10}=(-71)_{10}+(-89)_{10}$

$=(10111001)_{补码}+(10100111)_{补码}$

$=[1](01100000)_{补码}$

$=(01100000)_{原码}$

$=(+96)_{10}$

```
    10111001
   +10100111
 -----------
 [1]01100000
  └→发生溢出
```

由于两个负数之和(或一个负数减去一个正数)的结果仍然是负数，其符号位应该为 1。从计算结果的符号位可以看出，结果是错误的，正确的结果应该是 $(-160)_{10}$。显然，错误原因是运算结果超出了 8 位二进制补码所能表示的十进制数范围，运算发生了溢出。解决的办法是增加补码的位数，如采用 16 位补码运算，就可得到正确的运算结果。

1.4　常用编码

计算机等数字系统除了处理二进制数外，有时候还需要处理其他信息，如十进制数、英文字母和一些特殊符号等，这些信息也必须用二进制数表示。用二进制数表示特定信息的过程称为二进制编码。

1.4.1　BCD 码

BCD(Binary-Coded Decimal)码是二-十进制码的简称，是用二进制代码来表示十进制的十个数码。该表示法是将一个十进制数看作十进制数码的组合，而不是看作一个数值，每个数码用二进制代码表示。

十进制数有 0 ~ 9 共 10 个数码，因此至少需要 4 位二进制数编码。4 位二进制数编码时，共有 16 种组合：0000 ~ 1111，原则上可以从中任取 10 种进行二-十进制编码。显然，有多种编码方案。数字系统中常用的 BCD 码见表 1.4。

表 1.4　常用 BCD 码

十进制数	8421 码	5421 码	2421 码	余 3 码	余 3 循环码
0	0000	0000	0000	0011	0010
1	0001	0001	0001	0100	0110
2	0010	0010	0010	0101	0111
3	0011	0011	0011	0110	0101

续表 1.4

十进制数	8421 码	5421 码	2421 码	余 3 码	余 3 循环码
4	0100	0100	0100	0111	0100
5	0101	1000	1011	1000	1100
6	0110	1001	1100	1001	1101
7	0111	1010	1101	1010	1111
8	1000	1011	1110	1011	1110
9	1001	1100	1111	1100	1010

1. 8421BCD 码

8421BCD 码是最常用的 BCD 码，其编码方法与 10 个十进制字符等值的二进制数完全相同，是一种有权码，各位的权值由高到低依次为 8，4，2，1。有权码的各编码位都有固定的权值，从而可以通过按权展开的方法求得各代码对应的十进制字符，所以 8421BCD 码的编码表完全不用死记硬背。8421BCD 码和对应十进制数的相互转换十分方便，只要按照编码表逐字符转换即可，例如：$(179.8)_{10}=(000101111001.1000)_{8421BCD}$。

注意：BCD 码中的每个代码和十进制数中的每个字符是一一对应的，一个 BCD 码表达式中整数部分高位的 0 和小数部分低位的 0 都是不可省略的。

2. 5421BCD 码

5421BCD 码也是一种有权码，各位的权值依次为 5、4、2、1。5421BCD 码的编码方式不唯一，例如对于十进制数“5”，可以用 0101 编码，也可以用 1000 编码。表 1.4 中 5421 码的编码方式是最常用的一种，其特点是编码的最高位先为 5 个连续的“0”，后为 5 个连续的“1”，从而在十进制 0～9 的计数时，最高位对应的输出端可以产生对称方波信号。

3. 2421BCD 码

2421BCD 码的权值分别为 2、4、2、1。2421BCD 码的编码方式也不唯一，例如对于十进制数“5”，可以用 0101 编码，也可以用 1011 编码。表 1.4 中 2421 码的编码方式为自补码编码方式，自补的含义是：若两个十进制数字之和为 9，则这两个数字是关于 9 的“互补”，即这两个数字的编码之和为 1111。若设十进制数的编码为 D，则其互补编码为 9-D。

4. 余 3 码

余 3 码的代码比对应的 8421 码的代码大 3，这就是余 3 码名称的由来。余 3 码是一种无权 BCD 码，所谓无权码，就是找不到一组权值满足所有代码。例如，设余 3 码的 4 位是 $b_3b_2b_1b_0$，由 $(1)_{10}=(0100)_{余3码}$，按照权值的定义，b_2 的权值是 1；由 $(5)_{10}=(1000)_{余3码}$，b_3 的权值是 5；按有权码的规则，应有 $(1100)_{余3码}=(6)_{10}$，这与余 3 码定义不符（1100 是十进制符号 9 的编码），所以余 3 码不是有权码。

5. 余 3 循环码

余 3 循环码具有相邻性和循环性。相邻性是指任意两个相邻的代码中仅有 1 位取值不同，循环性是指首尾的两个代码也具有相邻性。凡是满足这两个特性的编码都称为循环码。余 3 循环码是由 4 位二进制循环码去掉头尾 3 组编码后得到的，且保留了循环码的特性。余 3 循环码也是一种无权码。

【例 1.12】 分别用 8421 码、5421 码、2421 码、余 3 码和余 3 循环码表示十进制数

206.94。

解　$(206.94)_{10}=(001000000110.10010100)_{8421BCD}$

$=(001000001001.11000100)_{5421BCD}$

$=(001000001100.11110100)_{2421BCD}$

$=(010100111001.11000111)_{余3码}$

$=(011100101101.10100100)_{余3循环码}$

表 1.4 列举的 BCD 码都是 4 位的，也有些 BCD 码是 5 位的，例如 5 位右移码、5 中取 2 码等，有兴趣的读者可以查阅相关文献。

1.4.2　ASCII 码

编码除了可以用来表示数值外，还可以用来表示其他符号。ASCII 码是美国信息交换标准代码（American Standard Code for Information Interchange）的简称，它采用 7 位二进制编码格式，共有 128 种不同的编码，用来表示十进制字符、英文字母、基本运算字符、控制符和其他符号。完整的 ASCII 码编码表见表 1.5，其中控制字符的含义在表 1.6 中说明。表示十进制字符 0 ~ 9 的 7 位 ASCII 码是 0110000 ~ 0111001，为了便于记忆，也常用 2 位十六进制数表示，即字符 0 ~ 9 对应的 ASCII 码是 30h ~ 39h，数字后缀 h 表示进制（常用后缀字符表示进制，二进制数用 b、十进制数用 d、十六进制数用 h）；表示大写英文字母 A ~ Z 的 ASCII 码是 41h ~ 5Ah，表示小写英文字母 a ~ z 的 ASCII 码是 61h ~ 7Ah。编码表中 21h ~ 7Eh 对应的所有字符都可以在键盘上找到。

通用计算机的键盘采用 ASCII 码，每按下一个键，键盘内部的控制电路就将该键对应的 ASCII 码作为键值发送给计算机，例如，按下 A 键，键盘就送出“1000001”。

表 1.5　ASCII 码编码表

$B_6B_5B_4$ / $B_3B_2B_1B_0$	000	001	010	011	100	101	110	111
0000	NUL	DLE	SP	0	@	P	`	p
0001	SOH	DC1	!	1	A	Q	a	q
0010	STX	DC2	"	2	B	R	b	r
0011	ETX	DC3	#	3	C	S	c	s
0100	EOT	DC4	$	4	D	T	d	t
0101	ENQ	NAK	%	5	E	U	e	u
0110	ACK	SYN	&	6	F	V	f	v
0111	BEL	ETB	´	7	G	W	g	w
1000	BS	CAN	(	8	H	X	h	x
1001	HT	EM	)	9	I	Y	i	y
1010	LF	SUB	*	:	J	Z	j	z
1011	VT	ESC	+	;	K	[	k	{
1100	FF	FS	,	<	L	\	l	|
1101	CR	GS	-	=	M	]	m	}
1110	SO	RS	.	>	N	^	n	~
1111	SI	US	/	?	O	_	o	DEL

表 1.6　ASCII 码中各字符的含义

字符	含义	字符	含义
NUL	空白	BS	backspace 退格
SOH	start of heading 标题开始	HT	horizontal tabulation 水平制表
STX	start of text 正文开始	LF	line feed 换行
ETX	end of text 正文结束	VT	vertical tabulation 垂直制表
EOT	end of transmission 传输结束	FF	form feed 走纸
ENQ	enquiry 询问	CR	carriage return 回车
ACK	acknowledge 确认	SO	shift out 移出
BEL	bell 响铃(告警)	SI	shift in 移入
DC1	device control 1 设备控制 1	EM	end of medium 纸尽
DC2	device control 2 设备控制 2	SUB	substitute 替换
DC3	device control 3 设备控制 3	ESC	escape 脱离
DC4	device control 4 设备控制 4	FS	file separator 文件分离符
NAK	negative acknowledge 否认	GS	group separator 字组分离符
SYN	synchronous idle 同步空传	RS	record separator 记录分离符
ETB	end of transmission block 块结束	US	unit separator 单元分离符
CAN	cancel 取消	SP	space 空格
DLE	data link escape 数据链路换码	DEL	delete 删除

1.4.3　奇偶校验码

奇偶校验码(Party Check Code)是一种差错控制编码。携带数字信息的电信号在传输中，由于衰减、噪声干扰等原因，波形会发生畸变，造成接收的数字信息出现差错。差错控制编码就是为了检测接收信息中的误码，进而纠正这些误码，实现信息的无差错传输而采用的一种技术手段。差错控制编码分为检错码和纠错码，检错码(Error Detection Code)具有检测传输代码中是否存在误码的能力，检错码不能确定接收代码中误码的位置，因而也就无法纠正误码。纠错码(Correction Code)可以发现接收代码中存在的误码，并能纠正该误码，实现信息的正确接收。

奇偶校验码是差错控制编码中最简单的一种检错码，具有检出传输代码中奇数个误码的能力。其工作过程是，首先在发送端将信息数据分为长度为 n 的信息数据分组，每组信息送入校验码发生器，产生该组信息的 1 个校验位，校验位与信息位共同形成长度为 $n+1$ 的传输代码。每个代码经信道(导线、电缆等)传输到接收端。接收端将长度为 $n+1$ 位的代码送入奇偶校验器，校验该代码是否符合奇偶校验规则，从而确定是否存在误码。

奇偶校验码分为奇校验码和偶校验码两种。n 位信息数据中“1”的个数是随机的，对于奇校验码，就是当信息数据中有偶数个“1”时，发送端的校验码发生器产生的校验码是 1，使 $n+1$ 位传输代码中有奇数个“1”；若信息数据中有奇数个“1”，则校验码发生器产生的校验码就是

0,保证 $n+1$ 位传输代码中仍有奇数个“1”。接收端的校验器就是校验收到的 $n+1$ 位中是否有奇数个“1”,若是,则认为传输无误;否则,在 $n+1$ 位数据中必然存在误码。简单地说,奇校验码就是传输代码中有奇数个“1”的校验系统。偶校验码的概念与之类似,就是传输代码中有偶数个“1”的校验系统。

例如,在 8421BCD 码中采用奇校验,则信息分组的长度是 $n=4$,传输代码长度是 $n+1=5$,信息数据为 0011 时,奇校验位就是 1,传输代码是 00111(校验位在信息位的后面);信息数据是 1000 时,传输代码是 10000。

奇偶校验码的优点是编码效率很高,对于长度为 n 的信息分组,用于校验的校验码只有 1 位,当 n 较大时,用于校验位传输的开销就很小。奇偶校验码的缺点是只能发现奇数个误码,当传输代码中出现了偶数个误码时,就无能为力了。

1.4.4　格雷码

二进制数表示法是按权计数体制下的一种用 0,1 表示数值的方法,n 位二进制数可以表示 2^n 个十进制数,例如,4 位二进制数 0000～1111 共 16 种取值,表示十进制数 0～15。格雷码用 0 和 1 的另一种组合方式来表示数值,十进制数 0～15 也可以用 4 位格雷码来表示,表 1.7 给出了十进制数 0～15 分别用 4 位二进制数和 4 位格雷码表示的编码表。

表 1.7　十进制数 0～15 的两种二进制编码表

十进制数	二进制编码		十进制数	二进制编码	
	自然二进制码	格雷码		自然二进制码	格雷码
0	0000	0000	8	1000	1100
1	0001	0001	9	1001	1101
2	0010	0011	10	1010	1111
3	0011	0010	11	1011	1110
4	0100	0110	12	1100	1010
5	0101	0111	13	1101	1011
6	0110	0101	14	1110	1001
7	0111	0100	15	1111	1000

格雷码是典型循环码,除了具有一般循环码的特点外,还具有反射性。所谓反射性,是指以编码最高位的 0 和 1 分界处为镜像点,处于对称位置的代码只有最高位不同,其余各位都相同。例如,4 位格雷码的镜像对称分界点在 0100 和 1100 之间,处于镜像对称位置的格雷码 0101 和 1101 只有最高位取值不同。利用这种反射特性,通过位数扩展,可以方便地构造不同位数的格雷码,1～3 位格雷码的构造方法如图 1.3 所示。

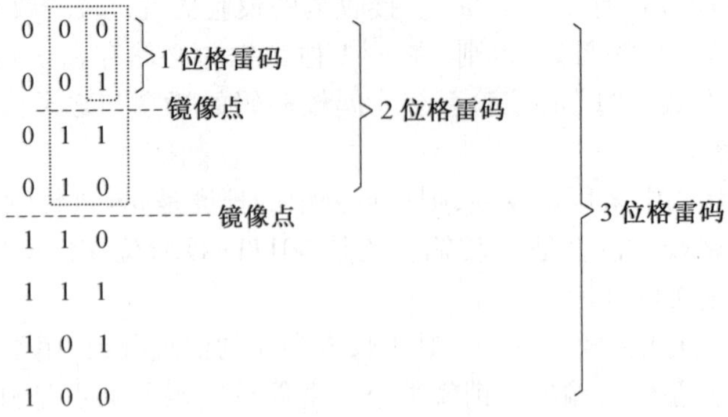

图 1.3　1～3 位格雷码构造方法示意图

本章小结

本章介绍了几种常见的数制，包括二进制、十进制、八进制和十六进制等，在此基础上介绍了数制间的转换和计算。

有符号数可以用原码、补码和反码 3 种形式表示，其中补码应用最广。本章介绍了有符号二进制数补码的表示形式及其加、减运算规则。

计算机系统中广泛使用 BCD 码和 ASCII 码。其中，BCD 码是二-十进制码的简称，本章介绍了几种常用 BCD 码的表示方式。

习　题

1.1　数字信号和模拟信号各有什么特点？

1.2　简述二进制数转换为八进制数和十进制数的方法。

1.3　有符号的二进制数如何用原码、反码和补码的形式表示？

1.4　什么是 BCD 码？有哪些常用的 BCD 码？

1.5　格雷码和奇偶校验码的特点是什么？

1.6　填空题

(1)一位十六进制数可以用(　　)位二进制数来表示。

(2)$(1011011.01)_2=(\qquad)_{10}=(\qquad)_8=(\qquad)_{16}$。

(3)$(36.452)_{10}=(\qquad)_2$。

(4)$(2E.B9)_{16}=(\qquad)_2=(\qquad)_{10}=(\qquad)_{8421BCD}$。

(5)已知 $X=(-1001101)_2$，则 X 的 8 位二进制补码为$(\qquad)_2$。

(6)$(3692)_{10}=(\qquad)_2=(\qquad)_{8421BCD}$。

1.7　选择题

(1)十进制整数转换为二进制数一般采用(　　)。

A. 除 2 取余法　　B. 除 2 取整法　　C. 除 10 取余法　　D. 除 10 取整法

(2)将 n 进制数转换为十进制数的共同规则是(　　)。

A. 除 n 取余　　B. n 位转 1 位　　C. 按权展开　　D. 乘 n 取整

(3)数字系统中，采用(　　)可以将减法运算转化为加法运算。

A. 补码 B. ASCII 码 C. 原码 D. BCD 码

(4)下列四个数中与十进制数 163 不相等的是( )。

A. $(A3)_{16}$ B. $(10100011)_2$ C. $(000101100011)_{8421BCD}$ D. $(100100011)_8$

(5)十进制数 9 的 8421BCD 码是( )。

A. 1011 B. 1010 C. 1100 D. 1001

(6)十进制数 1997 的十六进制数是( )。

A. 7CDH B. 8CEH C. 9ABH D. 747H

1.8 将下列十进制数转换成二进制数、八进制数和十六进制数。

(1)128 (2)1024 (3)0.47 (4)254.25

1.9 将下列二进制数转换为十六进制数。

(1)$(1001101)_2$ (2)$(11.01101)_2$

1.10 将下列十六进制数转换为二进制数。

(1)$(F05)_{16}$ (2)$(2E.B9)_{16}$

1.11 将下列十六进制数转换为十进制数。

(1)$(103.2)_{16}$ (2)$(A45D.0BC)_{16}$

1.12 将八进制数$(36.47)_8$转换为十六进制数。

1.13 写出下列各数的 8 位二进制原码、反码和补码。

(1)$(+1110)_2$ (2)$(-10110)_2$

1.14 写出下列二进制补码所表示的十进制数。

(1)00010111 (2)11101000

1.15 用 8 位二进制补码计算下列各式,并用十进制数表示结果。

(1)12+9 (2)12-4 (3)-25-21 (4)-120+30

1.16 已知 X,Y 的真值,试用补码运算,并指出是否溢出。

(1)$X=+1100110$ $Y=-0111001$ $X+Y=?$

(2)$X=-1011011$ $Y=-0011010$ $X+Y=?$

1.17 将下列十进制数转换为 8421BCD 码。

(1)43 (2)127 (3)635.29 (4)2.718

1.18 分别用 8421 码、5421 码、2421 码、余 3 码和余 3 循环码表示十进制数 254.25。

1.19 用 ASCII 码表示下列字符。

(1)+ (2)@ (3)9 (4)A

第2章　逻辑代数基础

逻辑代数是分析和设计数字电路的理论基础和数学工具，通常也称为布尔代数。

本章在明确逻辑变量及其基本运算的基础上，阐述逻辑代数的基本定律和运算规则，总结逻辑函数的5种描述方法和相互之间的转换关系，最后从工程需要的角度详细介绍逻辑函数的化简方法。

2.1　逻辑代数的基本运算

2.1.1　逻辑变量及基本逻辑运算

1. 逻辑变量

在逻辑表示中，逻辑代数与普通代数一样用字母表示变量，但变量的取值只有1和0两种，分别表示真和假。逻辑代数表示的是逻辑关系，不是数量关系，与普通代数有着本质上的区别。

2. 基本逻辑运算

逻辑代数的基本运算有“与(AND)”，“或(OR)”和“非(NOT)”3种。

(1)逻辑“与”运算。

“与”运算又称为逻辑乘，运算符号可以用“·”表示。“与”逻辑电路如图2.1所示，只有当两个开关A和B同时闭合时，灯泡F才能点亮。

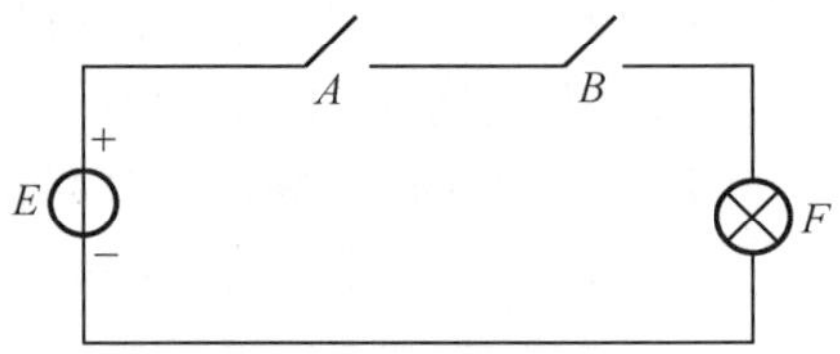

图2.1　“与”逻辑电路

对图2.1所示电路工作过程进行逻辑抽象，假设输入变量(条件)为A(开关A闭合状态)和B(开关B闭合状态)，输出变量(结论)为F(灯泡F点亮状态)；只有当两个条件均成立时(输入变量均为1)，结论才成立(输出变量为1)。

逻辑“与”的运算规则：只有决定事物结果的全部条件同时具备时，结果才会发生，即只有全部输入变量取值均为1时，输出才为1。

逻辑代数中，二输入“与”运算的逻辑关系式可以表示为

$$F(A,B)=A\cdot B \tag{2.1}$$

其中，A，B为输入变量；F为输出变量；运算符“·”在表达式中可以省略。

通过分析常量之间的“与”逻辑关系，得到二输入“与”运算的真值表，见表2.1。

表 2.1　“与”运算真值表

输入		输出
A	B	$F=A\cdot B$
0	0	0
0	1	0
1	0	0
1	1	1

在数字电路中，能够实现“与”运算功能的逻辑器件称为“与门(AND Gate)”，其逻辑符号如图2.2所示，图示的矩形轮廓符号是美国国家标准学会(ANSI)和电气与电子工程师协会(IEEE)于 1984 年制定的关于二进制逻辑图形符号的标准符号，这种表示方式区分明确，清晰方便，本书后续均采用这种矩形轮廓符号表示逻辑器件。

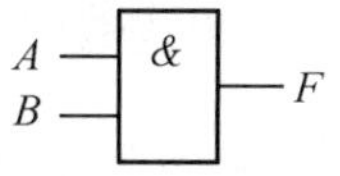

图 2.2　“与门”逻辑符号

(2)逻辑“或”运算。

“或”运算又称为逻辑加，运算符号可以用“+”表示。“或”逻辑电路如图 2.3 所示，只要两个开关 A 和 B 中任意一个闭合，或者两个均闭合，灯泡 F 就会点亮。

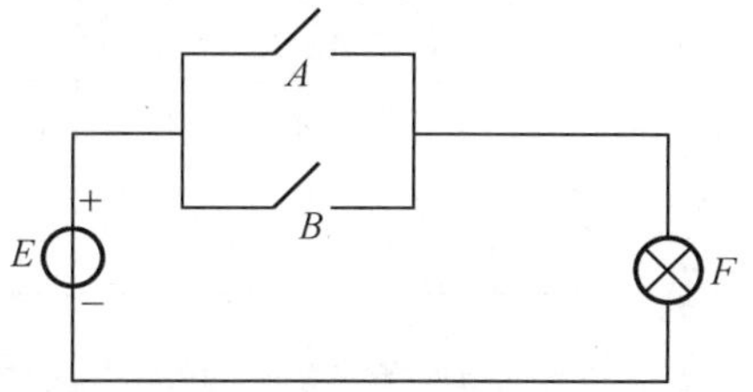

图 2.3　“或”逻辑电路

对图 2.3 所示电路工作过程进行逻辑抽象，假设输入变量(条件)为 A(开关 A 闭合状态)和 B(开关 B 闭合状态)，输出变量(结论)为 F(灯泡 F 点亮状态)；只要两个条件中任意一个(或多于一个)成立时(输入变量至少一个为 1)，结论就会成立(输出变量为 1)。

逻辑“或”的运算规则：在决定事物结果的几个条件中有一个或一个以上条件具备时，结果就会发生，即只要有输入变量取值为 1，输出就为 1。

逻辑代数中，二输入“或”运算的逻辑关系式为

$$F(A,B)=A+B \tag{2.2}$$

其中，A，B 为输入变量；F 为输出变量；运算符“+”不可省略。

通过分析常量之间的“或”逻辑关系，得到二输入“或”运算的真值表，见表 2.2。

表 2.2　“或”运算真值表

输入		输出
A	B	$F=A+B$
0	0	0
0	1	1
1	0	1
1	1	1

数字电路中，能够实现“或”运算功能的逻辑器件称为“或门(OR Gate)”，逻辑符号如图 2.4 所示。

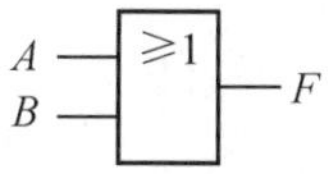

图 2.4　“或门”逻辑符号

(3)逻辑“非”运算。

“非”运算又称为逻辑取反、逻辑否定，和逻辑“与”运算、逻辑“或”运算不同的是，逻辑“非”运算是一条件一结论的逻辑运算。“非”逻辑电路如

图 2.5 所示，只有开关 A 断开，灯泡 F 才会点亮。

对图 2.5 所示电路工作过程进行逻辑抽象，假设输入变量(条件)为 A(开关 A 闭合状态)，输出变量(结论)为 F(灯泡 F 点亮状态)；只有条件不成立时(输入变量为 0)，结论才会成立(输出变量为 1)。

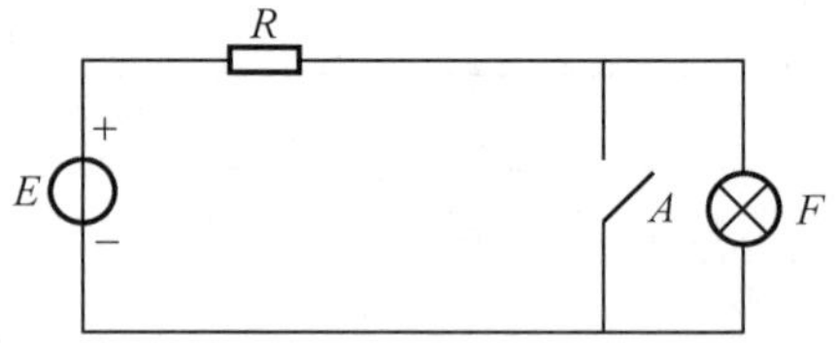

图 2.5 “非”逻辑电路

逻辑“非”的运算规则：决定事物结果的条件具备了，结果不发生；条件不具备，结果发生，即输出与输入的取值相反。

逻辑代数中，“非”运算的逻辑关系式为

$$F(A)=\overline{A} \tag{2.3}$$

其中 A 为输入变量，F 为输出变量。

“非”运算的真值表见表 2.3。

表 2.3 “非”运算真值表

输入	输出
A	$F=\overline{A}$
0	1
1	0

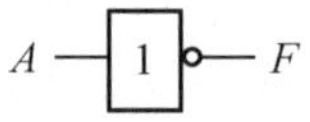

图 2.6 “非门”逻辑符号

数字电路中，能够实现“非”运算功能的逻辑器件称为“非门(NOT Gate)”，逻辑符号如图 2.6 所示。

2.1.2 复合逻辑运算

复合逻辑运算是 3 种基本运算的集成和组合。复合运算形式各异，种类繁多，本节重点介绍几种常用的复合逻辑运算：“与非(NAND)”运算，“或非(NOR)”运算，“与或非(AND-OR-NOT)”运算，“异或(XOR)”运算和“同或(XNOR)”运算。

1.“与非”逻辑运算

“与非”运算在复合逻辑中较为常用，关系就是先“与”后“非”，其逻辑功能为：当输入变量全为 1 时，输出为 0；只要输入变量有一个为 0，输出为 1。

二输入“与非”运算的逻辑关系式为

$$F(A,B)=\overline{A\cdot B} \tag{2.4}$$

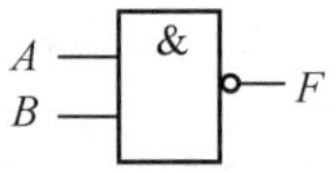

图 2.7 “与非门”逻辑符号

“与非门”的逻辑符号如图 2.7 所示。“与非”运算的真值表见表 2.4。

表 2.4 “与非”运算真值表

输入		输出
A	B	$F=\overline{A\cdot B}$
0	0	1
0	1	1
1	0	1
1	1	0

2."或非"逻辑运算

"或非"运算的关系就是先"或"后"非",其逻辑功能为:只要输入变量有一个为 1,输出为 0;当输入变量全为 0 时,输出为 1。

二输入"或非"运算的逻辑关系式为

$$F(A,B)=\overline{A+B} \tag{2.5}$$

"或非门"的逻辑符号如图 2.8 所示。"或非"运算的真值表见表 2.5。

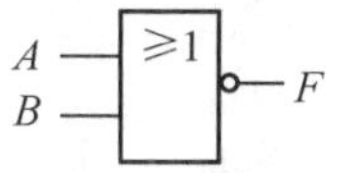

图 2.8　"或非门"逻辑符号

表 2.5　"或非"运算真值表

输入		输出
A	B	$F=\overline{A+B}$
0	0	1
0	1	0
1	0	0
1	1	0

3."与或非"逻辑运算

"与或非"运算的逻辑关系式为

$$F(A,B,C,D)=\overline{AB+CD} \tag{2.6}$$

"与或非门"的逻辑符号如图 2.9 所示。"与或非"运算的真值表见表 2.6。

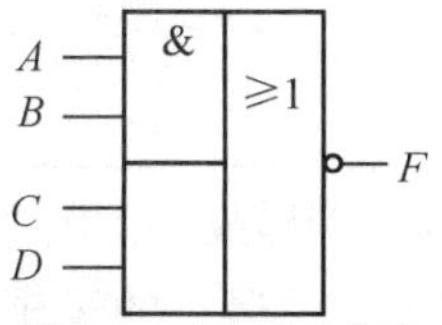

图 2.9　"与或非门"逻辑符号

表 2.6　"与或非"运算真值表

输入				输出
A	B	C	D	$F=\overline{AB+CD}$
0	0	0	0	1
0	0	0	1	1
0	0	1	0	1
0	0	1	1	0
0	1	0	0	1
0	1	0	1	1
0	1	1	0	1
0	1	1	1	0
1	0	0	0	1
1	0	0	1	1
1	0	1	0	1
1	0	1	1	0
1	1	0	0	0
1	1	0	1	0
1	1	1	0	0
1	1	1	1	0

4. “异或”逻辑运算和“同或”逻辑运算

(1)逻辑表达式。

二输入“异或”运算的逻辑表达式为

$$F(A,B)=A\oplus B=\overline{A}B+A\overline{B} \tag{2.7}$$

二输入“同或”运算的逻辑表达式为

$$F(A,B)=A\odot B=\overline{A\oplus B}=AB+\overline{A}\,\overline{B} \tag{2.8}$$

其中,A,B 为输入变量;F 为输出变量;“$\oplus$”为“异或”运算符;“$\odot$”为“同或”运算符。

(2)真值表。

二输入“异或”运算和“同或”运算的真值表见表2.7。

表2.7 二输入“异或”和“同或”运算真值表

输入		“异或”输出	“同或”输出
A	B	$F=A\oplus B$	$F=A\odot B$
0	0	0	1
0	1	1	0
1	0	1	0
1	1	0	1

“异或”运算的逻辑功能为:当两个输入变量的取值不同时,输出为1;相同时,输出为0。“同或”运算的逻辑功能与“异或”运算相反:当两个输入变量的取值相同时,输出为1;不同时,输出为0。

(3)逻辑符号。

数字电路中,能够实现“异或”运算的逻辑部件称为“异或门(XOR Gate)”,其逻辑符号如图2.10所示。

由于“异或”运算和“同或”运算之间互为取反关系,因此“同或门”可以用“异或非”的符号表示,如图2.11所示。

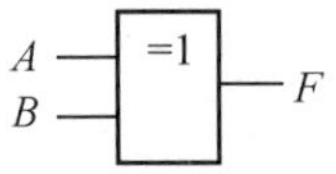

图2.10 “异或门”逻辑符号

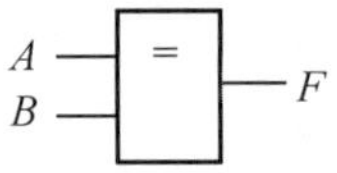

图2.11 “同或门”逻辑符号

2.1.3 逻辑函数及逻辑函数相等

1. 逻辑函数

逻辑表达式中,一般用 $A,B,C,\cdots$ 表示输入变量,F 表示输出变量;单一字母(比如 A)称为原变量,其上有反号的(比如 $\overline{A}$)称为反变量。输出变量按某种逻辑关系用有限个“与”“或”“非”逻辑运算符,将逻辑变量 $A,B,C,\cdots$ 连接起来,所得到的复合表达式 $F(A,B,C,\cdots)$ 称为逻辑函数。

2. 逻辑函数相等

设 $F(A_1,A_2,\cdots,A_n)$ 为变量 $A_1,A_2,\cdots,A_n$ 的逻辑函数,$G(A_1,A_2,\cdots,A_n)$ 为相同输入变量 $A_1,A_2,\cdots,A_n$ 的另一个逻辑函数,如果对于变量 $A_1,A_2,\cdots,A_n$ 的任意一组状态组合,F 和 G 的

值均相同，则称 F 和 G 是等值的，或称 F 和 G 相等，记作 $F=G$。

逻辑函数相等的概念本质上就是函数 F 和函数 G 对于变量 $A_1, A_2, \cdots, A_n$ 的逻辑关系是相同的，由此可知，如果 $F=G$，两个函数应该具有相同的真值表；反之，如果两个函数的真值表相同，则 $F=G$。

【例 2.1】　设

$$F(A,B,C)=A(B+C)$$
$$G(A,B,C)=AB+AC$$

试证：$F=G$。

证明　根据逻辑函数 F 和 G 的表达式，分别列写其真值表，见表 2.8。

表 2.8　逻辑函数 F 和 G 的真值表

输入			输出	
A	B	C	$F=A(B+C)$	$G=AB+AC$
0	0	0	0	0
0	0	1	0	0
0	1	0	0	0
0	1	1	0	0
1	0	0	0	0
1	0	1	1	1
1	1	0	1	1
1	1	1	1	1

由表 2.8 可知，对应于变量 A, B, C 的任意一组取值，F 和 G 的值是完全相同的，因此 $F=G$。

在“相等”的意义下，函数表达式 $A(B+C)$ 和 $AB+AC$ 是同一逻辑关系两种不同的表达形式，虽然二者结构形式和组成不同，但它们所具有的逻辑功能是完全相同的。

2.2　逻辑代数的基本定律和运算规则

2.2.1　逻辑代数基本定律

逻辑代数中有“与”“或”“非”3 种基本运算，以这 3 种运算为依据，可以推导出多种基本运算定律，包括 0–1 律、等幂律、互补律、双否律、交换律、结合律、分配律、包含律、吸收律和反演律（德摩根（De Morgan）定律）等 10 个定律。

1. 0–1 律

①$A \cdot 0=0$。

②$A+0=A$。

③$A \cdot 1=A$。

④$A+1=1$。

2. 等幂律

①$A \cdot A=A$。

②$A+A=A$。

3. **互补律**

①$A\cdot\overline{A}=0$。

②$A+\overline{A}=1$。

4. **双否律**

$\overline{\overline{A}}=A$。

5. **交换律**

①$AB=BA$。

②$A+B=B+A$。

6. **结合律**

①$ABC=(AB)C=A(BC)$。

②$A+B+C=(A+B)+C=A+(B+C)$。

7. **分配律**

①$A(B+C)=AB+AC$。

②$A+BC=(A+B)(A+C)$。

8. **包含律**

①$AB+\overline{A}C+BC=AB+\overline{A}C$。

②$(A+B)(\overline{A}+C)(B+C)=(A+B)(\overline{A}+C)$。

9. **吸收律**

①$A(A+B)=A$。

证明：

$$A(A+B)=AA+AB=A(1+B)=A$$

②$A+AB=A$。

【例 2.2】 利用吸收律化简函数。

$$F(A,B,C,D,E)=AB+\overline{B}C+AC+A\ \overline{B}C\ \overline{D}E$$

解

$$\begin{aligned}F(A,B,C,D,E)&=AB+\overline{B}C+AC+A\ \overline{B}C\ \overline{D}E\\&=AB+\overline{B}C+AC(1+\overline{B}\ \overline{D}E)\\&=AB+\overline{B}C+AC\\&=AB+\overline{B}C\end{aligned}$$

③$A(\overline{A}+B)=AB$

④$A+\overline{A}B=A+B$

证明：

$$A+\overline{A}B=(A+\overline{A})(A+B)=A+B$$

⑤$(A+B)(A+\overline{B})=A$。

证明：

$$(A+B)(A+\overline{B})=AA+AB+A\overline{B}+B\overline{B}=A+A(B+\overline{B})=A$$

⑥$AB+A\overline{B}=A$。

10. **反演律**

①$\overline{AB}=\overline{A}+\overline{B}$。

②$\overline{A+B}=\overline{A}\,\overline{B}$。

证明：利用真值表 2.9 对反演律进行证明。

表 2.9　反演律真值表

输入		输出			
A	B	$\overline{AB}$	$\overline{A}+\overline{B}$	$\overline{A+B}$	$\overline{A}\,\overline{B}$
0	0	1	1	1	1
0	1	1	1	0	0
1	0	1	1	0	0
1	1	0	0	0	0

根据表 2.9 逻辑关系，可得

$$\overline{AB}=\overline{A}+\overline{B}$$

$$\overline{A+B}=\overline{A}\,\overline{B}$$

2.2.2　逻辑代数运算规则

除逻辑代数基本定律外，逻辑运算过程中的 3 个运算规则同样重要，分别为代入规则、对偶规则和反演规则。

1. **代入规则**

代入规则：对于任一等式，如果用某逻辑变量或逻辑函数同时代替等式两端的任何一个逻辑变量后，等式仍然成立。

【例 2.3】　证明：$\overline{ABC}=\overline{A}+\overline{B}+\overline{C}$。

证明　由反演律：

$$\overline{AB}=\overline{A}+\overline{B}$$

依据代入规则，用 BC 代替 B，得

$$\overline{ABC}=\overline{A}+\overline{BC}=\overline{A}+\overline{B}+\overline{C}$$

代入规则最重要的一个作用就是扩展基本定律，例如将反演律扩展为 n 个变量：

$$\overline{A_1+A_2+\cdots+A_n}=\overline{A_1}\cdot\overline{A_2}\cdot\cdots\cdot\overline{A_n} \tag{2.9}$$

$$\overline{A_1\cdot A_2\cdot\cdots\cdot A_n}=\overline{A_1}+\overline{A_2}+\cdots+\overline{A_n} \tag{2.10}$$

2. **对偶规则**

在阐述对偶规则之前，首先介绍对偶函数的概念。对于任意一个逻辑函数 F，求其对偶函数的规则是：

(1) F 中所有变量保持不变。

(2) F 中“与”“或”运算符互换（即“·”替换为“+”，“+”替换为“·”）。

(3) F 中常量“0”“1”互换(即“0”替换为“1”,“1”替换为“0”)。

这样得到的新逻辑函数 F_d 称为函数 F 的对偶函数(Duality Function),或简称为对偶式(Duality Expression)。

对偶规则:如果两个逻辑函数相等,其对偶式也一定相等。

【例 2.4】 求 $F(A,B,C)=\overline{AB+\overline{A}C}+1\cdot B$ 的对偶函数。

解 由对偶规则可得

$$F_d(A,B,C)=\overline{(A+B)\cdot(\overline{A}+C)}\cdot(0+B)=\overline{(A+B)\cdot(\overline{A}+C)}\cdot B$$

在求对偶函数过程中需注意两点:

(1)不能改变原逻辑函数的运算顺序,必要时可以加入括号。

(2)在变换过程中,只对相应的运算符和常量进行变换,逻辑函数式中的变量保持不变。

对偶规则的重要作用不仅在于简化逻辑等式证明,还有助于加深对前述逻辑代数基本定律的理解。通过观察不难发现,同一基本定律的不同公式之间一般互为对偶式,只需记忆其一,灵活应用即可。

3. 反演规则

逻辑代数中,通常称逻辑变量 A 为原变量,$\overline{A}$ 为原变量 A 的反变量;逻辑函数 F 为原函数,$\overline{F}$ 为原函数 F 的反函数;通过原函数 F 求反函数 $\overline{F}$ 的逻辑运算过程称为“反演(Reversal Development)”。

反演规则:对于任一逻辑函数 F,按照如下的 3 个步骤,可以得到 F 的反函数 $\overline{F}$。

(1)将 F 中原、反变量互换。

(2)将 F 中常量“0”“1”互换。

(3)将 F 中“与”“或”运算符互换。

【例 2.5】 求例 2.4 中 F 的反函数。

解 由反演规则可得

$$\overline{F}(A,B,C)=\overline{(\overline{A}+\overline{B})\cdot(A+\overline{C})}\cdot(0+\overline{B})$$

反演规则应用过程中,不仅要注意保持原函数的运算次序,同时要注意只有单变量才有原、反变量的互换,而对于多个变量组合不能直接取反替换。

2.2.3 逻辑代数运算优先级别

在进行逻辑函数运算、化简和变形的过程中,不仅要熟练掌握基本定律和运算规则,同时还要明确逻辑代数运算的优先级别。

逻辑运算的优先级别顺序如图 2.12 所示。优先级从高到低依次为:括号和长非号、逻辑“与”运算、“异或”和“同或”运算、逻辑“或”运算,在化简和变形过程中,要严格按照此优先级别进行运算。

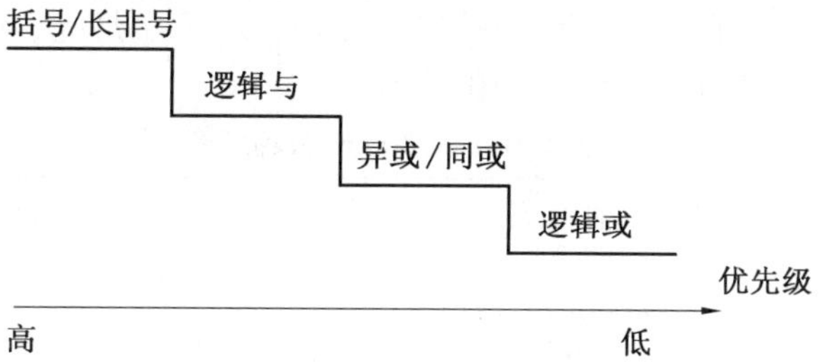

图 2.12　逻辑运算的优先级

2.3　逻辑函数的描述方法

逻辑函数通常可以用真值表、代数式、逻辑图、卡诺图和波形图 5 种方法进行描述，他们之间可以相互转换。

2.3.1　真值表描述法

将输入变量的所有取值组合及其与输出变量函数值之间的对应关系列成表格，称为逻辑真值表，简称真值表。将一个现实的逻辑命题进行逻辑抽象和逻辑赋值，形成该命题的数学表达式时，往往首先就会用到真值表，它是数字电路设计的重要工具。

真值表一般分为两部分，左侧为条件列表（输入变量的取值），右侧为结论列表（输出变量的取值）。特别需要注意的是：一般情况下，为防止遗漏，推荐输入变量的取值组合按照二进制数从小到大的顺序排列，从全 0 到全 1 递增列写。n 个输入的逻辑函数，其输入变量的组合情况有 2^n 种，即真值表共有 2^n 行。

真值表的原理和列写规则可以总结为以下 3 点：

（1）真值表是描述逻辑关系的最直观手段。虽然逻辑关系可以有不同的逻辑表述方法，但最为直观、准确的无疑就是真值表，如果两个逻辑函数真值表相同，必定反映同一种逻辑关系。

（2）真值表列写时要先明确结构，再明确关系。为防止数据遗漏，列写过程要按照输入变量的取值组合由小到大顺序排列。

（3）真值表反映逻辑关系，而非计算关系。输出变量的赋值结果是通过逻辑关系反映出来的。

【例 2.6】　试列出如图 2.13 所示电路的真值表。

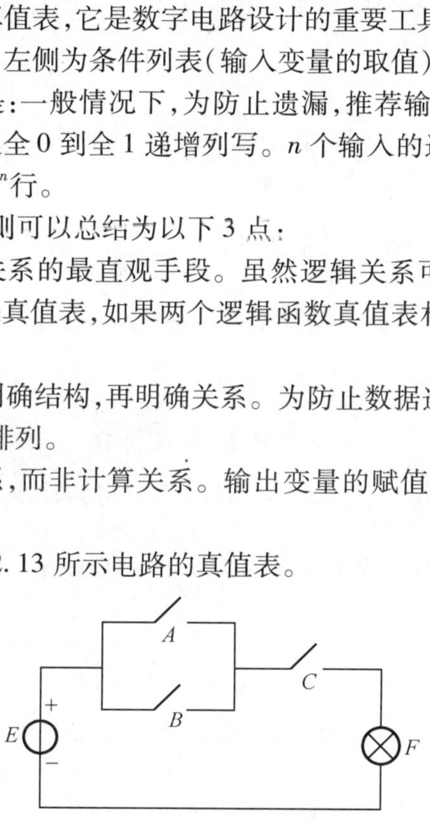

图 2.13　例 2.6 电路图

解　A,B,C 3 个开关的状态用“1”和“0”来表示，其中“1”表示开关闭合，“0”表示开关断开。同样灯泡 F 的状态也可以用“1”和“0”表示，其中“1”表示灯亮，“0”表示灯灭。根据电路分析，不难列出该电路的真值表，见表 2.10。

表 2.10　例 2.6 电路真值表

输入			输出
A	B	C	F
0	0	0	0
0	0	1	0
0	1	0	0
0	1	1	1
1	0	0	0
1	0	1	1
1	1	0	0
1	1	1	1

通过例 2.6 的求解，可以发现利用真值表来描述逻辑关系，直观准确，便于理解。

2.3.2　代数式描述法

代数式描述又称为逻辑表达式描述，是一种通过直接列写输出变量与输入变量之间的代数方程来反映逻辑关系的描述方法，通常利用 2.1 节所介绍的基本逻辑运算和复合逻辑运算的数学符号进行逻辑组合实现。

1. 逻辑函数的常用形式

逻辑函数表达式的常用形式主要有 5 种，下面分别介绍。

(1)“与或”式(先“与”后“或”)。

$$F(A,B,C)=AB+\bar{A}C \tag{2.11}$$

(2)“或与”式(先“或”后“与”)。

$$F(A,B,C)=(\bar{A}+B)\cdot(A+C) \tag{2.12}$$

(3)“与非-与非”式。

$$F(A,B,C)=\overline{\overline{AB}\cdot\overline{\bar{A}C}} \tag{2.13}$$

【例 2.7】　已知逻辑函数 $F(A,B,C)=AB+\bar{A}C$，试将其转换为“与非-与非”式。

解
$$F(A,B,C)=AB+\bar{A}C=\overline{\overline{AB+\bar{A}C}}=\overline{\overline{AB}\cdot\overline{\bar{A}C}}$$

(4)“或非-或非”式。

$$F(A,B,C)=\overline{\overline{A+C}+\overline{\bar{A}+B}} \tag{2.14}$$

【例 2.8】　已知逻辑函数 $F(A,B,C)=AB+\bar{A}C$，试将其转换为“或非-或非”式。

解　$F(A,B,C)=AB+\bar{A}C=(\bar{A}+B)\cdot(A+C)=\overline{\overline{(\bar{A}+B)\cdot(A+C)}}=\overline{\overline{\bar{A}+B}+\overline{A+C}}$

(5)“与或非”式。

$$F(A,B,C)=\overline{\bar{A}\,\bar{C}+A\bar{B}} \tag{2.15}$$

【例 2.9】　已知逻辑函数 $F(A,B,C)=AB+\overline{A}C$，试将其转换为“与或非”式。

解　$\overline{F}(A,B,C)=\overline{AB+\overline{A}C}=\overline{AB}\cdot\overline{\overline{A}C}=(\overline{A}+\overline{B})\cdot(A+\overline{C})=\overline{A}A+A\overline{B}+\overline{B}\,\overline{C}+\overline{A}\,\overline{C}=A\overline{B}+\overline{A}\,\overline{C}$

因此

$$F(A,B,C)=\overline{A\overline{B}+\overline{A}\,\overline{C}}$$

“与或”式和“或与”式为基本形式，通过运算定律可以实现基本形式和其他形式之间的转换。

利用逻辑代数式表述例 2.6 中的电路逻辑。根据电路分析，灯泡 F 要发光，必须同时满足以下两个条件：

① 开关 A,B 至少有一个闭合；

② 开关 C 闭合。

根据假定，条件①中开关 A,B 至少一个闭合，此时 A 为 1，或 B 为 1，或 A 和 B 同时为 1，即 $A+B$；而条件②的逻辑关系为 $C=1$；两个条件必须同时满足，二者关系为“与”运算。因此灯泡 F 状态的逻辑代数式表述为

$$F(A,B,C)=(A+B)C$$

比较可知，结果与真值表一致，代数式同样可以正确表述逻辑关系。

2. 逻辑函数的标准形式

针对例 2.6，换一种思路对电路进行逻辑分析，灯泡发光的结果可以由 3 个条件获得：开关 A 和 C 同时闭合（即 AC）；开关 B 和 C 同时闭合（即 BC）；开关 A,B 和 C 同时闭合（即 ABC），这 3 个条件之间是“或”关系。灯泡 F 逻辑代数式可以表示为

$$F(A,B,C)=AB+AC+ABC$$

对于给定的逻辑函数，代数表达式的形式并不唯一。在各种表述形式中，有两种形式是最常用的，称为标准“积之和”表达式和标准“和之积”表达式，二者统称为逻辑函数的标准形式。标准“积之和”表达式又称为“最小项”表达式，标准“和之积”表达式又称为“最大项”表达式。在介绍逻辑函数的标准形式之前，先介绍“最小项（Minterm）”和“最大项（Maxterm）”的概念。

（1）最小项与最大项。

最小项：在 n 个变量的逻辑函数中，包括全部 n 个变量，且每个变量必须且只能以原变量或反变量的形式出现一次的乘积项，称为最小项，或称“乘积项”“与项”及“标准积项”；用小写字母 m 加下标 i 的形式进行标记，记作 m_i，根据变量逻辑组合关系可知，n 个变量有 2^n 个最小项。

最小项标号 i 的确定方法：各变量取值按序排列，原变量用“1”表示，反变量用“0”表示，各输入变量取值看作二进制数，其所对应的十进制数即为标号 i。表 2.11 为三个变量的 $2^3=8$ 个最小项及其对应的标号。

表 2.11　三个变量最小项及其对应标号

最小项	$\overline{A}\,\overline{B}\,\overline{C}$	$\overline{A}\,\overline{B}C$	$\overline{A}B\overline{C}$	$\overline{A}BC$	$A\overline{B}\,\overline{C}$	$A\overline{B}C$	$AB\overline{C}$	ABC
二进制	000	001	010	011	100	101	110	111
十进制	0	1	2	3	4	5	6	7
标号	m_0	m_1	m_2	m_3	m_4	m_5	m_6	m_7

最大项：在 n 个变量的逻辑函数中，包括全部 n 个变量，且每个变量必须且只能以原变量或反变量的形式出现一次的和项，称为最大项，或称“和项”“或项”及“标准和项”；用大写字

母 M 加下标 i 的形式进行标记,记作 M_i,根据变量逻辑组合关系可知,n 个变量有 2^n 个最大项。

最大项标号 i 的确定方法:各变量取值按序排列,原变量用“0”表示,反变量用“1”表示,各输入变量取值看作二进制数,其所对应的十进制数即为标号 i。表 2.12 为三个变量的$2^3=8$ 个最大项及其对应的标号。

表 2.12　三个变量的 8 个最大项及其对应标号

最大项	$A+B+C$	$A+B+\overline{C}$	$A+\overline{B}+C$	$A+\overline{B}+\overline{C}$	$\overline{A}+B+C$	$\overline{A}+B+\overline{C}$	$\overline{A}+\overline{B}+C$	$\overline{A}+\overline{B}+\overline{C}$
二进制	000	001	010	011	100	101	110	111
十进制	0	1	2	3	4	5	6	7
标号	M_0	M_1	M_2	M_3	M_4	M_5	M_6	M_7

(2)最小项与最大项的性质。

①任意一组变量取值,只有一个最小项的值为 1,其他最小项的值均为 0;任意一组变量取值,只有一个最大项的值为 0,其他最大项的值均为 1。

②同一组变量,任意两个不同的最小项之积为 0;任意两个不同的最大项之和为 1,即

$$m_i \times m_j = 0,\quad M_i + M_j = 1 \tag{2.16}$$

③全部最小项之和为 1,全部最大项之积为 0,即

$$\sum_{i=0}^{2^n-1} m_i = 1,\quad \prod_{i=0}^{2^n-1} M_i = 0 \tag{2.17}$$

④相同标号的最小项与最大项之间互为反函数,即

$$m_i = \overline{M}_i,\quad m_i + M_i = 1 \tag{2.18}$$

【例 2.10】　已知 $F(A,B,C)=m_1+m_3+m_5+m_7$,分别用最大项和最小项表示 $\overline{F}$。

解

$$\begin{aligned}\overline{F}(A,B,C) &= \overline{m_1 + m_3 + m_5 + m_7} = \overline{m_1}\cdot\overline{m_3}\cdot\overline{m_5}\cdot\overline{m_7}\\ &= M_1\cdot M_3\cdot M_5\cdot M_7 = \prod M(1,3,5,7)\\ &= m_0 + m_2 + m_4 + m_6 = \sum m(0,2,4,6)\end{aligned}$$

通过例 2.10 可知,若干个最小项之和表达式 F,其反函数 $\overline{F}$ 可用与这些最小项相对应的最大项之积表示。

(3)标准积之和式和标准和之积式。

全部由最小项逻辑加后构成的和式称为“最小项”表达式,由于最小项也称为标准积项,因此“最小项”表达式(Minterm Expression)也称为标准“积之和”式(Canonical SOP Expression)或标准“与或”式。下例所示即为一个三变量逻辑函数 $F(A,B,C)$ 的某标准“积之和”式的 3 种表示形式

$$\begin{aligned}F(A,B,C) &= \overline{A}\,\overline{B}\,\overline{C} + \overline{A}B\overline{C} + A\overline{B}\,\overline{C} + ABC &&(\text{变量型})\\ &= m_0 + m_2 + m_4 + m_7 &&(m\ \text{型})\\ &= \sum m(0,2,4,7) &&(\textstyle\sum m\ \text{型})\end{aligned}$$

全部由最大项逻辑乘后构成的积式称为“最大项”表达式,由于最大项也称为标准和项,因此“最大项”表达式(Maxterm Expression)也称为标准“和之积”式(Canonical POS

Expression）或标准“或与”式。如下面所示为一个三变量逻辑函数 $F(A,B,C)$ 的某标准“积之和”式的 3 种表示形式

$$F(A,B,C) = (\overline{A} + \overline{B} + \overline{C})(\overline{A} + B + \overline{C})(A + \overline{B} + \overline{C})(A + B + C) \qquad \text{（变量型）}$$
$$= M_7M_5M_3M_0 \qquad \text{（}M\text{ 型）}$$
$$= \prod M(0,3,5,7) \qquad \text{（}\prod M\text{ 型）}$$

（4）标准“积之和”式与标准“和之积”式的关系。

①标准“积之和”式与标准“和之积”式是同一函数的两种不同表示形式，因此二者在本质上是等同的。

②标准“积之和”式中的最小项与标准“和之积”式中的最大项标号之间存在一种互补关系，即标准“积之和”式中未出现的最小项标号必以相应最大项的标号出现在标准“和之积”式中，反之亦然。

③根据最小项与最大项的关系，相同标号的标准“积之和”式与标准“和之积”式互为反函数。

2.3.3　逻辑图描述法

用逻辑符号表示函数式运算关系的图形称为逻辑图（Logic Map）或电路图，根据逻辑表达式，将输入变量通过对应的逻辑门符号逐级连接，直至得到输出变量。针对某一逻辑关系，可以利用“与门”实现乘积关系，也可以利用“或门”实现求和关系。实现同一逻辑关系的方法不唯一，因此逻辑图也不唯一。

逻辑图描述法最接近实际电路，可以按照电路图选择对应器件，搭建实际电路。但逻辑图不方便进行运算和变形，同时逻辑关系反映不够直观。

【例 2.11】　利用逻辑图实现逻辑关系 $F=\overline{A}BC+A\overline{B}C+ABC$。

解　根据逻辑关系，选择对应的逻辑门符号，绘制逻辑图，如图 2.14 所示。

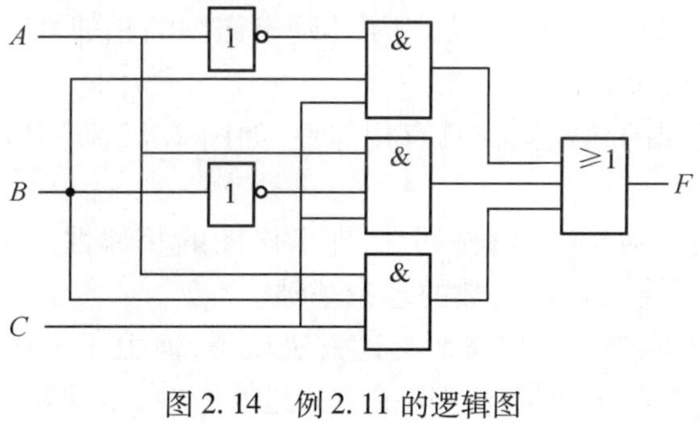

图 2.14　例 2.11 的逻辑图

2.3.4　卡诺图描述法

1953 年，美国贝尔实验室的工程师卡诺创造了用于简化逻辑函数的图形工具，称为卡诺图（Karnaugh Map）。

卡诺图不仅是逻辑函数的描述工具，更是逻辑函数的化简工具，本质上是由真值表变换而来的一种方格图，图中每个方格代表真值表上的一行，即某一最小项或最大项，卡诺图可以直观地判断最小项或最大项之间的逻辑相邻关系，卡诺图又称真值图。

1. 二变量卡诺图

二变量真值表、最小项及卡诺图之间的关系如图 2.15 所示。

输入		输出
A	B	m_i
0	0	m_0
0	1	m_1
1	0	m_2
1	1	m_3

(a) 二变量真值表

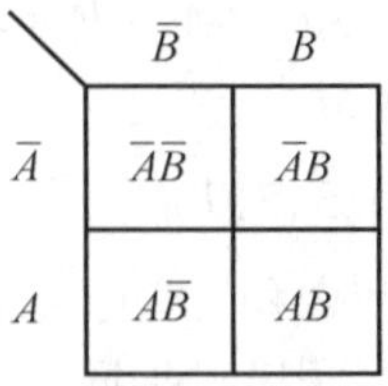

(b) 二变量最小项

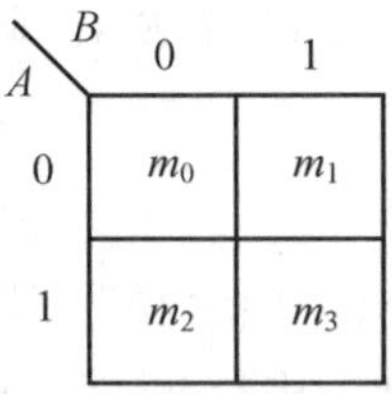

(c) 二变量卡诺图

图 2.15　二变量真值表、最小项及卡诺图之间的关系图

将输入的两个变量 A,B 分别置于纵、横坐标,变量取值固定,非 0 即 1,组成一个由 4 个方格构成的图形,如图 2.15(b)所示。根据坐标的取值关系,变量 A 依次取值 0,1;变量 B 依次取值 0,1。4 个方格的输入变量取值可以确定,每个图格代表一个最小项,如图 2.15(c)所示。

在明确二变量卡诺图结构的基础上,分析如何利用卡诺图描述逻辑函数关系。以异或关系 $F=\overline{A}B+A\overline{B}$ 为例,最小项 $\overline{A}B$ 和 $A\overline{B}$ 能够使输出为 1,其余最小项使输出为 0,因此在二变量卡诺图的基础上,当变量 AB 取值分别为 01 和 10 时,对应图格填 1,其余填 0,如图 2.16 所示,即利用卡诺图实现了异或关系的表述。

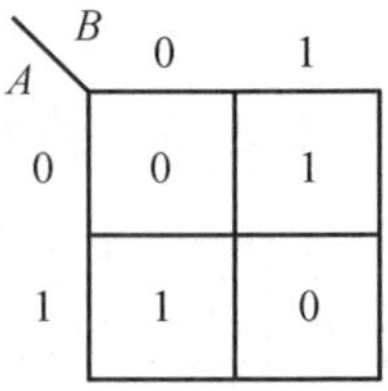

图 2.16　异或逻辑的卡诺图

2. 多变量卡诺图

三、四变量和五变量卡诺图的结构如图 2.17 所示。为使卡诺图相邻或中心轴对称的小方格所代表的最小项或最大项只有一个变量取值不同(称为逻辑相邻),图框两侧标注的变量数值并非按自然二进制数顺序排列,而是按照格雷码的顺序排列。卡诺图的这种排列特性被称为相邻性。

以三变量卡诺图为例(图 2.17(a)),变量 A 为纵坐标,取值有 0,1 两种情况;变量 BC 为横坐标,取值有 00,01,10,11 共 4 种情况;为了体现卡诺图的相邻性,变量 A 依次取值 0,1;变量 BC 依次取值 00,01,11,10。

四变量、五变量卡诺图的结构同样具有相邻性,如图 2.17(b)和图 2.17(c)所示,此处不再赘述。

卡诺图中最小项(最大项)的逻辑相邻性,即卡诺图的相邻性是卡诺图最重要的性质,是后续学习"卡诺图化简法"化简逻辑函数的理论基础。

超过五变量的卡诺图原则上可以按照上述方法获得,但由于卡诺图描述逻辑关系的主要目的是进行逻辑化简,而当逻辑变量的逻辑关系超过 5 个时,卡诺图化简优势已不存在,故本书不再赘述。

3. 卡诺图总结

(1)逻辑函数输入变量的个数决定真值表和卡诺图的结构,即输入变量一旦确定,其真值表的行数和卡诺图的格数也随之确定。

(2)一个确定的逻辑函数,其输出变量与输入变量的逻辑关系就是确定的,真值表、标准积之和式与卡诺图严格对应,具有唯一性,反映确定的逻辑功能。

(3)最小项是逻辑函数的重要概念,在真值表中反映某一行,在卡诺图中反映某一格,表

A \ BC	00	01	11	10
0	m_0	m_1	m_3	m_2
1	m_4	m_5	m_7	m_6

(a) 三变量卡诺图

AB \ CD	00	01	11	10
00	m_0	m_1	m_3	m_2
01	m_4	m_5	m_7	m_6
11	m_{12}	m_{13}	m_{15}	m_{14}
10	m_8	m_9	m_{11}	m_{10}

(b) 四变量卡诺图

AB \ CDE	000	001	011	010	110	111	101	100
00	m_0	m_1	m_3	m_2	m_6	m_7	m_5	m_4
01	m_8	m_9	m_{11}	m_{10}	m_{14}	m_{15}	m_{13}	m_{12}
11	m_{24}	m_{25}	m_{27}	m_{26}	m_{30}	m_{31}	m_{29}	m_{28}
10	m_{16}	m_{17}	m_{19}	m_{18}	m_{22}	m_{23}	m_{21}	m_{20}

(c) 五变量卡诺图

图 2.17　三、四、五变量的卡诺图

示一个确定的输入条件组合。

(4)对于同一个逻辑关系,真值表输出部分有几行为 1,卡诺图方格内取值就有几格为 1,表示输出结论成立的条件。

(5)卡诺图的坐标列写不是按照二进制数值递增的顺序,其最小项(最大项)的位置分布具有逻辑相邻性,是按照格雷码的编码方式排列的。

(6)为了加强可读性,一般卡诺图只标注函数的最小项或最大项。

2.3.5　波形图描述法

波形图是一种以时间变化为横轴,绘制某一逻辑关系的输入、输出变量对应波形变化关系的图形结构。波形图最大的优势是可以直观反映输入变量和输出变量在时间上的对应变化关系,但当变量个数比较多的时候,波形图绘制较为繁琐,同时在逻辑运算和转换方面没有优势。由于变量的取值只有"0""1"两种,变量的变化是瞬时完成的,所以画波形图时可以将横纵坐标轴省略。

【例 2.12】　已知函数表达式 $F(A,B,C)=AB+\overline{C}$ 的输入波形如图 2.18 所示,试绘制与之对应的输出波形。

解　波形图是时间的函数,在绘制输出变量波形图之前,应该明确所有输入变量的时间变化点,这些点同样也是输出变量的时间变化点,如图 2.19 所示对波形变化过程进行时间划分。

两个变化点之间的时间段上,输入变量和输出变量的取值是稳定的。

利用逻辑函数的运算关系,明确输出变量随输入变量的变化过程,绘制输出变量的波形曲线。

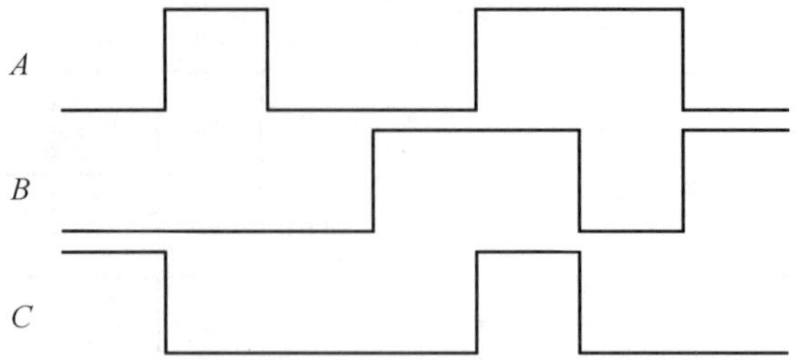

图 2.18　例 2.12 输入波形图

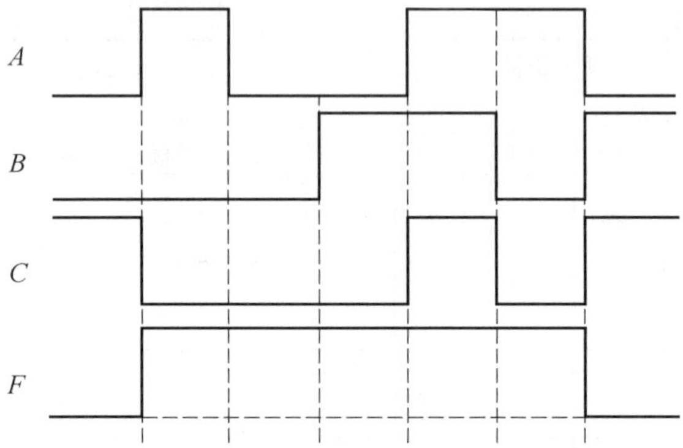

图 2.19　例 2.12 输出波形图

2.3.6　描述方法之间的转换

1. 真值表与逻辑表达式之间的转换

(1) 真值表转换为标准"积之和"式。

通过 2.3.2 节分析可知,最小项与真值表中 $F=1$ 的各行变量取值一一对应,因此,逻辑函数的标准"积之和"式就是真值表中函数值为 1 的最小项之和。

转换方法如下:

①从真值表中寻找 $F=1$ 的行;

②列写 $F=1$ 的行所对应的最小项,各变量取值按序排列后,1 用原变量表示,0 用反变量表示;

③将上述最小项逻辑加,得到标准"积之和"式。

【例 2.13】 已知函数真值表见表 2.13,列写函数的标准"积之和"表达式。

表 2.13　函数真值表

输入			输出	对应的最小项
A	B	C	F	m_i
0	0	0	0	m_0
0	0	1	0	m_1
0	1	0	0	m_2
0	1	1	1	m_3
1	0	0	0	m_4
1	0	1	1	m_5
1	1	0	1	m_6
1	1	1	1	m_7

解　根据真值表转换为标准“积之和”式的方法，可得

$$\begin{aligned} F(A,B,C) &= \overline{A}BC + A\overline{B}C + AB\overline{C} + ABC \\ &= m_3 + m_5 + m_6 + m_7 \\ &= \sum m(3,5,6,7) \end{aligned}$$

(2)真值表转换为标准“和之积”式。

与最小项相类似，最大项与真值表中 $F=0$ 的各行变量取值一一对应，因此，逻辑函数的标准“和之积”式就是真值表中函数值为 0 的最大项之积。

转换方法如下：

①从真值表中寻找 $F=0$ 的行；

②列写 $F=0$ 的行所对应的最大项，各变量取值按序排列后，0 用原变量表示，1 用反变量表示；

③将上述最大项逻辑乘，得到标准“和之积”式。

(3)逻辑表达式转换为真值表。

逻辑表达式反映的是输出变量与输入变量之间的逻辑关系，在明确逻辑关系的前提下，直接列写真值表即可，但要求注意的是真值表列写过程中不要遗漏输入变量的组合状态，n 个变量共有 2^n 种状态。

2. 电路图与逻辑表达式之间的转换

(1)电路图转换为逻辑表达式。

电路图的本质是用直观的逻辑门符号描述电路的逻辑关系，将电路图转换为逻辑表达式的过程，就是按照电路图从输入级到输出级，依次写清各级关系，最终得到逻辑表达式的过程。

【例 2.14】　试列写如图 2.20 所示逻辑电路的函数表达式。

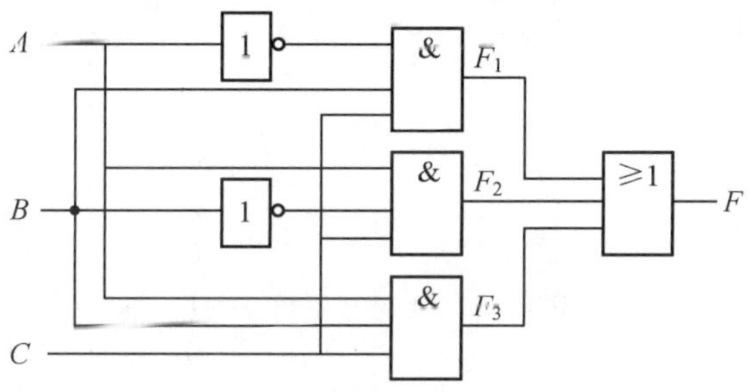

图 2.20　例 2.14 的电路图

解　根据逻辑电路图逐层推导可得

$$F_1 = \overline{A}BC$$

$$F_2 = A\overline{B}C$$

$$F_3 = ABC$$

最终的逻辑函数表达式为

$$F(A,B,C) = F_1 + F_2 + F_3 = \overline{A}BC + A\overline{B}C + ABC$$

(2)逻辑表达式转换为电路图。

在明确逻辑表达式的基础上，选择逻辑关系实现的相应门电路，按照前文所讲的运算优先

级别连接组成电路图即可实现逻辑表达式到电路图的转换。

【例 2.15】 试画出逻辑函数式 $F(A,B,C)=\overline{\overline{A}BC+A\overline{B}C+\overline{A}\,\overline{B}C+AB}$对应的逻辑电路图。

解 根据逻辑函数表达式，选择对应器件，绘制电路图，如图 2.21 所示。

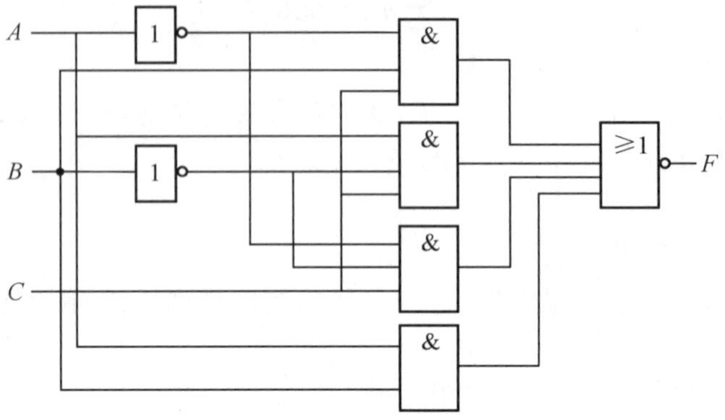

图 2.21 例 2.15 的电路图

3. 真值表与电路图之间的转换

真值表与电路图之间一般并不直接进行转换，其变换的桥梁通常是逻辑表达式。

4. 真值表转换为卡诺图

在明确卡诺图每个图格与真值表每行关系的基础上，将真值表中逻辑函数 F 取值为 1 的最小项对应图格填入“1”，其余填入“0”即可。

【例 2.16】 已知函数真值表见表 2.14，试利用卡诺图描述表中函数。

表 2.14 例 2.16 的真值表

A	B	C	F
0	0	0	1
0	0	1	0
0	1	0	1
0	1	1	1
1	0	0	0
1	0	1	1
1	1	0	1
1	1	1	1

解 通过观察真值表可知，逻辑函数具有 3 个变量，以此绘制三变量卡诺图，并在对应方格内填入“1”即可，如图 2.22(a)所示。有时为了简明，也可只填“1”或“0”，如图 2.22(b)所示。

A \ BC	00	01	11	10
0	1	0	1	1
1	0	1	1	1

(a) 三变量卡诺图

A \ BC	00	01	11	10
0	1		1	1
1		1	1	1

(b) 三变量卡诺图简化写法

图 2.22 例 2.16 的卡诺图

5. 逻辑表达式转换为卡诺图

根据逻辑函数表达式绘制卡诺图可以分为以下几种形式：

（1）标准函数表达式转换为卡诺图。

对于标准“积之和”式，只需将存在最小项对应的图格填“1”，其余格填“0”即可；对于标准“和之积”式，转换方法与之相反，将存在最大项对应的图格填“0”，其余格填“1”即可。

（2）非标准函数表达式转换为卡诺图。

如果逻辑函数式不是标准“积之和”或标准“和之积”这样的标准函数表达式，那么在卡诺图中就不能简单地只对某个图格进行填“1”或填“0”。对于“与或”表达式，与项中原变量用“1”表示，反变量用“0”表示，在卡诺图中变量对应取值的方格内均填入“1”，其余图格填“0”；对于“或与”表达式，或项中原变量用“0”表示，反变量用“1”表示，在卡诺图中变量对应取值的方格内均填入“0”，其余图格填“1”。

其他复杂的运算式，可以先将其转换为“与或”式或“或与”式，再按上述方法进行卡诺图的填写。

【例 2.17】　用卡诺图表述下列逻辑函数：

$$F(A,B,C)=\overline{A}B+C$$

$$Y(A,B,C)=(A+\overline{B})\overline{C}$$

解　逻辑函数 F 的卡诺图如图 2.23（a）所示，其中第一项 $\overline{A}B$ 包括卡诺图第一行右侧的两个方格（m_3 和 m_2）；第二项 C 包括卡诺图中间两列的 4 个方格（m_1，m_3，m_5 和 m_7）。

逻辑函数 Y 的卡诺图如图 2.23（b）所示，其中第一项 $A+\overline{B}$ 包括卡诺图第一行右侧的两个方格（M_3 和 M_2）；第二项 $\overline{C}$ 包括卡诺图中间两列的 4 个方格（M_1，M_3，M_5 和 M_7）。

A \ BC	00	01	11	10
0		1	1	1
1		1	1	

(a) 逻辑函数 F 的卡诺图

A \ BC	00	01	11	10
0		0	0	0
1		0	0	

(b) 逻辑函数 Y 的卡诺图

图 2.23　例 2.17 的卡诺图

2.4　逻辑函数的化简方法

如前所述，一个逻辑函数的表达式具有不同的形式。虽然它们描述的逻辑功能相同，但其电路实现时的复杂性和成本却各不相同。一般而言，表达式越简单，电路的复杂性就越低，成本也随之降低，更为重要的是，电路的可靠性越高。基于此，为了简化电路，降低成本，提高可靠性，有必要学习逻辑函数的化简方法。

2.4.1　逻辑函数的化简依据和最简标准

逻辑函数的化简方法主要有代数化简法和卡诺图化简法两种。在学习两种化简方法之前，首先应该理解逻辑函数的化简依据和最简标准。

【例 2.18】 已知逻辑函数表达式为 $F(A,B,C)=\overline{A}BC+A\overline{B}C+AB\overline{C}+ABC$，绘制其逻辑电路图；然后化简并绘制最简“与或”式的逻辑电路图。

解 利用基本定律中的等幂律、互补律和分配律对逻辑函数进行变换和化简

$$\begin{aligned}F(A,B,C)&=\overline{A}BC+A\overline{B}C+AB\overline{C}+ABC\\&=\overline{A}BC+A\overline{B}C+AB\overline{C}+ABC+ABC+ABC\\&=AB(\overline{C}+C)+BC(\overline{A}+A)+CA(B+\overline{B})\\&=AB+BC+CA\end{aligned}$$

分别得到原表达形式和最简“与或”式的逻辑电路图，如图 2.24 所示。在保证逻辑功能不变的前提下，相比于图 2.24(a)，图 2.24(b) 明显具有低复杂度和低成本的特点，同时具有处理速度快的优点。

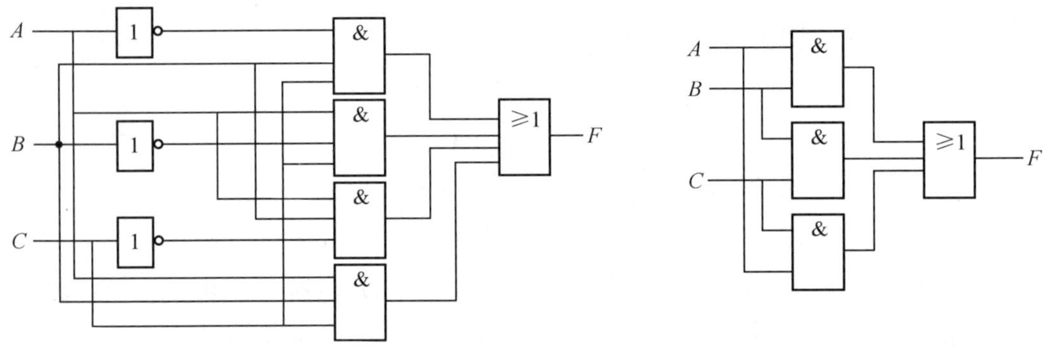

(a) 原表达式电路图　　(b) 最简“与或”式电路图

图 2.24　两种表达式电路图对比

从降低成本、提高电路工作速度和增加可靠性等方面考虑，逻辑函数的简化依据可以概括为以下 4 点：

①逻辑电路所用门的数量要少。

②每个门的输入端个数要少。

③逻辑电路构成级数要少。

④逻辑电路工作要保证可靠。

前两点简化的依据是降低成本，后两点简化的依据是提高电路工作速度及可靠性。

逻辑函数的最简标准取决于函数本身的类型，本书以最为常用的“与或”式为例介绍最简标准。

“与或”式最简的标准包含两个条件：

①逻辑式中乘积项最少。

②乘积项中所含变量最少。

条件①不仅可以保证实现电路的与门个数最少，同时可以保证下级或门的输入端个数最少；条件②可以保证实现电路的与门输入端个数最少，这两个条件与前文所阐述的逻辑函数的简化依据是相对应的。

同理，“或与”式的最简标准也包含两个条件：

①逻辑式中和项最少。

②和项中所含变量最少。

2.4.2　代数化简法

代数化简法就是直接利用逻辑代数的基本公式，通过代数化简手段消去逻辑函数中多余的项和变量，从而实现函数最简。

常用的代数化简方法有如下 4 种：

(1)并项。

利用 $AB+A\bar{B}=A$ 将两项合并为一项，且消去一个变量 B；利用并项进行化简，重点在于寻找逻辑相邻关系。

【例 2.19】　利用代数法化简函数 $F(A,B,C)=\bar{A}BC+\bar{A}B\bar{C}+\bar{A}\bar{B}C+\bar{A}\bar{B}\bar{C}$。

解

$$F(A,B,C)=(\bar{A}BC+\bar{A}B\bar{C})+(\bar{A}\bar{B}C+\bar{A}\bar{B}\bar{C})=\bar{A}B+\bar{A}\bar{B}=\bar{A}$$

(2)消项。

利用 $A+AB=A$ 消去一项 AB；利用消项进行化简，重点在于寻找单因子项。

【例 2.20】　利用代数法化简函数 $F(A,B,C,D)=\overline{A\bar{B}}+\bar{A}C+BD$。

解

$$F(A,B,C,D)=\overline{A\bar{B}}+\bar{A}C+BD=\bar{A}+B+\bar{A}C+BD=\bar{A}+B$$

(3)消元。

利用吸收率 $A+\bar{A}B=A+B$ 消去一个变量 $\bar{A}$；利用吸收率进行化简，重点同样在于寻找单因子项。

【例 2.21】　利用代数法化简函数 $F(A,B,C,D,E)=\bar{A}\bar{B}+AC\bar{D}+BC\bar{D}+\bar{C}\bar{D}E$。

解

$$\begin{aligned}F(A,B,C,D,E)&=\bar{A}\bar{B}+AC\bar{D}+BC\bar{D}+\bar{C}\bar{D}E\\&=\bar{A}\bar{B}+(A+B)C\bar{D}+\bar{C}\bar{D}E\\&=\bar{A}\bar{B}+\overline{\bar{A}\bar{B}}C\bar{D}+\bar{C}\bar{D}E\\&=\bar{A}\bar{B}+C\bar{D}+\bar{C}\bar{D}E\\&=\bar{A}\bar{B}+\bar{D}(C+\bar{C}E)\\&=\bar{A}\bar{B}+\bar{D}(C+E)\\&=\bar{A}\bar{B}+\bar{D}C+\bar{D}E\end{aligned}$$

(4)配项。

利用 $AB+\bar{A}C+BC=AB+\bar{A}C$ 消去一项 BC；利用配项进行化简，重点在于寻找多余项。

【例 2.22】　利用代数法化简函数 $F(A,B,C,D)=AC+\bar{A}D+\bar{B}D+B\bar{C}$。

解

$$\begin{aligned}F(A,B,C,D)&=AC+\bar{A}D+\bar{B}D+B\bar{C}\\&=AC+(\bar{A}+\bar{B})D+B\bar{C}\\&=AC+B\bar{C}+\overline{AB}D\end{aligned}$$

$$=AC+B\bar{C}+AB+\overline{AB}D$$

$$=AC+B\bar{C}+AB+D$$

$$=AC+B\bar{C}+D$$

代数法化简逻辑函数虽然具有简单直接的优势，但在化简过程中，不仅要求熟悉逻辑代数的基本公式和基本定理，还需判断最终结果是否为最简，方法应用不够直观。一般情况下，只有当逻辑函数较为简洁时，才利用代数法进行化简；而对于较为复杂的函数，普遍采用卡诺图化简法来实现逻辑函数的简化。

2.4.3 卡诺图化简法

1. 卡诺图化简原理

利用逻辑代数的吸收律

$$AB+A\bar{B}=A \text{ 或 } (A+B)(A+\bar{B})=A$$

将任意相邻的两个最小项或最大项结合可以消去取值不同的一个变量，取值相同的变量合并为一项。由卡诺图的结构可知，图上任意两个在几何位置上相邻或与中心轴对称的方格代表的最小项或最大项只有一个变量取值不同，因此，通过对卡诺图中方格的结合，可以将多个变量合并为一项。

2. 卡诺图化简规则

(1)在卡诺图上，将两个相邻的最小项(最大项)圈成一个矩形，即为1项，这样的圈称为卡诺圈，由于是两项合并，因此称为两项圈，如图2.25所示。

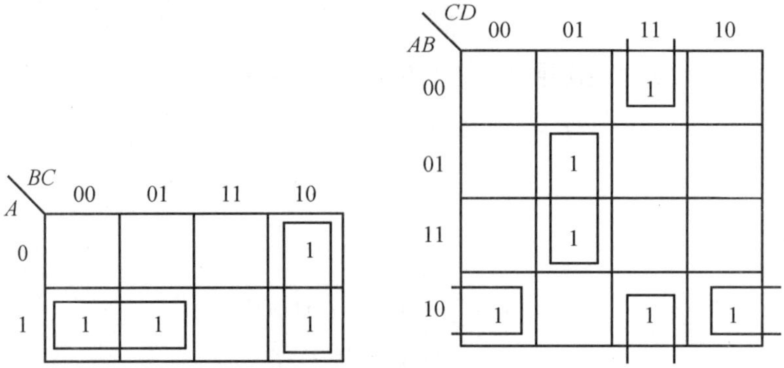

(a) 三变量卡诺图　　(b) 四变量卡诺图

图2.25　两项圈

图2.25(a)中化简的逻辑关系可以表述为

$$A\bar{B}\bar{C}+A\bar{B}C=A\bar{B}$$

$$\bar{A}B\bar{C}+AB\bar{C}=B\bar{C}$$

即
$$F(A,B,C)=A\bar{B}\bar{C}+A\bar{B}C+\bar{A}B\bar{C}+AB\bar{C}=A\bar{B}+B\bar{C}$$

图2.25(b)中化简的逻辑关系可以表述为

$$\bar{A}B\bar{C}D+AB\bar{C}D=B\bar{C}D$$

$$\bar{A}\bar{B}CD+A\bar{B}CD=\bar{B}CD$$

$$A\overline{B}\,\overline{C}\,\overline{D}+A\overline{B}C\overline{D}=A\overline{B}\,\overline{D}$$

即　$F(A,B,C,D)=\overline{A}B\overline{C}D+AB\overline{C}D+\overline{A}\,\overline{B}CD+A\overline{B}CD+A\overline{B}\,\overline{C}\,\overline{D}+A\overline{B}C\overline{D}=B\overline{C}D+\overline{B}CD+A\overline{B}\,\overline{D}$

(2)4 个相邻的最小项(最大项)合并,可以圈成一个正方形或矩形,消去 2 个取值不同的变量,如图 2.26 所示。

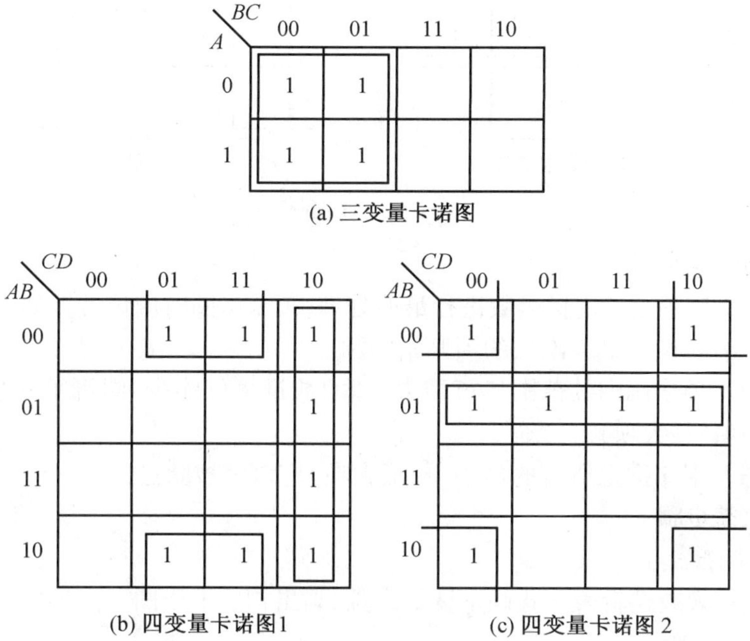

图 2.26　四项圈

图 2.26(a)中化简的逻辑关系可以表述为

$$\overline{A}\,\overline{B}\,\overline{C}+\overline{A}\,\overline{B}C+A\overline{B}\,\overline{C}+A\overline{B}C=\overline{B}$$

图 2.26(b)中化简的逻辑关系可以表述为

$$\overline{A}\,\overline{B}C\overline{D}+\overline{A}BC\overline{D}+ABC\overline{D}+A\overline{B}C\overline{D}=C\overline{D}$$

$$\overline{A}\,\overline{B}\,\overline{C}D+A\overline{B}\,\overline{C}D+A\overline{B}CD+\overline{A}\,\overline{B}CD=\overline{B}D$$

图 2.26(c)中化简的逻辑关系可以表述为

$$\overline{A}B\overline{C}\,\overline{D}+\overline{A}BC\overline{D}+\overline{A}B\overline{C}D+\overline{A}BCD=\overline{A}B$$

$$\overline{A}\,\overline{B}\,\overline{C}\,\overline{D}+A\overline{B}C\overline{D}+\overline{A}\,\overline{B}C\overline{D}+A\overline{B}\,\overline{C}\,\overline{D}=\overline{B}\,\overline{D}$$

(3)8 个相邻的最小项(最大项)合并,可以消去 3 个取值不同的变量,如图 2.27 所示。

图 2.27(a)中化简的逻辑关系可以表述为

$$\sum m(4,5,6,7,12,13,14,15)=B$$

图 2.27(b) 中化简的逻辑关系可以表述为

$$\sum m(0,2,4,6,8,10,12,14)=\overline{D}$$

(4)结论:2^n 个相邻的最小项(最大项)合并,可以消去 n 个取值不同的变量。

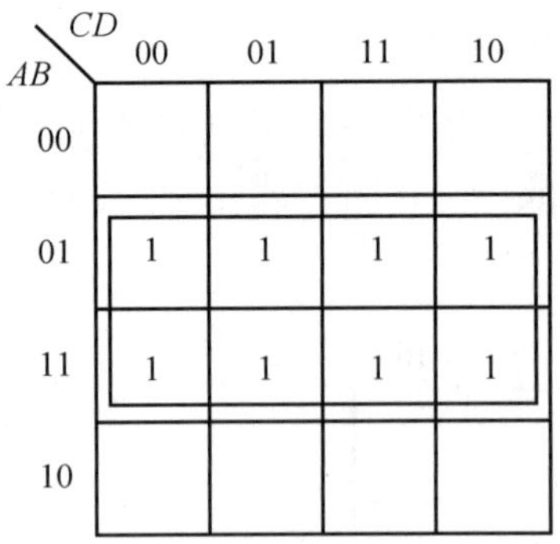

(a) 四变量卡诺图 1

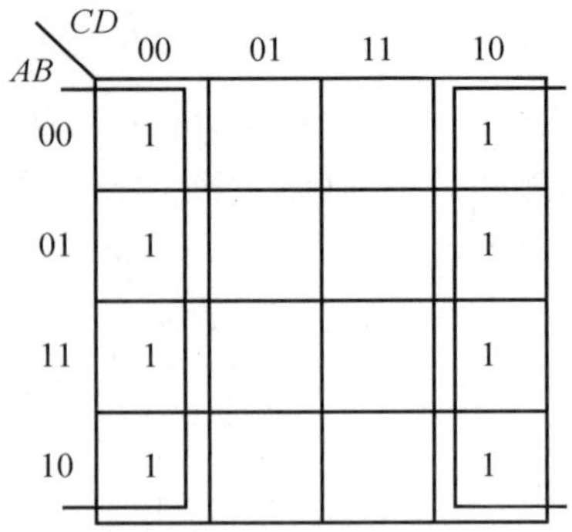

(b) 四变量卡诺图 2

图 2.27　八项圈

3. 卡诺图画圈原则

为了保证在卡诺图上将逻辑函数进行最简处理，画卡诺圈时应该遵循如下原则：

(1)少圈开始：一般从最少圈法的项开始画圈。

(2)圈大数少：要求画圈的范围尽可能大，圈的数量尽可能少，圈可重复包围但每个圈内必须有新的最小项(最大项)。

(3)全项圈过：卡诺图上所有的最小项(最大项)应该都被圈过。

4. 卡诺图化简步骤

第一步：画卡诺图。

根据给定真值表或逻辑表达式确定变量个数，画出相应卡诺图。

第二步：填函数项。

根据给定真值表或逻辑表达式填写卡诺图，对于"与或"表达式，存在的最小项填"1"；对于"或与"表达式，存在的最大项填"0"。

第三步：画卡诺圈。

根据卡诺图画圈原则，画出准确的卡诺圈，对于"与或"表达式，圈"1"；对于"或与"表达式，圈"0"。

第四步：写化简项。

按"存同去异"的原则，将各卡诺圈中取值不同的变量消去，对于"与或"表达式，取值为 1 的变量用原变量表示，取值为 0 的变量用反变量表示，每个圈写出一个最简"积"项；对于"或与"表达式，取值为 1 的变量用反变量表示，取值为 0 的变量用原变量表示，每个圈写出一个最简"和"项。

第五步：列表达式。

对于"与或"表达式，将所有圈的最简"积"项逻辑加，即为最简"与或"式或称最简"积之和"式；对于"或与"表达式，将所有圈的最简"和"项逻辑乘，即为最简"或与式"或称最简"和之积"式。

5. 卡诺图化简举例

【例2.23】 利用卡诺图化简逻辑函数 $F(A,B,C,D)=\sum m(3,4,5,7,9,13,14,15)$，写出最简"与或"式和最简"或与"式。

解　(1)最简“与或”式

根据题中待化简的逻辑函数表达式,画出四变量卡诺图,如图 2. 28 所示。

① 首先根据“少圈开始”的画圈原则,确定图中圈法唯一的四项:m_3、m_4、m_9和 m_{14},并在图中绘制这四项的卡诺圈。

② 根据“全项圈过”的画圈原则,发现卡诺图上所有的最小项都被圈过,因此化简结束。

应注意,思考题目时直观上会被中心位置的四项圈,即 m_5、m_7、m_{13}和 m_{15}(图中的虚线圈)所吸引,如果画出中心四项圈,剩余四项 m_3、m_4、m_9和 m_{14}画圈方法唯一且只能选择相邻项组成两项圈(图中的实线圈)的最小项,画出四个两项圈后,不难发现中心位置的四项圈是多余圈,应该去除。

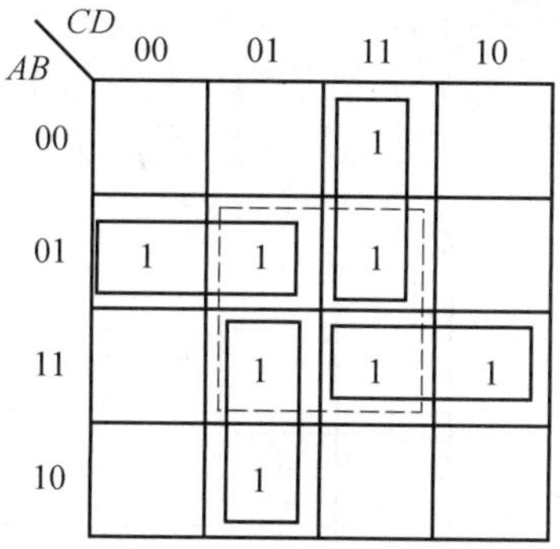

图 2. 28　例 2. 23 最简“与或”式卡诺图化简

最终得到逻辑函数的最简“与或”式为

$$F(A,B,C,D)=\bar{A}CD+\bar{A}B\bar{C}+A\bar{C}D+ABC$$

(2)最简“或与”式

同理,画出四变量卡诺图,对“0”画圈,如图 2. 29 所示。最终得到逻辑函数的最简“或与”式为:

$$F(A,B,C,D)=(A+B+C)(A+\bar{C}+D)(\bar{A}+C+D)(\bar{A}+B+\bar{C})$$

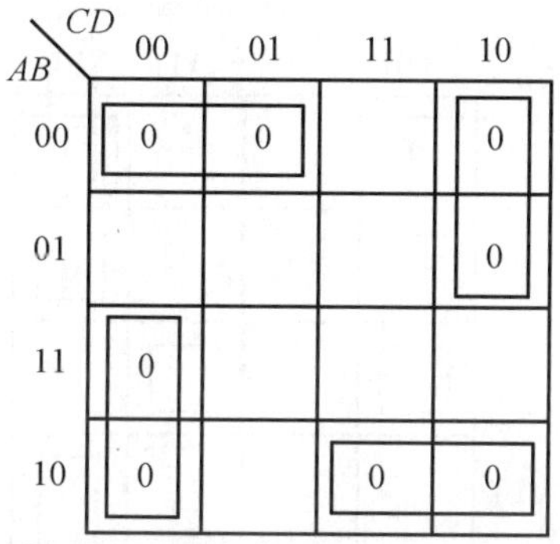

图 2. 29　例 2. 23 最简“或与”式卡诺图化简

【例 2. 24】　利用卡诺图化简逻辑函数 $F(A,B,C,D)=\sum m(1,3,4,5,7,8,9,11,13,14)$,写出最简“与或”式和最简“或与”式。

解　(1)最简“与或”式

根据题中待化简的逻辑函数表达式,画出四变量卡诺图,图 2. 30 给出了卡诺圈的画圈过程。

① 首先根据“少圈开始”的画圈原则,确定图中圈法唯一的三项:m_4、m_8和 m_{14},并在图中绘制该三项唯一的卡诺圈,如图 2. 30(a)所示。

② 根据“圈大数少”的画圈原则,选择画圈范围最大(直观上最有吸引力)的卡诺圈,如图 2. 30(b)所示为两个四项圈。

③ 最后根据“全项圈过”的画圈原则,对剩余项 m_{11}画圈,注意包含 m_{11}的最大卡诺圈应该

是四项圈,如图 2.30(c)所示。

最终得到逻辑函数的最简“与或”式为

$$F(A,B,C,D)=\overline{A}D+\overline{C}D+\overline{B}D+\overline{A}B\,\overline{C}+A\,\overline{B}\,\overline{C}+ABC\,\overline{D}$$

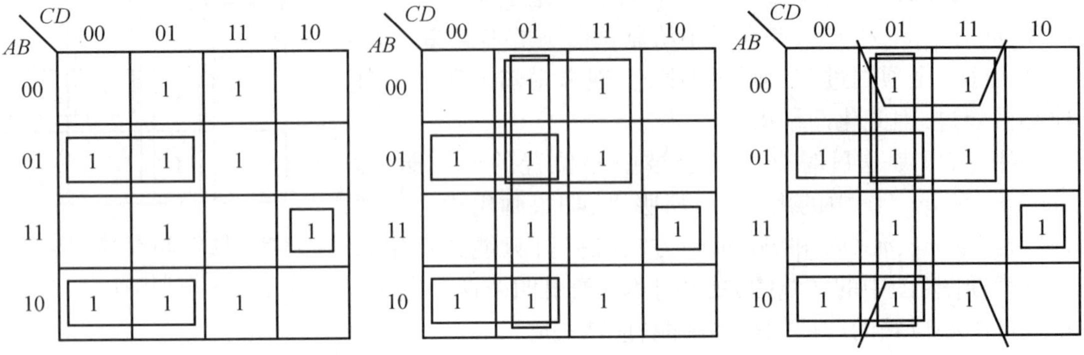

(a) 三项唯一圈法　(b) 范围最大圈法　(c) 最后四项圈

图 2.30　例 2.24 最简“与或”式化简与实现

(2)最简“或与”式

同理,画出四变量卡诺图,对“0”进行作圈,如图 2.31 所示。最终得到逻辑函数的最简“或与”式为:

$$F(A,B,C,D)=(A+B+D)(A+\overline{C}+D)(B+\overline{C}+D)(\overline{A}+\overline{B}+C+D)(\overline{A}+\overline{B}+\overline{C}+\overline{D})$$

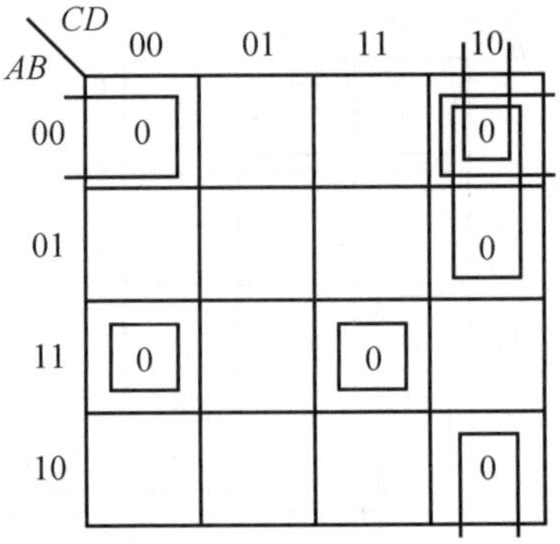

图 2.31　例 2.24 最简“或与”式化简

【例 2.25】　利用卡诺图化简 $F(A,B,C,D)=\sum m(0,2,5,7,8,10,12,13,14)$,写出最简“与或”式和最简“或与”式。

解　(1)最简“与或”式

根据题中待化简的逻辑函数表达式,绘制四变量卡诺图,并对“1”画圈,如图 2.32 所示。

最终得到逻辑函数的最简“或与”式为

$$F(A,B,C,D)=\overline{B}\,\overline{D}+A\overline{D}+B\,\overline{C}D+\overline{A}BD$$

(2)最简“或与”式

根据题中待化简的逻辑函数表达式,绘制四变量卡诺图,并对“0”画圈,如图 2.33 所示。

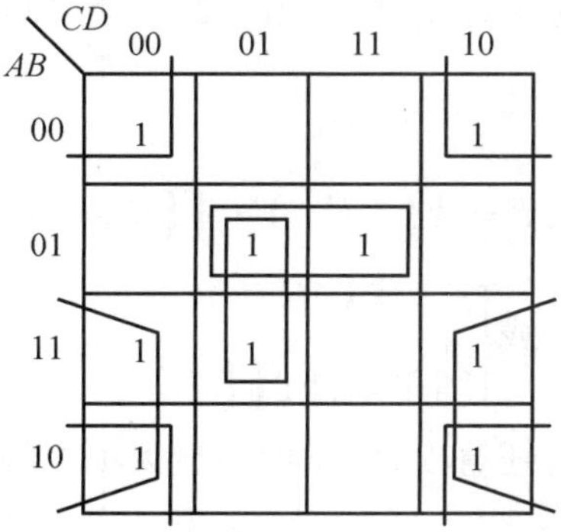

图 2.32　例 2.25 最简“与或”式卡诺图化简

最终得到逻辑函数的最简“或与”式为

$$F=(B+\overline{D})(A+\overline{B}+D)(\overline{A}+\overline{C}+\overline{D})$$

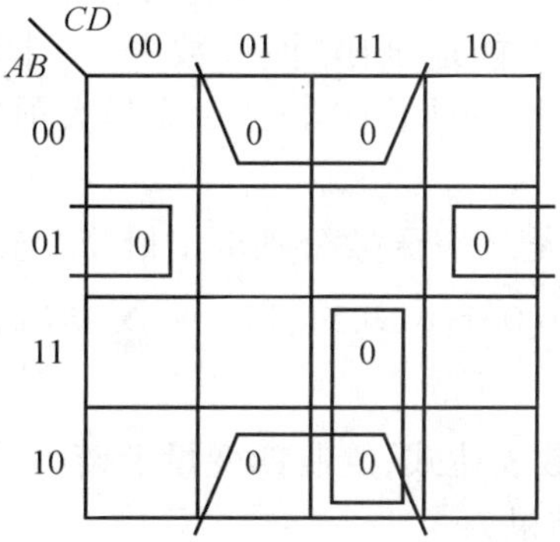

图 2.33　例 2.25 最简“或与”式卡诺图化简

2.4.4　含有任意项的逻辑函数化简

前面讨论的逻辑函数，无论表述形式如何复杂，对于自变量的任意一组取值，总有唯一一个确定的函数值与之对应，非 1 即 0。但对于某些实际问题，在一个逻辑函数中，变量的某些取值组合不会出现；或者对于变量的某些取值组合，所对应的函数值是不定的，这样的变量组合所对应的最小项（最大项）称为任意项。如 8421BCD 码中的 1010，1011，1100，1101，1110 和 1111 这 6 种输入组合就是任意项。任意项又称无关项或约束项。本书用“×”来表示。

1. 含有任意项的逻辑函数表示方法

同常规逻辑函数表示方法相类似，含有任意项的逻辑函数通常有以下 3 种表示方式，其中包括最小项表达式、最大项表达式两种标准表达式和非标准表达式。

（1）最小项表达式。

最小项表达式可以表示为

$$F=\sum m(\quad)+\sum \Phi(\quad) \tag{2.19}$$

$$\text{或}\begin{cases}F=\sum m(\quad)\\ \text{约束条件}:\sum \Phi(\quad)=0\end{cases} \tag{2.20}$$

其中，$m(\ )$为最小项；$\Phi(\ )$为任意项；任意项与最小项之间是逻辑“或”的关系。

（2）最大项表达式。

最大项表达式可以表示为

$$F=\prod M(\ )\cdot\prod\Phi(\ ) \tag{2.21}$$

$$或\begin{cases}F=\prod M(\ )\\ 约束条件:\prod\Phi(\ )=1\end{cases} \tag{2.22}$$

其中，$M(\ )$为最大项；$\Phi(\ )$为任意项；任意项与最大项之间是逻辑“与”的关系。

（3）非标准表达式。

非标准表达式的含义是只要逻辑函数、约束条件中有一个是非标准形式，含有任意项的逻辑函数就为非标准表达式。

2. 含有任意项的逻辑函数化简

含有任意项的逻辑函数化简一般采用直观描述的卡诺图化简法，在化简过程中，既可以将任意项看作1，也可以看作0，尽可能地画出“圈大数少”的卡诺圈。但需注意，每个卡诺圈除任意项外至少包含一个最小项（任意项看作1）或一个最大项（任意项看作0），消除多余项，使函数化为最简。

【例2.26】 利用卡诺图化简逻辑函数分别求出最简“与或”式和最简“或与”式。

$$F(A,B,C,D)=\sum m(0,1,6,9,14,15)+\sum\Phi(2,4,7,8,10,11,12,13)$$

解 （1）最简“与或”式

根据题中待化简的逻辑函数表达式，绘制四变量卡诺图，如图2.34所示，利用任意项降低化简难度，看作“1”，最终化简结果为

$$F=\overline{B}\,\overline{C}+BC$$

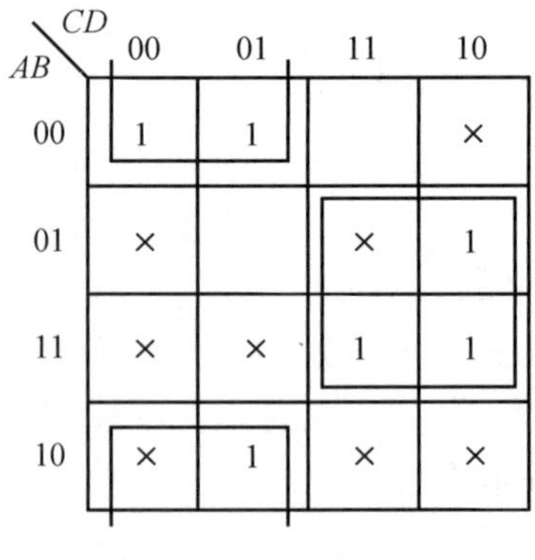

图2.34 例2.26最简“与或”式卡诺图化简

（2）最简“或与”式

画出四变量卡诺图，如图2.35所示，利用任意项降低化简难度，看作“0”，最终化简结果为

$$F=(\overline{B}+C)(B+\overline{C})$$

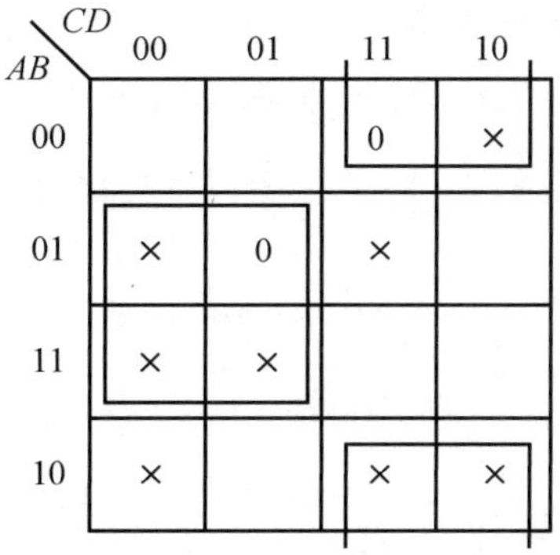

图 2. 35　例 2. 26 最简“或与”式卡诺图化简

【**例 2. 27**】　某电路的输入 *ABCD* 为 5421BCD 码。当输入的 5421BCD 码能被 4 或 5 整除时，电路输出 $F=1$，否则 $F=0$。试列出电路的真值表，写出其最小项表达式，并利用卡诺图求出最简“与或”式和最简“或与”式。

解　(1)根据题意，列出真值表，见表 2. 15。

表 2. 15　电路真值表

输入					输出
No	*A*	*B*	*C*	*D*	*F*
0	0	0	0	0	1
1	0	0	0	1	0
2	0	0	1	0	0
3	0	0	1	1	0
4	0	1	0	0	1
	0	1	0	1	×
	0	1	1	0	×
	0	1	1	1	×
5	1	0	0	0	1
6	1	0	0	1	0
7	1	0	1	0	0
8	1	0	1	1	1
9	1	1	0	0	0
	1	1	0	1	×
	1	1	1	0	×
	1	1	1	1	×

(2)根据真值表,写出最小项表达式。

$$\begin{cases}F(A,B,C,D)=\sum m(0,4,8,11)\\ \text{约束条件}:\sum \Phi(5,6,7,13,14,15)=0\end{cases}$$

(3)最简“与或”式。

根据最小项表达式,画出四变量卡诺图,如图 2.36 所示,化简结果为

$$F=\overline{A}B+\overline{B}\,\overline{C}\,\overline{D}+ACD$$

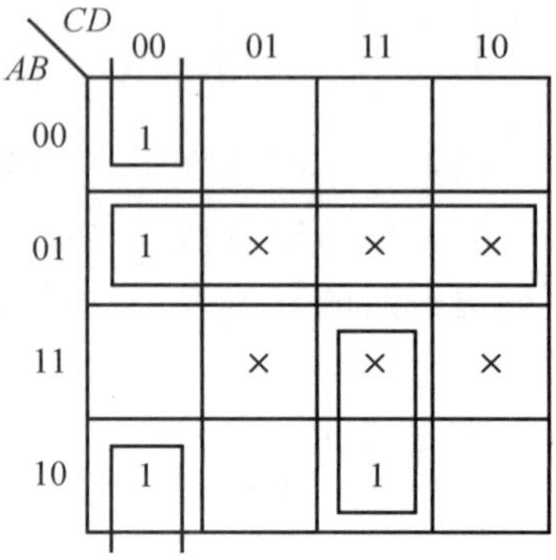

图 2.36　例 2.27 最简“与或”式卡诺图化简

(4)最简“或与”式。

如图 2.37(a)和(b)所示,化简结果为

$$F=(A+\overline{D})(C+\overline{D})(\overline{C}+D)(\overline{A}+\overline{B})\text{或}F=(A+\overline{C})(C+\overline{D})(\overline{C}+D)(\overline{A}+\overline{B})$$

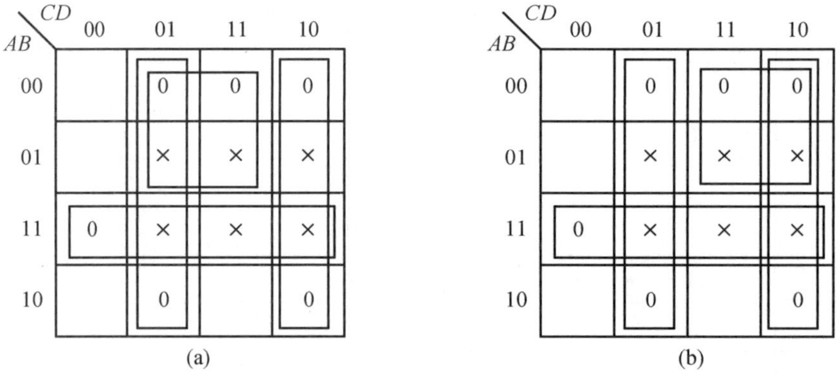

图 2.37　例 2.27 最简“或与”式卡诺图化简

由图 2.37(a)和(b)可见,卡诺圈的画法不唯一,因此化简结果也不唯一。

本章小结

本章首先介绍了逻辑代数的基本运算,重点讲解了逻辑代数的基本定律和运算规则、逻辑函数的描述方法以及逻辑函数的化简方法。这些内容是数字逻辑分析和设计的基础,重要性不言而喻,将贯穿全书始终。

本章需要重点掌握的知识如下:

(1)逻辑代数是数字逻辑的理论基础,是一套与普通代数不同的代数运算系统。其基本

逻辑运算包含“与”“或”“非”3 种，其他任何复杂的逻辑关系都可以利用这 3 种基本逻辑运算组合而成，常见的复合逻辑运算包括“与非”“或非”“与或非”“异或”和“同或”5 种。

(2)逻辑代数的基本定律、运算规则和优先级别是逻辑函数化简和变形的基础，因此对 10 个基本定律和代入规则、对偶规则、反演规则的掌握是后续逻辑函数描述和化简的前提和保证。

(3)逻辑函数通常可以用真值表、代数式、逻辑图、卡诺图和波形图 5 种方式进行描述，要求熟练掌握这些描述方法及其之间的转换过程。这部分内容的层次结构如图 2.38 所示。

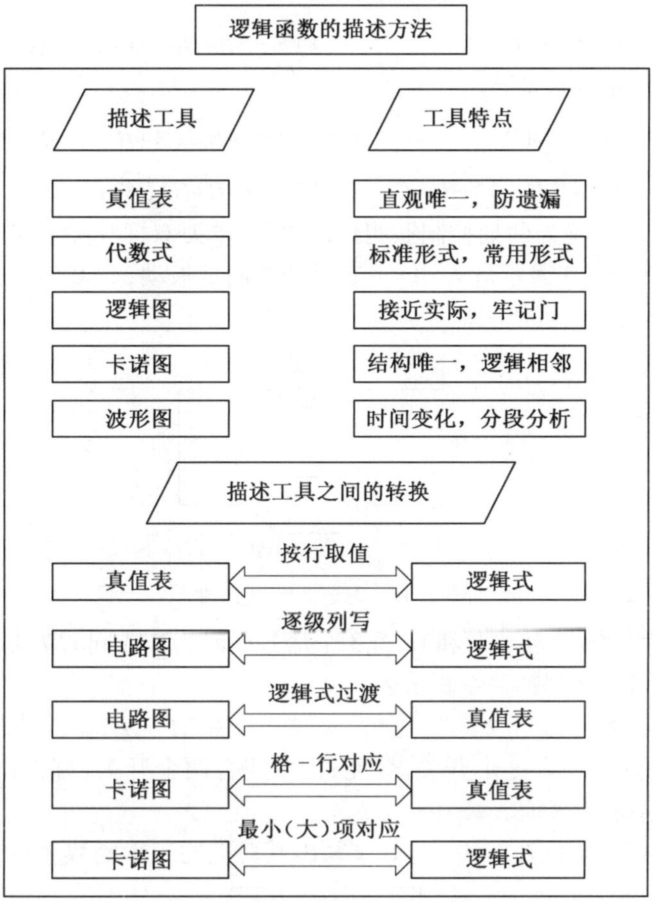

图 2.38　逻辑函数表示法结构层次

(4)为了简化电路、降低成本和提高可靠性，需要对逻辑函数进行化简。要求理解代数化简法，熟练掌握卡诺图化简法，包括含有任意项的逻辑函数卡诺图化简，这部分内容是本章的重点。

习　题

2.1　计算下列各式。

(1) $F=1\oplus(1\oplus0)\oplus1\oplus0$　　(2) $F=1\oplus1\oplus1\oplus1$

(3) $F=\overline{1\oplus0}\oplus\overline{0\oplus1}$　　(4) $F=(0+\overline{1\oplus1\oplus0})\cdot(1\oplus0\oplus1)$

2.2 利用逻辑代数的基本定律证明下式。

(1) $\overline{A+BC+D}=\bar{A}(\bar{B}+\bar{C})\bar{D}$ (2) $(\bar{A}+B+C)(\bar{A}+B+\bar{C})(A+B+C)=B+\bar{A}C$

(3) $\bar{A}C+AB+\bar{B}\,\bar{C}=\bar{A}\bar{C}+\bar{A}\,\bar{B}+BC$ (4) $(AB)\oplus(AC)=A(B\oplus C)$

(5) $A\bar{B}\,\bar{C}+\bar{A}B\bar{C}+\bar{A}\,\bar{B}C+ABC=A\oplus B\oplus C$ (6) $ABC+\bar{A}+\bar{B}+\bar{C}=1$

2.3 利用反演规则和对偶规则,写出下列逻辑函数的反函数和对偶函数。

(1) $F=A+A\bar{C}+\overline{A(B+\overline{CD})}$ (2) $F=A\bar{B}(\overline{C+D})+C$

(3) $F=\overline{A\,\bar{B}+BC+A\,\bar{C}}(A+B+\bar{C})$ (4) $F=A\bar{B}+B+C\bar{D}+AB\bar{C}D+(\bar{A}+C)$

2.4 利用真值表证明下述等式。

(1) $(AB)\oplus(AC)=A(B\oplus C)$ (2) $A\bar{B}+\bar{A}B=(A+B)(\bar{A}+\bar{B})$

(3) $\bar{A}B\bar{C}+\bar{A}\,\bar{B}C+ABC+A\bar{B}\,\bar{C}=A\oplus B\oplus C$ (4) $A(\bar{A}+B+C)(\bar{A}+B+\bar{C})(A+B+C)=AB$

2.5 图 2.39 所示电路为两处控制照明灯的电路,单刀双掷开关 A 装在一处,B 装在另一处。设 $F=1$ 表示灯亮,$F=0$ 表示灯灭;$A=1$ 表示开关向上扳动,$A=0$ 表示开关向下扳动,B 亦如此。试写出该逻辑关系的真值表。

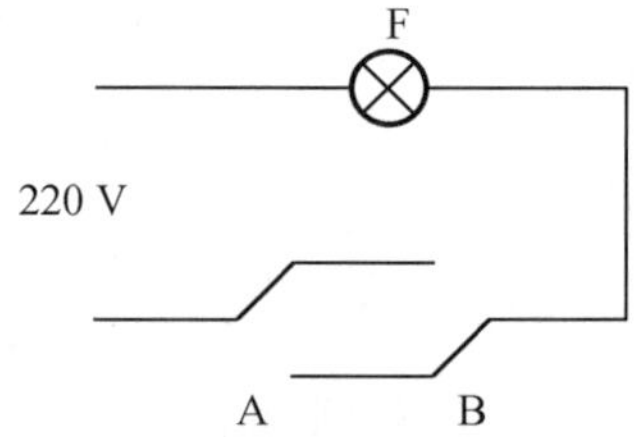

图 2.39 习题 2.5 电路图

2.6 3 个输入信号分别为 A,B 和 C,若 3 个信号同时为 0 或同时为 1 时,电路输出信号 F 为 1,否则 F 为 0,试列写该逻辑关系真值表。

2.7 有一 T 形走廊,在交汇处有一电灯,在进入走廊的 A,B,C 三处各有一个控制开关,都能独立进行控制。任意闭合一个开关,灯亮;任意闭合两个开关,灯灭;3 个开关都闭合,灯仍亮,试写出该逻辑关系的真值表。

2.8 已知逻辑电路图如图 2.40 所示,试写出其对应的逻辑函数表达式,并化简。

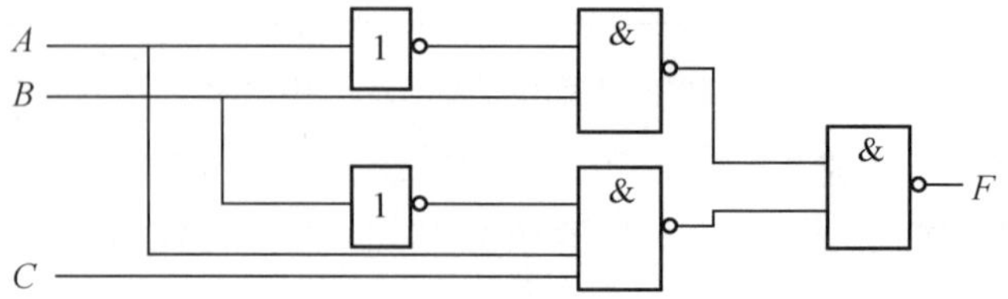

图 2.40 习题 2.8 电路图

2.9 将下列逻辑函数分别转换为最小项之和和最大项之积的形式。

(1) $F(A,B,C)=\bar{A}B+BC+A\bar{C}$ (2) $F(A,B,C)=(A+C)(\bar{A}+B)(B+\bar{C})$

(3) $F(A,B,C,D)=\overline{\bar{A}B(C+\bar{D})}$ (4) $F(A,B,C,D)=A\bar{B}C+\bar{A}\,\bar{B}D+A\bar{C}D+A\bar{B}C\,\bar{D}$

2.10　代数法化简下列各逻辑函数。

(1) $F(A,B,C,D)=A(B+\bar{C})+\bar{A}(\bar{B}+C)+\bar{B}\,\bar{C}D+BCD$

(2) $F(A,B,C,D)=A\bar{B}D+\bar{A}C+\bar{B}+C\,\bar{D}+\bar{A}B\bar{C}D+ABCD$

(3) $F(A,B,C)=\overline{\overline{\bar{A}BC}\cdot\overline{A\,\bar{B}}\cdot\overline{\bar{A}B}}$

(4) $F(A,B,C)=(\bar{A}\oplus B)(B\oplus C)+A\oplus BC\oplus\bar{C}$

2.11　如图 2.41 所示，辨析下列卡诺圈作法正误。

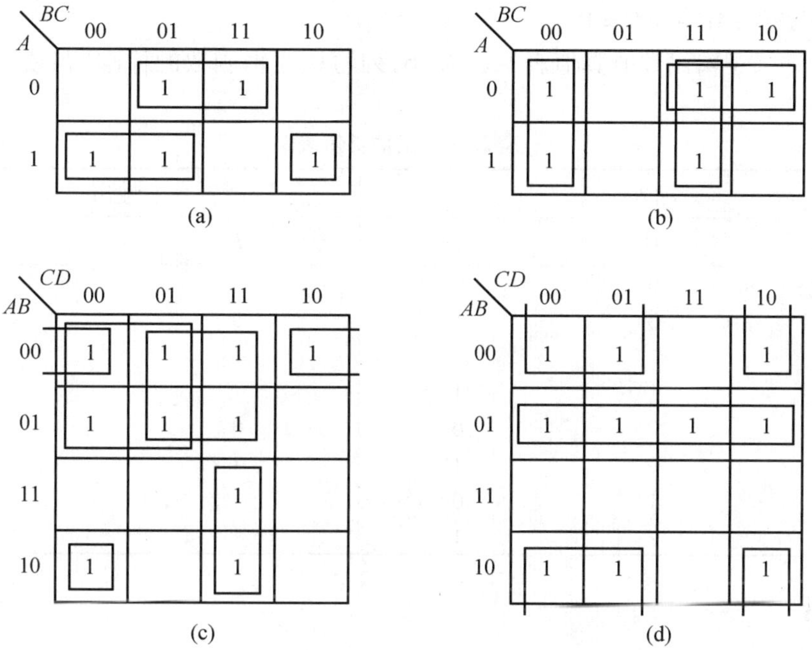

图 2.41　习题 2.11 卡诺圈作法示意图

2.12　用卡诺图法化简下列各逻辑函数。

(1) $F(A,B,C)=ABC+\bar{A}+\bar{B}+\bar{C}$

(2) $F(A,B,C)=\bar{A}\,\bar{B}+\bar{A}+\bar{B}+ABC$

(3) $F(A,B,C,D)=A\bar{B}+AD+BD+B\bar{C}\,\bar{D}+\bar{A}B\bar{C}D$

(4) $F(A,B,C,D)=\bar{A}\,\bar{B}\,\bar{C}D+\bar{A}\,\bar{B}CD+\bar{A}\,\bar{B}C\,\bar{D}+A\bar{B}\,\bar{C}\,\bar{D}+A\bar{B}CD+A\bar{B}C\,\bar{D}$

(5) $F(A,B,C)=\sum m(0,1,2,4,6,7)$

(6) $F(A,B,C,D)=\sum m(0,2,5,7,8,10,13,15)$

(7) $F(A,B,C,D)=\prod M(0,1,2,3,8,10)$

(8) $F(A,B,C,D)=\prod M(0,2,4,8,9,11,13,15)$

2.13　卡诺图法化简含有任意项的逻辑函数。

(1) $F(A,B,C,D)=\sum m(0,2,7,13,14)+\sum \Phi(3,9,11,15)$

(2) $F(A,B,C,D) = \sum m(1,2,4,12,14) + \sum \Phi(5,6,7,8,9,10)$

(3) $F(A,B,C,D) = \sum m(3,5,6,7,10) + \sum \Phi(0,1,2,4,8)$

(4) $F(A,B,C,D) = \sum m(2,3,7,8,11,14) + \sum \Phi(0,5,10,15)$

(5) $\begin{cases} F(A,B,C,D) = \sum m(0,2,7,13,15) \\ \text{约束条件}: \overline{A}B\,\overline{C} + \overline{A}B\,\overline{D} + \overline{A}\,\overline{B}D = 0 \end{cases}$

(6) $\begin{cases} F(A,B,C,D) = \overline{B}C + \overline{A}B\,\overline{C}\,\overline{D} \\ \text{约束条件}: AB + BC = 0 \end{cases}$

2.14　已知某逻辑函数的真值表见表2.16,列写该逻辑函数的标准"与或"式,并用卡诺图法化简。

表2.16　函数真值表

输入			输出	
A	B	C	F	Y
0	0	0	1	0
0	0	1	0	1
0	1	0	1	1
0	1	1	1	1
1	0	0	0	0
1	0	1	1	1
1	1	0	1	1
1	1	1	1	0

第3章　小规模组合逻辑电路

实现基本逻辑运算和复合逻辑运算的单元电路称为门电路。与第 2 章所讲的基本逻辑运算和复合逻辑运算相对应，常用的门电路在逻辑功能上分为与门、或门、非门、与非门、或非门、与或非门和异或门等几种，相同门电路的逻辑功能是一样的，但是构成逻辑门的内部结构却不尽相同。

本章首先介绍 TTL 和 CMOS 这两种目前使用最多的数字集成门电路结构，然后讲解小规模组合逻辑电路的分析与设计方法，最后介绍组合逻辑电路中的竞争与冒险现象。

3.1　集成逻辑门

第 2 章讲解了逻辑代数基础、基本逻辑门的符号及功能，每个逻辑门都是由电子元件集成的，就 TTL 门而言，其内部构成就是晶体管和电阻，晶体管工作在饱和或截止状态，相当于一个受控的电子开关。本节首先介绍集成逻辑门的外特性参数，然后通过几个集成逻辑门内部结构电路介绍逻辑门的工作过程。

3.1.1　集成逻辑门的主要参数

1. 电压参数

（1）输出高电平 U_{OH} 和输出低电平 U_{OL}。

逻辑门输出管截止时对应的输出电平称为输出高电平，一般为 3.6 V 左右。输出高电平 U_{OH} 的下限约为 3.2 V。

逻辑门输出管饱和时对应的输出电平称为输出低电平，一般为 0.3 V 左右。输出低电平 U_{OL} 的上限约为 0.35 V。

如果输出高电平低于 3.2 V，则认为高电平不合格；如果输出低电平高于 0.35 V，则认为低电平不合格。

（2）逻辑摆幅 ΔU。

逻辑门输出高低电平之差 ΔU 称为逻辑摆幅。逻辑摆幅越大，抗干扰能力越强。典型 TTL 逻辑门的逻辑摆幅约为 3.3 V。

（3）开门电平 U_{ON} 和关门电平 U_{OFF}。

当输出为低电平的上限 U_{OLmax} 时，逻辑门所对应的输入电平 U_{ON} 称为开门电平，有时也用 U_{TH} 表示。一般 U_{ON} 的典型值为 1.4 V。

当输出为高电平的下限 U_{OHmin} 时，逻辑门所对应的输入电平 U_{OFF} 称为关门电平。一般 U_{OFF} 的典型值为 1.0 V。

(4)抗干扰容限 U_{NL} 和 U_{NH}。

关门电平 U_{OFF} 和输入低电平上限 U_{ILmax}(信号源输出低电平上限 U_{OLmax})之差称为逻辑门低电平输入时的抗干扰容限 U_{NL},即

$$U_{NL}=U_{OFF}-U_{ILmax} \tag{3.1}$$

输入高电平下限 U_{IHmin}(信号源输出高电平下限 U_{OHmin})与开门电平 U_{ON} 之差称为逻辑门高电平输入时的抗干扰容限 U_{NH},即

$$U_{NH}=U_{IHmin}-U_{ON} \tag{3.2}$$

抗干扰容限用来表征逻辑门的抗干扰能力。一旦干扰电平超过抗干扰容限,逻辑门将无法正常工作。通常 $U_{NL}<U_{NH}$,所以用 U_{NL} 作为逻辑门的抗干扰容限。

2. 电流参数和扇出系数

(1)高电平输出电流 I_{OH} 和高电平输入电流 I_{IH}。

逻辑门输出端为高电平时可流出的最大电流称为高电平输出电流 I_{OH},通常为几百微安。逻辑门输入端为高电平时由输入端流入的最大电流称为高电平输入电流 I_{IH},通常为几十微安。高电平输入电流 I_{IH} 也称为反向漏电流。

I_{OH} 和 I_{IH} 是确定逻辑门输出高电平时带负载能力的重要参数。

(2)低电平输出电流 I_{OL} 和低电平输入电流 I_{IL}。

逻辑门输出端为低电平时可流出的最大电流称为低电平输出电流 I_{OL},通常为几微安。逻辑门输入端为低电平时由输入端流入的最大电流称为低电平输入电流 I_{IL},通常为几百微安到几毫安。低电平输入电流 I_{IL} 也称为输入短路电流。

I_{OL} 和 I_{IL} 是确定逻辑门输出低电平时带负载能力的重要参数。

(3)扇出系数 N_O。

逻辑门在正常工作条件下,输出端最多能驱动同类门的数量称为扇出系数 N_O,它是确定逻辑门输出端带负载能力的一个重要参数。扇出系数越大,带负载能力越强。

逻辑门输出低电平时的扇出系数一般小于输出高电平时的扇出系数。因此,逻辑门的带负载能力应以输出低电平时的扇出系数为准。

例如,某逻辑门 $I_{OL}=8$ mA,$I_{IL}=0.5$ mA,$I_{OH}=400$ μA,$I_{IH}=20$ μA,则输出低电平时的扇出系数为 $N_O=I_{OL}/I_{IL}=8/0.5=16$,输出高电平时的扇出系数为 $N_O=I_{OH}/I_{IH}=400/20=20$,所以该逻辑门的扇出系数为16。实际使用时,还应该留有余地。此外,如果某个逻辑门的输出端同时接至负载门的多个输入端,那么该逻辑门的扇出系数为负载门的输入端个数。

3. 关门电阻 R_{OFF} 和开门电阻 R_{ON}

将逻辑门的一个输入端通过电阻 R_i 接地,逻辑门的其他输入端悬空,电源电流从输入端流向电阻 R_i,并在 R_i 上产生压降 U_i。使 $U_i=U_{OFF}$ 的输入电阻 R_i 称为逻辑门的关门电阻 R_{OFF}。使 $U_i=U_{ON}$ 的输入电阻 R_i 称为逻辑门的开门电阻 R_{ON}。当 $R_i \leqslant R_{OFF}$ 时,逻辑门处于关门状态;当 $R_i>R_{OFF}$ 时,逻辑门不再处于关门状态;当 $R_i \geqslant R_{ON}$ 时,逻辑门处于开门状态;当 $R_i<R_{ON}$ 时,逻辑门不再处于开门状态。当 $R_{OFF}<R_i<R_{ON}$ 时,逻辑门既不处于开门状态也不处于关门状态,输出为不合格电平。

典型 TTL 与非门的关门电阻 R_{OFF} 约为 0.7 kΩ,开门电阻 R_{ON} 约为 1.5 kΩ。

4. **功耗**

功耗是指逻辑门消耗的电源功率，常用空载功耗来表示。

当输出端空载，逻辑门输出低电平时的功耗 P_{ON} 称为空载导通功耗。当输出端空载，逻辑门输出高电平时的功耗 P_{OFF} 称为空载截止功耗。

由于 P_{ON} 比 P_{OFF} 大，因此常用 P_{ON} 表示逻辑门的空载功耗。TTL 逻辑门的 P_{ON} 一般不超过 50 mW。

5. **速度**

逻辑门的工作速度常用平均传输时延 t_{pd} 来衡量。逻辑门输入端信号变化引起输出端信号变化（均以变化至幅度 U_m 的 50% 处时起算）所需的平均时间称为逻辑门的平均传输时延 t_{pd}。典型 TTL 与非门的 t_{pd} 约为 10 ns。

3.1.2　三极管反相器

1. **三极管反相器**

观察图 3.1 所示的电路发现，只要电路参数选取得当，就能够实现当 u_i 为低电平时，三极管工作在截止状态，输出 u_o 为高电平；而当 u_i 为高电平时，三极管工作在饱和状态，输出 u_o 为低电平。三极管的 C-E 间相当于一个受 u_i 控制的开关。输入 u_i 与输出 u_o 之间是相反的电平关系，称为三极管反相器，在数字电路中称为非门。

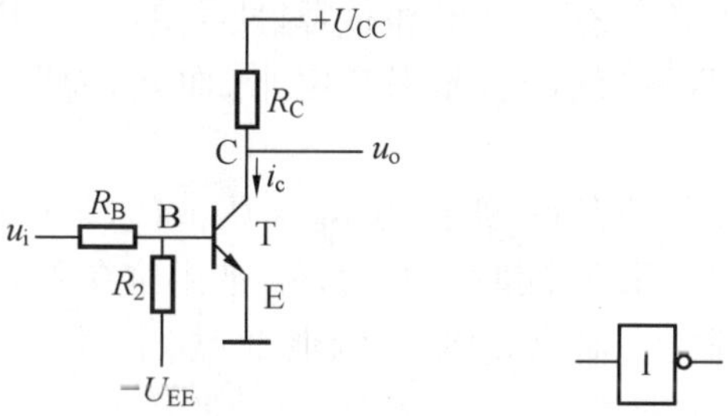

(a) 三极管反相器电路　　(b) 逻辑符号

图 3.1　三极管反相器电路及其逻辑符号

由于接入了电阻 R_2 和负电源 $-U_{EE}$，当输入的低电平信号稍大于 0 V 时，就能使三极管的基极电位为负电位，从而使三极管可靠截止，输出 u_o 为高电平。

2. **三极管反相器的动态特性**

在动态情况下，即三极管在截止和饱和导通两种状态之间迅速转换时，三极管内部电荷的聚集和消散都需要一定的时间，因而集电极电流 i_c 的变化将滞后于输入电压 u_i 的变化，输出电压 u_o 的变化也必然滞后于输入电压 u_i 的变化，且 u_o 与 u_i 反相，如图 3.2 所示。这种滞后现象也可以用三极管存在结电容效应来解释。

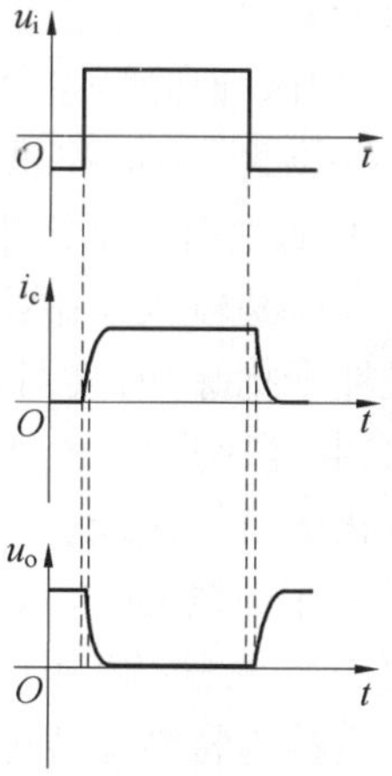

图 3.2　双极型三极管的基本动态开关特性

3.1.3 TTL 逻辑门

1. TTL 非门

图 3.3 所示的电路为 74 系列 TTL 非门电路。因为这种类型电路的输入端和输出端均为晶体管，所以称之为晶体管-晶体管逻辑电路，简称 TTL 电路。

电路由 3 部分组成：T_1，R_1 和 D_1 组成的输入级，T_2，R_2 和 R_3 组成的倒相级以及 T_3，T_4，R_4 和 D_2 组成的输出级。

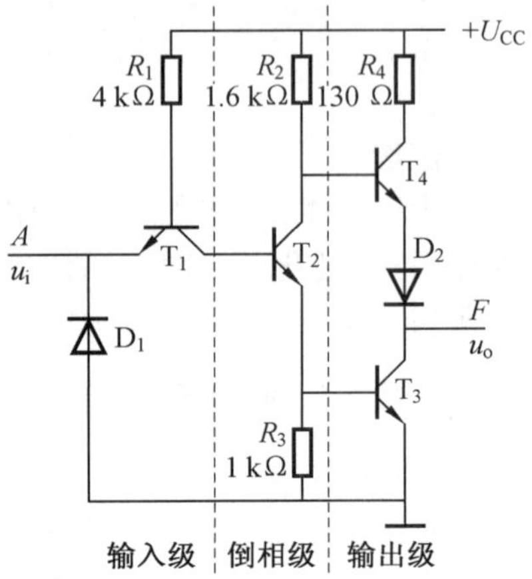

图 3.3　TTL 非门典型电路

设电源电压 $U_{CC}=+5$ V，输入信号 u_i 的高、低电平分别为 $U_{IH}=3.4$ V，$U_{IL}=0.2$ V。PN 结的伏安特性可以用线性化的等效电路替代，并设开启电压 $U_{ON}=0.7$ V，晶体管三端电位分别用 u_B，u_C 和 u_E 表示。

当 $u_i=U_{IL}$ 时，T_1 发射结导通，导通后基极的电位被钳位在 $u_{B1}=U_{IL}+U_{ON}=0.9$ V，因此 T_2 的发射结不会导通。由于 T_1 的集电极回路电阻是 R_2 和 T_2 的 B-C 结反向电阻之和，阻值非常大，因而 T_1 工作在深度饱和状态，使 T_1 的 $u_{CE}\approx 0$。这时 T_1 的集电极电流很小，定量计算时可忽略不计。T_2 截止后 u_{C2} 输出高电平，而 u_{E2} 为低电平，从而使 T_4 导通、T_3 截止，输出 u_o 为高电平 U_{OH}。

当 $u_i=U_{IH}$ 时，如果不考虑 T_2 的存在，则必有 $u_{B1}=U_{IH}+U_{ON}=4.1$ V。接入 T_2 和 T_3 后，T_2 和 T_3 的发射结必然同时导通。但 T_2 和 T_3 同时导通后，u_{B1} 被钳位在 2.1 V。T_2 的导通使 u_{C2} 降低而 u_{E2} 升高，导致 T_3 饱和导通、T_4 截止，输出 u_o 变为低电平 U_{OL}。可见，输出 F 和输入 A 之间是反向关系，即 $F=\overline{A}$。

由于 T_2 的集电极输出的电压信号和发射极输出的电压信号变化方向相反，所以将这一级称为倒相级。输出级的工作特点是在稳定的状态下 T_4 和 T_3 总是一个饱和导通而另一个截止，这就有效地降低了输出级的静态功耗，并提高了驱动负载的能力。通常将这种形式的电路称为推拉式（Push-Pull）电路或图腾柱（Totem-Pole）输出电路。为保证 T_3 导通时 T_4 可靠截止，又在 T_4 的发射极下面串接了二极管 D_2。

D_1 是输入端钳位二极管，它既可以抑制输入端可能出现的负极性干扰脉冲，又可以防止输入电压为负时 T_1 的发射极电流过大，起到保护作用。图 3.4 所示为非门电路输出电压随输入电压变化的特性曲线。

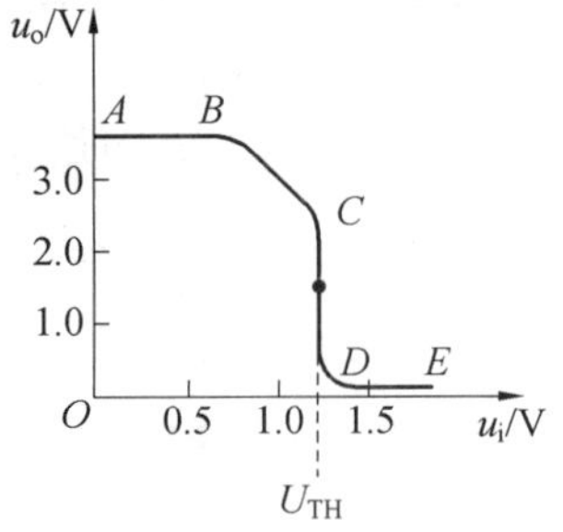

图 3.4　TTL 非门的电压传输特性

在曲线的 AB 段，因为 $u_i<0.6$ V，所以 $u_{B1}<1.3$ V，T_2 和 T_3 截止而 T_4 导通，故输出为高电平 $U_{OH}=U_{CC}-u_{R_2}-u_{BE_4}-u_{D_2}\approx 3.4$ V。这一段称为特性曲线的截止区。

在曲线的 BC 段，由于 1.3 V$>u_i>$0.7 V，T_2 导通而 T_3 继续截止，此时 T_2 工作在放大区，随着 u_i 的升高 u_{C_2} 和 u_o 线性地下降。这一段称为特性曲线的线性区。

当输入电压 u_i 上升到 1.4 V 左右时，u_{B1} 约为 2.1 V，这时 T_2 和 T_3 同时导通，T_4 截止，输出电位急剧下降为低电平，这就是转折区 *CD* 段的工作情况。转折区中点对应的输入电压称为阈值电压或门限电压，用 U_{TH} 表示。

此后 u_i 继续升高，u_o 不再变化，进入特性曲线 *DE* 段。*DE* 段称为特性曲线的饱和区。

2. TTL 与非门

图 3.5 所示的电路为 74 系列与非门的典型电路。与非门电路和非门电路的区别在于输入端改成了多发射极的晶体管。

当 *A*,*B* 中有一个接低电平时，则 T_1 必有一个发射结导通，并将 T_1 的基极电位钳位在 0.9 V。此时 T_2 和 T_3 都不导通，输出为高电平 U_{OH}。只有在 *A*,*B* 均为高电平时，T_2 和 T_3 同时导通，此时输出变为低电平 U_{OL}。因此，输出 *F* 和输入 *A*,*B* 之间为与非关系，即 $F=\overline{AB}$。

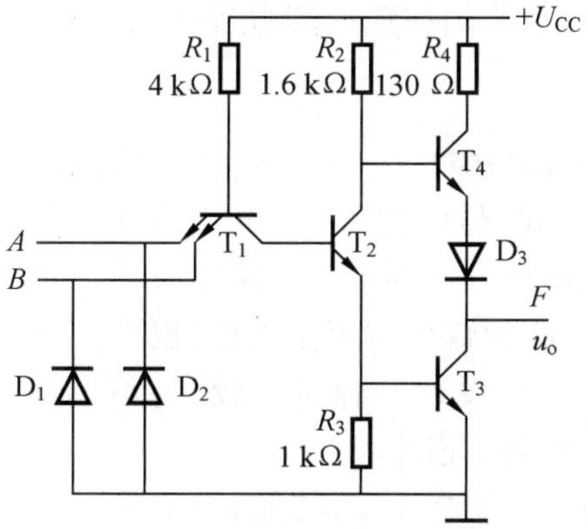

(a) TTL 与非门电路

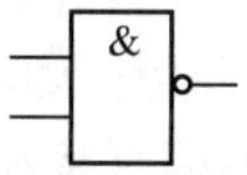

(b) 逻辑符号

图 3.5　TTL 与非门典型电路及逻辑符号

可见，TTL 电路中的与逻辑关系是利用 T_1 的多发射极结构来实现的。与非门输出电路的结构和电路参数与反相器基本相同，所以反相器的输出特性也适用于与非门。

3. OC 门和三态门

普通 TTL 逻辑门不允许将多个门的输出端直接相连。如果将多个门的输出端直接连在一起，输出为高电平的逻辑门的电流将全部流入输出为低电平的逻辑门中，这样轻则会使输出为低电平门的输出电平抬高，成为既不是低电平也不是高电平的一种不合格电平，重则烧坏门电路芯片。因此，普通 TTL 逻辑门不能满足特殊情况下的使用要求。例如，在计算机系统中，CPU 的外围接有大量存储器和 I/O 接口，如果不允许多个器件的数据线相连，那么仅众多的数据线就会使 CPU 体积增大、功耗剧增，计算机将无法像今天这样被广泛使用。

将一般的 TTL 逻辑门进行适当改进，就可以解决这一问题。下面介绍的集电极开路门（OC 门）和三态门就是改进后的允许输出端连接在一起的特殊 TTL 逻辑门。

（1）集电极开路门-OC 门（Open-Collector Gate）。

OC 与非门的内部电路及逻辑符号如图 3.6 所示，晶体管 T_3 的集电极开路，使用时必须将集电极经上拉电阻 R_L 接至电源 E_C，E_C 可以是不同于 U_{CC} 的另一个电源。

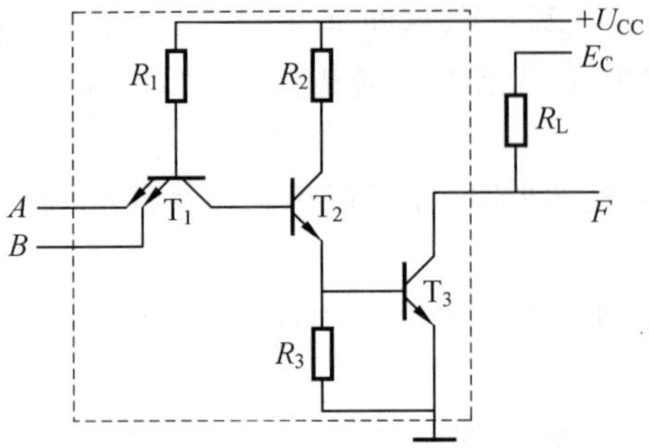

(a) OC 与非门内部电路

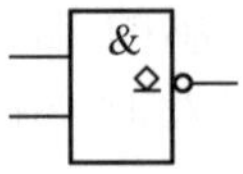

(b) 逻辑符号

图 3.6　OC 与非门电路及其逻辑符号

图 3.7 所示电路为两个 OC 门结构的与非门在输出端直接并联，$F_1=\overline{AB}$，$F_2=\overline{CD}$，于是得到

$$F=F_1 \cdot F_2=\overline{AB} \cdot \overline{CD}=\overline{AB+CD} \tag{3.3}$$

OC 门之所以允许输出端直接连在一起，是因为 E_C 的电压值和 R_L 的阻值可以根据需要选取，E_C 的电压值可以不同于门电路本身的电源+U_{CC}，只要根据要求选择 E_C 的大小，既使输出端直接相连，也可以得到所需的 U_{OH} 值。另外，OC 门的输出管设计的容量比较大，不会因为输出端相连产生较大电流和电压而损坏芯片。

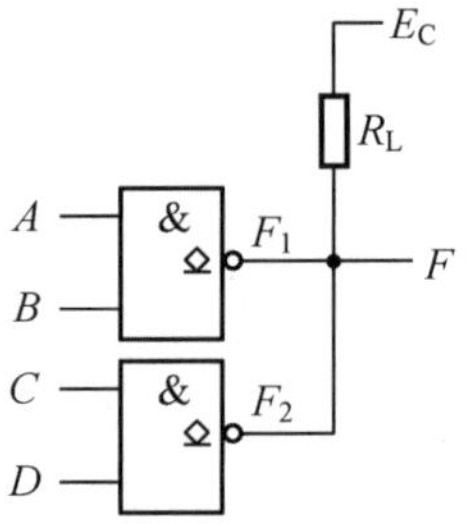

图 3.7　OC 门输出并联连接方法及逻辑电路

多个 OC 门输出端直接相连实现的是逻辑“与”的功能，一般称为“线与（Wired-AND）”。

在数字电路中，如果多个逻辑门的输出端直接连在一起实现逻辑“或”的功能，则称为“线或（Wired-OR）”。

OC 门除了可以“线与”连接外，还可以用来驱动感性负载和实现电平转换。

（2）三态门（Three-States Gate）。

三态门是在 TTL 门的基础上增加一个使能端 EN 构成的。图 3.8 所示为使能端低电平有效的三态与非门逻辑符号。当 $EN=0$ 时，TTL 门实现与非门的功能，即 $F=\overline{AB}$；当 $EN=1$ 时，TTL 门的输出处于高阻状态。

三态门的使能端也有高电平有效的，使用时要注意区分。

多个三态门的输出端可以直接相连，但与 OC 门输出端相连实现“线与”不同的是，连在一起的三态门必须分时工作，即任何时刻只允许一个三态门处于工作状态，不允许多个三态门同时工作。如果同时工作，将会出现和多个普通 TTL 门输出直接相连同样的问题。因此，需要对多个三态门的使能端 EN 进行控制，保证三态门分时工作。

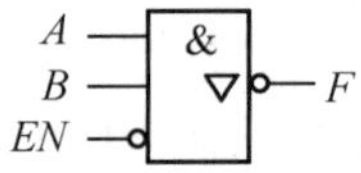

图 3.8　三态门逻辑符号

在一些比较复杂的数字系统中，为了减少各单元之间的连线数量，可用一根导线分时传输多个输入信号，电路如图 3.9 所示。图中 $G_1, G_2, \cdots, G_n$ 均为三态非门，在工作过程中控制三态门的使能端依次有效，而且在任一时刻只有一个使能端有效，这样就可以把几个输入信号经非门分时传送到公共的传输线——总线上，这种连接方式称为总线结构。

图 3.10 所示的电路是利用三态门电路实现的数据双向传输。当控制端 $E=1$ 时，上端的三态门工作，下端的三态门处于高阻状态，D_1 上的数据反向后传输到 D_2 上；当控制端 $E=0$ 时，下端的三态门工作，上端的三态门处于高阻状态，D_2 上的数据反向后传输到 D_1 上，即实现了数据的双向传输。

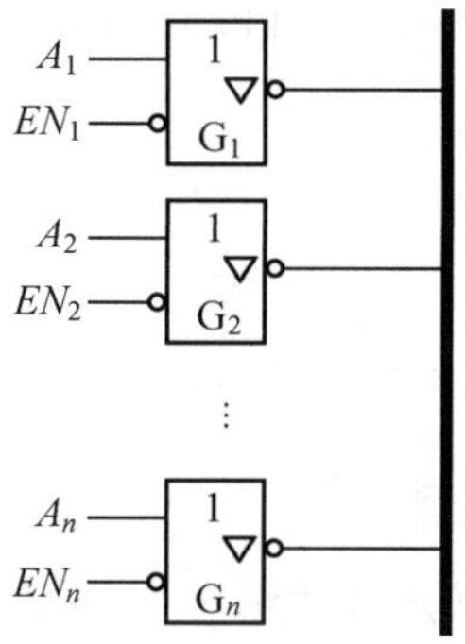

图 3.9　三态门分时传输的总线结构图

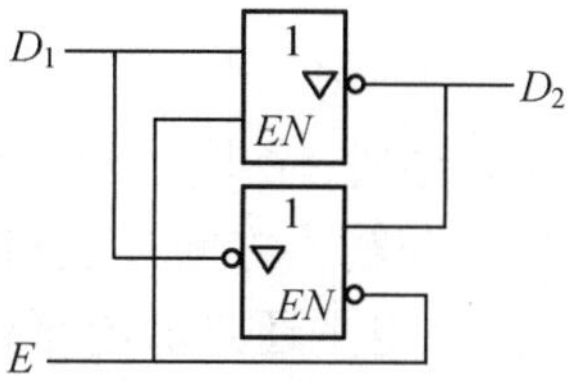

图 3.10　三态门双向数据传输电路图

4. **发射极耦合逻辑门-ECL 门(Emitter Coupled Logic Gate)**

ECL 逻辑门是一种采用非饱和型电子开关构成的双极型门电路。三极管只工作在截止和放大状态，不进入饱和状态。电路的基本形式为“或/或非门”，故有两个互补输出端。

与 TTL 电路相比，ECL 电路具有以下特点：

(1)速度快，ECL 电路是目前各种逻辑门电路中速度最快的一种。

(2)ECL 输入阻抗高、输出阻抗低，带负载能力强。

(3)多个 ECL 逻辑门的“或”输出端直接相连可实现“线与”功能；多个 ECL 逻辑门的“或非”输出端直接相连可实现“线或”功能。

(4)三极管导通时工作在非饱和状态，电路中的阻值较小，功耗较大。

(5)ECL 使用-5.2 V 负电源供电，输出高电平为-0.8 V，低电平为-1.6 V，电路信号的逻辑摆幅较小，抗干扰能力差。

(6)如果与 TTL 逻辑门混连，需要专门的电平转换电路，因此不宜混连使用。

3.1.4　CMOS 逻辑门

在 CMOS 集成电路中，以金属-氧化物-半导体场效应晶体管(Metal-Oxide-Semiconductor-Effect Transistor，MOS 管)作为开关元件，本节主要讨论 CMOS(互补对称式金属-氧化物-半导体电路，Complementary-Symmetery Metal-Oxide-Semiconductor-Effect Circuit)门电路的基本特性。

1. **CMOS 反相器**

CMOS 反相器是 CMOS 电路的基本结构形式。同时，CMOS 反相器和接下来介绍的 CMOS 传输门是构成复杂 CMOS 逻辑电路的两种基本模块。因此，需要对 CMOS 反相器做比较深入和全面的了解。

(1)CMOS 反相器的基本结构。

CMOS 反相器的基本结构如图 3.11 所示，这是一个有源负载反相器，其中 T_1 是 P 沟道增强型 MOS 管，T_2 是 N 沟道增强型 MOS 管。

如果 T_1 和 T_2 的开启电压分别为 $U_{GS(TH)P}$ 和 $U_{GS(TH)N}$，令 $U_{DD}>U_{GS(TH)N}+|U_{GS(TH)P}|$，那么当 $u_i=U_{IL}=0$ 时，有

$$\begin{cases}|u_{GS1}|=U_{DD}>|U_{GS(TH)P}| \quad (u_{GS1}\text{为负}) \\ u_{GS2}=0<U_{GS(TH)N}\end{cases} \tag{3.4}$$

故 T_1 导通，而且导通内阻很低（在 $|u_{GS1}|$ 足够大时可小于 1 kΩ）；而 T_2 截止，内阻很高（可达 $10^8\sim10^{10}$ Ω）。因此，输出为高电平 U_{OH}，且 $U_{OH}\approx U_{DD}$。

当 $u_i=U_{IH}=U_{DD}$ 时，则有

$$\begin{cases}u_{GS1}=0<|U_{GS(TH)P}| \\ u_{GS2}=U_{DD}>U_{GS(TH)N}\end{cases} \tag{3.5}$$

故 T_1 截止而 T_2 导通，输出为低电平 U_{OL}，且 $U_{OL}\approx0$。

可见，输出与输入之间是逻辑“非”的关系。

无论 u_i 是高电平还是低电平，T_1 和 T_2 总是工作在一个导通一个截止的状态，即所谓互补状态，而且截止的内阻又极高，流过 T_1 和 T_2 的静态电流极小，因而 CMOS 反相器的静态功耗极小，这是 CMOS 电路一个最突出的优点。这种电路结构形式称为互补对称式金属-氧化物-半导体电路，简称 CMOS 电路。

（2）CMOS 反相器的电压传输特性。

CMOS 反相器电路的电压传输特性如图 3.12 所示。当反相器工作在电压传输特性的 *AB* 段时，由于 $u_i<U_{GS(TH)N}$，而 $|u_{GS1}|>|U_{GS(TH)P}|$，故 T_1 导通并工作在低内阻的电阻区，T_2 截止，使 $u_o=U_{OH}\approx U_{DD}$。

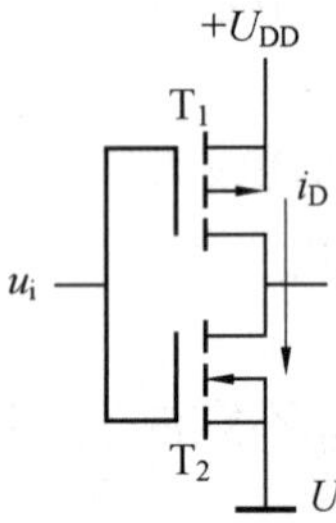

图 3.11　CMOS 反相器电路图

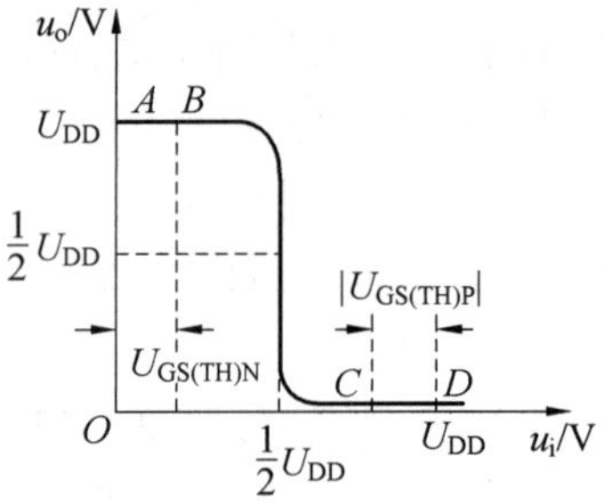

图 3.12　CMOS 反相器电路的电压传输特性

在特性曲线的 *CD* 段，由于 $u_i>U_{DD}-|U_{GS(TH)P}|$，故 T_1 截止；而 $u_{GS2}>U_{GS(TH)N}$，T_2 导通。此时 $u_o=U_{OL}\approx0$。

在特性曲线的 *BC* 段，即 $U_{GS(TH)N}<u_i<U_{DD}-|U_{GS(TH)P}|$ 时，T_1 和 T_2 同时导通。如果 T_1 和 T_2 的参数完全对称，则 $u_i=\frac{1}{2}U_{DD}$ 时两个管子的内阻相等，$u_o=\frac{1}{2}U_{DD}$，即工作于电压传输特性转折区的中点。将电压传输特性转折区的中点所对应的输入电压称为反相器的阈值电压，用 U_{TH} 表示。因此，CMOS 反相器的阈值电压 $U_{TH}\approx\frac{1}{2}U_{DD}$。

从图 3.12 可以看出，CMOS 反相器的电压传输特性上不仅数值满足 $U_{TH}\approx\frac{1}{2}U_{DD}$，而且转折区的变化率很大，因此它更接近于理想的开关特性。

目前 CMOS 集成电路中都加入了输入保护电路，图 3.13 所示为最常用的两种保护电路。

在 74×C 系列的 CMOS 器件中，大多采用图 3.13(a)所示的输入保护电路。图中 D_1 和 D_2 都是双极型二极管，它们的正向导通压降 $U_{DF}=0.5\sim0.7$ V，$U_{DD}=5$ V，反向击穿电压约为 30 V。由于 D_2 采用的是一种分布式二极管结构，如图 3.13(a)中虚线框内部分，这种分布式二极管结构可以通过较大的电流。R_S 的阻值一般在 1.5 ~ 2.5 kΩ 之间，C_1 和 C_2 分别表示 T_1 和 T_2 的栅极等效电容。

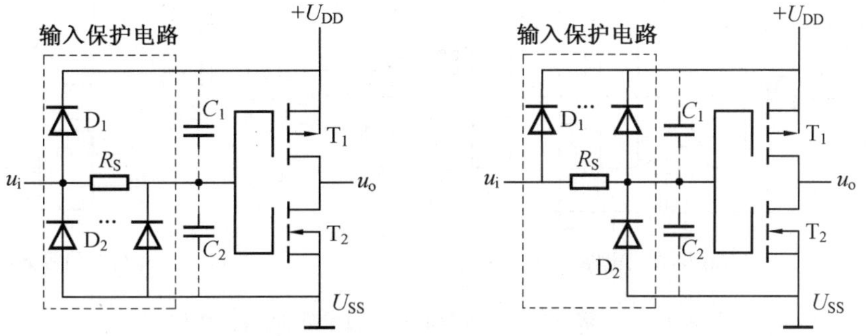

(a) 74×C 系列的输入保护电路　　(b) 4000 系列的输入保护电路

图 3.13　CMOS 反相器的输入保护电路

图 3.13(b)是一种常见于 4000 系列 CMOS 器件中的输入保护电路，这个电路同样能保证加到 C_1 和 C_2 上的电压不超过 $U_{DD}+U_{DF}$。

2. CMOS 与非门

接下来讨论 CMOS 与非门电路。

图 3.14 是 CMOS 与非门的基本结构，该电路省略了输入保护电路，仅由两个并联的 P 沟道增强型 MOS 管 T_1，T_3 和两个串联的 N 沟道增强型 MOS 管 T_2，T_4 组成。

当 $A=1$，$B=0$ 时，T_2 和 T_3 导通、T_1 和 T_4 截止，故 $F=1$；当 $A=0$，$B=1$ 时，T_1 和 T_4 导通、T_2 和 T_3 截止，$F=1$；当 $A=B=1$ 时，T_1 和 T_3 截止、T_2 和 T_4 导通，$F=0$。因此 F 和 A，B 是"与非"的逻辑关系。

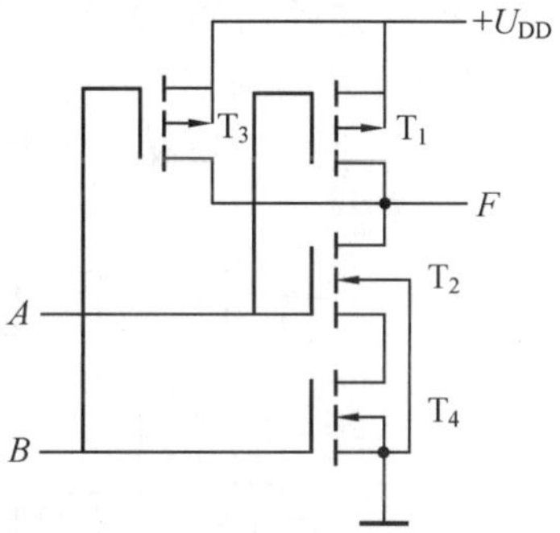

图 3.14　CMOS 与非门电路

3. 带缓冲级的 CMOS 与非门

图 3.14 所示的与非门电路虽然结构简单，但却存在严重的问题。首先它的输出电阻受输入的影响，输入状态不同时输出电阻相差很大。其次输出的高、低电平受输入端数量的影响，输入端数量越多，输出的低电平 U_{OL} 越高，而当输入全部为低电平时，输入端数量越多，输出的高电平 U_{OH} 也越高。

为了克服上述缺点，在 4000 系列和 74×C 系列 CMOS 电路中均采用带缓冲级的结构，即在每个门电路的输入端和输出端各增加一个反相器，该反相器又称为缓冲器，如图 3.15 所示。

需要说明的是，输入、输出端加缓冲器后，电路的性能得到了改善。电路的输出电阻不再受输入状态的影响，输出的高、低电平变得更加稳定和标准，电压传输特性的转折区也变得更陡。

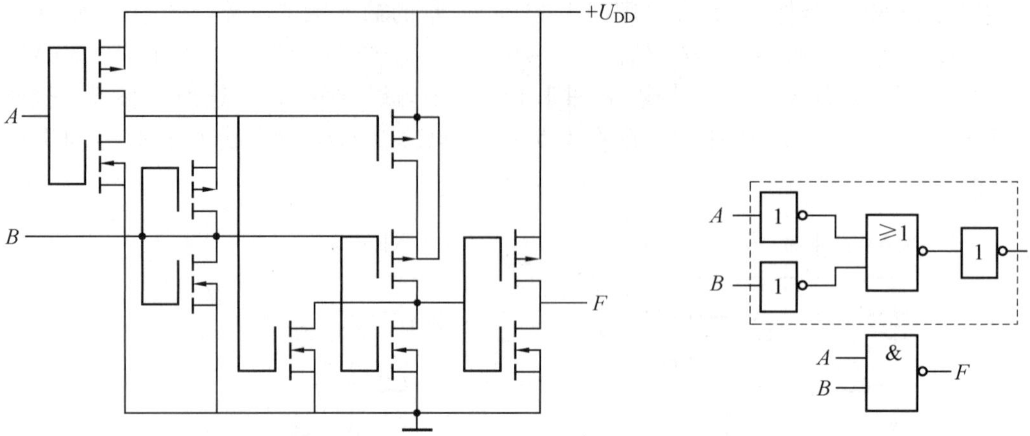

(a) 与非门电路　　(b) 与非门等效电路

图 3.15　带缓冲级的 CMOS 与非门电路及其等效电路

4. OD 门和三态门

(1)漏极开路输出门电路(OD 门)。

在 CMOS 电路中,为了满足输出电平转换、吸收大负载电流及实现“线与”连接等需要,有时将输出级电路结构改为漏极开路输出的 MOS 管,构成漏极开路输出(Open-Drain Output)电路,简称 OD 门。OD 门的逻辑符号与 TTL 结构的 OC 门逻辑符号一样,如图 3.6(b)所示。

OD 门工作时同样需要将输出端经上拉电阻 R_L 接到电源上。

(2)三态输出的 CMOS 门电路。

图 3.16(a)所示的电路为 CMOS 三态非门的电路结构图,图 3.16(b)为其逻辑符号。CMOS 三态非门常接在集成电路的输出端,所以也称为输出缓冲器(OutPut Buffer)。

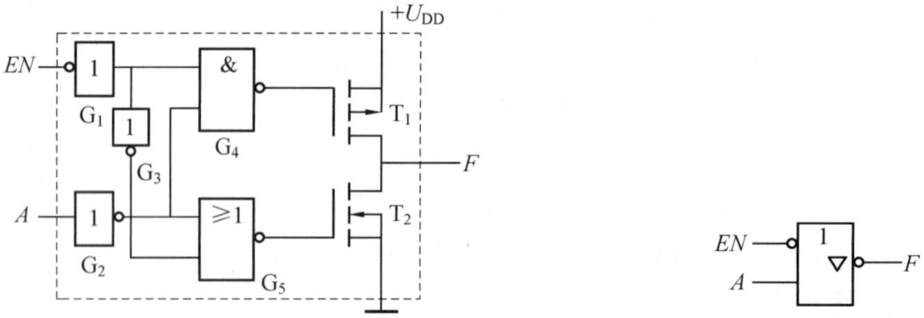

(a) CMOS 三态非门结构电路　　(b) 逻辑符号

图 3.16　CMOS 三态非门电路及其逻辑符号

CMOS 三态门的外部特性和应用与 TTL 三态门相同,读者可参阅 3.1.3 节。

5. 传输门

利用 P 沟道 MOS 管和 N 沟道 MOS 管的互补性可以构成如图 3.17 所示的 CMOS 传输门。CMOS 传输门和 CMOS 反相器一样,也是构成逻辑电路的一个基本单元。

图 3.17 中 T_1是 N 沟道增强型 MOS 管,T_2是 P 沟道增强型 MOS 管。由于 T_1、T_2的源极和漏极在结构上是完全对称的,所以不区分沟道形式,将二者的栅极引出端画在中间。T_1、T_2的源极和漏极分别相连作为传输门的输入端和输出端,C 和 $\overline{C}$ 是一对互补的控制信号。

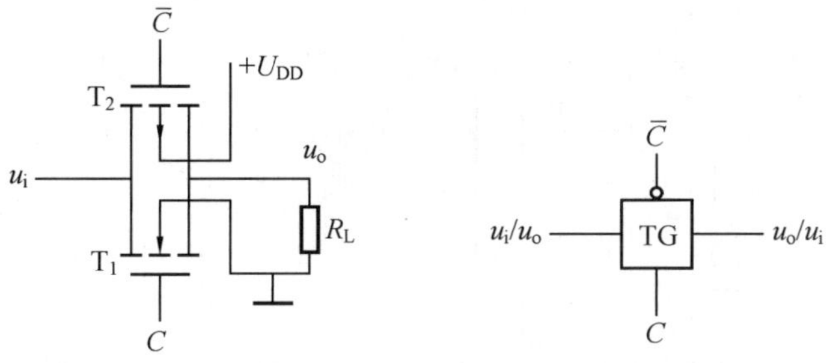

(a) CMOS 传输门电路　　(b) 逻辑符号

图 3.17　CMOS 传输门电路及其逻辑符号

如果传输门的一端输入正电压，另一端接负载电阻 R_L，则 T_1 和 T_2 的工作状态如图 3.18 所示。

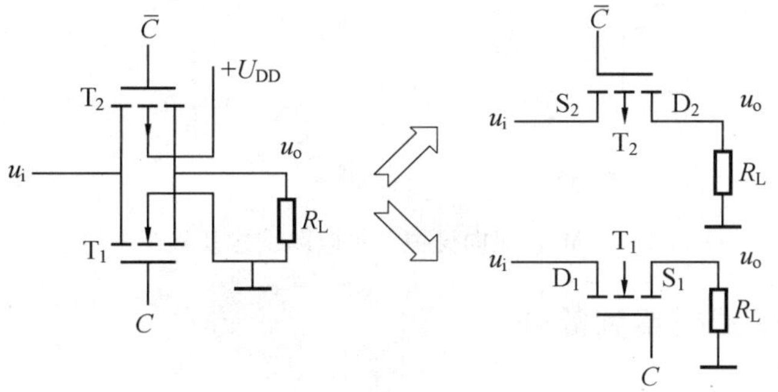

图 3.18　CMOS 传输门的工作状态

当 $C=0, \overline{C}=1$ 时，如果输入信号的变化范围不超出 $0 \sim U_{DD}$ 的范围，则 T_1 和 T_2 同时截止，输入与输出之间呈高阻状态，传输门截止。

当 $C=1, \overline{C}=0$，且 R_L 远大于 T_1 和 T_2 的导通电阻时，如果 $0<u_i<U_{DD}-U_{GS(TH)N}$，则 T_1 导通；如果 $|U_{GS(TH)N}|<u_i<U_{DD}$，T_2 导通。因此，u_i 在 $0 \sim U_{DD}$ 之间变化时，T_1 和 T_2 至少有一个导通，使 u_i 和 u_o 之间呈低阻状态，传输门导通。

由于 T_1 和 T_2 的结构是对称的，即漏极和源极可互换使用，因而 CMOS 传输门属于双向器件，它的输入端和输出端也可以互换使用。

利用 CMOS 传输门和 CMOS 反相器可以组成复杂的逻辑电路，如异或门、数据选择器、寄存器及计数器等。

图 3.19 所示为由反相器和传输门构成的一种异或门电路，由图可知：

当 $A=1, B=0$ 时，TG_1 截止而 TG_2 导通，$F=\overline{B}=1$；

当 $A=0, B=1$ 时，TG_1 导通而 TG_2 截止，$F=B=1$；

当 $A=B=0$ 时，TG_1 导通而 TG_2 截止，$F=B=0$；

当 $A=B=1$ 时，TG_1 截止而 TG_2 导通，$F=\overline{B}=0$；

综上可知，F 与 A, B 是异或关系，即 $F=A \oplus B$。

传输门还可以用作模拟开关，用来传输连续变化的模拟电压信号。这一点是一般逻辑门无法实现的。模拟开关的基本电路由一个 CMOS 传输门和一个 CMOS 反相器构成，如图 3.20

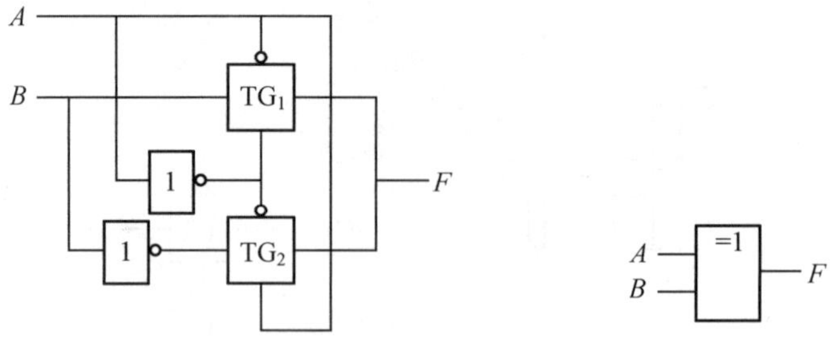

(a) 异或门电路　　(b) 逻辑符号

图 3.19　用反相器和传输门构成的异或门电路及其逻辑符号

所示。当 $C=0$ 时,开关断开;当 $C=1$ 时,开关闭合。CMOS 双向模拟开关也是一个双向器件。

(a) 双向模拟开关电路结构　　(b) 逻辑符号

图 3.20　CMOS 双向模拟开关电路结构及其逻辑符号

3.1.5　集成逻辑门系列简介

1. TTL 系列

TTL 门电路分为 54(军用)和 74(民用)两大系列,每个系列又有若干个子系列。例如 74 系列就有表 3.1 所示的子系列,表中列出了各子系列的传输时间、功耗和扇出系数。

表 3.1　TTL74 系列的子系列参数对比

各子系列	名称	传输延迟/(纳秒每门)	功耗/(毫瓦每门)	扇出系数
74××	标准系列	10	10	10
74L××	低功耗系列	33	1	10
74H××	高速系列	6	22	10
74S××	肖特基系列	3	19	10
74LS××	低功耗肖特基系列	9	2	10
74AS××	先进肖特基系列	1.5	8	40
74ALS××	低功耗先进肖特基系列	4	1	20
74F××	快速 TTL 系列	3	4	15

54 系列和 74 系列有相同的子系列。功能编号相同的 54 系列芯片与 74 系列芯片的逻辑功能完全相同,只是电源和温度的适应范围不同,54 系列要优于 74 系列。

2. CMOS 系列

按照器件编号来分，CMOS 门电路分为 4000 系列、74×C××系列和硅-氧化铝三大系列。前两个系列应用广泛，而硅-氧化铝系列因制造工艺成本高、价格昂贵，目前尚未普及。

4000 系列有若干子系列，其中以采用硅栅工艺和双缓冲输出的 4000B 系列最为常用。

74×C××系列的功能和管脚设置均与 TTL74 系列相同，也有若干子系列。74×C××系列为普通 CMOS 系列，除此之外还有其他子系列，CMOS 系列芯片及其功能比较见表 3.2。

表 3.2　CMOS 系列的子系列参数对比

各子系列	名称	传输延迟/（纳秒每门）	功耗/（毫瓦每门）	电源电压/V
4000B	4000 系列	25～100	0.002	3～18
74HC/HCT××	高速系列	10	0.009	2～6
74AC/ACT××	先进 CMOS 系列	6	0.01	2～6

3. 逻辑门的性能比较

逻辑门的种类繁多，此处只选择 TTL，ECL 和 CMOS 3 种逻辑门进行比较，见表 3.3。

表 3.3　集成逻辑门的性能比较

参数	TTL	ECL	CMOS
功耗（毫瓦每门）	10～25	50～100	0.001～0.01
传输延迟（纳秒每门）	10～40	1～2	40
抗干扰容限/V	1	0.2	45% U_{DD}
抗干扰能力	中	弱	强
扇出系数（N_o）	≥8	≥10	≥15
逻辑摆幅/V	3.3	0.8	≈U_{DD}
电源电压/V	5	-5.2	5～15
电路基本形式	与非	或/或非	与非/或非

3.2　小规模组合逻辑电路的分析与设计

数字电路可分为组合逻辑电路和时序逻辑电路。如果电路在任一时刻的输出仅与该时刻的输入有关，而与电路过去的输入无关，那么这种电路称为组合逻辑电路。这类电路的特点是没有反馈结构和记忆功能。当输入端高低电平确定后，通过逻辑电路进行逻辑运算，在输出端产生输出值。

组合逻辑电路根据所用芯片的规模和种类的不同分为小规模组合逻辑电路和中规模（模块级）组合逻辑电路，本节只介绍小规模组合逻辑电路的分析与设计。

3.2.1 小规模组合逻辑电路分析

1. 小规模组合逻辑电路分析步骤

组合逻辑电路分析就是根据给定的组合逻辑电路图,得出电路输出函数的逻辑表达式,确定电路的逻辑功能。

小规模组合逻辑电路分析一般分为以下几步:

(1)根据给定的逻辑电路,写出输出函数的逻辑表达式。

(2)对逻辑表达式进行必要的化简和变换。

(3)根据输出逻辑表达式列出真值表。

(4)根据逻辑表达式或真值表判断电路的逻辑功能。

分析电路的逻辑功能有时需要分析者的实际经验,所以给出准确的结论有一定的难度。

2. 小规模组合逻辑电路分析实例

【例 3.1】 分析如图 3.21 所示电路的逻辑功能。

解 (1)根据给定的逻辑电路,写出输出函数的逻辑表达式。

简单的电路可以直接写出逻辑表达式,复杂的电路建议分步写出。本例采用分步写出逻辑表达式的方法。

分步写出逻辑表达式,在电路图上标出每个逻辑门的输出变量编号,如图 3.22 所示。

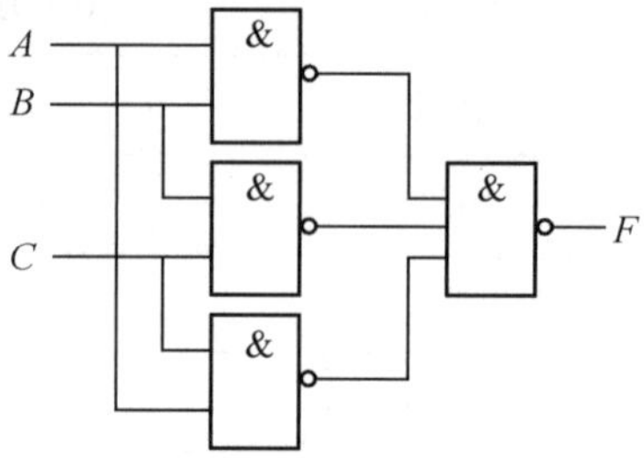

图 3.21 例 3.1 电路图

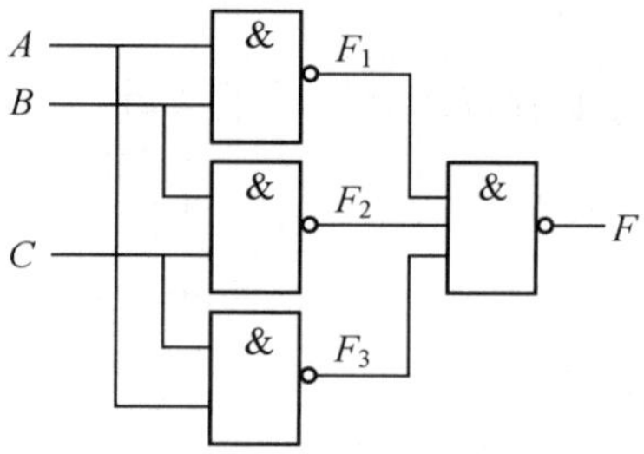

图 3.22 标注编号的电路图

由图 3.22 可得:$F_1=\overline{AB}$,$F_2=\overline{BC}$,$F_3=\overline{AC}$,进而求得输出逻辑表达式为

$$F(A,B,C)=\overline{F_1F_2F_3}=\overline{\overline{AB}\cdot\overline{BC}\cdot\overline{AC}} \qquad (1)$$

(2)对逻辑表达式进行化简和变换。

变换和化简的目的是方便列出真值表,通常将逻辑表达式写成最小项表达式或者最大项表达式形式。式(1)可以变换为

$$F(A,B,C)=\overline{F_1F_2F_3}=\overline{\overline{AB}\cdot\overline{BC}\cdot\overline{AC}}=AB+BC+AC=\sum m(3,5,6,7) \qquad (2)$$

(3)根据逻辑表达式列出真值表。

将式(2)的结果填入真值表中,见表 3.4。

表 3.4　例 3.1 真值表

输入			输出
A	B	C	F
0	0	0	0
0	0	1	0
0	1	0	0
0	1	1	1
1	0	0	0
1	0	1	1
1	1	0	1
1	1	1	1

(4)根据真值表判断电路的逻辑功能。

从真值表可以看出,当输入逻辑变量有两个或两个以上为“1”时,输出 $F=1$,否则 $F=0$。因此,此电路是对逻辑变量为“1”的个数进行判断,多数为“1”时,输出为“1”。如果将 A,B,C 分别看作 3 个人对某一事件的表决,“1”表示赞成,“0”表示不赞成;将 F 看作表决结果,“1”表示表决通过,“0”表示表决不通过,则该电路实现了少数服从多数的表决电路功能。可以确定该电路是“三人表决电路”。

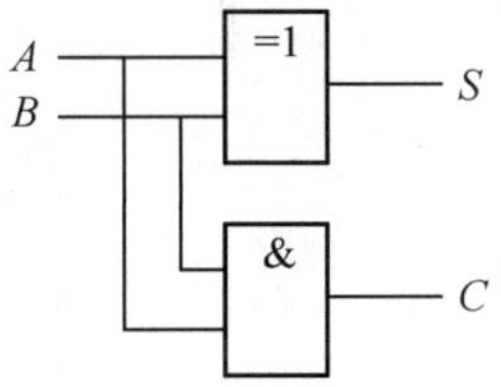

图 3.23　例 3.2 电路图

【例 3.2】　分析图 3.23 所示电路的逻辑功能。

解　这个电路比较简单,不需要严格按照步骤求解,可直接写出逻辑表达式,列出真值表,见表 3.5。

$$\begin{cases} S(A,B)=A\oplus B=A\overline{B}+\overline{A}B \\ C(A,B)=AB \end{cases}$$

表 3.5　例 3.2 真值表

输入		输出	
A	B	S	C
0	0	0	0
0	1	1	0
1	0	1	0
1	1	0	1

由真值表可知,这是一个 1 位半加器,两个 1 位二进制数相加,不考虑低位来的进位,结果也由两个变量表示,一个是本位的和,另一个是相加之后产生的进位。实现半加运算功能的逻辑器件称为半加器(Half-Adder,HA)。本例中 A,B 分别为 1 位二进制加数的输入端,S 为本位和输出端,C 为进位输出端。

【例 3.3】　分析图 3.24 所示电路的逻辑功能。

解　(1)根据给定的逻辑电路,写出输出函数的逻辑表达式。

在电路图上标出每个逻辑门的输出变量编号,如图 3.25 所示。

根据图 3.25 得到:$X_1=AB$,$X_2=A+B$,$X_3=X_2C$,$X_4=X_2+C$,$X_5=X_1C$,$X_6=X_4\overline{Y_1}$。写出输出函数逻辑表达式

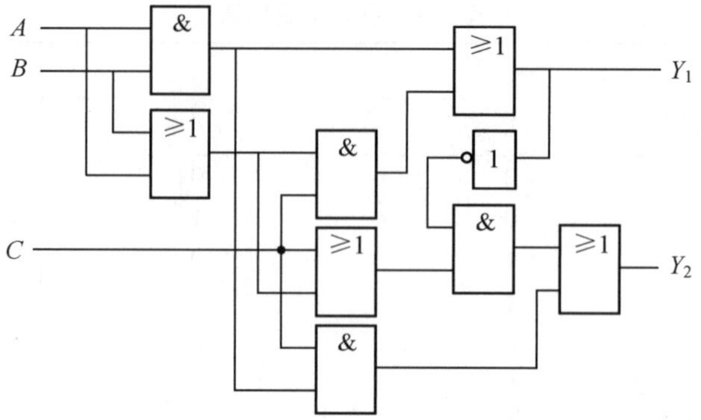

图 3.24　例 3.3 电路图

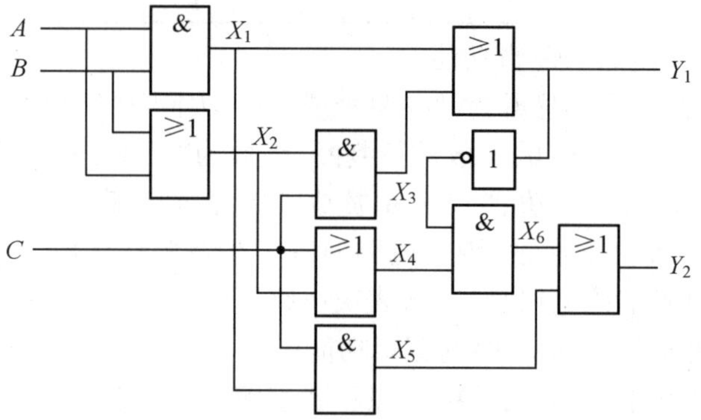

图 3.25　标注编号的电路图

$$\begin{cases} Y_1(A,B,C)=X_1+X_3=AB+(A+B)C \\ Y_2(A,B,C)=X_5+X_6=ABC+\overline{AB+(A+B)C}(A+B+C) \end{cases} \tag{1}$$

(2)对逻辑表达式进行化简和变换。

式(1)可以变换为

$$\begin{cases} Y_1(A,B,C)=AB+(A+B)C=\sum m(3,5,6,7) \\ Y_2(A,B,C)=ABC+\overline{AB+(A+B)C}(A+B+C)=\sum m(1,2,4,7) \end{cases} \tag{2}$$

(3)根据输出逻辑式列出真值表。

将式(2)的结果填入真值表中,见表 3.6。

表 3.6　例 3.3 真值表

输入			输出	
A	B	C	Y_1	Y_2
0	0	0	0	0
0	0	1	0	1
0	1	0	0	1
0	1	1	1	0
1	0	0	0	1
1	0	1	1	0
1	1	0	1	0
1	1	1	1	1

(4)根据真值表判断电路的逻辑功能。

根据真值表可知,这是一个 1 位全加器。所谓 1 位全加器就是两个 1 位二进制数相加,同时考虑低位来的进位,即相当于 3 个 1 位二进制数相加。本例中,A,B 分别为 1 位二进制加数,C 为低位来的进位,Y_1 表示全加器的进位,Y_2 表示全加器的和。

在数字系统中,1 位半加器可以用于最低位的数相加,1 位全加器用于其他位相加。但是,当多位数相加时,一般采用第 4 章介绍的模块级并行加法器芯片实现。

【例 3.4】 分析图 3.26 所示电路的逻辑功能。

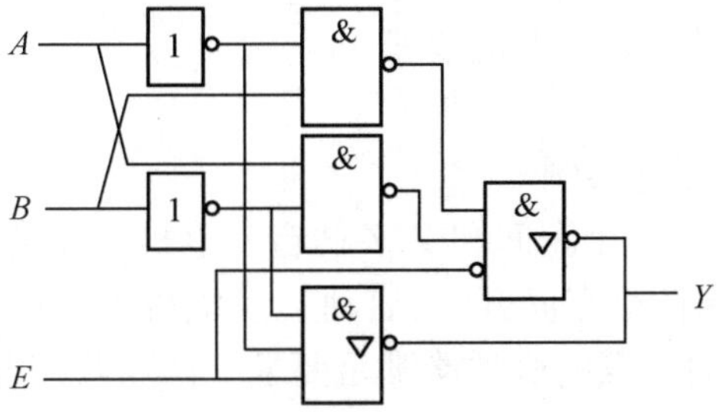

图 3.26　例 3.4 电路图

解　(1)根据给定的逻辑电路,写出输出函数的逻辑表达式。

在电路图上标出每个逻辑门的输出变量编号,如图 3.27 所示。

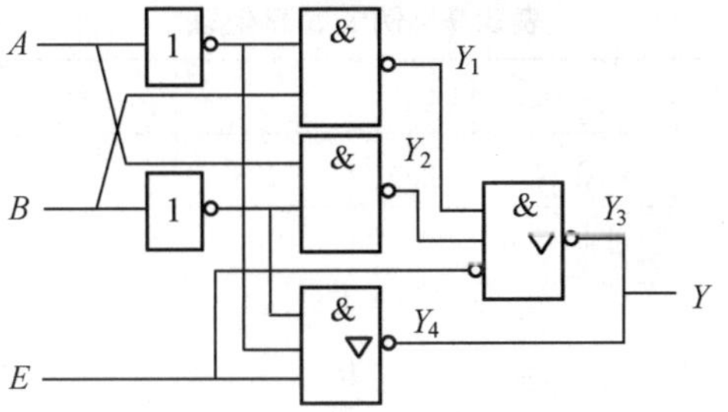

图 3.27　标注编号的电路图

由图 3.27 得:$Y_1=\overline{\bar{A}B}$,$Y_2=\overline{A\bar{B}}$。Y_3 为三态门,使能端 E 低电平有效,即当 $E=0$ 时,$Y_3=\overline{Y_1Y_2}$;Y_4 也为三态门,使能端 E 高电平有效,即当 $E=1$ 时,$Y_4=\overline{\bar{A}\,\bar{B}}$。

写出输出函数逻辑表达式:

$$\begin{cases}E=0\text{ 时},Y=\bar{A}B+A\bar{B}\\E=1\text{ 时},Y=A+B\end{cases}$$

(2)根据逻辑式判断电路的逻辑功能。

根据逻辑式可以看出,这是一个由 E 控制的逻辑电路。当 $E=0$ 时,电路实现“异或”功能;当 $E=1$ 时,电路实现“或”的功能。

3.2.2 小规模组合逻辑电路设计

1. 小规模组合逻辑电路设计步骤

组合逻辑电路设计是按照已知的逻辑功能要求，设计出能实现该功能的电路，它是组合逻辑电路分析的逆过程。设计的电路要求功能准确、电路最简，在此前提下成本最低。小规模组合逻辑电路设计步骤一般分为以下几步：

(1)根据逻辑功能要求分析变量特性、列出真值表。

(2)根据真值表写出逻辑表达式。

(3)对逻辑表达式化简并进行必要的变换。

(4)画出逻辑电路图。

2. 小规模组合逻辑电路设计实例

【例 3.5】 某厂有 A,B,C 3 个车间和 Y,Z 两台发电机。如果一个车间开工，启动 Z 发电机就可以满足使用要求；如果两个车间开工，启动 Y 发电机就可以满足要求；如果 3 个车间都开工，则需要同时启动 Y,Z 两台发电机才能满足要求。试用两种电路实现这一功能。

解 (1)根据逻辑要求列出真值表。

用"0"表示车间不开工，用"1"表示车间开工；用"0"表示电机不工作，用"1"表示电机工作。根据车间开工情况来决定发电机的启动。因此，A,B,C 是输入变量，Y,Z 是输出变量。由此列出电路的真值表，见表 3.7。

表 3.7 例 3.5 真值表

输入			输出	
A	B	C	Y	Z
0	0	0	0	0
0	0	1	0	1
0	1	0	0	1
0	1	1	1	0
1	0	0	0	1
1	0	1	1	0
1	1	0	1	0
1	1	1	1	1

(2)根据真值表写出逻辑式。

根据真值表得到输出逻辑表达式为

$$\begin{cases} Y(A,B,C)=\sum m(3,5,6,7) \\ Z(A,B,C)=\sum m(1,2,4,7) \end{cases} \tag{1}$$

(3)化简和变换。

本例采用卡诺图化简(也可以采用代数法化简)，如图 3.28 所示。

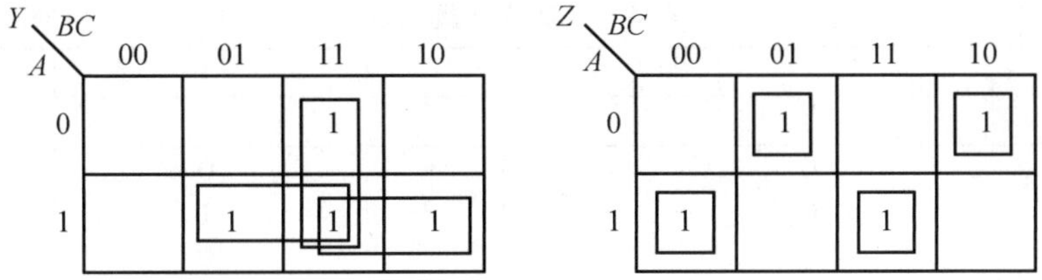

图 3.28　例 3.5 的卡诺图

采用卡诺图化简，Y 可以化简，Z 已是最简，化简后的结果为

$$\begin{cases} Y(A,B,C)=AB+BC+CA \\ Z(A,B,C)=A\overline{B}\,\overline{C}+\overline{A}\,\overline{B}C+\overline{A}B\overline{C}+ABC \end{cases} \tag{2}$$

根据式(2)画出电路图，如图 3.29 所示。

由图 3.29 可见，Z 的输出电路很繁琐，如果采用代数变换的方法用异或门实现，则电路会简单很多，将式(2)变换为

$$\begin{cases} Y(A,B,C)=\overline{\overline{AB}\cdot\overline{BC}\cdot\overline{AC}} \\ Z(A,B,C)=A\oplus B\oplus C \end{cases} \tag{3}$$

根据式(3)得到的电路图如图 3.30 所示。

图 3.29 和图 3.30 实现的功能是一样的，图 3.30 使用的芯片少，电路更简单。

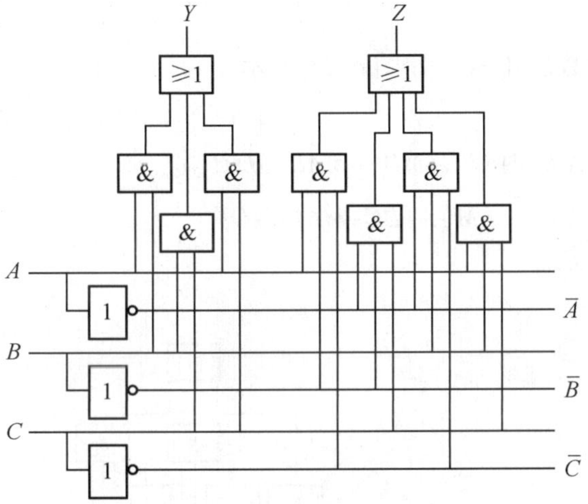

图 3.29　例 3.5 的逻辑图 1

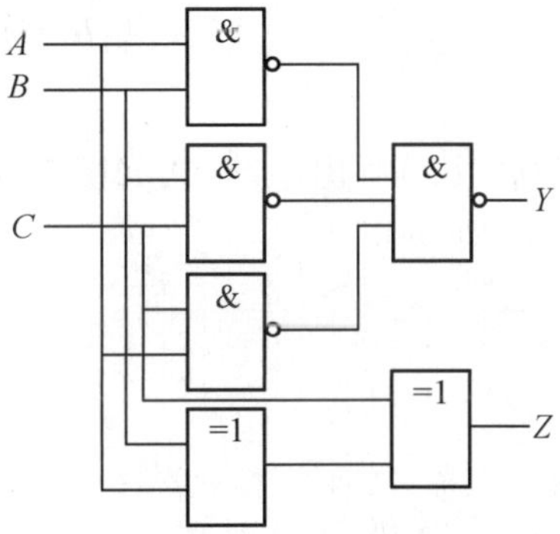

图 3.30　例 3.5 的逻辑图 2

【例 3.6】　设计实现下列要求的电路。该电路有 3 个输入变量 A，B，C 和一个工作状态控制变量 M。当 M=0 时，电路实现“判一致”功能（即 A，B，C 相同时输出为“1”，否则输出为“0”）；当 M=1 时，电路实现“表决器”功能（A，B，C 中多数为“1”时，输出为“1”）。

解　(1)根据逻辑要求列出真值表。

根据题目要求列出电路的真值表，见表 3.8。

表 3.8　例 3.6 真值表

输入				输出
M	A	B	C	Y
0	0	0	0	1
0	0	0	1	0
0	0	1	0	0
0	0	1	1	0
0	1	0	0	0
0	1	0	1	0
0	1	1	0	0
0	1	1	1	1
1	0	0	0	0
1	0	0	1	0
1	0	1	0	0
1	0	1	1	1
1	1	0	0	0
1	1	0	1	1
1	1	1	0	1
1	1	1	1	1

(2)根据真值表写出逻辑表达式。

根据真值表得到输出函数逻辑表达式为

$$Y(M,A,B,C)=\sum m(0,7,11,13,14,15) \qquad (1)$$

(3)化简和变换。

本例采用卡诺图化简(也可以采用代数法化简),如图 3.31 所示。

卡诺图化简后的结果为

$$\begin{aligned}Y(M,A,B,C)&=\overline{M}\,\overline{A}\,\overline{B}\,\overline{C}+ABC+MBC+MAB+MAC\\&=\overline{M}\,\overline{A}\,\overline{B}\,\overline{C}+(M+A)BC+MA(B+C)\end{aligned} \qquad (2)$$

根据式(2)画出电路图,如图 3.32 所示。

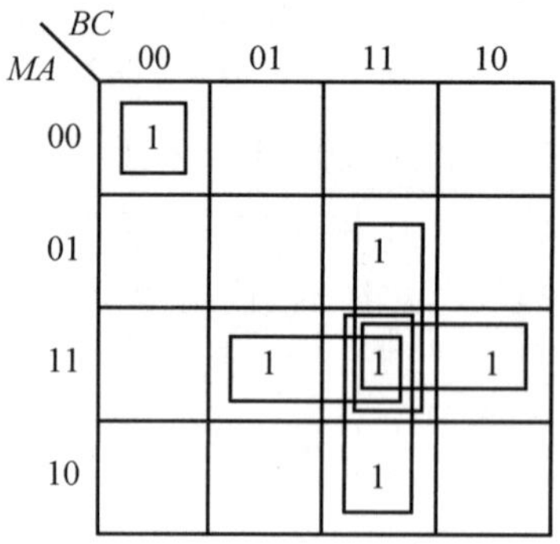

图 3.31　例 3.6 的卡诺图

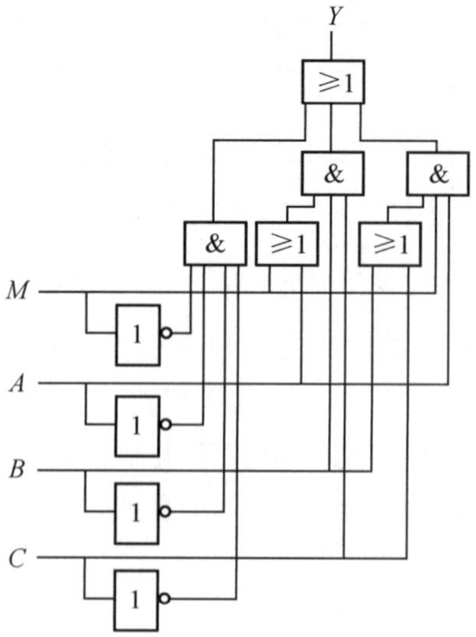

图 3.32　例 3.6 的电路图

3.3　组合逻辑电路中的竞争与冒险

上述组合逻辑电路的分析与设计仅考虑了稳态情况下电路的输入与输出关系,没有考虑信号在传输过程中发生的时延,都是按理想情况进行分析和设计的。如果考虑电路的时延,输出结果可能与理想情况下的结果不一致。

各个信号经过不同路径到达某一个逻辑门的时间有先有后,这种现象称为组合逻辑电路的竞争。由于竞争的存在,当输入信号发生变化时,电路输出有可能出现瞬间的错误,这种瞬间的错误称为组合逻辑电路的冒险。由于错误很短暂,冒险现象表现为输出端出现了不按稳态规律变化的窄脉冲,常称为“毛刺”。

3.3.1　竞争与冒险的分析

【例 3.7】　图 3.33 所示电路的逻辑关系为 $F(A,B,C)=AB+\overline{A}C$,当 $B=C=1$ 时,$F=A+\overline{A}\equiv 1$。这个逻辑分析是在假设逻辑传输时延为 0 的情况下得到的。而实际电路是存在时延的,图 3.33 中用 Δt_1,Δt_2,Δt_3 分别表示 3 个逻辑门的时延(设非门时延为 0),试分析存在时延的情况下输出信号 F 的取值是否恒等于 1。

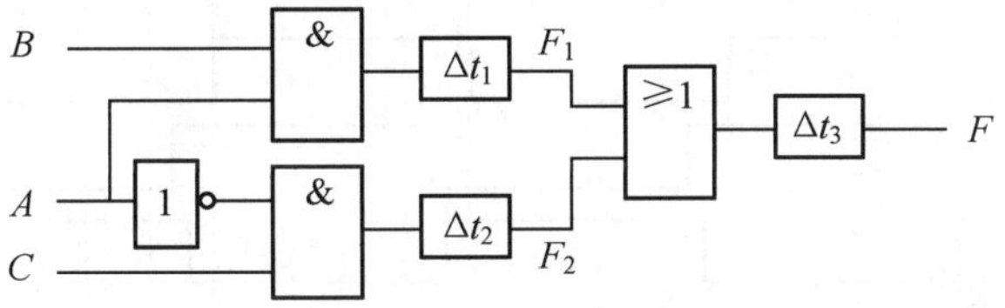

图 3.33　例 3.7 电路图

解　由图 3.33 可见信号 A 沿着两条不同的路径传输到输出端。当 $B=C=1$ 时:

(1) $\Delta t_1=\Delta t_2=0$ 时,可以确保 $F=A+\overline{A}\equiv 1$,波形图如图 3.34(a)所示。

(2) $\Delta t_1<\Delta t_2$ 时,F_1 和 F_2 在某一时段同时为 0,这就会导致输出端在一段时间内 $F=0$,输出端出现非预期的窄脉冲(毛刺),波形图如图 3.34(b)所示。

(3) $\Delta t_1>\Delta t_2$ 时,F_1 和 F_2 在某一时段仍然同时为 0,这也会导致输出端在一段时间内 $F=0$,输出端出现非预期的窄脉冲(毛刺),波形图如图 3.34(c)所示。

【例 3.8】　图 3.35 所示电路的逻辑关系为 $F(A,B,C)=(A+B)\cdot(\overline{A}+C)$,当 $B=C=0$ 时,$F=A\cdot\overline{A}\equiv 0$。这个逻辑分析同样是在每个逻辑传输时延为 0 的情况下得到的。图 3.35 中用 Δt_1,Δt_2,Δt_3 分别表示 3 个逻辑门的时延(设非门时延为 0),试分析在有时延的情况下输出信号 F 的取值是否恒等于 0。

解　由图 3.35 可见信号 A 沿着两条不同的路径传输到输出端。当 $B=C=0$ 时:

(1) $\Delta t_1=\Delta t_2$ 时,可以确保 $F=A\cdot\overline{A}\equiv 0$,波形图如图 3.36(a)所示。

(2) $\Delta t_1<\Delta t_2$ 时,F_1 和 F_2 在某一时段同时为 1,这就会导致输出在一段时间内 $F=1$,输出出现非预期的窄脉冲(毛刺),波形图如图 3.36(b)所示。

(3) $\Delta t_1>\Delta t_2$ 时,F_1 和 F_2 在某一时段仍然同时为 1,这也会导致输出在一段时间内 $F=1$,输出出现非预期的窄脉冲(毛刺),波形图如图 3.36(c)所示。

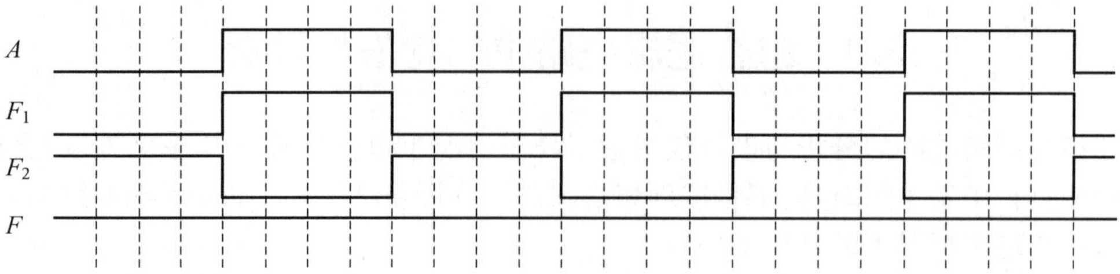

(a) $\Delta t_1=\Delta t_2=0$ 的波形图

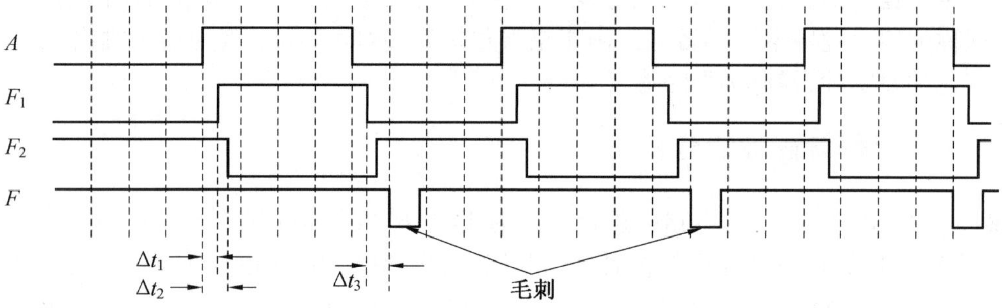

(b) $\Delta t_1<\Delta t_2$ 的波形图

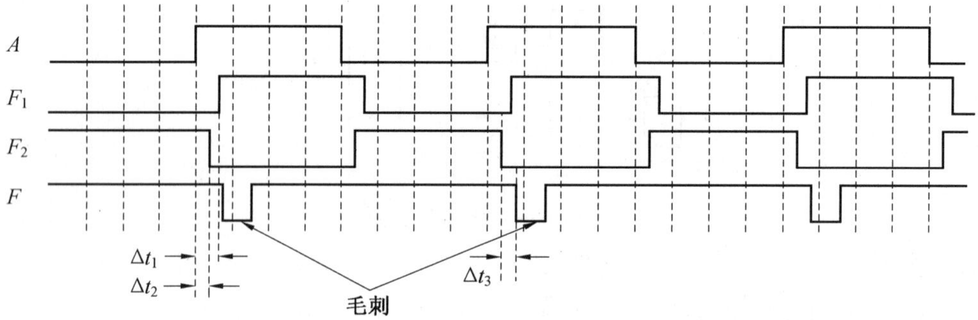

(c) $\Delta t_1>\Delta t_2$ 的波形图

图 3.34　例 3.7 不同时延的波形图

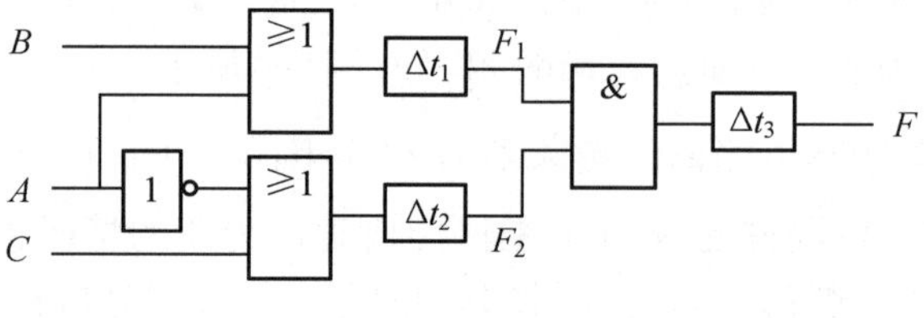

图 3.35　例 3.8 电路图

上面两个例子中变量 A 经过不同路径到达输出端，产生了竞争，变量 A 称为有竞争力的变量。

由上面两个例题的分析可见，冒险是否出现与电路结构、信号的取值组合、信号传输路径上的时延等都有关系。“毛刺”对电路的影响有可能是暂时的，也有可能是永久的。如果“毛刺”稍纵即逝，这种冒险称为非临界冒险；如果“毛刺”的影响对电路造成永久的误动作，则被称为临界冒险。输出“毛刺”为负脉冲的冒险称为 0 型冒险，主要出现在与或、与非、与或非型

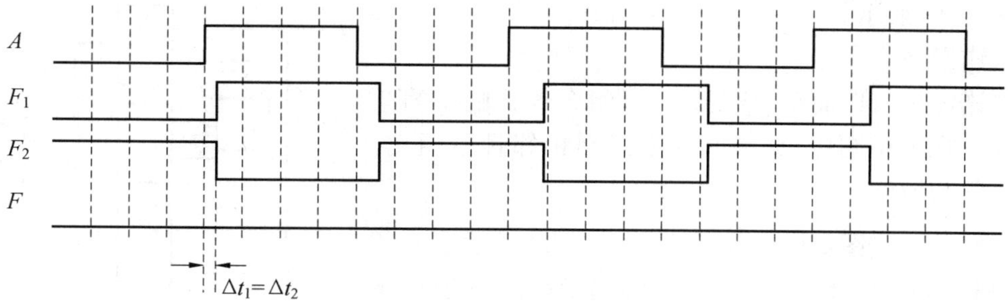

(a) $\Delta t_1=\Delta t_2$ 的波形图

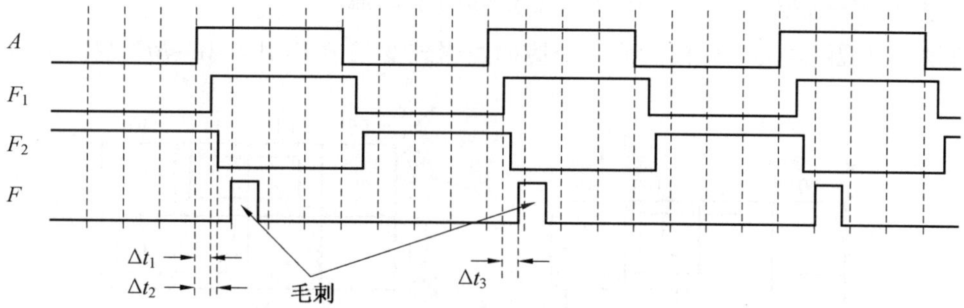

(b) $\Delta t_1<\Delta t_2$ 的波形图

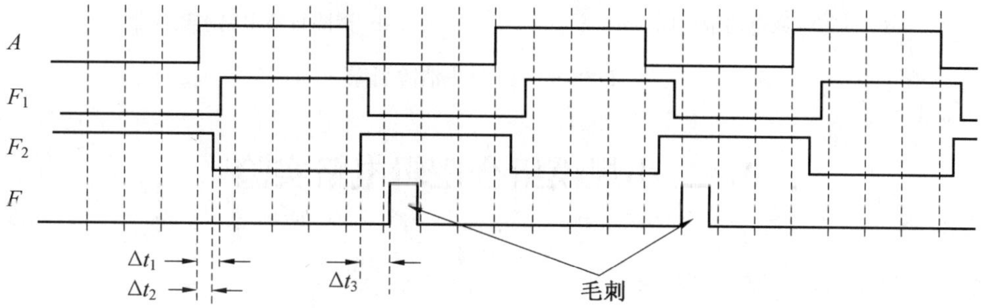

(c) $\Delta t_1>\Delta t_2$ 的波形图

图 3. 36　例 3. 8 不同时延的波形图

电路中。输出“毛刺”为正脉冲的冒险称为 1 型冒险,主要出现在或与、或非型电路中。

3.3.2　冒险的消除

在组合逻辑电路中,可以采用修改逻辑设计、增加选通线路、增加输出滤波等方法消除冒险。后两种方法会增加电路的复杂程度,或使波形变坏,故极少使用。本节只介绍通过修改逻辑设计来消除冒险的方法。

修改逻辑设计消除冒险的方法是通过增加冗余项,使函数在任何情况下都不出现类似 $F=A+\overline{A}$ 或 $F=A\cdot\overline{A}$ 的情况,从而达到消除冒险的目的。

1. 代数法

在例 3. 7 中,图 3. 33 是一个可能发生冒险的电路,用代数法将函数变换为 $F=AB+\overline{A}C+BC$,则在任何输入组合下都不会出现 $F=A+\overline{A}$ 的情况,从而消除产生冒险的条件。修改后的电路图如图 3.37 所示。

2. **卡诺图法**

用卡诺图也可以简单、直观地判断组合逻辑电路的竞争与冒险。在卡诺图中，如果两个卡诺圈相邻且不相交，则存在竞争与冒险。

原电路的卡诺图如图 3.38(a)所示。两个卡诺圈($\bar{A}C$ 和 AB)是相邻的，但不相交。因此，可判断存在竞争与冒险。改进的卡诺图方案如图 3.38(b)所示，增加了一个用虚线表示的冗余圈(BC)，该卡诺圈让两个相邻的卡诺圈相交，消除了出现竞争与冒险的隐患。对应的逻辑式变成了 $F=AB+\bar{A}C+BC$，逻辑图同图3.37。

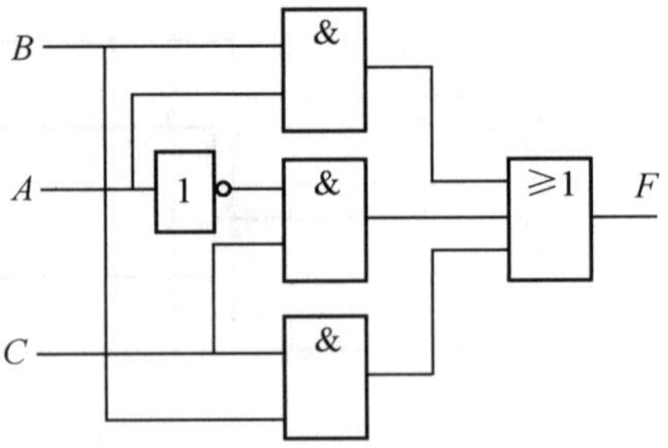

图 3.37　消除冒险电路图

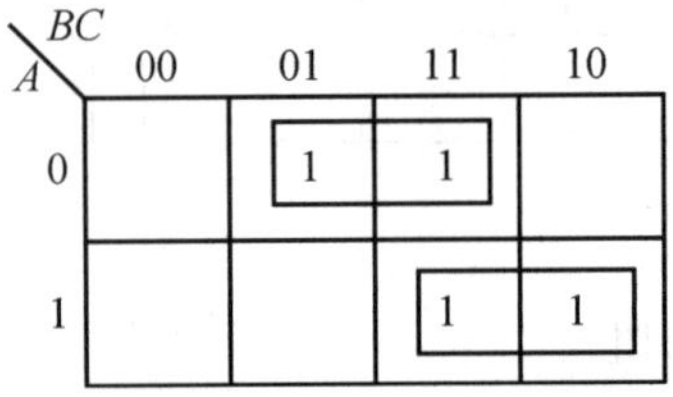

(a) 原电路卡诺图

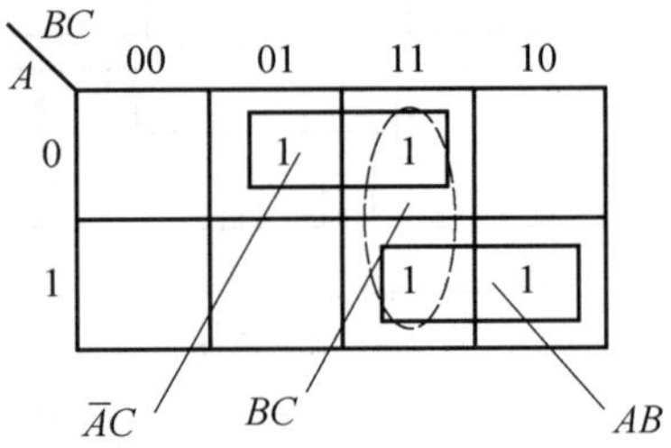

(b) 消除冒险电路卡诺图

图 3.38　卡诺图法消除冒险

3.4　小规模组合逻辑电路实验

3.4.1　实验目的和意义

(1)掌握与门、或门、与非门、异或门和非门等基本逻辑器件的功能及使用方法；

(2)掌握小规模组合逻辑电路分析方法及测试方法；

(3)掌握小规模组合逻辑电路设计方法及调试方法。

3.4.2　实验预习要求

(1)复习与门、与非门、或门、异或门和非门的基本逻辑关系和真值表；

(2)复习半加器、全加器的工作原理；

(3)完成实验题目的电路设计；

(4)完成预习报告的书写；

(5)完成实验题目的 Proteus 仿真。

3.4.3　实验仪器和设备

(1)示波器:1 台；

(2)数字电路实验箱:1 台；

(3)数字万用表:1 块;
(4)与非门芯片 7400:若干;
(5)异或门芯片 7486:若干;
(6)与门芯片 7408:若干;
(7)或门芯片 7432:若干;
(8)非门芯片 7404:若干。

3.4.4 实验注意事项

(1)实验中使用+5 V 电源,电源极性不要接错;
(2)插入集成芯片时,要认清定位标记,不要插反;
(3)连线之前,先用万用表测量导线是否导通;
(4)接通电源前,需用万用表检测电源和地是否正确接入电路;
(5)实验中观察实验现象,如发生芯片过热等异常情况立即关闭电源,并报告实验指导教师。

3.4.5 实验内容

1. 芯片功能测试

(1)实验芯片

本实验要使用五种芯片,7400 为与非门,7408 为与门,7432 为或门,7486 为异或门,7404 为非门。五种芯片的外型是一样的,均为 14 引脚。内部结构如图 3.39(a) ~ (e)所示。

(2)测试步骤

将 7400、7408、7432、7486 分别按图 3.39(a)、(b)、(c)、(d)的逻辑门引脚连线,接好电源和地,输入端 A、B 接逻辑开关,输出端 Y 接指示灯,拨动开关改变输入电平状态,观察灯的亮灭变化,并将输出状态填入表 3.9(a)中;将 7404 按图 3.39(e)的引脚连线,接好电源和地,输入端 A 接逻辑开关,输出端 Y 接指示灯,拨动开关改变输入端电平状态,观察灯的亮灭变化,并将输出状态填入表 3.9(b)中。其中输入高电平用逻辑“1”表示,输入低电平用逻辑“0”表示,输出指示灯亮为状态“1”,灯不亮为状态“0”。对照检测结果与实际逻辑功能,判别所检测的逻辑门是否工作正常。

表 3.9　基本逻辑功能测试表

(a)与非门、与门、或门和异或门的逻辑功能测试表

输入 A B	输出 Y 7400	输出 Y 7408	输出 Y 7432	输出 Y 7486
0　0				
0　1				
1　0				
1　1				

(b)非门的逻辑功能测试表

输入 A	输出 Y
0	
1	

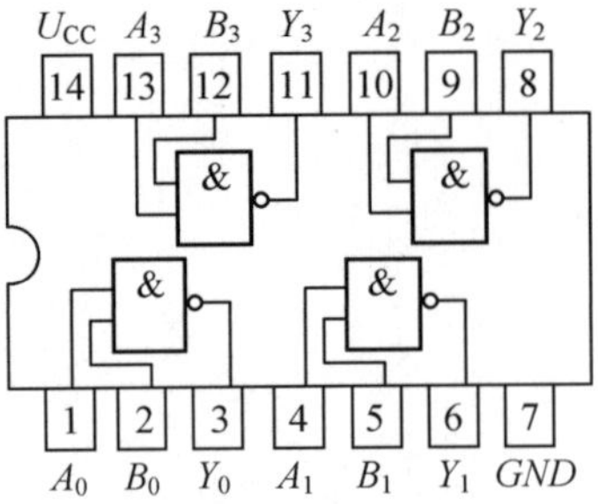

(a) 7400(二输入与非门)

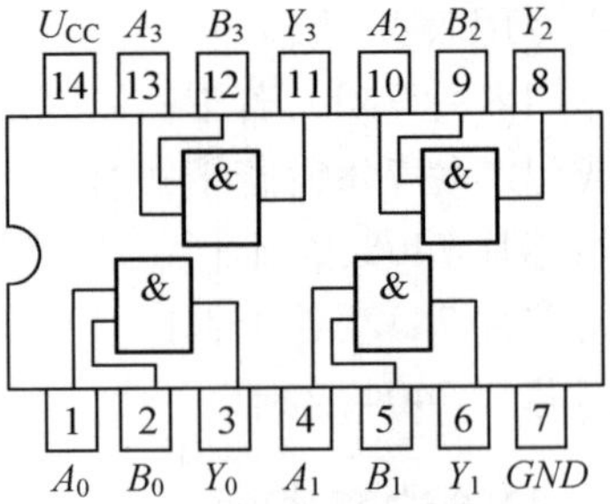

(b) 7408(二输入与门)

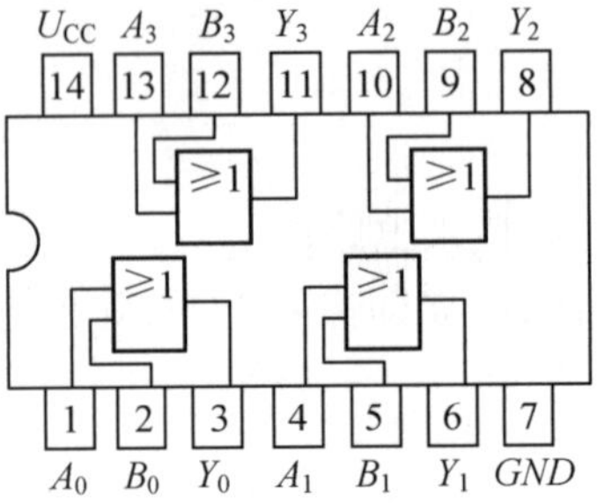

(c) 7432(二输入或门)

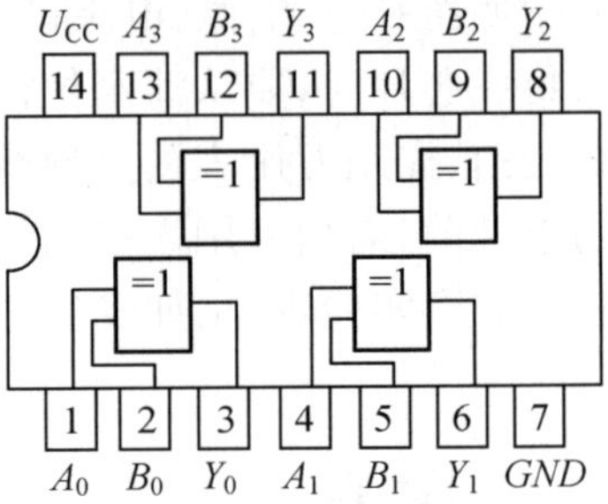

(d) 7486(二输入异或门)

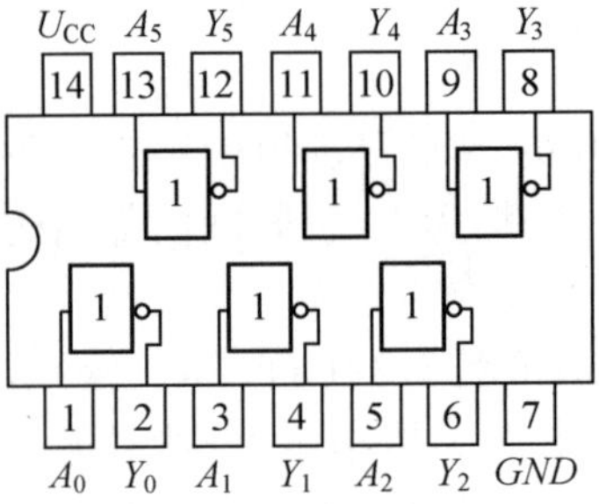

(e) 7404(六输入非门)

图 3.39　五种芯片的引脚图

2. 小规模组合逻辑电路的分析实验

(1)实验步骤。

①参照 3.2.1 节小规模组合逻辑电路的分析步骤,分析电路的逻辑功能。

②参照电路图连接电路,验证分析结果。

(2)半加器电路的分析实验。

①按照图 3.40 连接电路,写出 S,C 的逻辑表达式。

半加和:$S=$

进　位:$C=$

②确定线路连接无误后接通电源。测试电路逻辑功能,将测试结果填入表 3.10 中。

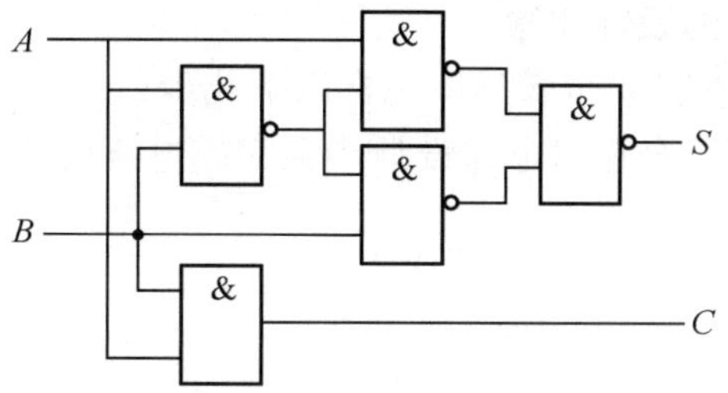

图3.40　1半加器电路

表3.10　半加器功能测试表

输入		输出	
A	B	S	C
0	0		
0	1		
1	0		
1	1		

(3)全加器电路的分析实验。

①参照图3.41连接线路,写出S_i,C_i的逻辑表达式。

全加和:$S_i=$

进　位:$C_i=$

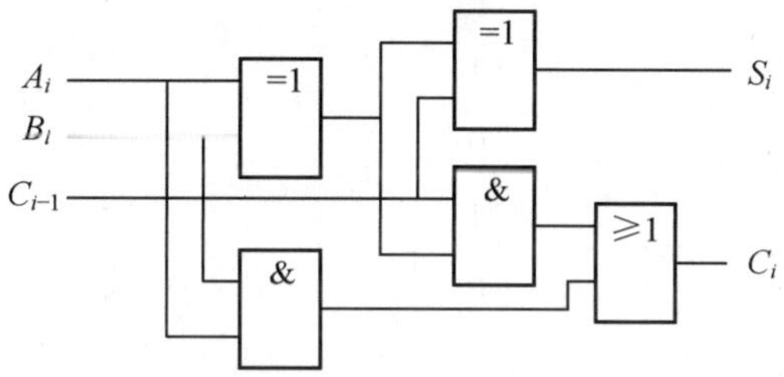

图3.41　1位全加器电路

②确定线路连接无误后接通电源。测试电路逻辑功能,将测试结果填入表3.11中。

表3.11　全加器功能测试表

输入			输出	
A_i	B_i	C_{i-1}	S_i	C_i
0	0	0		
0	0	1		
0	1	0		
0	1	1		
1	0	0		
1	0	1		
1	1	0		
1	1	1		

3. 小规模组合逻辑电路的设计实验

(1)组合逻辑电路设计的实验步骤具体包含以下几步：

①参照3.2.2节小规模组合逻辑电路设计步骤完成电路设计；

②选择芯片；

③画出逻辑电路图；

④连接电路并进行调试。

(2)设计1位全减器。

设计1位全减器，其中 A_i 为被减数、B_i 为减数、C_i 为相邻低位的借位输入、S_i 为本位差输出、C_{i+1} 为向相邻高位的借位输出。

①完成电路的设计与仿真；

②电路连接前，对芯片进行功能测试；

③连接电路并进行测试；

④将实验结果填入表3.12中。

表3.12　全减器逻辑功能测试表

输入			输出	
A_i	B_i	C_i	C_{i+1}	S_i
0	0	0		
0	0	1		
0	1	0		
0	1	1		
1	0	0		
1	0	1		
1	1	0		
1	1	1		

(3)参照上例完成下列实验。

①设计一个通话控制电路：设 A,B,C,D 分别代表4对通话电路，正常工作时最多只允许两对同时通话，且 A 路和 B 路、C 路和 D 路不允许同时通话，试设计一个逻辑电路，用以指示不能正常工作情况。

②设计4人表决电路，其中 A 同意得2分，其余3人 B,C,D 同意各得1分。总分大于或等于3分时通过，即 $Y=1$。

③旅客列车分特快、普快和直快，并以此为优先顺序通过。某站在同一时间只能通过一列火车，即只能给出一个开车信号。试设计此组合逻辑电路。以 A,B,C 代表特快、普快和直快，开车信号分别为 Y_A,Y_B,Y_C。

3.4.6　实验思考题

(1)用异或门、与或非门和非门实现全加器电路。

(2)用半加器和全加器组成一个逻辑电路来实现2位二进制数 A 和 B 的加法运算。

(3)设计一个血型配对指示器。

设计要求:设计一个血型配对指示器,当供血和受血血型不适合表3.13所列情况时,指示灯亮。

表3.13　血型配对指示器逻辑状态表

供血血型	受血血型
A	A,AB
B	B,AB
AB	AB
O	A,B,AB,O

(4)设计一个信号灯的控制电路。

设计要求:有红、黄、绿3个信号灯,用来指示3台设备的工作情况。当3台设备都正常工作时,绿灯亮;当有一台设备发生故障时,黄灯亮;当有两台设备发生故障时,红灯亮;当3台设备同时发生故障时,红灯和黄灯都亮。

(5)设计一个入场控制电路。

设计要求:学校礼堂举办新年晚会,规定男生持红票可以入场,女生持绿票可以入场,持黄票的不论男女都可以入场。如果一个人同时持有几种票,只要有票符合入场条件就可以入场。

本章小结

本章首先介绍了几种集成逻辑门的内部结构、工作原理、电路特点和使用特性,然后介绍了小规模组合逻辑电路分析与设计方法。

(1)集成逻辑门。

集成逻辑门是组合逻辑电路的基本器件,通过对TTL结构和CMOS结构的几种典型门电路的工作原理和性能特点的了解,可以更好地掌握使用特性。重点介绍了TTL结构的非门、与非门、或非门、OC门、三态门;CMOS结构的非门、与非门、或非门、带缓冲的门电路、OD门和三态门以及ECL门。

本章还对各系列门电路的特点进行了简单的比较,介绍了集成逻辑门的主要参数。

(2)小规模组合逻辑电路的分析与设计。

重点介绍了小规模组合逻辑电路分析与设计的步骤和方法,说明了组合逻辑电路的分析与设计是互逆过程,并通过一定数量的例题对分析和设计的方法进行实际应用。

(3)组合逻辑电路的竞争与冒险。

竞争与冒险现象是组合逻辑电路存在的客观现象。介绍了竞争与冒险的概念、种类以及消除冒险的方法。

习　题

3.1　衡量门电路输出带负载能力的指标是什么?

3.2　图3.42中的逻辑门均为TTL门,试问图中电路能否实现$F_1=AB$,$F_2=AB$,$F_3=\overline{AB}\cdot\overline{BC}$的功能。并说明理由。

3.3　三态与非门电路的特点是什么?能否实现“线与”的逻辑功能?

3.4　集成TTL门和CMOS门的多余端应该如何处理?为什么?

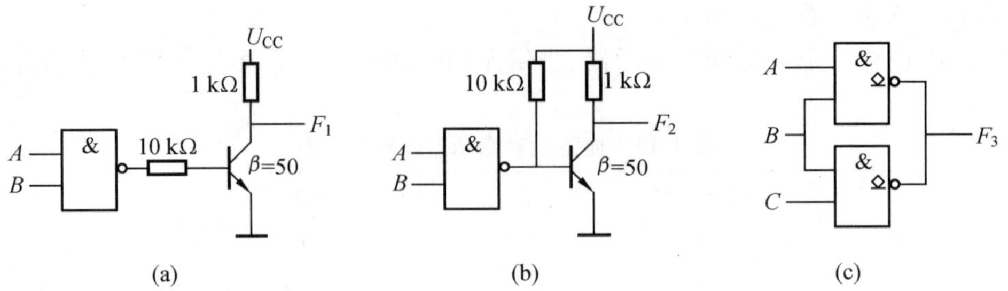

图 3.42　习题 3.2 电路图

3.5　写出如图 3.43 所示各电路的输出逻辑函数表达式。

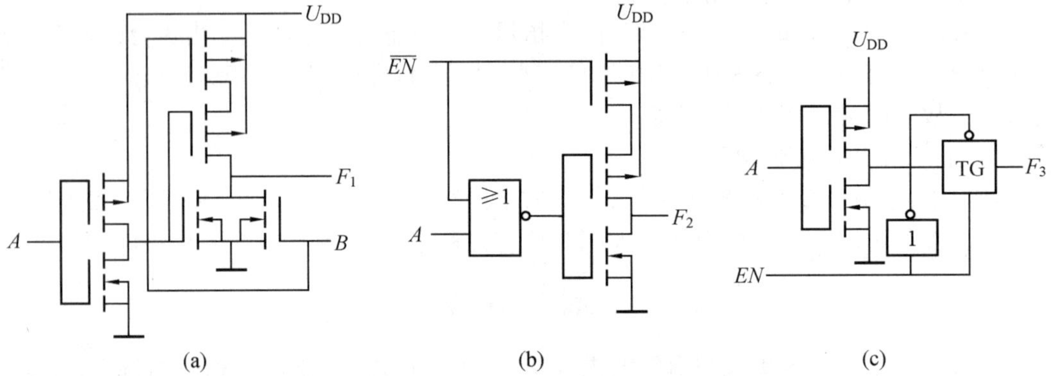

图 3.43　习题 3.5 电路图

3.6　如果将与非门、或非门、异或门做非门使用，应该如何连接？

3.7　简要说明 ECL 门的优缺点有哪些？

3.8　如图 3.44 所示为 TTL 三态门构成的电路，试根据输入条件填写表 3.14 中的 Y 的输出结果。

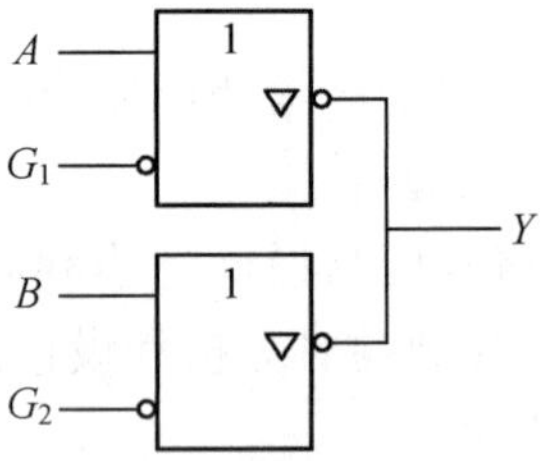

图 3.44　习题 3.8 电路图

表 3.14　习题 3.8 表

输入				输出
G_1	A	G_2	B	Y
0	0	1	0	
0	1	1	1	
1	0	0	0	
1	0	0	1	
1	0	1	0	
1	0	1	1	

3.9　分析传输门作为模拟开关的工作原理。

3.10　某组合逻辑电路如图 3.45(a)所示。

(1)写出其输出逻辑函数表达式;

(2)画出对应图 3.45(b)所示输入波形的输出波形。

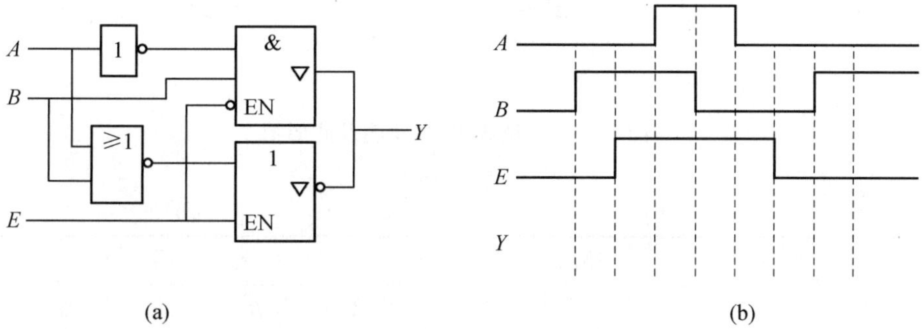

图 3.45　习题 3.10 电路图及波形图

3.11　门电路组成的电路分别如图 3.46(a),(b)和(c)所示,写出各电路的输出逻辑函数表达式,已知输入波形如图 3.46(d)所示,画出 F_1,F_2,F_3 的波形。

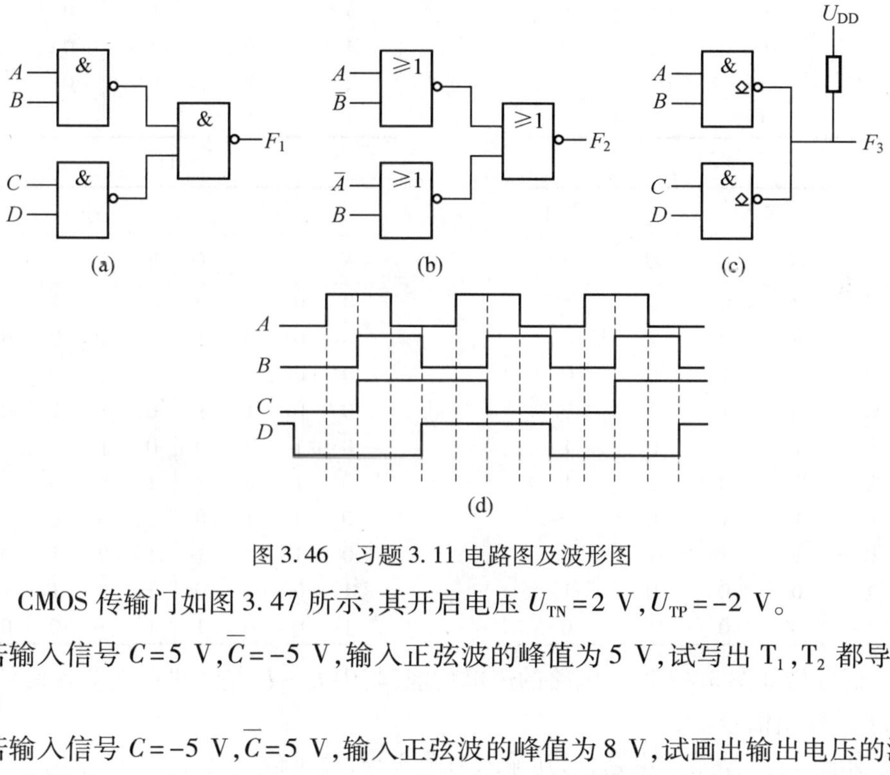

图 3.46　习题 3.11 电路图及波形图

3.12　CMOS 传输门如图 3.47 所示,其开启电压 $U_{TN}=2$ V,$U_{TP}=-2$ V。

(1)若输入信号 $C=5$ V,$\bar{C}=-5$ V,输入正弦波的峰值为 5 V,试写出 T_1,T_2 都导通的输入电压范围;

(2)若输入信号 $C=-5$ V,$\bar{C}=5$ V,输入正弦波的峰值为 8 V,试画出输出电压的波形。

3.13　分析表 3.15(a),(b),(c)和(d)描述的组合逻辑电路的功能,并画出最简电路图。

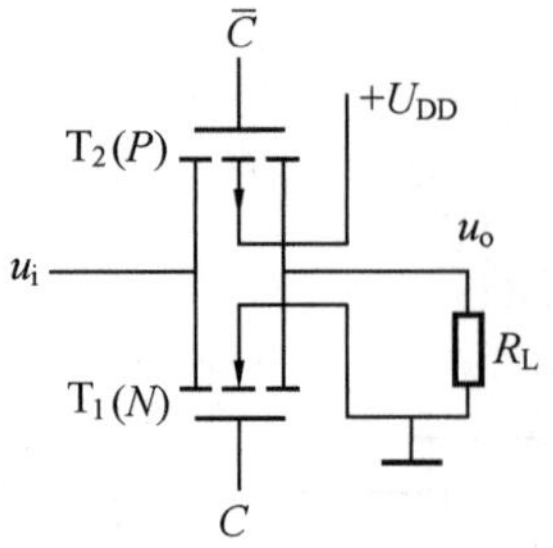

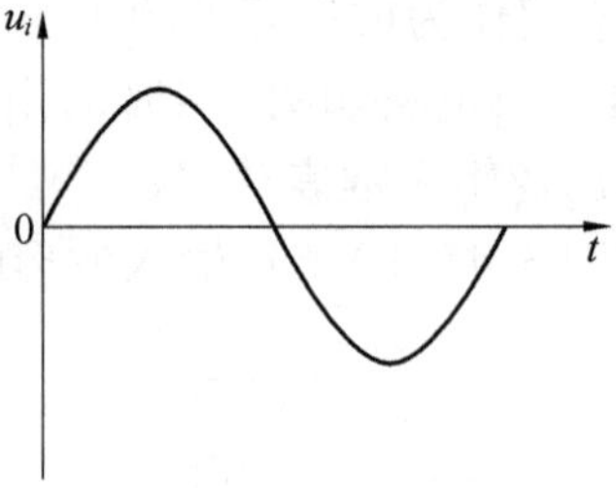

图 3.47　习题 3.12 电路图及波形图

表 3.15

(a)

输入			输出
A	B	C	Y
0	0	0	0
0	0	1	1
0	1	0	1
0	1	1	0
1	0	0	1
1	0	1	0
1	1	0	0
1	1	1	1

(b)

输入			输出	
A	B	C	X	Y
0	0	0	0	0
0	0	1	1	1
0	1	0	1	1
0	1	1	1	0
1	0	0	0	1
1	0	1	0	0
1	1	0	0	0
1	1	1	1	1

(c)

输入				输出
A	B	C	D	X
0	0	0	0	1
0	0	0	1	0
0	0	1	0	0
0	0	1	1	0
0	1	0	0	1
0	1	0	1	1
0	1	1	0	0
0	1	1	1	0
1	0	0	0	1
1	0	0	1	0

(d)

输入				输出			
A	B	C	D	W	X	Y	Z
0	0	0	0	0	0	1	1
0	0	0	1	0	1	0	0
0	0	1	0	0	1	0	1
0	0	1	1	0	1	1	0
0	1	0	0	0	1	1	1
0	1	0	1	1	0	0	0
0	1	1	0	1	0	0	1
0	1	1	1	1	0	1	0
1	0	0	0	1	0	1	1
1	0	0	1	1	1	0	0

3.14　试分析如图 3.48 所示电路的逻辑功能，其中 $I_3 \sim I_0$ 是二进制数输入信号，A_1，A_0 是控制信号，Y 是输出信号。

3.15　如图 3.49 所示的电路，已知输入为余 3 码，分析输出是什么码制？

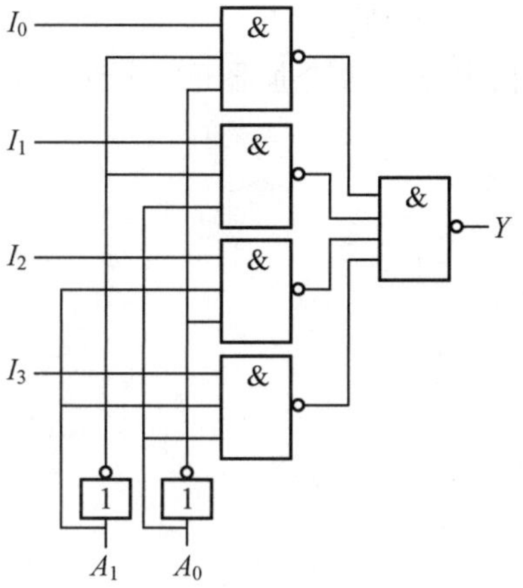

图 3.48　习题 3.14 电路图

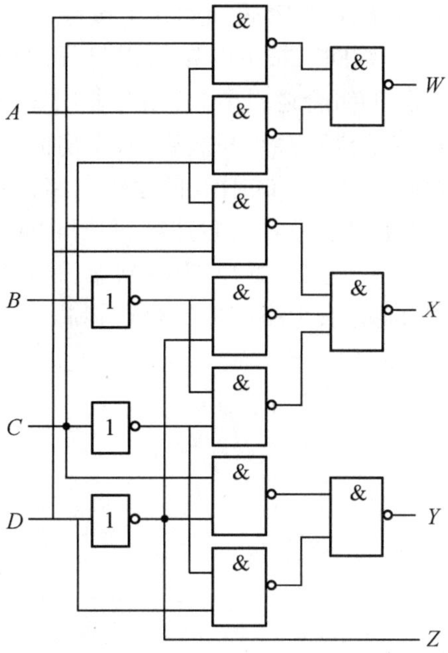

图 3.49　习题 3.15 电路图

3.16　分析如图 3.50 所示电路的逻辑功能。

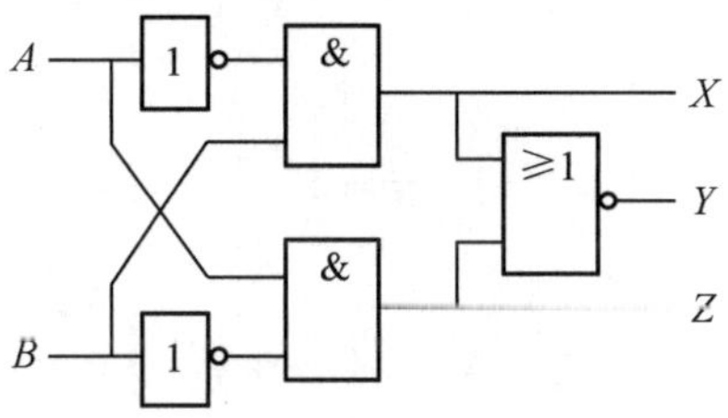

图 3.50　习题 3.16 电路图

3.17　已知输入信号 A,B,C,D 的波形如图 3.51 所示，选择合适的逻辑门设计产生输出 F 波形的组合电路。

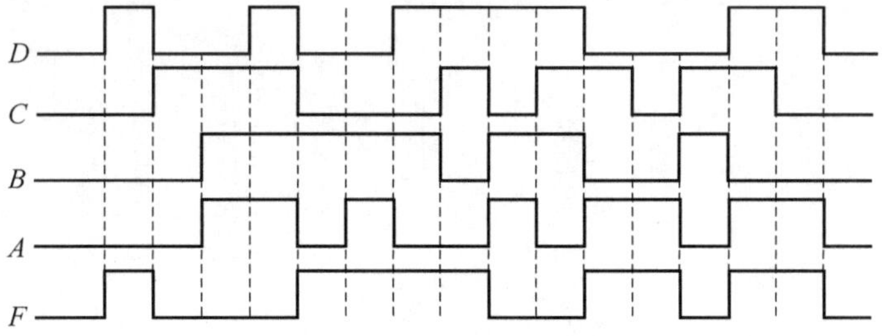

图 3.51　习题 3.17 波形图

3.18　设计一个监视交通灯工作状态的逻辑电路。在正常情况下任何时刻一组交通灯中只能有一盏灯亮，当出现 2 盏灯或 3 盏灯亮，或 3 盏灯都不亮的情况时，发出故障报警信号。

3.19　设 $A=A_1A_0$，$B=B_1B_0$ 均为 2 位二进制数，设计一个判别 $A>B$ 的比较器，要求只能用逻辑门实现。

3.20 设 A,B,C 为密码锁的 3 个按键，当 A 键单独按下时，锁打不开也不报警；当 A,B 或 A,B,C 或 A,C 分别同时按下时锁可以打开；当不符合上述条件时，发出报警信息。试设计实现此密码锁功能的组合逻辑电路，用与非门实现。

3.21 医院某科室有 4 间病房，各个房间按患者病情程度分类。1 号病房患者病情最重，4 号病房患者病情最轻。试用组合逻辑电路设计呼叫装置，要求按患者病情严重程度呼叫医生，若两个或两个以上患者同时呼叫，只显示病情最重的患者的呼叫。

3.22 设计一个加减器，X 为控制端。当 $X=0$ 时，电路实现全加器的功能；当 $X=1$ 时，电路实现全减器的功能，用小规模组合逻辑芯片实现。

第4章　模块级组合逻辑电路

第3章介绍了TTL和CMOS两种常用集成门的电路结构，重点讲解了小规模组合逻辑电路的分析与设计方法。本章介绍常用的模块级（中规模）组合逻辑电路的逻辑功能和基本使用方法，在此基础上讲解模块级组合逻辑电路的分析与设计方法。

常用的模块级组合逻辑电路有加法器、编码器、译码器、数据选择器和数值比较器等。

4.1　加法器

半加器和全加器的概念在第3章已经介绍过，1位半加器和1位全加器的逻辑符号如图4.1所示。

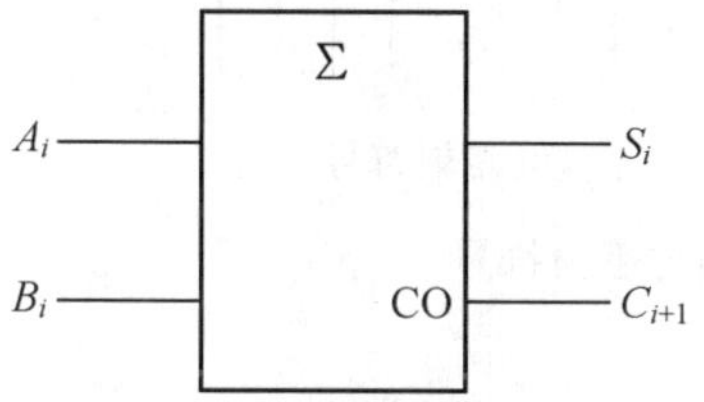

(a) 1位半加器的逻辑符号

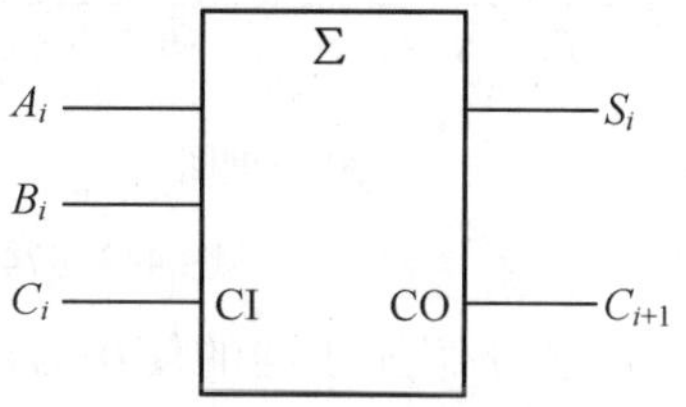

(b) 1位全加器的逻辑符号

图4.1　1位半加器和1位全加器的逻辑符号

当两个多位二进制数相加时，1位半加器用于最低位求和，1位全加器用于其他位求和。如果将全加器的 C_i 接“0”，可以实现半加器的功能。

按运算公式的不同，加法器可分为串行进位加法器和超前进位加法器。

4.1.1　串行进位加法器

图4.2是一个4位串行进位加法器，由1个半加器和3个全加器构成。由于高位的运算必须等到低位的进位产生以后才能建立，电路虽然简单，但运算速度较慢。

4.1.2　超前进位加法器

超前进位加法器对进位方式进行了改进，进位由硬件逻辑电路产生，电路结构复杂，但是所有位数可以同时进行求和运算，所以大大提高了运算速度。

74283是典型的超前进位四位二进制加法器，采用16引脚DIP封装。其引脚图及逻辑符号如图4.3所示。其中，$A_3 \sim A_0$ 和 $B_3 \sim B_0$ 分别为两个4位加数输入端；$S_3 \sim S_0$ 为4位和值输出端；C_0 为相邻低位的进位输入，无进位输入时，此引脚接低电平；C_4 为进位输出端。

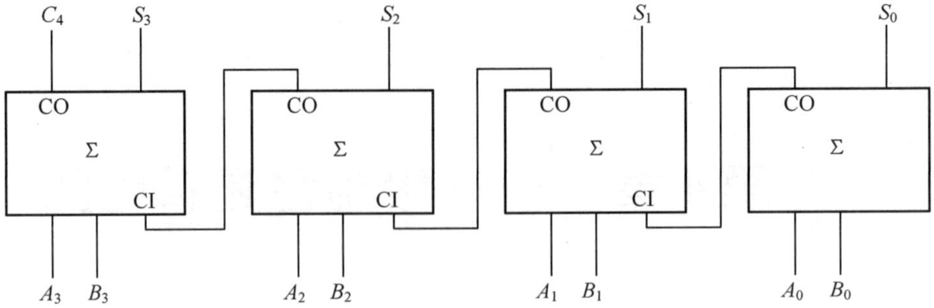

图 4.2　4 位串行进位加法器

4 位二进制并行加法器的逻辑表达式为

$$C_4S_3S_2S_1S_0=A_3A_2A_1A_0+B_3B_2B_1B_0+C_0 \tag{4.1}$$

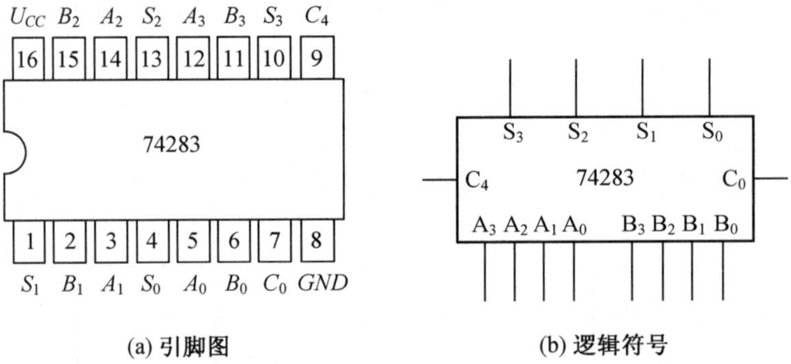

图 4.3　74283 的引脚图与逻辑符号

下面通过例题介绍加法器的使用方法。

【例 4.1】　用 74283 实现两个 4 位二进制数的减法运算。设被减数为 $A(A_3A_2A_1A_0)$，减数为 $B(B_3B_2B_1B_0)$，差值为 $S_3S_2S_1S_0$。其中 A,B 均为正数。

解　因为 A,B 均为正数，所以 $A-B=[A]_{补}+[-B]_{补}=A+[-B]_{补}$，而 $[-B]_{补}=[-B]_{反}+1$，$[-B]_{反}$ 可以用“异或”门来求得，即 4 位减数分别与“1”异或。然后将 C_0 接“1”，实现 $[-B]_{反}$ 加 1，求出 $[-B]_{补}$。电路如图 4.4 所示。

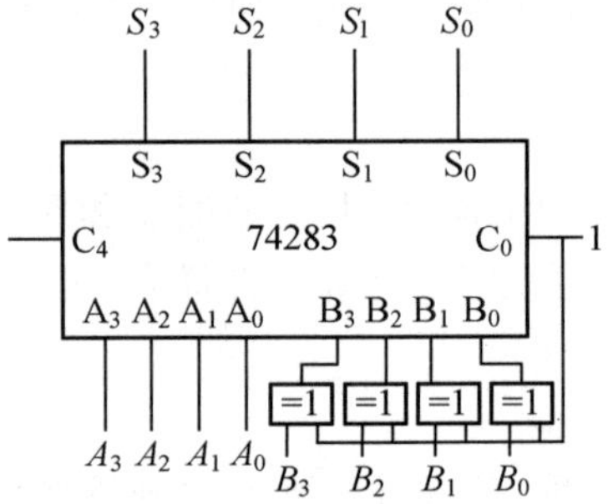

图 4.4　例 4.1 的逻辑电路图

【例 4.2】　用 74283 实现余 3 码到 5421BCD 码的转换。

解　设余 3 码为 $D_3D_2D_1D_0$，5421BCD 码为 $Y_3Y_2Y_1Y_0$。由编码表 1.4 可知，当 $N_{10}\leqslant 4$ 时，$Y_3Y_2Y_1Y_0=D_3D_2D_1D_0-0011=D_3D_2D_1D_0+1101$；当 $N_{10}\geqslant 5$ 时，$Y_3Y_2Y_1Y_0=D_3D_2D_1D_0+0000$。即

$$Y_3Y_2Y_1Y_0=\begin{cases}D_3D_2D_1D_0+1101\,;D_3=0\\D_3D_2D_1D_0+0000\,;D_3=1\end{cases}$$

$$=D_3D_2D_1D_0+\overline{D}_3\overline{D}_3 0\overline{D}_3$$

实现电路如图 4.5 所示。

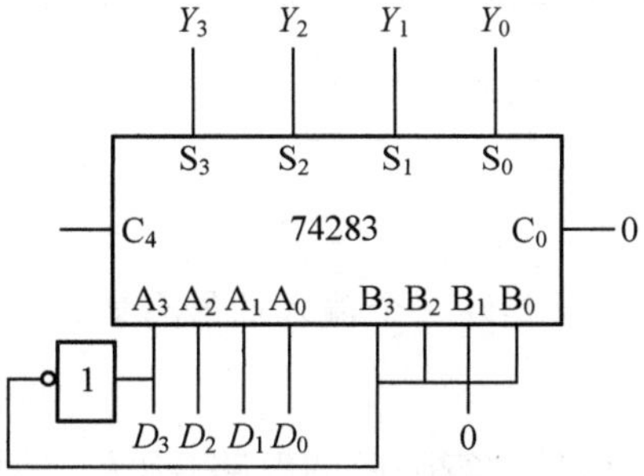

图 4.5　例 4.2 的电路

【例 4.3】　设计一个 2 位二进制数 d_1d_0 的 3 倍乘法运算电路，乘积用 $F_3F_2F_1F_0$ 表示。

解　$$F_3F_2F_1F_0=d_1d_0\times 11=d_1d_0\times 10+d_1d_0=d_1d_00+d_1d_0$$

因为 74283 为四位二进制加法器，令 $A_3A_2A_1A_0=0d_1d_00$，$B_3B_2B_1B_0=00d_1d_0$。即

$$F_3F_2F_1F_0=0d_1d_00+00d_1d_0$$

实现电路如图 4.6 所示。

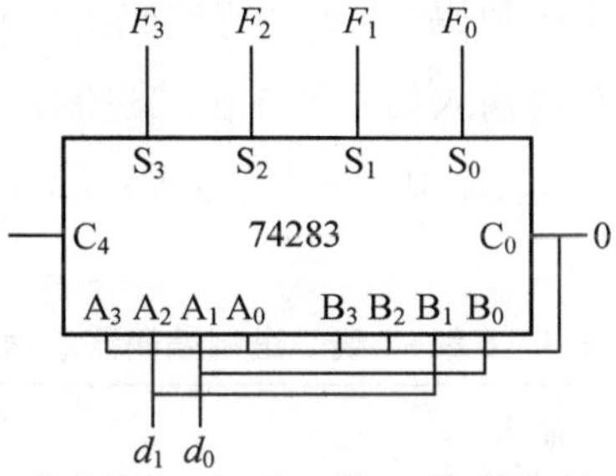

图 4.6　例 4.3 的电路

【例 4.4】　用 74283 实现两个 6 位二进制数的加法运算。

解　设两个 6 位二进制加数分别为 $A_5A_4A_3A_2A_1A_0$ 和 $B_5B_4B_3B_2B_1B_0$，则电路需要两片 74283 实现，实现电路如图 4.7 所示。其中，$S_5S_4S_3S_2S_1S_0$是和值输出端，C_6 是进位输出端。注意加数多余输入端应该接“0”，74283(1)的 C_0 必须接“0”。

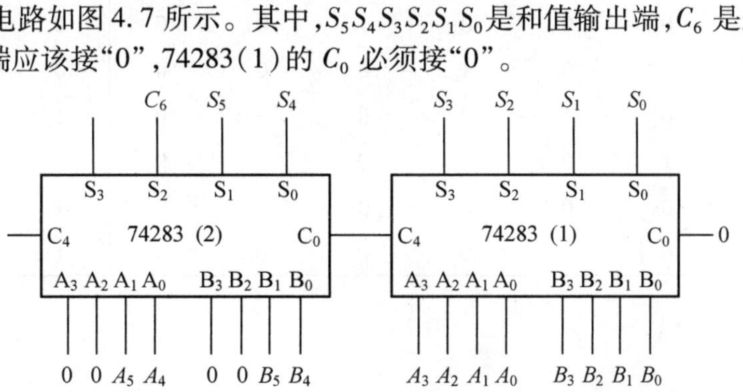

图 4.7　例 4.4 的电路

4.2 编码器

在数字系统中，用二进制代码表示特定信息的过程称为编码，实现编码功能的电路称为编码器(Encoder)。编码器一般有若干个输入，在某一时刻只有一个输入信号被转换为编码输出。编码器一般分为普通编码器和优先编码器。

4.2.1 普通编码器

普通编码器要求在任何时刻只允许一个输入信号有效，否则输出将发生混乱。

1. 二进制编码

用 n 位二进制代码对 2^n 个信号进行编码的电路，称为 2^n 线-n 线二进制编码器。8 线-3 线二进制编码器功能表见表 4.1。

从功能表可以看出，编码输入信号 $I_7 \sim I_0$ 高电平有效，且任何时刻只允许一个输入信号有效。输出信号 $Y_2Y_1Y_0$ 为二进制原码输出。例如，当 $I_7 \sim I_0 = 00001000$(功能表中第 4 行)，电路对 I_3 进行编码，输出为"3"的编码"011"。

2. 二-十进制编码

用二进制代码对十进制的十个数码 0 ~ 9 进行编码的电路，称为二-十进制编码器。输入端为 0 ~ 9 十个数码，输出端为有效输入信号的 4 位二进制代码。由于 4 位二进制代码共有 16 种状态，可以选用其中的十种状态表示 0 ~ 9 十个数码，最常用的是 8421BCD 编码方式，功能表见表 4.2。

表 4.1 8 线-3 线二进制编码器的功能表

输入								输出		
I_7	I_6	I_5	I_4	I_3	I_2	I_1	I_0	Y_2	Y_1	Y_0
0	0	0	0	0	0	0	1	0	0	0
0	0	0	0	0	0	1	0	0	0	1
0	0	0	0	0	1	0	0	0	1	0
0	0	0	0	1	0	0	0	0	1	1
0	0	0	1	0	0	0	0	1	0	0
0	0	1	0	0	0	0	0	1	0	1
0	1	0	0	0	0	0	0	1	1	0
1	0	0	0	0	0	0	0	1	1	1

表 4.2　8421BCD 编码器的功能表

十进制输入										8421BCD 输出			
I_9	I_8	I_7	I_6	I_5	I_4	I_3	I_2	I_1	I_0	Y_8	Y_4	Y_2	Y_1
0	0	0	0	0	0	0	0	0	1	0	0	0	0
0	0	0	0	0	0	0	0	1	0	0	0	0	1
0	0	0	0	0	0	0	1	0	0	0	0	1	0
0	0	0	0	0	0	1	0	0	0	0	0	1	1
0	0	0	0	0	1	0	0	0	0	0	1	0	0
0	0	0	0	1	0	0	0	0	0	0	1	0	1
0	0	0	1	0	0	0	0	0	0	0	1	1	0
0	0	1	0	0	0	0	0	0	0	0	1	1	1
0	1	0	0	0	0	0	0	0	0	1	0	0	0
1	0	0	0	0	0	0	0	0	0	1	0	0	1

从功能表可以看出，十进制输入信号 $I_9 \sim I_0$ 高电平有效，输出信号 Y_8, Y_4, Y_2 和 Y_1 为 8421BCD 码。例如，当 $I_9 \sim I_0 = 0000010000$（功能表中第 5 行），电路对 I_4 进行编码，其输出为“4”的编码“0100”。

4.2.2　优先编码器

普通编码器电路简单，但由于不允许多个输入信号同时有效，故在实际应用中不常使用。优先编码器对每位输入都预先设置了优先级，因此允许多个输入信号同时有效，优先编码器仅对优先级最高的有效输入信号进行编码。

74147 和 74148 是两种典型的优先编码器。

1. 8 线-3 线二进制优先编码器 74148

74148 为 8 线-3 线优先编码器，采用 16 引脚 DIP 封装。其引脚图及逻辑符号如图 4.8 所示，功能表见表 4.3。

从功能表可以看出，编码输入信号 $\overline{I}_7 \sim \overline{I}_0$ 低电平有效，且 $\overline{I}_7$ 的优先级最高，$\overline{I}_6$ 次之，$\overline{I}_0$ 最低。输出信号 $\overline{Y}_2\overline{Y}_1\overline{Y}_0$ 为二进制反码输出。选通输入端（使能输入端）$\overline{ST}$低电平有效，使能输出端 Y_S 高电平有效，扩展输出端 $\overline{Y}_{EX}$低电平有效。

当$\overline{ST}=1$ 时（功能表第 1 行），编码器不工作（此时输出与 8 个输入信号无关），编码输出端 $\overline{Y}_2, \overline{Y}_1$ 和 $\overline{Y}_0$ 及 $\overline{Y}_{EX}, Y_S$ 全为 1。

当$\overline{ST}=0$ 时，编码器工作。如果没有有效输入信号需要编码（功能表第 2 行），即$\overline{I}_7 \sim \overline{I}_0$ 全为 1，$\overline{Y}_2, \overline{Y}_1$ 和 $\overline{Y}_0$ 全为 1，但 $\overline{Y}_{EX}, Y_S$ 为 1，0。如果存在有效输入信号需要编码（功能表第 3 ~ 10 行），则按输入的优先级别对优先级最高的有效输入信号进行编码，且 $\overline{Y}_{EX}, Y_S$ 为 0，1。例如，当 $\overline{I}_7$ 为 0 时，无论 $\overline{I}_6 \sim \overline{I}_0$ 为何值，按照优先级，编码器仅对 $\overline{I}_7$ 进行编码，其输出为“7”的二进制码“111”的反码“000”；当 $\overline{I}_7 \sim \overline{I}_5$ 为 1，$\overline{I}_4$ 为 0，无论 $\overline{I}_3 \sim \overline{I}_0$ 为何值，按照优先级，编码器仅对 $\overline{I}_4$ 进行编码，其输出为“4”的二进制码“100”的反码“011”。

从扩展输出端 $\overline{Y}_{EX}$和使能输出端 Y_S 的输出值可以看出 74148 的工作状态。当 $\overline{Y}_{EX}Y_S = 11$

时，编码器不工作；当 $\overline{Y}_{EX}Y_S=10$ 时，编码器可以工作，但是没有有效输入信号需要编码；当 $\overline{Y}_{EX}Y_S=01$ 时，编码器工作，且对优先级最高的有效输入信号进行编码。

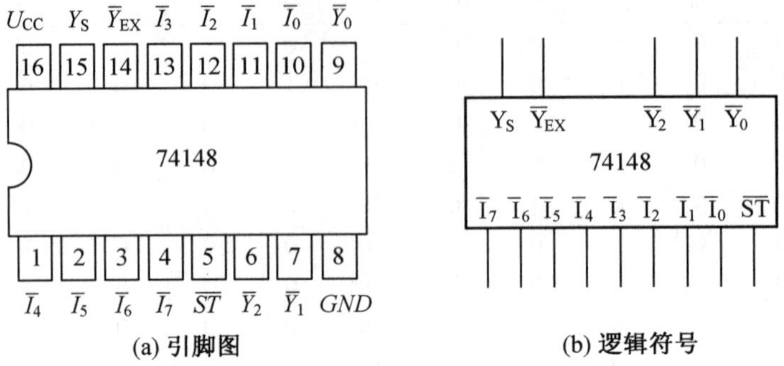

图 4.8　74148 的引脚图与逻辑符号

表 4.3　74148 的功能表

输入									输出				
$\overline{ST}$	$\overline{I}_7$	$\overline{I}_6$	$\overline{I}_5$	$\overline{I}_4$	$\overline{I}_3$	$\overline{I}_2$	$\overline{I}_1$	$\overline{I}_0$	$\overline{Y}_2$	$\overline{Y}_1$	$\overline{Y}_0$	$\overline{Y}_{EX}$	Y_S
1	×	×	×	×	×	×	×	×	1	1	1	1	1
0	1	1	1	1	1	1	1	1	1	1	1	1	0
0	0	×	×	×	×	×	×	×	0	0	0	0	1
0	1	0	×	×	×	×	×	×	0	0	1	0	1
0	1	1	0	×	×	×	×	×	0	1	0	0	1
0	1	1	1	0	×	×	×	×	0	1	1	0	1
0	1	1	1	1	0	×	×	×	1	0	0	0	1
0	1	1	1	1	1	0	×	×	1	0	1	0	1
0	1	1	1	1	1	1	0	×	1	1	0	0	1
0	1	1	1	1	1	1	1	0	1	1	1	0	1

2. 8421BCD **优先编码器** 74147

74147 为 8421BCD 优先编码器。其引脚图及逻辑符号如图 4.9 所示，功能表见表 4.4。

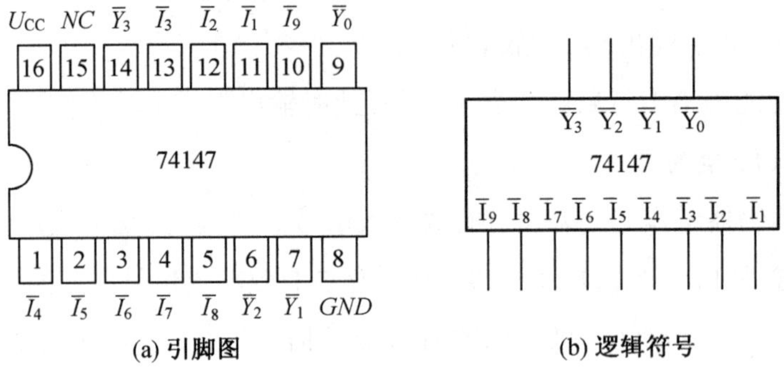

图 4.9　74147 的引脚图与逻辑符号

表 4.4　74147 的功能表

输入									输出			
$\overline{I}_9$	$\overline{I}_8$	$\overline{I}_7$	$\overline{I}_6$	$\overline{I}_5$	$\overline{I}_4$	$\overline{I}_3$	$\overline{I}_2$	$\overline{I}_1$	$\overline{Y}_3$	$\overline{Y}_2$	$\overline{Y}_1$	$\overline{Y}_0$
1	1	1	1	1	1	1	1	1	1	1	1	1
0	×	×	×	×	×	×	×	×	0	1	1	0
1	0	×	×	×	×	×	×	×	0	1	1	1
1	1	0	×	×	×	×	×	×	1	0	0	0
1	1	1	0	×	×	×	×	×	1	0	0	1
1	1	1	1	0	×	×	×	×	1	0	1	0
1	1	1	1	1	0	×	×	×	1	0	1	1
1	1	1	1	1	1	0	×	×	1	1	0	0
1	1	1	1	1	1	1	0	×	1	1	0	1
1	1	1	1	1	1	1	1	0	1	1	1	0

从功能表可以看出，编码输入信号 $\overline{I}_9 \sim \overline{I}_1$ 低电平有效，且 $\overline{I}_9$ 的优先级最高。输出信号 $\overline{Y}_3 \sim \overline{Y}_0$ 为 8421BCD 码的反码输出。当所有输入均为高电平时，输出编码为“1111”，恰好是“0”的反码，所以 74147 的引脚中没有 $\overline{I}_0$ 输入端。

3. 编码器扩展

通过例题介绍编码器的扩展方法。

【例 4.5】 用两片 74148 实现 16 线–4 线优先编码器功能。

解　两片 74148 级联扩展实现的 16 线–4 线优先编码器如图 4.10 所示。它有 16 个编码输入信号 $\overline{I}_{15} \sim \overline{I}_0$，且 $\overline{I}_{15}$ 的优先级最高，$\overline{I}_0$ 最低。4 个编码输出端 $\overline{Z}_3 \sim \overline{Z}_0$。选通输入端 $\overline{ST}$ 低电平有效，使能输出端 Z_S 高电平有效，扩展输出端 $\overline{Z}_{EX}$ 低电平有效。

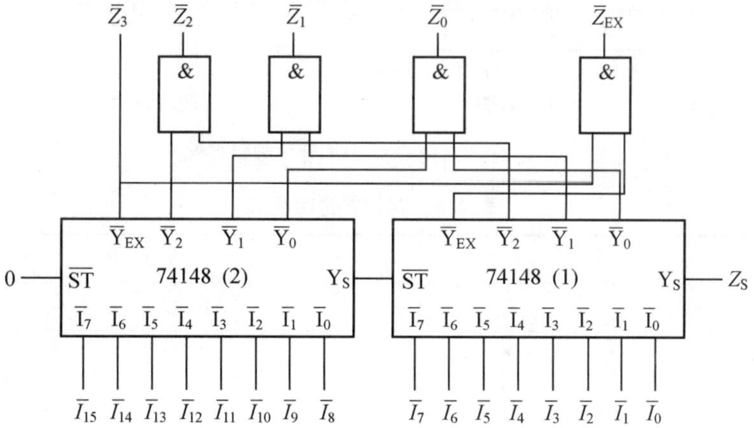

图 4.10　例 4.5 的电路

74148(1)的编码输入端 $\overline{I}_7 \sim \overline{I}_0$ 作为 16 线–4 线优先编码器的编码输入端 $\overline{I}_7 \sim \overline{I}_0$，$Y_S$ 作为使能输出端 Z_S。74148(2)的编码输入端 $\overline{I}_7 \sim \overline{I}_0$ 作为 16 线–4 线优先编码器的输入端 $\overline{I}_{15} \sim \overline{I}_8$，选通输入端 $\overline{ST}$ 接低电平，即 74148(2)处于可以编码的工作状态，其使能输出端 Y_S 接 74148(1)的选通输入端 $\overline{ST}$，控制 74148(1)的工作。74148(2)的扩展输出端 $\overline{Y}_{EX}$ 作为输出端 $\overline{Z}_3$。使

用与门将两片 74148 的输出端 $\overline{Y}_2$,$\overline{Y}_1$,$\overline{Y}_0$ 和 $\overline{Y}_{EX}$组合,依次产生 16 线-4 线编码器的 $\overline{Z}_2 \sim \overline{Z}_0$ 和 $\overline{Z}_{EX}$。

4.3 译码器

译码是编码的逆过程,它的作用是把给定的代码进行“翻译”,变成特定的输出信号。实现译码功能的逻辑器件称为译码器(Decoder)。译码器一般分为变量译码器和显示译码器。

4.3.1 变量译码器

变量译码器一般有 n 个输入变量,2^n 个输出变量。当使能端有效时,对应一组输入变量有且仅有一个输出端为有效电平,其余输出端均为无效电平。

常用的二进制变量译码器有双 2 线-4 线译码器 74139,3 线-8 线译码器 74138 和 4 线-16 线译码器 74154 等。

1. 双 2 线-4 线译码器 74139

74139 为双 2 线-4 线译码器,采用 16 引脚 DIP 封装。74139 的引脚图及逻辑符号如图 4.11 所示。引脚名称前面的数字代表组号,相同数字代表同一组译码器管脚。功能表见表 4.5。

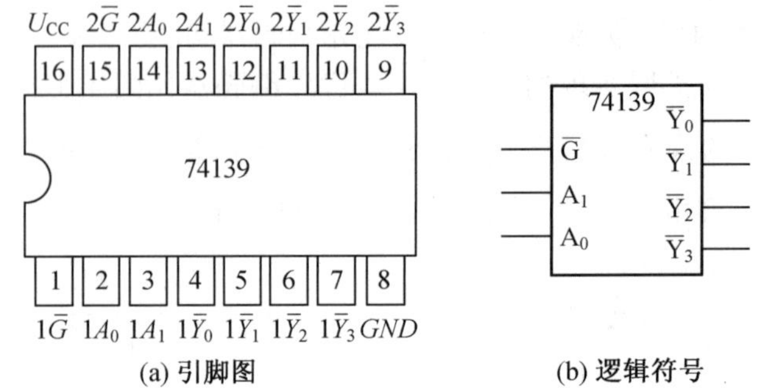

图 4.11 74139 的引脚图与逻辑符号

表 4.5 74139 的功能表

输入			输出			
$\overline{G}$	A_1	A_0	$\overline{Y}_3$	$\overline{Y}_2$	$\overline{Y}_1$	$\overline{Y}_0$
1	×	×	1	1	1	1
0	0	0	1	1	1	0
0	0	1	1	1	0	1
0	1	0	1	0	1	1
0	1	1	0	1	1	1

由功能表可以看出,2 线-4 线译码器有 2 个数据输入端 A_1 和 A_0,4 个数据输出端 $\overline{Y}_3 \sim \overline{Y}_0$,1 个使能输入端 $\overline{G}$。74139 是低电平译码输出有效的译码器。

当 $\overline{G}=1$ 时,译码器不工作,译码输出端 $\overline{Y}_3 \sim \overline{Y}_0$ 全为 1。

当 $\overline{G}=0$ 时，译码器工作，输出端 $\overline{Y}_3\sim\overline{Y}_0$ 有且仅有一个为有效电平(低电平)，每个译码输出信号 $\overline{Y}_i$ 为译码输入变量 A_1,A_0 的一个最大项 M_i(或最小项的“非”$\overline{m}_i$)。例如，当输入变量 A_1 和 A_0 为 11 时，输出 $\overline{Y}_3=0$，即 $M_3=0$，其他输出端的输出均为 1。

2. 3 **线-8 线译码器** 74138

74138 为 3 线-8 线译码器，采用 16 引脚 DIP 封装。74138 的引脚图及逻辑符号如图4. 12 所示，功能表见表 4. 6。

(a) 引脚图

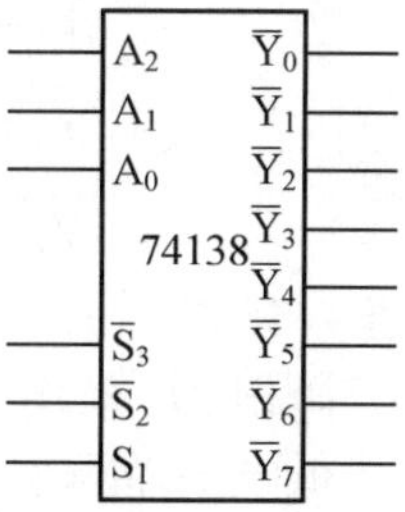

(b) 逻辑符号

图 4. 12　74138 的引脚图与逻辑符号

表 4. 6　74138 的功能表

输入					输出							
S_1	$\overline{S}_2+\overline{S}_3$	A_2	A_1	A_0	$\overline{Y}_7$	$\overline{Y}_6$	$\overline{Y}_5$	$\overline{Y}_4$	$\overline{Y}_3$	$\overline{Y}_2$	$\overline{Y}_1$	$\overline{Y}_0$
×	1	×	×	×	1	1	1	1	1	1	1	1
0	×	×	×	×	1	1	1	1	1	1	1	1
1	0	0	0	0	1	1	1	1	1	1	1	0
1	0	0	0	1	1	1	1	1	1	1	0	1
1	0	0	1	0	1	1	1	1	1	0	1	1
1	0	0	1	1	1	1	1	1	0	1	1	1
1	0	1	0	0	1	1	1	0	1	1	1	1
1	0	1	0	1	1	1	0	1	1	1	1	1
1	0	1	1	0	1	0	1	1	1	1	1	1
1	0	1	1	1	0	1	1	1	1	1	1	1

由功能表可以看出，74138 有 3 个数据输入端 $A_2A_1A_0$，8 个数据输出端 $\overline{Y}_7\sim\overline{Y}_0$，3 个使能输入端 S_1，$\overline{S}_2$ 和 $\overline{S}_3$。74138 是低电平译码输出有效的译码器。

当 $S_1\overline{S}_2\overline{S}_3\neq100$ 时(功能表第 1 行和第 2 行)，译码器不工作，译码输出 $\overline{Y}_7\sim\overline{Y}_0$ 全为 1。

只有当 $S_1\overline{S}_2\overline{S}_3=100$ 时(功能表第 3～10 行)，译码器才处于译码工作状态，输出 $\overline{Y}_7\sim\overline{Y}_0$ 有且仅有一个为有效电平(低电平)，每个译码输出信号 $\overline{Y}_i$ 为译码输入变量 $A_2A_1A_0$ 的一个最大项 M_i(或最小项的“非”$\overline{m}_i$)。例如，当输入变量 $A_2A_1A_0$ 为 110 时，$M_6=0(\overline{m}_6=0)$，即输出 $\overline{Y}_6=0$，其他输出端的输出均为 1。

由功能表写出输出逻辑式：

$$
\begin{cases}
\overline{Y}_0 = A_2 + A_1 + A_0 = M_0 = \overline{m}_0 \\
\overline{Y}_1 = A_2 + A_1 + \overline{A}_0 = M_1 = \overline{m}_1 \\
\overline{Y}_2 = A_2 + \overline{A}_1 + A_0 = M_2 = \overline{m}_2 \\
\overline{Y}_3 = A_2 + \overline{A}_1 + \overline{A}_0 = M_3 = \overline{m}_3 \\
\overline{Y}_4 = \overline{A}_2 + A_1 + A_0 = M_4 = \overline{m}_4 \\
\overline{Y}_5 = \overline{A}_2 + A_1 + \overline{A}_0 = M_5 = \overline{m}_5 \\
\overline{Y}_6 = \overline{A}_2 + \overline{A}_1 + A_0 = M_6 = \overline{m}_6 \\
\overline{Y}_7 = \overline{A}_2 + \overline{A}_1 + \overline{A}_0 = M_7 = \overline{m}_7
\end{cases} \tag{4.2}
$$

3.4 **线-16 线译码器 74154**

74154 为 4 线-16 线译码器，采用 24 引脚 DIP 封装。74154 的引脚图及逻辑符号如图 4. 13 所示。74154 也是一个低电平译码输出有效的译码器，其功能与 74138 类似，这里不再赘述。

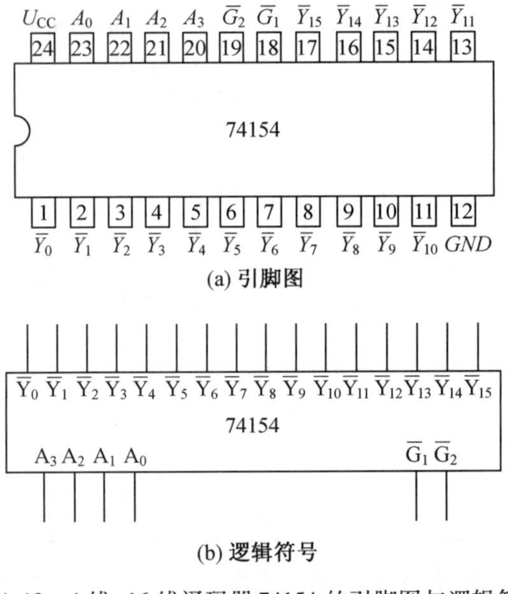

图 4. 13　4 线-16 线译码器 74154 的引脚图与逻辑符号

综上所述，低电平译码输出有效的译码器，每个译码输出端为译码输入变量的一个最大项。基于这种特性，译码器可以实现组合逻辑函数功能。

4. **变量译码器使用方法**

下面通过几个例题来说明变量译码器的使用方法。

【例 4. 6】　用 74138 译码器实现逻辑函数 $F(A,B,C)=AB+BC$。

解　(1)将逻辑函数式转化为标准形式(最小项之和或者最大项之积形式)。

$$
\begin{aligned}
F(A,B,C) &= AB(C+\overline{C})+(A+\overline{A})BC = ABC+AB\overline{C}+ABC+\overline{A}BC \\
&= ABC+AB\overline{C}+\overline{A}BC = m_3+m_6+m_7 = \overline{\overline{m_3+m_6+m_7}} = \overline{\overline{m}_3\overline{m}_6\overline{m}_7} = M_0M_1M_2M_4M_5
\end{aligned}
$$

(2)电路实现。

电路图如图 4. 14 所示。

用低电平有效的译码器 74138 实现逻辑函数，可以通过外加与门(逻辑函数表达式为最大

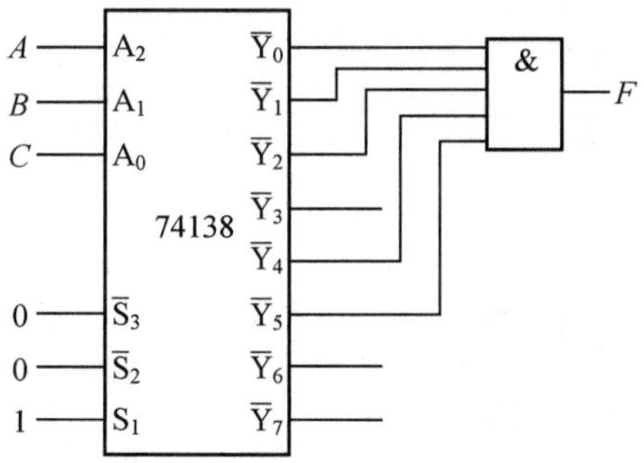

(a) 外加与门实现逻辑函数

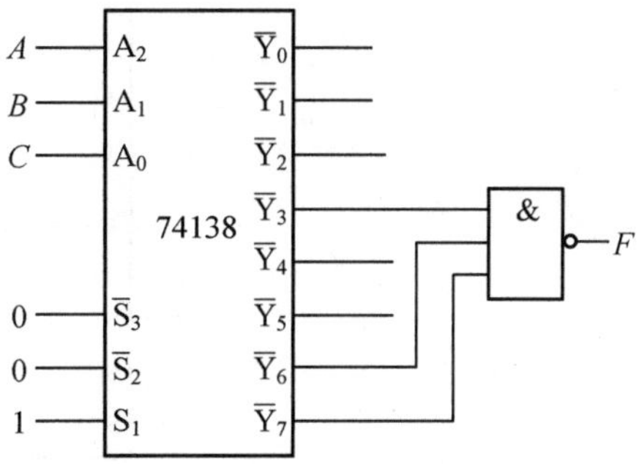

(b) 外加与非门实现逻辑函数

图 4.14　例 4.6 的电路

项的形式）来实现，也可以通过外加与非门（逻辑函数表达式为最小项非的形式）来实现。具体选用哪种形式实现逻辑函数，原则上，选取外加逻辑门输入端少的，如图 4.14(b)。

【例 4.7】　某工厂有 A,B,C 3 个车间和一个自备电站，站内有两台发电机 G_1 和 G_2。G_1 的容量是 G_2 的两倍。如果一个车间开工，只需 G_2 运行就可以满足要求；如果两个车间开工，只需 G_1 运行就可以满足要求；如果 3 个车间同时开工，则 G_1 和 G_2 均需运行。试用 74138 译码器外加与门实现此逻辑功能。

解　用 A,B,C 分别表示 3 个车间的开工状态：开工为 1，不开工为 0；G_1 和 G_2 分别表示两台发电机的运行状态：运行为 1，不运行为 0。

根据题意列出真值表见表 4.7。

表 4.7　例 4.7 电路的真值表

输入			输出	
A	B	C	G_1	G_2
0	0	0	0	0
0	0	1	0	1
0	1	0	0	1
0	1	1	1	0
1	0	0	0	1
1	0	1	1	0
1	1	0	1	0
1	1	1	1	1

因要求外加与门实现，故由真值表列出逻辑函数最大项之积式：

$$G_1(A,B,C)=M_0M_1M_2M_4$$

$$G_2(A,B,C)=M_0M_3M_5M_6$$

实现电路如图 4.15 所示。

【例 4.8】　用两片 74138 构成 4 线–16 线译码器。

解　因为 74138 只有 3 位输入，所以第 4 位输入可以借用使能控制端。将 A_3 接至 74138(1) 的 $\bar{S}_3$, $\bar{S}_2$ 及 74138(2) 的 S_1 端。74138(1) 的 S_1 接“1”，74138(2) 的 $\bar{S}_3$ 和 $\bar{S}_2$ 接“0”。其电路图如图 4.16 所示。当 $A_3=0$ 时，74138(2) 的 $\bar{S}_3\bar{S}_2S_1=000$，74138(2) 不工作，输出均为高电平。74138(1) 的 $\bar{S}_3\bar{S}_2S_1=001$，74138(1) 工作，其 8 个输出端依次输出低电平，即当 $A_3A_2A_1A_0=0111$ ~

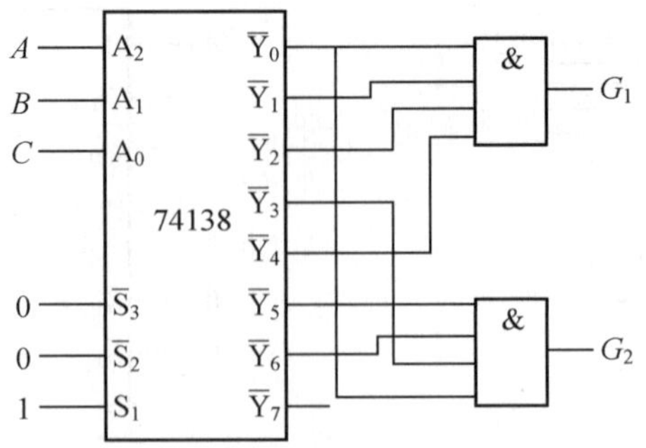

图 4.15　例 4.7 的电路

0000 时,74138(1)的 $\overline{Y}_7 \sim \overline{Y}_0$ 依次输出低电平信号。当 $A_3=1$ 时,74138(1)的 $\overline{S}_3\overline{S}_2S_1=111$,74138(1)不工作,输出均为高电平。74138(2)的 $\overline{S}_3\overline{S}_2S_1=001$,74138(2)工作,其 8 个输出端依次输出低电平,即当 $A_3A_2A_1A_0=1111 \sim 1000$ 时,74138(2)的 $\overline{Y}_7 \sim \overline{Y}_0$ 依次输出低电平信号。

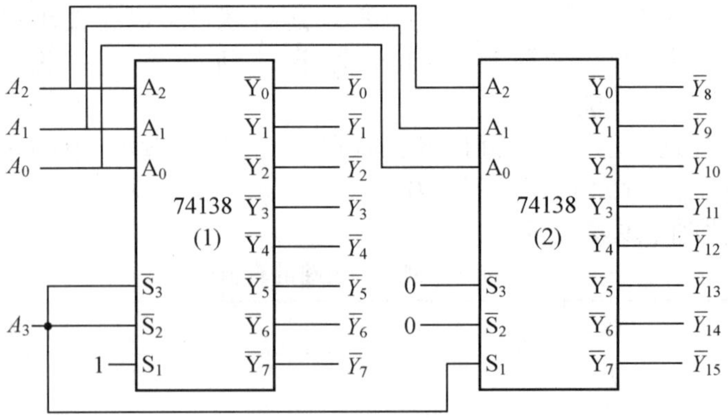

图 4.16　例 4.8 的电路

利用译码器工作时多个输出端只有一个有效的特点,将译码器进行适当连接,可以实现数据分配器(Demultiplexer/Data Distributor)功能。数据分配器是一种单输入、多输出组合逻辑器件,由地址选择码决定从哪一路输出。数据分配器又称多路分配器,常用 DEMUX 表示。用 74138 译码器实现 8 路数据分配器的电路如图 4.17 所示。将 S_1 作为使能输入端 E,$\overline{S}_2$ 接低电平,$\overline{S}_3$ 作为数据输入端 D。A_2,A_1,A_0 作为地址选择码。例如,当 $E=1$、$A_2A_1A_0=011$ 时,如果 $D=0$,即 $\overline{S}_3\ \overline{S}_2S_1=001$,译码器工作,$\overline{Y}_3=0$;如果 $D=1$,即 $\overline{S}_3\ \overline{S}_2S_1=101$,译码器不工作,所有输出端均为高电平,因此 $\overline{Y}_3=1$。由此可见,$\overline{Y}_3$ 与 D 一致。

在计算机系统中,译码器常用作地址译码器。计算机系统中的器件是通过统一的地址总线 AB(Address Bus),数据总线 DB(Data Bus)和控制总线 CB(Control Bus)与 CPU 相连,如图 4.18 所示。CPU 通过读、写控制信号控制器件的读写。$\overline{CS}$ 为器件的片选信号,低电平有效。当 CPU 需要与某个器件进行数据传送时,首先将该器件的地址码送到地址总线,经译码器译码后,选中需要的器件,即片选信号有效,该器件处于工作状态,然后 CPU 与选中的器件进行数据传送,未被选中的器件虽然物理上也与 CPU 相连,但由于片选输入信号无效,处于高阻状态,因此与 CPU 之间不能传送数据。图 4.18 中译码器通常选用 74138 或 74139。

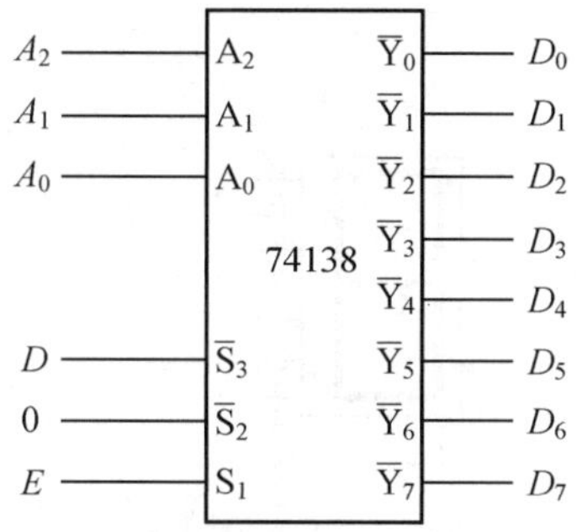

图 4.17　74138 译码器实现八路数据分配器

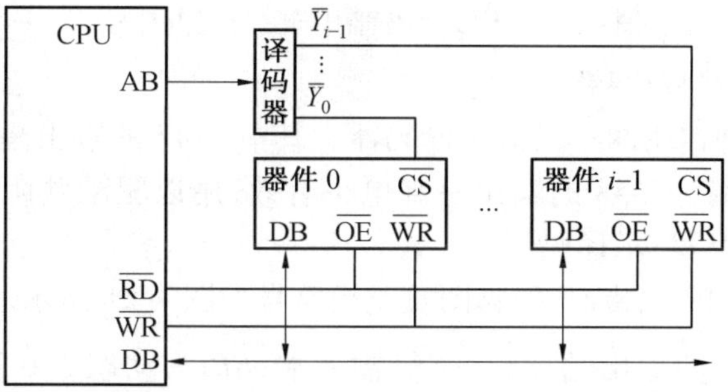

图 4.18　译码器在计算机系统中用作地址译码器

4.3.2　显示译码器

在数字系统中，常用七段数码管显示测量数据或运算结果。显示译码器就是用来将数码管待显示的数字或符号转换为 7 个字段信号，驱动数码管，显示出相应字形。

七段数码管一般包括 8 个发光二极管，其中 7 个发光二极管组成一个“8”字的图形，用小写字母 a,b,c,d,e,f 和 g 分别作为每段的段名，与显示译码器的输出端连接；1 个用于显示小数点。七段显示数码管有共阴极和共阳极两种连接方式，如图 4.19 所示。当使用共阴极数码管时，译码器的输出端应为高电平有效；当使用共阳极数码管时，译码器的输出端应为低电平有效。选择不同字段发光，可显示出不同的字形。

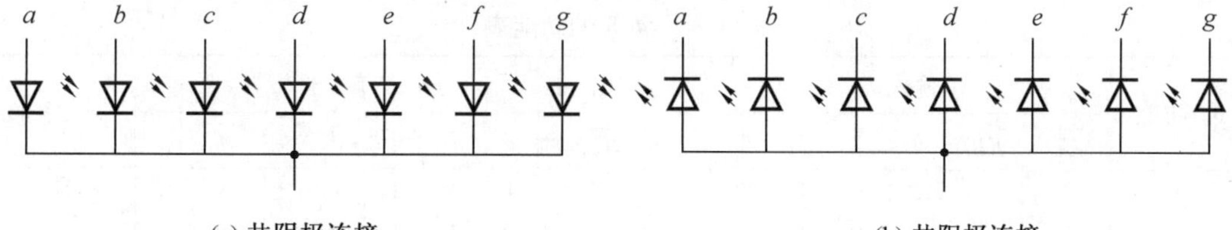

图 4.19　七段显示数码管的连接方式

数码管的引脚图及逻辑符号如图 4.20 所示。数码管有 10 个引脚，其中 3，8 引脚为公共端。一般把共阴极数码管 3，8 引脚直接接地，共阳极数码管的 3，8 引脚接电源，通常情况下，每个发光二极管要串联限流电阻使用。

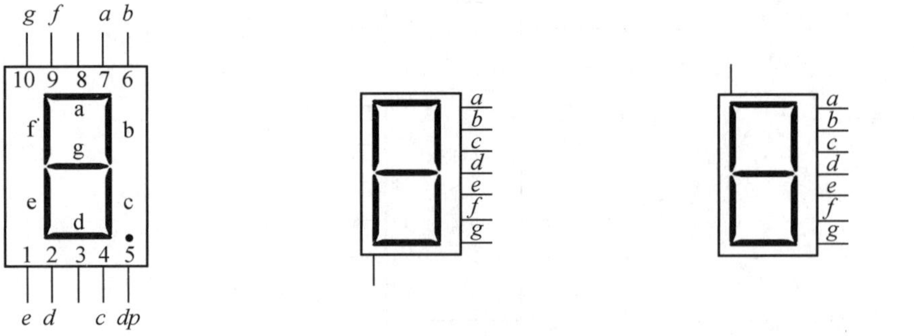

(a) 引脚图　　(b) 共阴极数码管逻辑符号　　(c) 共阳极数码管逻辑符号

图 4.20　七段数码管引脚图与逻辑符号

1. 七段显示译码器 7447/7448

7447 和 7448 是两种常用的七段显示译码器。其中 7447 的输出是低电平有效，用以驱动共阳极连接的七段数码管。7448 的输出是高电平有效，用以驱动共阴极连接的七段数码管。下面以 7448 为例介绍七段显示译码器。

7448 采用 16 引脚 DIP 封装，其引脚图及逻辑符号如图 4.21 所示。其中 $A_3 \sim A_0$ 为译码器的输入端；$a \sim g$ 为译码器的输出端；$\overline{LT}$为试灯输入端；$\overline{RBI}$为动态灭 0 输入端；$\overline{BI}/\overline{RBO}$为灭灯输入/动态灭 0 输出端。功能表见表 4.8。

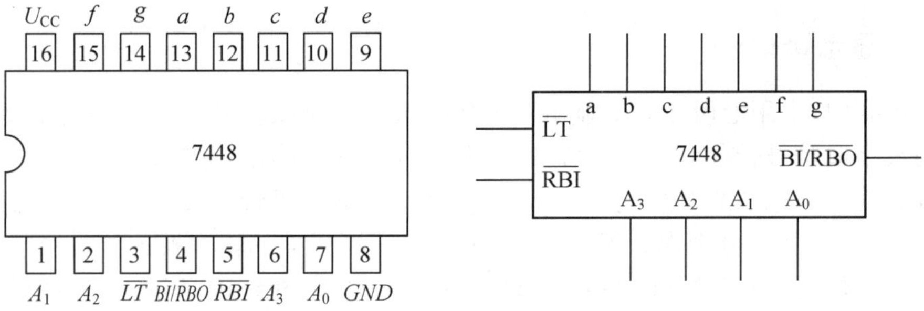

(a) 引脚图　　(b) 逻辑符号

图 4.21　7448 的引脚图与逻辑符号

表 4.8　7448 的功能表

N_{10}功能	输入						入/出	输出							显示字形
	$\overline{LT}$	$\overline{RBI}$	A_3	A_2	A_1	A_0	$\overline{BI}/\overline{RBO}$	a	b	c	d	e	f	g	
0	1	1	0	0	0	0	1	1	1	1	1	1	1	0	0
1	1	×	0	0	0	1	1	0	1	1	0	0	0	0	1
2	1	×	0	0	1	0	1	1	1	0	1	1	0	1	2
3	1	×	0	0	1	1	1	1	1	1	1	0	0	1	3
4	1	×	0	1	0	0	1	0	1	1	0	0	1	1	4
5	1	×	0	1	0	1	1	1	0	1	1	0	1	1	5
6	1	×	0	1	1	0	1	0	0	1	1	1	1	1	6
7	1	×	0	1	1	1	1	1	1	1	0	0	0	0	7
8	1	×	1	0	0	0	1	1	1	1	1	1	1	1	8

续表 4.8

N_{10}功能	输入						入/出	输出							显示字形
	$\overline{LT}$	$\overline{RBI}$	A_3	A_2	A_1	A_0	$\overline{BI}/\overline{RBO}$	a	b	c	d	e	f	g	
9	1	×	1	0	0	1	1	1	1	1	0	0	1	1	9
10	1	×	1	0	1	0	1	0	0	0	1	1	0	1	c
11	1	×	1	0	1	1	1	0	0	1	1	0	0	1	ɔ
12	1	×	1	1	0	0	1	0	1	0	0	0	1	1	u
13	1	×	1	1	0	1	1	1	0	0	1	0	1	1	c̄
14	1	×	1	1	1	0	1	0	0	0	1	1	1	1	t
15	1	×	1	1	1	1	1	0	0	0	0	0	0	0	(灭)
灭灯	×	×	×	×	×	×	0	0	0	0	0	0	0	0	(灭)
试灯	0	×	×	×	×	×	1	1	1	1	1	1	1	1	8
灭0	1	0	0	0	0	0	0	0	0	0	0	0	0	0	(灭)

7448 功能如下：

(1)正常译码显示：当$\overline{BI}$,$\overline{LT}$和$\overline{RBI}$为高电平时(功能表第1行),7448 就可以对译码输入为0的二进制码0000进行译码,并产生显示0所需要的七段显示码。只要$\overline{BI}$和$\overline{LT}$均为高电平(功能表第2~16行),7448 就可以对译码输入为十进制数1~15的二进制码0001~1111进行译码,并产生显示1~15所需要的七段显示码,其中10~14用特殊符号表示,15灭。

(2)灭灯输入$\overline{BI}$(Blanking Input)：当$\overline{BI}=0$时(功能表第17行),无论其他输入端为何值时,$a \sim g$ 均输出低电平,即数码管所有发光段全灭,无显示。

(3)试灯输入端$\overline{LT}$(Lamp Test Input)：当$\overline{BI}=1$(不灭灯)时,如果$\overline{LT}=0$(功能表第18行),则输出 $a \sim g$ 全部为高电平,即数码管七段全亮。用来检验数码管的七段是否正常工作。

(4)动态灭0输入$\overline{RBI}$(Ripple Blanking Input)：由功能表的第19行可以看出,当$\overline{LT}=1$(不试灯)且$\overline{BI}/\overline{RBO}$不作为输入端使用,即不外加输入信号时,如果$\overline{RBI}=0$,并且译码器的输入为0的二进制码0000,译码器将产生全0输出,数码管全灭,不显示0字形;而对于输入非0的二进制码,$\overline{BI}/\overline{RBO}$不外加输入信号相当于接1,译码器正常译码显示相应字形。所以,这称为动态灭0,因此$\overline{RBI}$也称为动态灭0输入。动态灭0常用来消除无效0。例如,对于000.0010则显示0.001。

(5)动态灭0输出$\overline{RBO}$(Ripple Blanking Output)：由功能表的第19行还可以看出,当7448译码器译码输入为0000且灭0时,$\overline{BI}/\overline{RBO}$端作为动态灭0输出端$\overline{RBO}$使用,$\overline{RBO}$输出0,用以指示7448处于灭0状态。

将$\overline{RBI}$和$\overline{RBO}$配合使用,可以实现多位数字译码显示。图4.22给出了6位数字显示系统的灭0控制。图中7448的$\overline{RBI}$接法如下：

①整数部分最高位接低电平,动态灭0;最低位接高电平,有0正常显示,不灭0;其余各位均接受高位的$\overline{RBO}$输出信号,进行灭0控制。

②小数部分最高位接1,有0正常显示,不灭0;最低位接低电平,动态灭0;其余各位均接

受低位的$\overline{RBO}$输出信号，进行灭0控制。整数部分只有在高位是0，而且被熄灭时，低位才有灭0输入信号；小数部分只有在低位是0，而且被熄灭时，高位才有灭0输入信号，实现了多位十进制数显示器整数前和小数后的灭0控制。小数点前后第1位均不需要灭0，即允许显示0.0。例如，6位输入数为0103.08，显示系统显示数字为103.08。

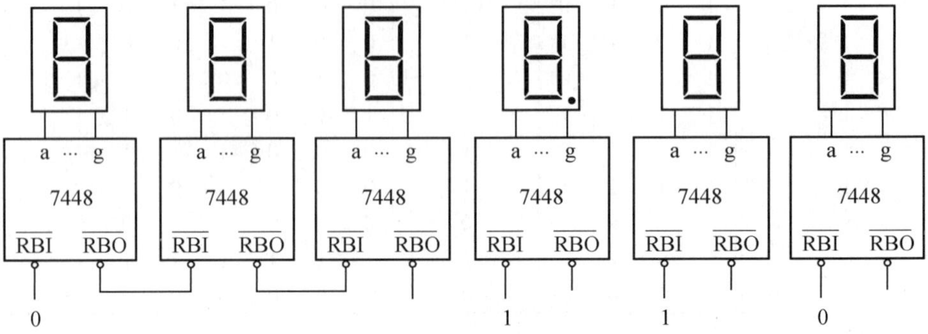

图4.22　6位数字显示系统的灭0控制

图4.23和图4.24分别给出了7447驱动共阳极数码管和7448驱动共阴极数码管的连线图，其中$R=300\ \Omega \sim 1\ \text{k}\Omega$。

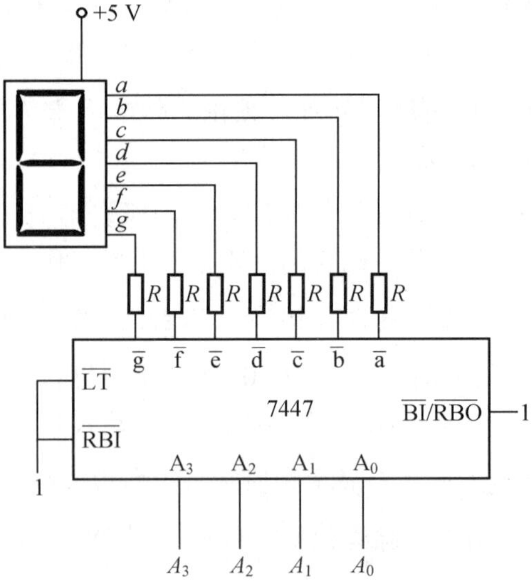

图4.23　7447与共阳七段数码管的连接

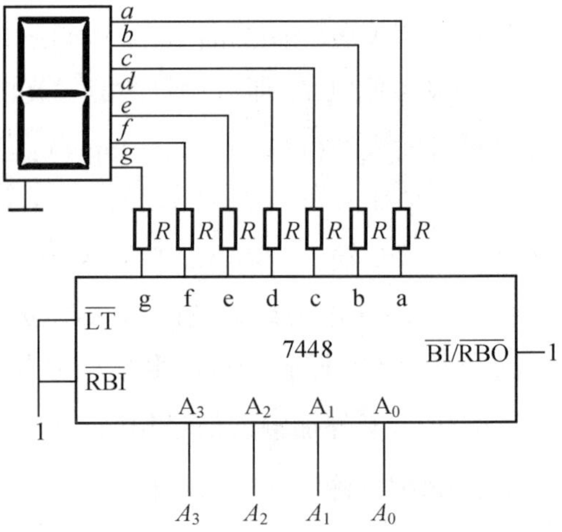

图4.24　7448与共阴七段数码管的连接

2. BCD码-七段译码器CD4511

CD4511是一个用于驱动共阴极数码管的BCD码-七段译码器，具有锁存、译码及驱动等功能，可直接驱动LED数码管。CD4511采用16引脚DIP封装，其引脚图及逻辑符号如图4.25所示。其中，$A_3 \sim A_0$为BCD码输入端，$Y_a \sim Y_g$为七段译码输出端，$\overline{LT}$为试灯输入端，$\overline{BI}$为输出消隐控制端，LE为数据锁定控制端。CD4511功能表见表4.9。

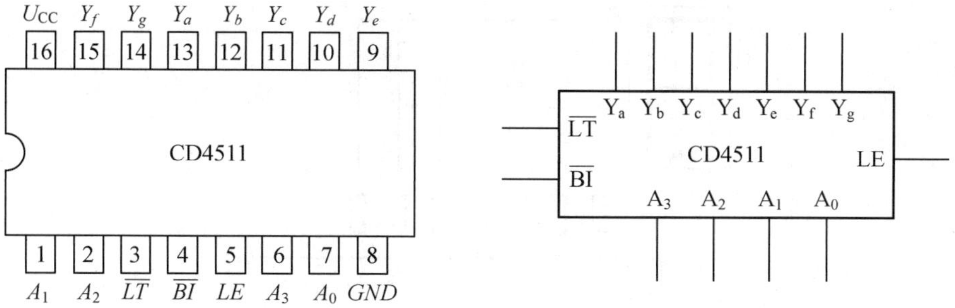

(a) 引脚图　　　　(b) 逻辑符号

图 4.25　CD4511 的引脚图与逻辑符号

表 4.9　CD4511 的功能表

输入							输出							显示字形
LE	$\overline{BI}$	$\overline{LT}$	A_3	A_2	A_1	A_0	Y_a	Y_b	Y_c	Y_d	Y_e	Y_f	Y_g	
×	×	0	×	×	×	×	1	1	1	1	1	1	1	8
×	0	1	×	×	×	×	0	0	0	0	0	0	0	消隐
0	1	1	0	0	0	0	1	1	1	1	1	1	0	0
0	1	1	0	0	0	1	0	1	1	0	0	0	0	1
0	1	1	0	0	1	0	1	1	0	1	1	0	1	2
0	1	1	0	0	1	1	1	1	1	1	0	0	1	3
0	1	1	0	1	0	0	0	1	1	0	0	1	1	4
0	1	1	0	1	0	1	1	0	1	1	0	1	1	5
0	1	1	0	1	1	0	0	0	1	1	1	1	1	6
0	1	1	0	1	1	1	1	1	1	0	0	0	0	7
0	1	1	1	0	0	0	1	1	1	1	1	1	1	8
0	1	1	1	0	0	1	1	1	1	0	0	1	1	9
0	1	1	1	0	1	0	0	0	0	0	0	0	0	消隐
0	1	1	1	0	1	1	0	0	0	0	0	0	0	消隐
0	1	1	1	1	0	0	0	0	0	0	0	0	0	消隐
0	1	1	1	1	0	1	0	0	0	0	0	0	0	消隐
0	1	1	1	1	1	0	0	0	0	0	0	0	0	消隐
0	1	1	1	1	1	1	0	0	0	0	0	0	0	消隐
1	1	1	×	×	×	×	锁存							锁存

由功能表可见，当试灯端$\overline{LT}=1$ 时，数码管正常显示；$\overline{LT}=0$ 时，数码管显示数码“8”，数码管所有发光段都被点亮，以检查数码管是否有故障。当消隐控制端$\overline{BI}=0$ 时，数码管所有发光段均消隐，需正常显示时，$\overline{BI}$端应接高电平。另外 CD4511 有拒绝伪码的特点，当输入数据超过十进制数 $9(1001)_2$时，显示字形也自行消隐。锁存控制端 LE 为高电平时数据锁存；LE 为低电平时传输数据。CD4511 与共阴七段数码管的连接电路图如图 4.26 所示，其中 $R=300\ \Omega\sim1\ k\Omega$。

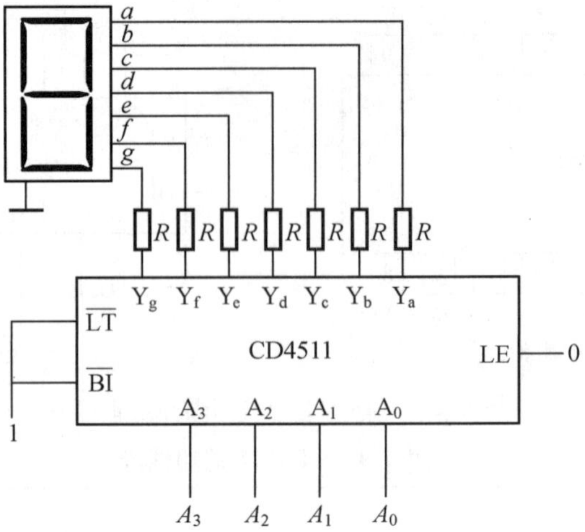

图 4.26　CD4511 与共阴七段数码管的连接

4.4　数值比较器

数值比较器(Comparator)是对两个位数相同的无符号二进制数 A 和 B 进行数值比较并判定大小关系的算术运算电路。比较结果以 $A>B$,$A<B$ 和 $A=B$ 3 种情况输出。

4.4.1　1 位数值比较器

设 A,B 为一位二进制数输入端。一位数值比较器的功能表见表 4.10。

表 4.10　1 位数值比较器功能表

输入		输出		
A	B	$A>B$	$A=B$	$A<B$
0	0	0	1	0
0	1	0	0	1
1	0	1	0	0
1	1	0	1	0

由功能表可知,两个一位二进制数 A 和 B 比较,输出结果高电平有效。

4.4.2　4 位数值比较器 7485

7485 为数值比较器,采用 16 引脚 DIP 封装。7485 的引脚图及逻辑符号如图 4.27 所示,功能表见表 4.11。其中 $A_3A_2A_1A_0$ 和 $B_3B_2B_1B_0$ 分别为 4 位二进制数 A 和 B 的输入端;$A>B$,$A=B$ 和 $A<B$ 为比较结果输出端。$a>b$,$a=b$,$a<b$ 为级联输入端。

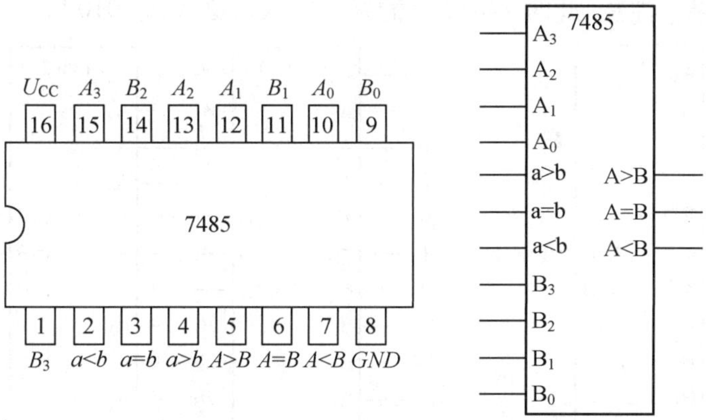

(a) 引脚图　　　　(b) 逻辑符号

图 4.27　7485 的引脚图与逻辑符号

表 4.11　7485 功能表

比较输入				级联输入			输出		
$A_3\ B_3$	$A_2\ B_2$	$A_1\ B_1$	$A_0\ B_0$	$a>b$	$a=b$	$a<b$	$A>B$	$A=B$	$A<B$
$A_3>B_3$	×	×	×	×	×	×	1	0	0
$A_3<B_3$	×	×	×	×	×	×	0	0	1
$A_3=B_3$	$A_2>B_2$	×	×	×	×	×	1	0	0
$A_3=B_3$	$A_2<B_2$	×	×	×	×	×	0	0	1
$A_3=B_3$	$A_2=B_2$	$A_1>B_1$	×	×	×	×	1	0	0
$A_3=B_3$	$A_2=B_2$	$A_1<B_1$	×	×	×	×	0	0	1
$A_3=B_3$	$A_2=B_2$	$A_1=B_1$	$A_0>B_0$	×	×	×	1	0	0
$A_3=B_3$	$A_2=B_2$	$A_1=B_1$	$A_0<B_0$	×	×	×	0	0	1
$A_3=B_3$	$A_2=B_2$	$A_1=B_1$	$A_0=B_0$	1	0	0	1	0	0
$A_3=B_3$	$A_2=B_2$	$A_1=B_1$	$A_0=B_0$	0	1	0	0	1	0
$A_3=B_3$	$A_2=B_2$	$A_1=B_1$	$A_0=B_0$	0	0	1	0	0	1

由功能表可以看出，只要两个数高位不相等，就可以确定两个数的大小；若高位相等，则需要比较低位的情况；若两个数的各位均相等，输出结果取决于级联输入端的状态。如果只用一片 7485 进行数值比较，级联输入端 $a>b$，$a=b$，$a<b$ 应该接 010；如果用多片 7485 级联进行数值比较，最低片的级联输入端接 010，其他片的级联输入端接相邻低片的对应输出端。

【例 4.9】　用 7485 构成 4 位二进制数的判别电路，当输入二进制数 $A_3A_2A_1A_0 \geqslant (0110)_2$ 时，判别电路输出为 1，否则输出为 0。

解　由题意，将输入二进制数 $A_3A_2A_1A_0$ 与 $(0101)_2$ 进行比较，比较器的 A 输入端接输入二进制数 $A_3A_2A_1A_0$，B 输入端接二进制数 0101，则当输入二进制数 $A_3A_2A_1A_0 \geqslant (0110)_2$ 时，比较器 $A>B$ 端输出为 1。因此，将 $A>B$ 作为判别电路的输出 F。电路连接如图 4.28 所示。

【例 4.10】　用 7485 构成 8 位二进制数值比较器。

解　7485 是 4 位二进制数并行比较器，8 位二进制数进行比较时需要两片 7485 级联。实现电路如图 4.29 所示。

用两片 7485 比较 8 位数时，7485(2) 的输出就是 8 位数比较结果的输出。7485(1) 输出端接 7485(2) 的级联输入，当 7485(2) 输入 4 位二进制数相等时，结果取决于级联输入，即

7485(1)的比较结果。注意,此时 7485(1)的级联输入端必须接“010”。

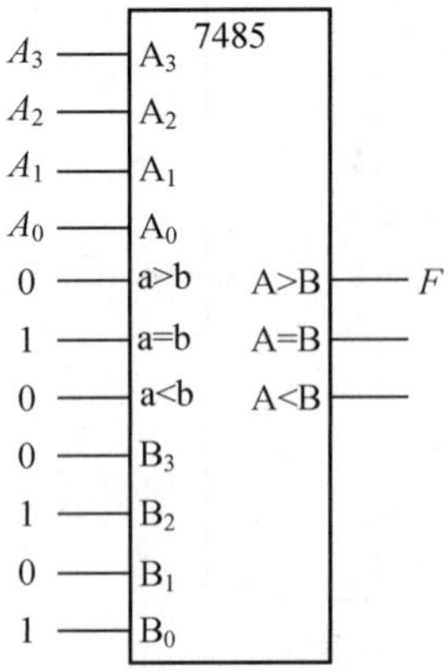

图 4.28　例 4.9 的电路

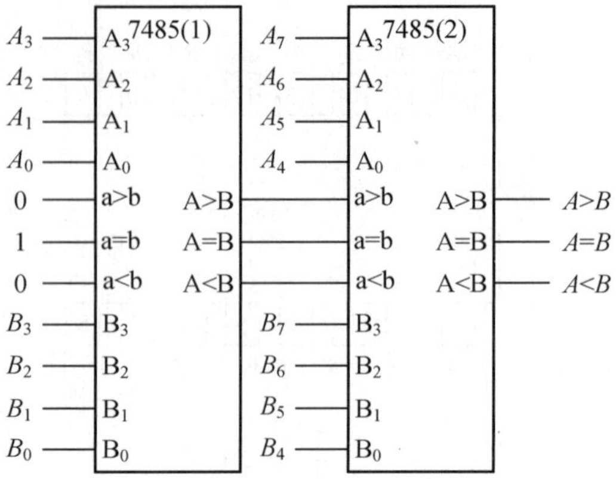

图 4.29　例 4.10 的电路

两片 7485 级联可以实现 8 位以内二进制数的比较,当比较位数低于 8 位时,高位多余输入端连接相同即可。

4.5　数据选择器

数据选择器(Multiplexer)是一种多路输入、一路输出的组合逻辑电路。其逻辑功能是从多路输入中选择一路输出,作用相当于多路开关。常用的数据选择器有二选一、四选一、八选一和十六选一等多种类型。

4.5.1　数据选择器的逻辑功能

1. 二选一数据选择器

二选一数据选择器的逻辑符号如图 4.30 所示。

其中 D_0,D_1 是两路数据输入端,A_0 是地址选择输入端,Y 是数据选择器的输出端。当 $A_0=0$ 时,选择 D_0 输出;当 $A_0=1$ 时,选择 D_1 输出。由此可以写出二选一数据选择器的输出逻辑函数表达式

$$Y=\overline{A}_0D_0+A_0D_1 \tag{4.3}$$

2. 四选一数据选择器

四选一数据选择器的逻辑符号如图 4.31 所示,功能表见表 4.12。

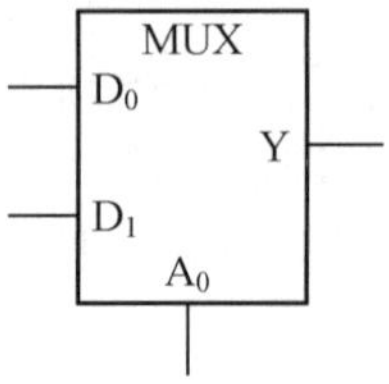

图 4.30　二选一数据选择器的逻辑符号

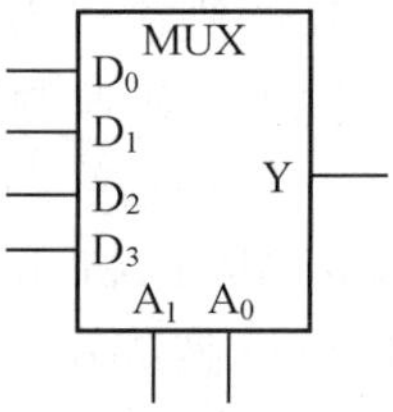

图 4.31　四选一数据选择器的逻辑符号

表 4.12　四选一数据选择器的功能表

输入		输出
A_1	A_0	Y
0	0	D_0
0	1	D_1
1	0	D_2
1	1	D_3

其中 $D_3 \sim D_0$ 是四路数据输入端，A_1，A_0 是地址选择输入端，Y 是数据选择器的输出端。由功能表可知，对应 A_1，A_0 的一组组合可选择一路数据 D_i 输出。下标 i 的确定方法是，将 A_1，A_0 的组合转换为十进制数，就是下标 i。如：$A_1A_0=10$，$i=2$。由此可以写出输出逻辑函数表达式为

$$Y=\overline{A}_1\overline{A}_0D_0+\overline{A}_1A_0D_1+A_1\overline{A}_0D_2+A_1A_0D_3=\sum_{i=0}^{3}m_iD_i \tag{4.4}$$

2^n 路数据选择器的逻辑符号、功能表和输出逻辑函数表达式可参照上文推出。其中，2^n 路数据选择器的输出逻辑函数表达式为

$$Y=\sum_{i=0}^{2^n-1}m_iD_i \tag{4.5}$$

由式(4.5)可以看出，数据选择器输出端 Y 是关于地址选择码的全部最小项和对应的各路输入数据的与或型表达式。因此，也可以用其实现组合逻辑函数功能。

4.5.2　集成数据选择器

数据选择器种类很多，本节只介绍双四选一数据选择器 74153 和八选一数据选择器 74151。

1. 双四选一数据选择器 74153

74153 是双四选一数据选择器，采用 16 引脚 DIP 封装。其引脚图及逻辑符号如图 4.32 所示。引脚名称前面的数字代表组号，相同数字代表同一组数据选择器引脚。其中，$1D_3 \sim 1D_0$，$2D_3 \sim 2D_0$ 为数据输入端；$1Y$，$2Y$ 为数据输出端；A_1，A_0 为地址选择输入端；$1\overline{ST}$，$2\overline{ST}$ 为选通使能端，低电平有效。功能表见表 4.13。

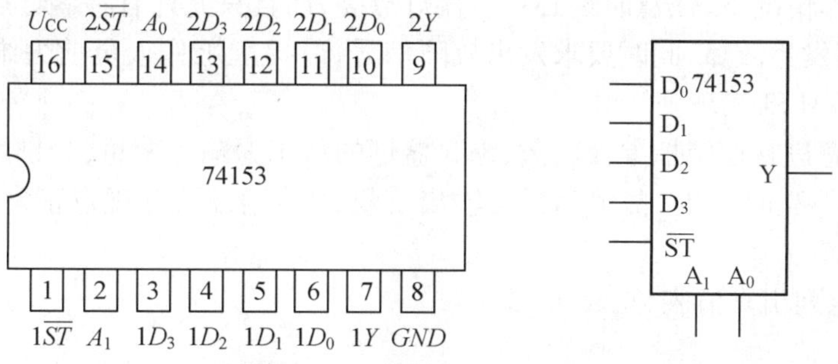

(a) 引脚图　(b) 逻辑符号

图 4.32　74153 的引脚图与逻辑符号

表 4.13　74153 的功能表

输入			输出
$\overline{ST}$	A_1	A_0	Y
1	×	×	0
0	0	0	D_0
0	0	1	D_1
0	1	0	D_2
0	1	1	D_3

2. 八选一数据选择器 74151

74151 是八选一数据选择器，采用 16 引脚 DIP 封装。其引脚图及逻辑符号如图 4.33 所示。其中，$D_7 \sim D_0$ 为八路数据输入端；$A_2 \sim A_0$ 为地址选择输入端；$\overline{ST}$为选通使能端，低电平有效；Y 和 $\overline{Y}$ 为互补输出端。其功能表与表 4.13 类似，这里不再赘述。

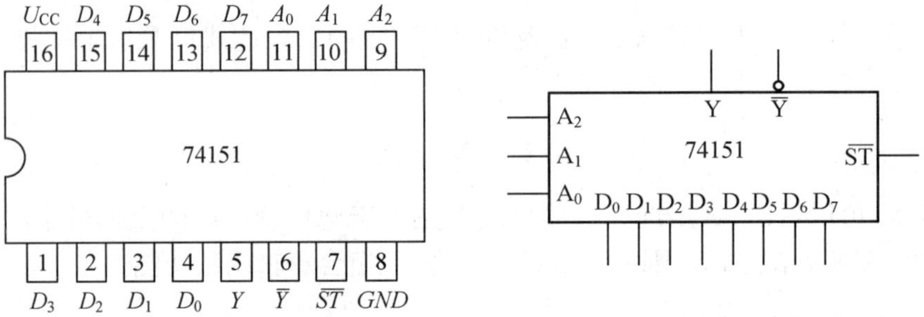

(a) 引脚图　　(b) 逻辑符号

图 4.33　74151 的引脚图与逻辑符号

4.5.3　数据选择器的应用

数据选择器的主要功能是从多个输入数据中选择一个输出。除此之外，还可以用数据选择器实现逻辑函数。用数据选择器实现逻辑函数既可以采用代数法，也可以采用卡诺图的分析方法。本节主要介绍代数法的实现过程。

【例 4.11】 设计一个监视交通灯工作状态的逻辑电路。每一组信号灯由红、黄、绿 3 盏灯组成。正常工作情况下，任意时刻必有一盏灯点亮，而且只允许有一盏灯点亮。当出现其他点亮状态时，电路发生故障，此时要求发出故障信号，以提醒工作人员前去维修。分别用数据选择器 74151 和 74153 实现。

解　根据题意进行逻辑抽象：红、黄、绿 3 盏灯的状态为输入变量，分别用 R,A,G 表示，并规定灯亮时为 1，不亮时为 0。故障信号为输出变量，用 F 表示，并规定正常工作时 F 为 0，发生故障时 F 为 1。

(1) 根据题意列出真值表，见表 4.14。

表 4.14　例 4.11 的真值表

输入			输出
R	*A*	*G*	*F*
0	0	0	1
0	0	1	0
0	1	0	0
0	1	1	1
1	0	0	0
1	0	1	1
1	1	0	1
1	1	1	1

（2）由真值表列出逻辑表达式。

$$F(R,A,G)=\overline{R}\,\overline{A}\,\overline{G}+\overline{R}AG+R\overline{A}G+RA\overline{G}+RAG$$

（3）用 74151 实现。

因为 F 为 3 变量逻辑函数，所以选 3 位地址输入端的八选一数据选择器 74151 实现该函数比较方便。

将 R,A,G 分别与地址输入端 A_2,A_1,A_0 相连，将 F 写成含有全部最小项的逻辑函数表达式：

$$F(R,A,G)=\overline{R}\,\overline{A}\,\overline{G}D_0+\overline{R}\,\overline{A}GD_1+\overline{R}A\overline{G}D_2+\overline{R}AGD_3+R\overline{A}\,\overline{G}D_4+R\overline{A}GD_5+RA\overline{G}D_6+RAGD_7$$

$$=\overline{R}\,\overline{A}\,\overline{G}\cdot 1+\overline{R}\,\overline{A}G\cdot 0+\overline{R}A\overline{G}\cdot 0+\overline{R}AG\cdot 1+R\overline{A}\,\overline{G}\cdot 0+R\overline{A}G\cdot 1+RA\overline{G}\cdot 1+RAG\cdot 1$$

所以，得出 $D_0=D_3=D_5=D_6=D_7=1,D_1=D_2=D_4=0$。由此，画出实现电路，如图 4.34 所示。

（4）用 74153 实现。

74153 有 2 位地址输入端，首先要从 R,A,G 中选取两个变量作为地址输入端，设选 R,A 作为地址输入端，分别与 A_1,A_0 相连，再对逻辑函数 F 进行如下转换：

$$F(R,A,G)=\overline{R}\,\overline{A}\,\overline{G}+\overline{R}AG+R\overline{A}G+RA\overline{G}+RAG=\overline{R}\,\overline{A}\cdot\overline{G}+\overline{R}A\cdot G+R\overline{A}\cdot G+RA\cdot(\overline{G}+G)$$

由上式可得：$D_0=\overline{G},D_1=D_2=G,D_3=1$。由此，画出实现电路，如图 4.35 所示。

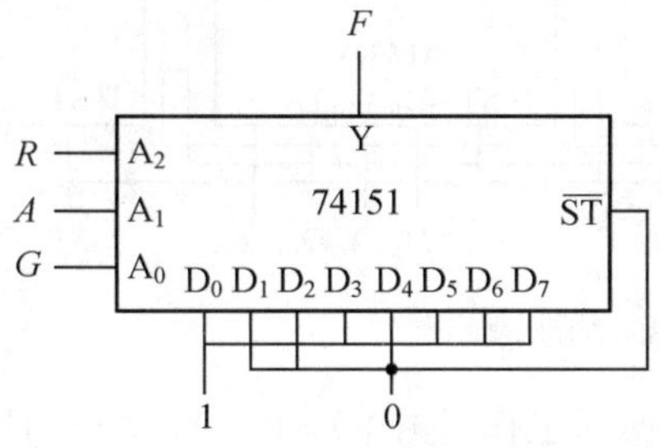

图 4.34　例 4.11 的电路

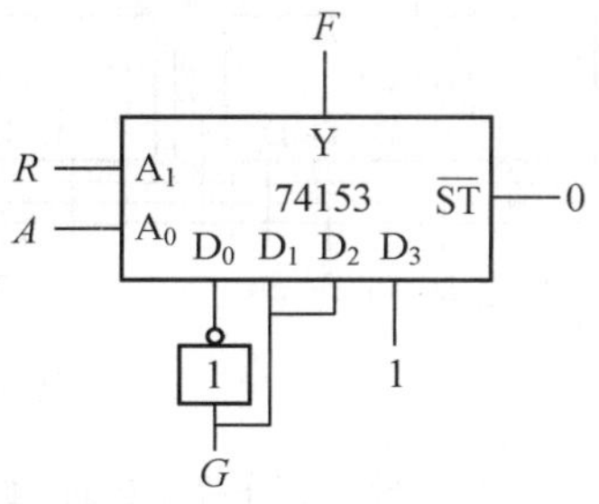

图 4.35　例 4.11 的电路

在本例中，F 是关于 R,A,G 的 3 变量函数，而 74153 是四选一数据选择器，有 A_1 和 A_0 两位地址输入端，所以用 74153 实现方法不唯一。对于数据选择器，如果地址输入端的位数少于输入变量的个数，地址选择方法不唯一，所以解题方法也不唯一。地址的选择以信息量最大为原则，即将逻辑函数表达式中出现频次最高的变量选为地址输入端。

【例 4.12】 用数据分配器与数据选择器实现 8 路数据分时传输。

解 数据选择器的功能就是根据地址选择码从多路输入数据中选择一路输出。所以，数据选择器可用作多路数字开关，实现路由选择。与数据分配器结合使用，可以实现时分多路数据通信。通常在发送端由数据选择器将各路数据分时发送至总线，接收端再由数据分配器将总线上的数据适时分配到相应的输出端。图 4.36 是利用一根数据传输线分时传送 8 路数据的示意图，在公共选择控制变量 $A_2A_1A_0$ 的控制下，实现 D_i 到 $F_i(i=0\sim7)$ 的传送。

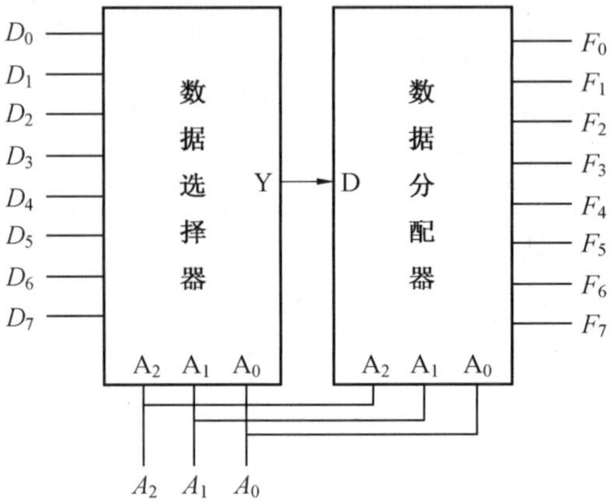

图 4.36 例 4.12 的电路

【例 4.13】 用 74153 级联扩展为十六选一的数据选择器。

解 用 74153 实现十六选一的数据选择器，电路如图 4.37 所示。将芯片的使能端接到一起作为扩展后的使能端$\overline{ST}$，74153(4) ~74153(1)的数据输入作为扩展后的数据输入 $D_{15}\sim D_0$，74153(4) ~74153(1)的输出 $Y_3\sim Y_0$ 分别接 74153(5)的数据输入 $D_3\sim D_0$。

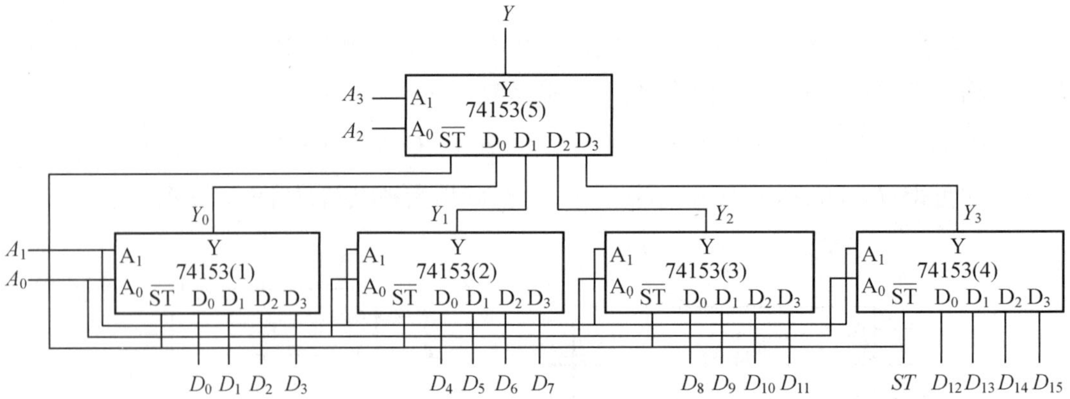

图 4.37 例 4.13 的电路

由图 4.37 可以看出，当$\overline{ST}=1$ 时，数据选择器不工作，输出 $Y=0$。当$\overline{ST}=0$ 时，数据选择器工作。当 $A_3A_2=00$ 时，则 $Y=Y_0$，根据地址码 A_1A_0 从 74153(1)的输入数据 $D_3\sim D_0$ 中选择一路输出；当 $A_3A_2=01$ 时，则 $Y=Y_1$，根据地址码 A_1A_0 从 74153(2)的输入数据 $D_7\sim D_4$ 中选择一路输出；当 $A_3A_2=10$ 时，则 $Y=Y_2$，根据地址码 A_1A_0 从 74153(3)的输入数据 $D_{11}\sim D_8$ 中选择一路输出；当 $A_3A_2=11$ 时，则 $Y=Y_3$，根据地址码 A_1A_0 从 74153(4)的输入数据 $D_{15}\sim D_{12}$ 中选择一路输出。因此，该电路实现了十六选一的功能。

4.6　模块级组合逻辑电路的分析与设计

4.6.1　模块级组合逻辑电路的分析

1. 分析方法

模块级组合逻辑电路的分析方法与小规模组合电路有所不同。一般可按照下列方法进行分析。

(1)可以写出逻辑电路输出函数表达式或列出真值表的电路,按照小规模组合电路分析步骤进行分析。

(2)既不能写出输出表达式,也不能列出真值表的电路,需进行模块划分及功能分析,给出电路的逻辑功能。

2. 分析举例

【例 4.14】 由译码器 74138 和八选一数据选择器 74151 组成如图 4.38 所示的逻辑电路。$B_2B_1B_0$ 和 $C_2C_1C_0$ 为两个 3 位二进制数。分析电路的逻辑功能。

解 该电路由 3 线-8 线译码器 74138 和八选一数据选择器 74151 构成。当 74138 的输入 $B_2B_1B_0$ 取值为 000 ~ 111 时,74138 的输出 $\overline{Y}_0 \sim \overline{Y}_7$ 依次输出低电平,同时其他输出端为高电平。当 74151 的输入 $C_2C_1C_0$ 取值为 000 ~ 111 时,数据选择器将依次选择 $D_0 \sim D_7$ 输出。由此可见,当 $B_2B_1B_0 = C_2C_1C_0$ 时,$F = 0$;当 $B_2B_1B_0 \neq C_2C_1C_0$ 时,$F = 1$。这是一个相同数值比较电路。

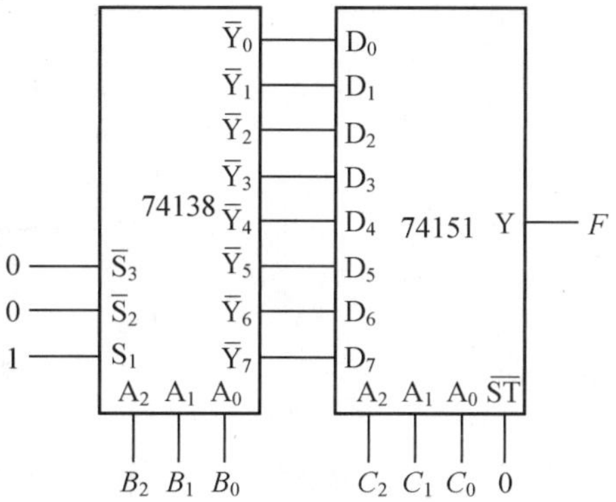

图 4.38　例 4.14 的电路

【例 4.15】 由加法器 74283 和比较器 7485 组成如图 4.39 所示的逻辑电路。分析图中哪个二极管发光。

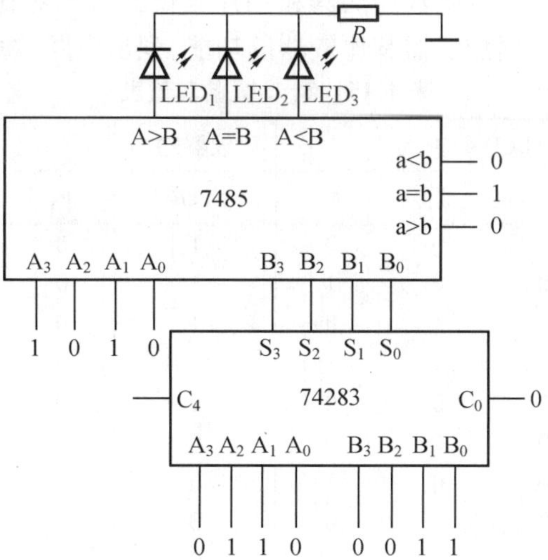

图 4.39　例 4.15 的电路

解　加法器 74283 的输入端 $A_3A_2A_1A_0=0110$，$B_3B_2B_1B_0=0011$，$C_0=0$，所以和输出 $S_3S_2S_1S_0=1001$，接到比较器 7485 的一组输入端，即比较器 7485 的输入端 $B_3B_2B_1B_0=1001$，7485 另一组输入题目中已给出，$A_3A_2A_1A_0=1010$，由此得到比较器的输出 $(A>B)=1$，$(A=B)=0$，$(A<B)=0$，所以发光二极管 LED_1 发光。

【例 4.16】　分析如图 4.40 所示组合逻辑电路的功能。已知输入 $X_3X_2X_1X_0$ 为 5421BCD 码。

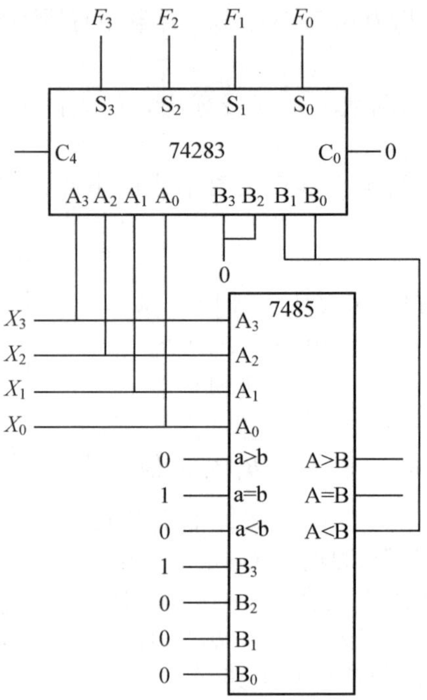

图 4.40　例 4.16 的电路

解　该电路由一片 4 位二进制数加法器和一片 4 位二进制数比较器构成，要写出逻辑函数表达式比较困难。可以根据加法器和比较器的功能，列出电路的真值表，见表 4.15。

表 4.15　例 4.16 的真值表

十进制数	5421BCD 码输入				比较器输出	输出			
N_{10}	X_3	X_2	X_1	X_0	$A<B$	F_3	F_2	F_1	F_0
0	0	0	0	0	1	0	0	1	1
1	0	0	0	1	1	0	1	0	0
2	0	0	1	0	1	0	1	0	1
3	0	0	1	1	1	0	1	1	0
4	0	1	0	0	1	0	1	1	1
5	1	0	0	0	0	1	0	0	0
6	1	0	0	1	0	1	0	0	1
7	1	0	1	0	0	1	0	1	0
8	1	0	1	1	0	1	0	1	1
9	1	1	0	0	0	1	1	0	0

由真值表可见，输入 $X_3X_2X_1X_0$ 为 5421BCD 码，输出 $F_3F_2F_1F_0$ 为余 3 码，因此，该电路是

一个5421BCD码/余3码转换电路。

4.6.2　模块级组合逻辑电路的设计

前面介绍了多种中规模组合逻辑模块,可以使用这些模块设计组合逻辑电路。下面通过例题介绍中规模组合逻辑电路的设计方法。

【例4.17】　用2片74138设计一个水坝水位报警显示电路。

设计要求:水位高度用4位二进制数表示。当水位上升到7米时绿灯亮,水位上升到10米时绿灯黄灯都亮,水位上升到12米时红灯亮,同时其他灯灭。水位最高能达到13米。可适当添加逻辑门。

解　设A,B,C,D表示输入逻辑变量,$F_{红},F_{黄},F_{绿}$表示输出逻辑变量。

(1)根据题意列出真值表,见表4.16。

表4.16　水坝水位报警真值表

输入				输出		
A	B	C	D	$F_{红}$	$F_{黄}$	$F_{绿}$
0	0	0	0	0	0	0
0	0	0	1	0	0	0
0	0	1	0	0	0	0
0	0	1	1	0	0	0
0	1	0	0	0	0	0
0	1	0	1	0	0	0
0	1	1	0	0	0	0
0	1	1	1	0	0	1
1	0	0	0	0	0	1
1	0	0	1	0	0	1
1	0	1	0	0	1	1
1	0	1	1	0	1	1
1	1	0	0	1	0	0
1	1	0	1	1	0	0
1	1	1	0	×	×	×
1	1	1	1	×	×	×

(2)由真值表写出逻辑式,并适当变换。

$$F_{红}(A,B,C,D)=m_{12}+m_{13}=\overline{\overline{m_{12}+m_{13}}}=\overline{\overline{m_{12}}\,\overline{m_{13}}}$$

$$F_{黄}(A,B,C,D)=m_{10}+m_{11}=\overline{\overline{m_{10}+m_{11}}}=\overline{\overline{m_{10}}\,\overline{m_{11}}}$$

$$F_{绿}(A,B,C,D)=m_7+m_8+m_9+m_{10}+m_{11}=\overline{\overline{m_7+m_8+m_9+m_{10}+m_{11}}}=\overline{\overline{m_7}\,\overline{m_8}\,\overline{m_9}\,\overline{m_{10}}\,\overline{m_{11}}}$$

(3)电路实现。

因为74138为3线-8线译码器,只能表示八个状态,所以首先将两片74138构成4线-16线译码器,电路如图4.16所示。然后根据逻辑表达式,用与非门实现$F_{红},F_{黄}$和$F_{绿}$。

【例4.18】　设计一个组合逻辑电路,该电路有3个输入逻辑变量A,B,C和1个工作状态控制变量S。当$S=0$时电路实现"意见一致"功能,即A,B,C状态一致时输出为1,否则输出

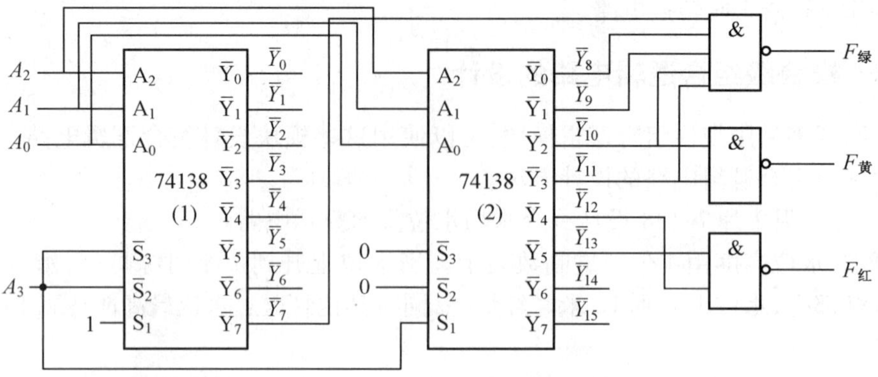

图 4.41　例 4.17 的电路

为 0。当 $S=1$ 时电路实现“多数表决”功能，即输出与 A,B,C 中多数的状态一致。试用数据选择器 74151 和 74153 来实现。

解　设 Z 表示输出逻辑变量。

(1)根据题意列出真值表，见表 4.17。

表 4.17　例 4.18 的真值表

输入				输出
S	A	B	C	Z
0	0	0	0	1
0	0	0	1	0
0	0	1	0	0
0	0	1	1	0
0	1	0	0	0
0	1	0	1	0
0	1	1	0	0
0	1	1	1	1
1	0	0	0	0
1	0	0	1	0
1	0	1	0	0
1	0	1	1	1
1	1	0	0	0
1	1	0	1	1
1	1	1	0	1
1	1	1	1	1

(2)由真值表列出逻辑式。

$$Z(S,A,B,C)=\overline{S}\,\overline{A}\,\overline{B}\,\overline{C}+\overline{S}ABC+S\,\overline{A}BC+SA\,\overline{B}C+SAB\,\overline{C}+SABC$$

(3)用 74151 实现。

74151 有 3 位地址输入端，本题选 A,B,C 作为地址输入端，分别与 A_2,A_1,A_0 相连，对逻辑函数 Z 进行如下变换

$$Z(S,A,B,C)=\overline{A}\,\overline{B}\,\overline{C}D_0+\overline{A}\,\overline{B}CD_1+\overline{A}\,\overline{BC}\,D_2+\overline{A}BCD_3+A\,\overline{B}\,\overline{C}D_4+A\,\overline{B}CD_5+AB\,\overline{C}D_6+ABCD_7$$

$$=\overline{A}\,\overline{B}\,\overline{C}\cdot\overline{S}+\overline{A}\,\overline{B}C\cdot 0+\overline{A}B\overline{C}\cdot 0+\overline{A}BC\cdot S+A\overline{B}\,\overline{C}\cdot 0+A\,\overline{B}C\cdot S+AB\overline{C}\cdot S+ABC\cdot(S+\overline{S})$$

可以得出 $D_0=\overline{S}$,$D_1=D_2=D_4=0$,$D_3=D_5=D_6=S$,$D_7=1$。由此,画出实现电路,如图 4.42 所示。

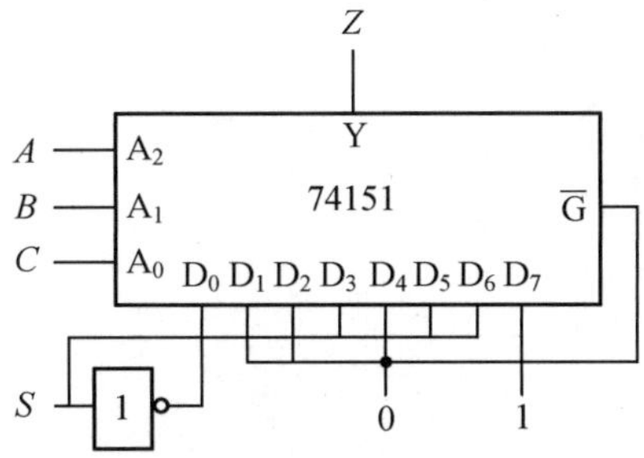

图 4.42　例 4.18 的电路

(4)用 74153 实现。

74153 有 2 位地址输入端,本题选 S 和 A 作为地址输入端,分别与 A_1 和 A_0 相连。对逻辑函数 Z 进行如下转换

$$Z(S,A,B,C)=\overline{S}\,\overline{A}\,\overline{B}\,\overline{C}+\overline{S}\,ABC+S\,\overline{A}BC+SA\,\overline{B}C+SAB\,\overline{C}+SABC$$

$$=\overline{S}\,\overline{A}D_0+\overline{S}AD_1+S\,\overline{A}D_2+SAD_3$$

$$=\overline{S}\,\overline{A}\cdot(\overline{B}\,\overline{C})+\overline{S}A\cdot(BC)+S\,\overline{A}\cdot(BC)+SA\cdot(\overline{B}C+B\,\overline{C}+BC)$$

$$=\overline{S}\,\overline{A}\cdot(\overline{B}\,\overline{C})+\overline{S}A\cdot(BC)+S\,\overline{A}\cdot(BC)+SA\cdot(B+C)$$

由上式可得:$D_0=\overline{B}\,\overline{C}$,$D_1=BC$,$D_2=BC$,$D_3=B+C$。由此,画出实现电路,如图 4.43 所示。

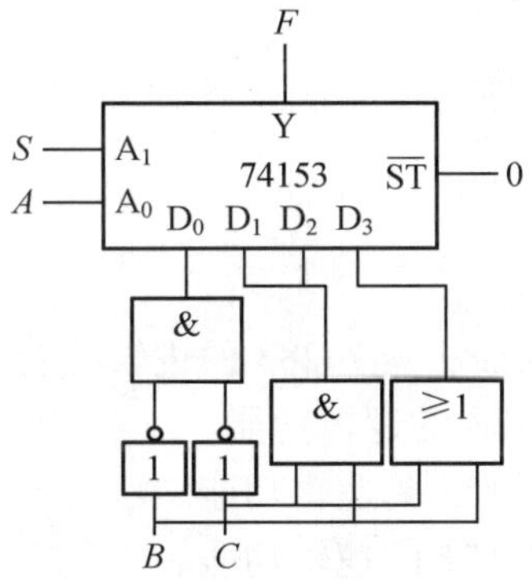

图 4.43　例 4.18 的电路

4.7　模块级组合逻辑电路实验

4.7.1　实验目的和意义

(1)熟悉加法器的逻辑功能,掌握用加法器实现代码转换的方法。

(2)熟悉译码器的逻辑功能,掌握用译码器设计组合逻辑电路的方法。

(3)熟悉数据选择器的逻辑功能,掌握用数据选择器设计组合逻辑电路的方法。

4.7.2 实验仪器与器件

(1)数字电路实验箱:1 台。
(2)数字万用表:1 块。
(3)基本逻辑门:若干。
(4)双四选一数据选择器:1 片。
(5)八选一数据选择器:1 片。
(6)3 线-8 线译码器:2 片。
(7)加法器:1 片。

4.7.3 实验预习要求

(1)复习实验中用到芯片的逻辑功能。
(2)根据实验要求,完成电路设计。
(3)完成设计电路的 Proteus 仿真。
(4)写出实验电路的测试步骤。

4.7.4 实验注意事项

(1)插入芯片时,要认清定位标记,不要插反;
(2)连线之前,先用万用表测量导线是否导通;
(3)接通电源前,需用万用表检测电源和地是否接入电路。

4.7.5 实验原理

实验原理见相关章节。

4.7.6 实验内容

1. 测试芯片的逻辑功能

(1)自制表格测试 4 位二进制加法器 74283 的逻辑功能。
(2)测试 3 线-8 线译码器 74138 的逻辑功能。
(3)测试四选一数据选择器 74153 的逻辑功能。
(4)测试八选一数据选择器 74151 的逻辑功能。

2. 试用 74283 实现代码转换

(1)设计要求:试用 74283 实现由余 3 码转换为 5421BCD 码。
(2)实验步骤。
① 根据仿真中所得到的逻辑电路图进行电路连接。
② 对照表 4. 18 测试逻辑功能。

表 4.18　代码转换电路功能测试表

输入				输出			
余3码				5421BCD 码			
0	0	1	1	0	0	0	0
0	1	0	0	0	0	0	1
0	1	0	1	0	0	1	0
0	1	1	0	0	0	1	1
0	1	1	1	0	1	0	0
1	0	0	0	1	0	0	0
1	0	0	1	1	0	0	1
1	0	1	0	1	0	1	0
1	0	1	1	1	0	1	1
1	1	0	0	1	1	0	0

3. 用 74138 设计一个水坝水位报警显示电路

(1)设计要求:水位高度用3位二进制数表示。当水位上升到5米时绿灯亮,水位上升到6米时绿灯、黄灯都亮,水位上升到7米时红灯亮,同时其他灯灭。试用74138添加适当逻辑门实现。

(2)实验步骤。

① 根据仿真图进行电路连接。

② 测试电路,将测试结果填入表4.19中。

表 4.19　水坝水位报警控制器功能测试表

输入			输出		
A	B	C	$F_{红}$	$F_{黄}$	$F_{绿}$
0	0	0			
0	0	1			
0	1	0			
0	1	1			
1	0	0			
1	0	1			
1	1	0			
1	1	1			

4. 试用数据选择器实现组合逻辑函数

(1)设计要求:分别用74151和74153实现逻辑函数 $F(A,B,C,D)=AB+AC+B\overline{D}$。

(2)实验步骤。

①根据仿真图进行电路连接。

②自制表格,测试电路功能。

4.7.7　实验思考题

(1)试用74283实现由8421BCD码转换为5421BCD码。

(2)用74283和7485实现1位二—十进制加法器电路。

(3)试分别用74138,74151,74153实现4人表决器。

设计要求:4人表决电路由A,B,C,D 4人组成,其中A为权威人士,其一票意见视为两票,当总票达到3票或3票以上时,结果为通过,否则为未通过。

(4)试用双四选一数据选择器74153和适当逻辑门扩展为八选一数据选择器。

(5)试用数据选择器实现1位二进制数全加器和全减器。

本章小结

本章首先介绍了常用MSI组合逻辑模块的功能和应用。然后重点介绍了MSI组合逻辑电路的分析和设计方法。

(1)常用MSI组合逻辑模块。

本章介绍了加法器、编码器、译码器、比较器和数据选择器等常用MSI组合逻辑模块,加法器、译码器和数据选择器的应用最广泛。理解它们的逻辑功能,了解它们的应用领域,掌握它们的使用方法,重点掌握用加法器实现代码转换的方法及用译码器和数据选择器实现组合逻辑函数的方法。

(2)模块级组合逻辑电路分析。

模块级组合逻辑电路分析的目的是确定已知电路的逻辑功能。要求熟练掌握组合逻辑电路的分析方法,并能够判断常用电路的功能。

(3)模块级组合逻辑电路设计。

模块级组合逻辑电路设计是组合逻辑电路分析的逆过程。已知电路的逻辑功能,设计能实现该功能的电路。要求熟练掌握组合逻辑电路的设计方法。

习　题

4.1　分析如图4.44所示电路的逻辑功能。已知输入$A_3A_2A_1A_0$为5421BCD码。

4.2　试用74283实现下列BCD码转换。

(1)余3码转换为8421BCD码;

(2)8421BCD码转换为5421BCD码;

(3)2421BCD码转换为8421BCD码;

(4)5421BCD码转换为8421BCD码。

4.3　设计一个3位二进制数的3倍乘法运算电路。

4.4　试用4位并行加法器74283设计一个加/减运算电路。当控制信号$K=0$时,实现两个4位二进制数相加(两数相加的绝对值不大于15),当$K=1$时,实现两个4位二进制数相减。

4.5　以4位并行加法器74283为核心,设计一个代码转换电路,输入是5421BCD码,当控制端$M=0$时,转换成8421BCD码;当控制端$M=1$时,转换成余3码。

4.6　分析如图4.45所示的电路的逻辑功能。

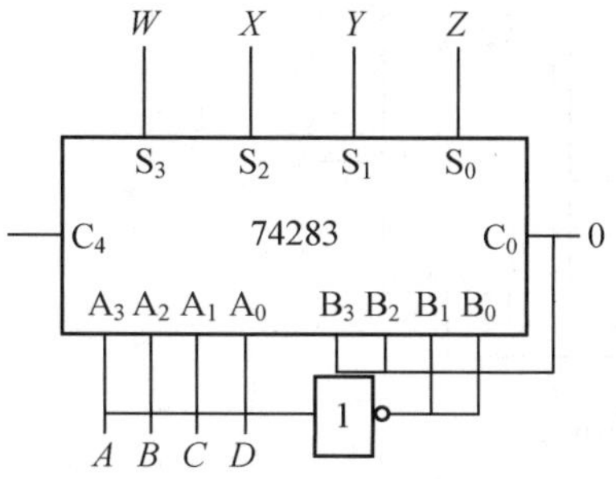

图 4.44　习题 4.1 的电路图

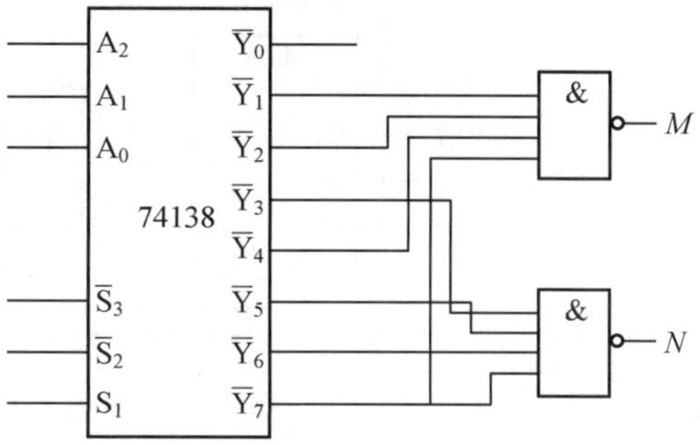

图 4.45　习题 4.6 的电路图

4.7　试用 74138 和逻辑门实现下列逻辑函数。

(1) $F(A,B,C)=\sum m(0,2,5,7)$　　　　(2) $F(A,B,C)=AC$

(3) $F(A,B,C)=\bar{A}\bar{B}C+A\bar{B}\bar{C}+BC$　　　　(4) $F(A,B,C)=\bar{B}\bar{C}+AB\bar{C}$

4.8　设有 A,B,C 3 个输入信号通过排队逻辑电路分别由 3 路输出，在同一时间输出端只能选择其中一个信号通过。如果同时有两个以上信号输入时，选取的优先顺序为 A,B,C。试设计该排队电路，试用 74138 实现。

4.9　用两片八选一和一片二选一数据选择器实现十六选一数据选择器。

4.10　分别用四选一和八选一数据选择器实现下列逻辑函数。

(1) $F(A,B,C)=A\bar{B}\bar{C}+\bar{A}\bar{C}+BC$　　　　(2) $F(A,B,C,D)=A\bar{C}D+\bar{A}\bar{B}CD+BC+B\bar{C}\bar{D}$

4.11　设计用 3 个开关控制一个电灯的逻辑电路，要求改变任何一个开关的状态都能控制电灯由亮变灭或者由灭变亮。要求用数据选择器来实现。

4.12　某科研机构有一个重要实验室，某入口处有一自动控制电路如图 4.46 所示，图中 D、E 为控制端，令上午、下午和晚上分别为 01、10、11。现有三个科研人员（G_1、G_2、G_3）在实验室做实验，A、B、C 为对应的 G_1、G_2、G_3 的三个识别器，其上机的优先顺序是，上午为 G_1、G_2、G_3，下午为 G_2、G_3、G_1，晚上为 G_3、G_1、G_2；电路的输出 F_1、F_2、F_3 为 1 时分别表示 G_1、G_2、G_3 能上机同时打开实验室大门。试用 3-8 线译码器和 4 选 1 数据选择器来完成电路设计。

图 4.46　习题 4.12 的自动控制电路

4.13　设计一个可控运算电路。当控制信号 $M=0$ 时，实现一位全加器功能；当控制信号 $M=1$ 时，实现一位全减器功能。试用八选一数据选择器 74151 实现。

4.14　试用两片 4 位数值比较器 7485 组成 6 位数值比较器。

4.15　分析如图 4.47 所示的组合逻辑电路的功能。

4.16　分析如图 4.48 所示的组合逻辑电路的功能。已知输入 $A_3A_2A_1A_0$ 为 5421BCD 码。

4.17　试用两个 4 位数值比较器组成 3 个数的判断电路。要求能够判别 3 个 4 位二进制数 A,B,C 是否相等、A 是否最大、A 是否最小，并分别给出“3 个数相等”“A 最大”“A 最小”的

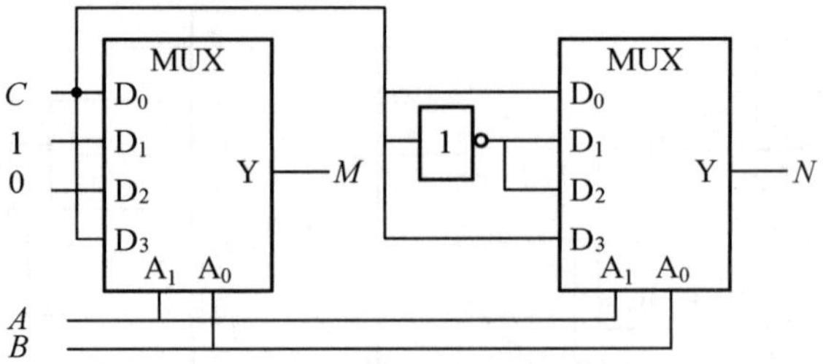

图 4.47　习题 4.15 的电路图

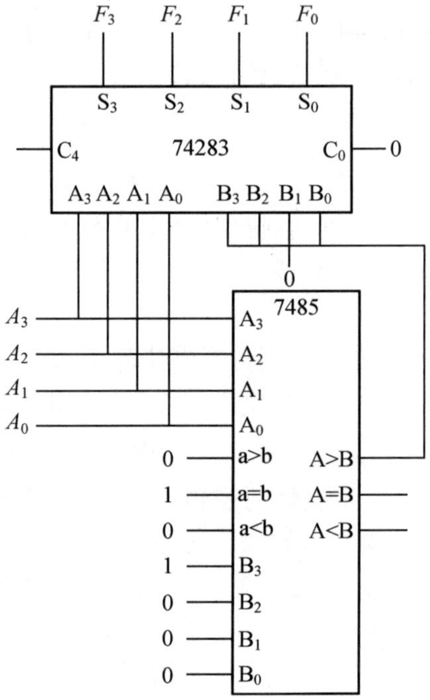

图 4.48　习题 4.16 的电路图

输出信号。

4.18　试用两片双四选一数据选择器 74153 和 3 线-8 线译码器 74138 实现十六选一的数据选择器。

第 5 章　触发器级时序逻辑电路

前面介绍了组合逻辑电路的组成及工作原理，其特点是任一时刻的输出仅与该时刻的输入有关，而与电路原来状态无关，即组合逻辑电路不具有记忆功能。而时序逻辑电路在任一时刻的输出不仅与该时刻的输入信号有关，还与电路原来的状态有关。

本章首先介绍时序逻辑电路的基本概念和触发器的逻辑功能，然后介绍触发器级时序逻辑电路的分析与设计方法。

5.1　时序逻辑电路概述

5.1.1　时序逻辑电路的组成

时序逻辑电路的一般结构如图 5.1 所示，它由组合逻辑电路和存储电路两部分组成，即时序电路是在组合逻辑电路基础上增加了具有记忆功能的存储电路，而存储电路主要由触发器构成。在图 5.1 中，$X_0,\cdots,X_i$ 和 $Y_0,\cdots,Y_j$ 分别表示时序逻辑电路的 i 个外部输入信号（简称输入信号）和 j 个外部输出信号（简称输出信号）。$Q_0,\cdots,Q_l$ 表示组合逻辑电路的 l 个内部输入信号，也是存储电路的输出信号，它表示存储电路现在的状态——现态。$R_0,\cdots,R_k$ 是组合逻辑电路的 k 个内部输出信号，也是存储电路的内部输入信号，又称驱动信号（激励信号），它将影响到存储电路的下一个状态——次态。

由时序逻辑电路的组成可知，其具有两个显著的特点：①包含存储电路，具有记忆功能；②利用存储电路构成反馈通路，即存储电路的输出信号与时序电路的外部输入信号共同决定时序电路的输出。从以上特点可以得出：时序逻辑电路在任一时刻的输出信号不仅与该时刻的输入信号有关，而且还与电路原来的状态有关。

5.1.2　时序逻辑电路的分类

时序逻辑电路的分类方法很多，下面介绍两种常用的分类方法。

1. 同步时序逻辑电路和异步时序逻辑电路

根据触发器时钟端的连接方式不同，时序逻辑电路可分为同步时序逻辑电路（Synchronous Sequential Circuit）和异步时序逻辑电路（Asynchronous Sequential Circuit）。

在同步时序逻辑电路中，全部触发器的时钟端连接在一起，统一受外部时钟的控制，全部触发器的状态变化是同时发生的；在异步时序逻辑电路中，触发器的时钟端不是都连接在一起，所以触发器的状态变化不是同时发生的。

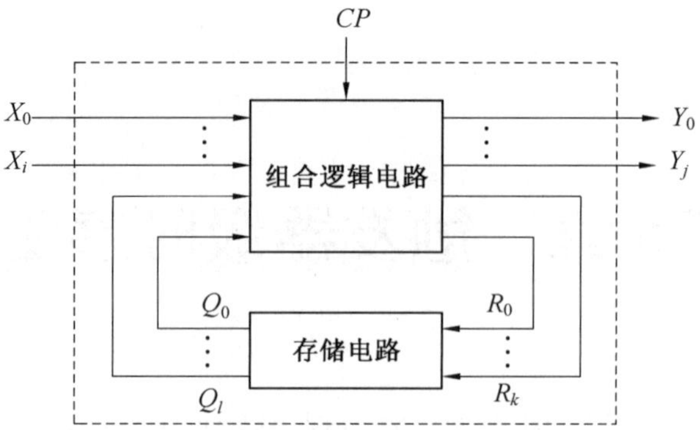

图 5.1　时序逻辑电路的一般结构

2. **米里型电路和摩尔型电路**

按照输出变量和输入变量是否直接相关，时序逻辑电路又可分为米里（*Mealy*）型电路和摩尔（*Moore*）型电路。

输出与输入变量有直接关系的时序逻辑电路称为米里型电路。输出与输入变量无直接关系的时序逻辑电路称为摩尔型电路。

5.1.3　时序逻辑电路的描述方法

时序逻辑电路通常可以采用方程组法、状态转换表法、状态转换图法、时序波形图法和功能表法来描述。本节重点介绍前 4 种描述方法。

1. **方程组法**

由图 5.1 可知，需要 3 个方程组才能全面描述时序逻辑电路的逻辑功能，分别为

输出方程组：

$$\begin{cases} Y_0^n = F_0(X_0^n, \cdots, X_i^n, Q_0^n, \cdots, Q_l^n) \\ \quad\vdots \\ Y_j^n = F_j(X_0^n, \cdots, X_i^n, Q_0^n, \cdots, Q_l^n) \end{cases} \tag{5.1}$$

驱动方程组（激励方程组）：

$$\begin{cases} R_0^n = G_0(X_0^n, \cdots, X_i^n, Q_0^n, \cdots, Q_l^n) \\ \quad\vdots \\ R_k^n = G_k(X_0^n, \cdots, X_i^n, Q_0^n, \cdots, Q_l^n) \end{cases} \tag{5.2}$$

状态方程组：

$$\begin{cases} Q_0^{n+1} = H_0(R_0^n, \cdots, R_k^n, Q_0^n, \cdots, Q_l^n) \\ \quad\vdots \\ Q_l^{n+1} = H_l(R_0^n, \cdots, R_k^n, Q_0^n, \cdots, Q_l^n) \end{cases} \tag{5.3}$$

其中，上标 n 代表时间上的先后顺序。式（5.1）所示的输出方程组表示时序电路在 n 时刻的输出信号 $Y_0^n,\cdots,Y_j^n$ 是该时刻的外部输入信号 $X_0^n,\cdots,X_i^n$ 与存储电路现态 $Q_0^n,\cdots,Q_l^n$ 的组合逻辑函数，故其属于米里型电路的输出方程组。式（5.2）所示的驱动方程组表示时序电路在 n 时刻的内部输入信号 $R_0^n,\cdots,R_k^n$ 是该时刻的外部输入信号 $X_0^n,\cdots,X_i^n$ 与存储电路现态 Q_0^n，$\cdots,Q_l^n$ 的组合逻辑函数。式（5.3）所示的状态方程组表示存储电路在 $n+1$ 时刻的输出信号，

即次态 Q_0^{n+1},…,Q_l^{n+1} 是由 n 时刻存储电路的内部输入信号 R_0^n,…,R_k^n 和现态 Q_0^n,…,Q_l^n 共同决定的。

2. 状态转换表法

时序逻辑电路的另一种描述方法是状态转换表(简称状态表)法。

米里型电路的状态转换表的结构见表 5.1(a)。表格最左边部分为电路的现态,右边部分为不同输入信号对应的电路次态及输出信号。表 5.1(a)中的内容可表述为:当 n 时刻电路的现态为 Q_l^n、输入信号为 X_i^n 时,电路的输出为 Y_j^n。在 $n+1$ 时刻电路转换到次态 Q_l^{n+1}。

摩尔型电路的状态转换表与米里型电路有所不同,其输出信号与输入信号无关,可将输出部分在表中另成一列,见表 5.1(b)。

表 5.1 状态转换表结构

(a)米里型电路

现态	次态/输出	
	输入 X_i^n	…
Q_0^n	Q_0^{n+1}/Y_0^n	…
Q_1^n	Q_1^{n+1}/Y_1^n	…
…	…	…
Q_l^n	Q_l^{n+1}/Y_j^n	…

(b)摩尔型电路

现态	次态		输出
	输入 X_i^n	…	
Q_0^n	Q_0^{n+1}	…	Y_0^n
Q_1^n	Q_1^{n+1}	…	Y_1^n
…	…	…	…
Q_l^n	Q_l^{n+1}	…	Y_j^n

【例 5.1】 某时序电路可实现由信号 X 控制的两位二进制计数的功能。当 $X=0$ 时,电路状态保持不变,输出 $Y=0$;当 $X=1$ 时,计数从 00→01→10→11→00,且当计数状态由 11→00 时输出 $Y=1$,其余状态输出 $Y=0$。设电路初始状态为 00,试用状态转换表描述该时序电路。

解 依据题意,当 $X=0$ 时电路状态保持不变,当 $X=1$ 时电路实现计数功能,该时序电路属于米里型电路。参考表 5.1(a)列出该时序电路的状态转换表,见表 5.2。其中,分别用 Q_1 和 Q_0 表示两位二进制数的高位与低位。

表 5.2 例 5.1 的时序电路状态转换表

现态 $Q_1^n Q_0^n$	次态/输出 $Q_1^{n+1}Q_0^{n+1}/Y^n$	
	$X=0$	$X=1$
00	00/0	01/0
01	01/0	10/0
10	10/0	11/0
11	11/0	00/1

3. 状态转换图法

状态转换图简称状态图。米里型电路的状态转换图如图 5.2(a)所示,图中用圆圈表示电路的状态,箭头表示状态转换的方向。同时在箭头旁以“X_i^n/Y_j^n”符号的形式标出输入 X_i^n 和输出 Y_j^n。图 5.2(a)的含义为在 n 时刻,电路处于现态 Q_l^n 且输入为 X_i^n,此时的输出为 Y_j^n。在 $n+1$ 时刻,电路转换成次态 Q_l^{n+1}。

状态转换图与状态转换表可以互换,例如可将例 5.1 中的表 5.2 用状态转换图表示,如图 5.2(b)所示。

摩尔型电路的状态转换图如图 5.3 所示,输出 Y_j^n 与状态 Q_l^n 同处圆圈内,且输入 X_i^n 标于箭头旁。

4. 时序波形图法

时序逻辑电路的另一种描述方法是时序波形图法，它是在时钟脉冲作用下，电路状态与输出信号随时间变化的波形图。

图 5.4 是一个时序电路的波形图。从图中可知，对应每一个 CP 的上升沿，时序电路的状态随之改变一次。电路状态为 00→01→10→11→00，且当到 11 状态时输出 $Y=1$，其余状态输出 $Y=0$。由波形图可知，该电路为 4 进制加法计数器。

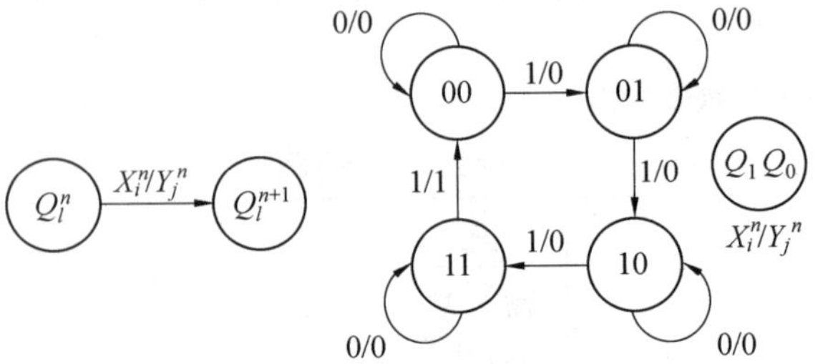

(a) 状态转换图　　(b) 表 5.2 的状态转换图

图 5.2　米里型电路的状态转换图

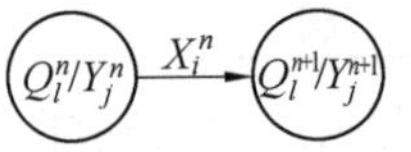

图 5.3　摩尔型电路的状态转换图

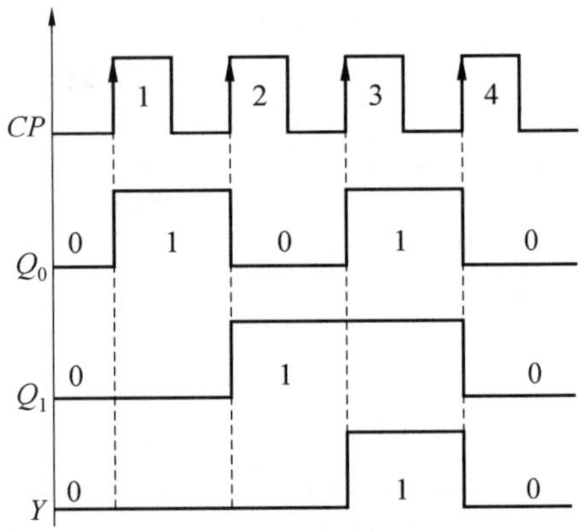

图 5.4　时序波形图

5.2　触发器

触发器是时序逻辑电路的基本逻辑单元，是一种具有记忆功能的逻辑器件，一个触发器只能储存一位二进制数。

触发器的种类繁多，按照电路结构的不同，可分为基本 RS 触发器、时钟同步 RS 触发器、主从触发器和维持阻塞触发器等；按照控制方式的不同，可分为 RS 触发器、JK 触发器、T 触发器和 D 触发器等几种类型。本节将详细介绍几种常用触发器的逻辑功能。

5.2.1　基本 RS 触发器

1. 基本 RS 触发器的电路结构

基本 RS 触发器是结构最简单的一种触发器，电路结构如图 5.5(a)所示。基本 RS 触发器由两个与非门 G_1 和 G_2 交叉连接而成，Q 和 $\overline{Q}$ 是两个互补输出端，正常情况下两者的逻辑电平相反。通常，把 Q 端的逻辑值定义为触发器的状态。触发器有两种状态：当 $Q=0,\overline{Q}=1$ 时，称为 0 态；当 $Q=1,\overline{Q}=0$ 时，称为 1 态。图 5.5(b)是与非门组成的基本 RS 触发器的逻辑符号。

基本 RS 触发器有两个输入端 $\overline{R}_D$ 和 $\overline{S}_D$，其中 $\overline{R}_D$ 称为清零端，$\overline{S}_D$ 称为置数端，二者都是低电平有效。下面分 4 种情况分析其逻辑功能。设触发器现态为 Q^n，次态为 Q^{n+1}。

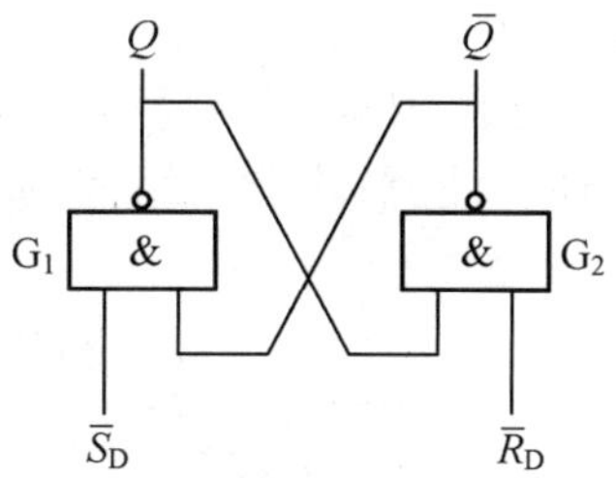

(a) 逻辑图

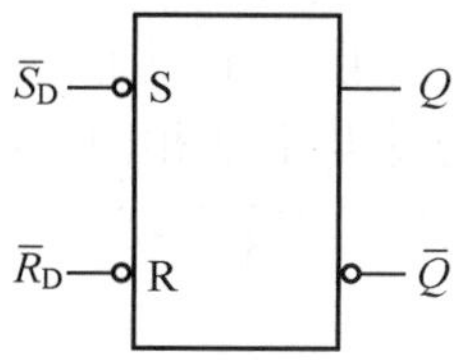

(b) 逻辑符号

图 5.5　与非门组成的基本 *RS* 触发器

(1) $\bar{R}_D=1, \bar{S}_D=0$。

当$\bar{S}_D=0$时，按照与非门有 0 必出 1 的特点，与非门 G_1输出为 1，即 $Q=1$。与非门 G_1 的输出反馈到与非门 G_2的输入端，此时$\bar{R}_D=1$，故 $\bar{Q}=0$。再将 $\bar{Q}=0$ 反馈给与非门 G_1的输入端，此时即使$\bar{S}_D=1$，仍然保持 $Q=1$。故不论触发器的现态 $Q^n=0$ 或者 $Q^n=1$，次态都是 $Q^{n+1}=1$。即当$\bar{R}_D=1, \bar{S}_D=0$ 时，将触发器置成 1 态。

(2) $\bar{R}_D=0, \bar{S}_D=1$。

当$\bar{R}_D=0$时，按照与非门有 0 必出 1 的特点，与非门 G_2输出为 1，即 $\bar{Q}=1$。与非门 G_2 输出反馈到与非门 G_1的输入端，此时$\bar{S}_D=1$，故 $Q=0$。再将 $Q=0$ 反馈给与非门 G_2的输入端，此时即使$\bar{R}_D=1$，仍然保持 $Q=0$。故不论触发器的现态 $Q^n=0$ 或者 $Q^n=1$，次态都是 $Q^{n+1}=0$。即当$\bar{R}_D=0, \bar{S}_D=1$ 时，将触发器置成 0 态。

(3) $\bar{R}_D=1, \bar{S}_D=1$。

此时触发器的两个输入端均不影响触发器的状态，触发器状态保持不变。

(4) $\bar{R}_D=0, \bar{S}_D=0$。

这种情况是禁止使用的。当$\bar{S}_D$ 和$\bar{R}_D$ 两端均为 0 时，$Q=\bar{Q}=1$，不满足互补输出的逻辑关系。并且当$\bar{S}_D$ 和$\bar{R}_D$ 同时由 0 变为 1 时，由于每个与非门的翻转时间不同，会导致触发器的次态不确定，既可能是 1 态也可能是 0 态，违背了电路设计的确定性原则。

由上可知与非门组成的基本 *RS* 触发器有 3 种逻辑功能：置 1、置 0 和保持，其状态转换表见表 5.3。

表 5.3　与非门组成的基本 *RS* 触发器状态转换表

$\bar{R}_D$	$\bar{S}_D$	Q^n	Q^{n+1}	$\bar{Q}^{n+1}$	功能
0	0	0	1	1	禁用
0	0	1	1	1	
0	1	0	0	1	置 0
0	1	1	0	1	
1	0	0	1	0	置 1
1	0	1	1	0	
1	1	0	0	1	保持
1	1	1	1	0	

与非门组成的 *RS* 触发器的时序波形图，如图 5.6 所示。

基本 *RS* 触发器也可以用或非门来实现，其逻辑图如图 5.7(a) 所示，逻辑符号如图 5.7(b) 所示。分析方法与上述相同，这里不再赘述。注意：或非门组成的基本 *RS* 触发器的输入端是高电平有效，其状态转换表见表 5.4。

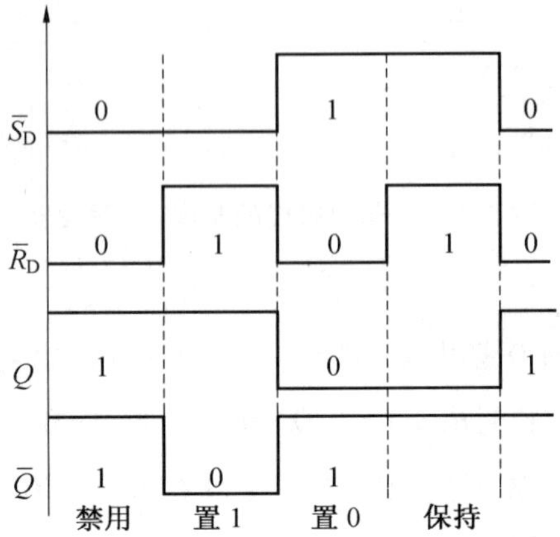

图 5.6　与非门组成的基本 *RS* 触发器时序波形图

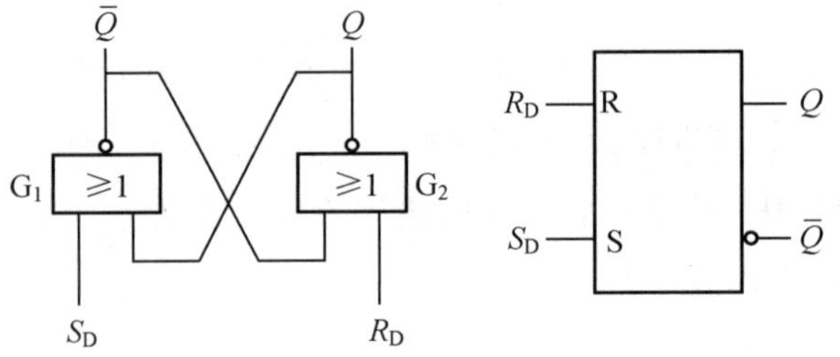

(a) 逻辑图　　(b) 逻辑符号

图 5.7　或非门组成的基本 *RS* 触发器

表 5.4　或非门组成的基本 *RS* 触发器状态转换表

R_D	S_D	Q^n	Q^{n+1}	$\overline{Q}^{n+1}$	功能
0	0	0	0	1	保持
0	0	1	1	0	
0	1	0	1	0	置 1
0	1	1	1	0	
1	0	0	0	1	置 0
1	0	1	0	1	
1	1	0	0	0	禁用
1	1	1	0	0	

2. 集成基本 *RS* 触发器

集成芯片 74279 包含 4 个基本 *RS* 触发器，是 16 引脚双列直插式芯片，其引脚图如图 5.8 所示，功能表见表 5.5。

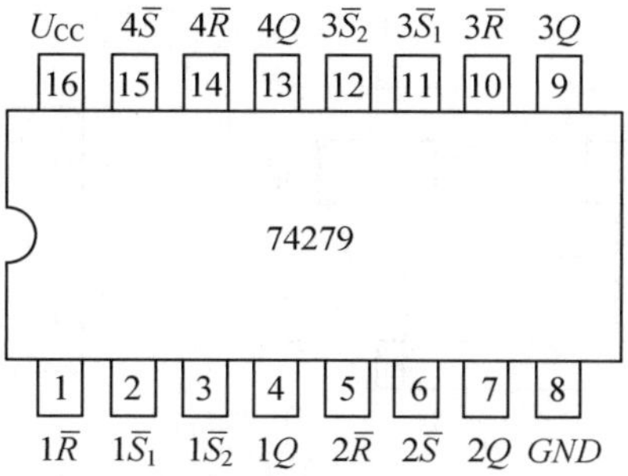

图 5.8　74279 的引脚图

表 5.5　74279 芯片的功能表

输入		输出
$\overline{R}$	$\overline{S}$	Q^{n+1}
0	0	禁用
0	1	0
1	0	1
1	1	Q^n

引脚前面的数字代表组号。由图 5.8 可知，第 1 个和第 3 个基本 *RS* 触发器各有两个置位端，且两者是与的逻辑关系。注意：不允许出现 $\overline{S}$ 和 $\overline{R}$ 同时为低电平的情况。

5.2.2　时钟同步 *RS* 触发器

基本 *RS* 触发器的特点是只要输入信号变化，触发器的状态就随之发生改变。而在数字电路中，常常要求多个触发器在同一时刻触发，这样就需要在电路中引入时钟脉冲信号 *CP*（Clock Pulse）（简称时钟）。当 *CP* 有效时，触发器才按照输入信号改变其状态。时钟同步 *RS* 触发器是最基本的时钟控制触发器。

时钟同步 *RS* 触发器的逻辑图如图 5.9(a)所示。与非门 G_1 和 G_2 构成了基本 *RS* 触发器，而与非门 G_3 和 G_4 组成了引导电路。输入端 *R* 和 *S* 分别为清零端和置数端，均为高电平有效。时钟同步 *RS* 触发器的逻辑符号如图 5.9(b)所示。逻辑符号中出现的数字“1”为关联标识，含义是当 *CP* 有效时，对应的关联输入 *R* 和 *S* 才起作用。

触发器的输入端引入时钟脉冲信号 *CP*，实现对 *R* 和 *S* 的控制，故时钟同步 *RS* 触发器又称为可控 *RS* 触发器。当 $CP=0$ 时，无论 *R* 和 *S* 如何变化，与非门 G_3 和 G_4 输出均为 1。而该输出端也是由与非门 G_1 和 G_2 组成的基本 *RS* 触发器的输入端，根据基本 *RS* 触发器状态转换表可知，时钟同步 *RS* 触发器状态保持不变。当 $CP=1$ 时，通过与非门 G_3 和 G_4 接收输入 *R* 和 *S*，取反后加到由与非门 G_1 和 G_2 组成的基本 *RS* 触发器，进而决定时钟同步 *RS* 触发器的状态。由此可见，只有当 $CP=1$ 时，时钟同步 *RS* 触发器状态才受输入信号的控制。

根据基本 *RS* 触发器的状态转换表，下面分 4 种情况讨论当 $CP=1$ 时，时钟同步 *RS* 触发器的状态转换关系及其相应逻辑功能。

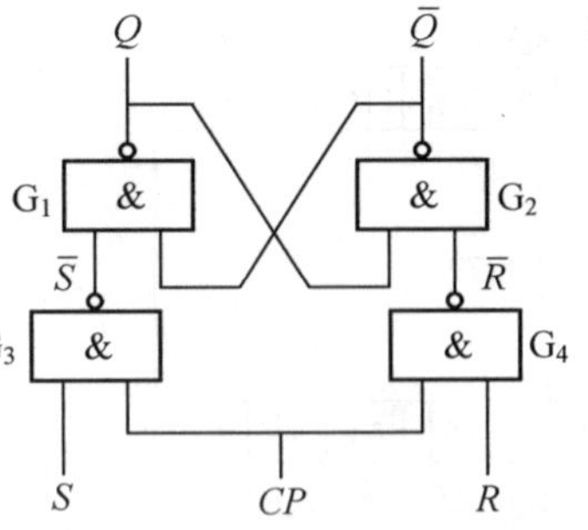

(a) 逻辑图

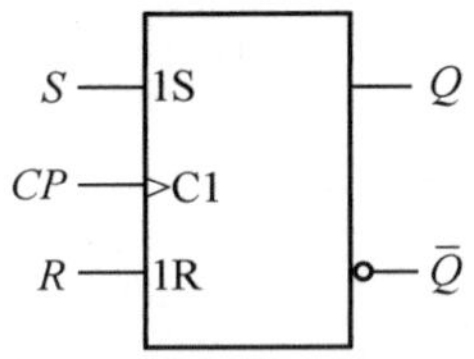

(b) 逻辑符号

图 5.9　时钟同步 *RS* 触发器逻辑图和逻辑符号

(1) $R=0, S=0$。

可得 $\bar{R}=1, \bar{S}=1$，触发器的状态保持不变。

(2) $R=1, S=0$。

可得 $\bar{R}=0, \bar{S}=1$，触发器的输出 $Q=0, \bar{Q}=1$，故此时将触发器置成 0 态。

(3) $R=0, S=1$。

可得 $\bar{R}=1, \bar{S}=0$，触发器的输出 $Q=1, \bar{Q}=0$，故此时将触发器置成 1 态。

(4) $R=1, S=1$。

可得 $\bar{R}=\bar{S}=0$，这种情况是禁用状态。

时钟同步 *RS* 触发器状态转换表见表 5.6。根据表 5.6 可画出时钟同步 *RS* 触发器 Q^{n+1} 的卡诺图，如图 5.10 所示。由此可得其状态方程为

$$\begin{cases} Q^{n+1}=S+\bar{R}Q^n \\ \text{约束条件}: RS=0 \end{cases} \tag{5.4}$$

R \ SQ^n	00	01	11	10
0	0	1	1	1
1	0	0	×	×

图 5.10　时钟同步 *RS* 触发器 Q^{n+1} 的卡诺图

表 5.6　时钟同步 *RS* 触发器状态转换表

R	S	Q^n	Q^{n+1}	$\bar{Q}^{n+1}$	功能
0	0	0	0	1	保持
0	0	1	1	0	
0	1	0	1	0	置 1
0	1	1	1	0	
1	0	0	0	1	置 0
1	0	1	0	1	
1	1	0	1	1	禁用
1	1	1	1	1	

时钟同步 *RS* 触发器的状态转换图和时序波形图分别如图 5. 11(a)和 5. 11(b)所示。图 5. 9(a)所示的时钟同步 *RS* 触发器不能在 *CP* 有效之前预置状态,因此对电路进行改进,改进电路如图 5. 12(a)所示,引入直接置数端 $\overline{S}_D$ 和直接清零端 $\overline{R}_D$,这两个输入端均是低电平有效,且不受时钟信号 *CP* 的控制,故 $\overline{S}_D$ 又称为异步置数端,$\overline{R}_D$ 称为异步清零端。当不需要清零和置数时,需要将 $\overline{S}_D$ 和 $\overline{R}_D$ 接高电平。图 5. 12(b)为改进后的时钟同步 *RS* 触发器的逻辑符号。

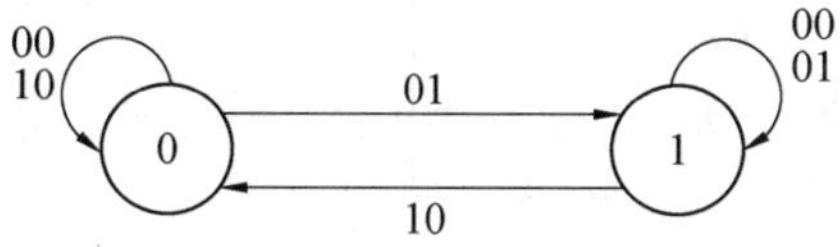

(a) 状态转换图

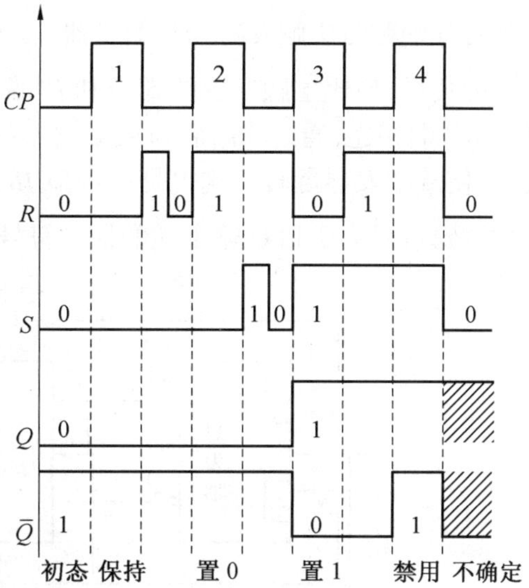

(b) 时序波形图

图 5. 11　时钟同步 *RS* 触发器的状态转换图和时序波形图

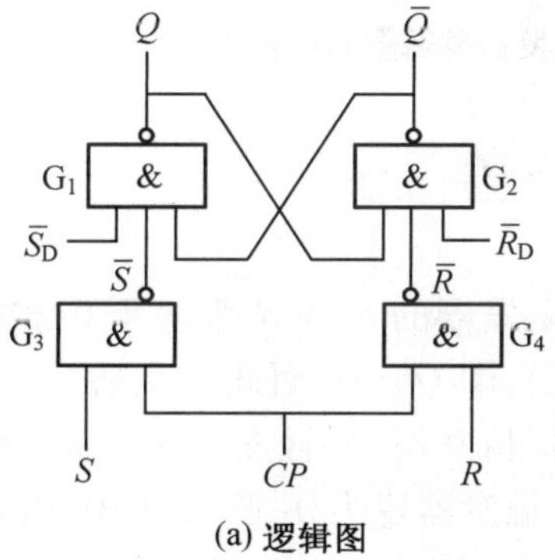

(a) 逻辑图

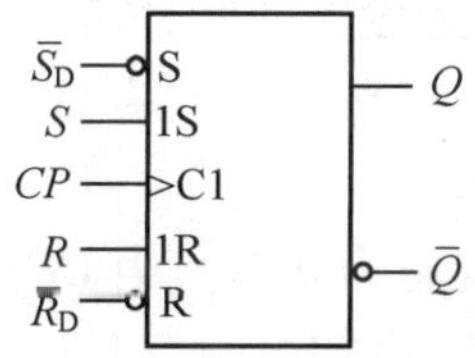

(b) 逻辑符号

图 5. 12　带异步置数端和异步清零端的时钟同步 *RS* 触发器逻辑图和逻辑符号

时钟同步 *RS* 触发器仅在 $CP=1$ 时才响应输入 *R* 和 *S*,但在 $CP=1$ 期间,如果输入 *R* 和 *S* 多次改变,也会引起触发器状态发生多次变化,即在 1 个时钟脉冲期间触发器多次翻转,这种现象称为空翻。在时序逻辑电路中,空翻的现象是必须避免的。解决的方法是让触发器只响应 *CP* 的边沿触发,而不是电平触发。

5.2.3 *JK* 触发器

JK 触发器依据内部结构可分为主从型和边沿触发型两种。本节重点介绍主从型 *JK* 触发器的内部结构和功能。

1. 主从型 *JK* 触发器电路结构

图 5.13(a)所示的是主从型 *JK* 触发器的逻辑图,它由两个时钟同步 *RS* 触发器串联组成,从左到右分别称为主触发器和从触发器。*J* 和 *K* 是触发器的输入端,它们分别同 $\overline{Q}$ 和 *Q* 构成逻辑与的关系,构成主触发器的 S'端和 R'端,即 $S'=J\overline{Q}$ 和 $R'=KQ$。外部时钟 *CP* 直接与主触发器的 *CP* 端相连,通过非门后与从触发器的 *CP* 端相连。可见,时钟脉冲 *CP* 先使主触发器翻转,后使从触发器翻转。这也是主从型 *JK* 触发器的命名由来。图 5.13(b)是主从型 *JK* 触发器的逻辑符号。*Q* 和 $\overline{Q}$ 输出端的框内符号"┐"表示在 *CP* 的下降沿到达时,触发器的状态才改变。

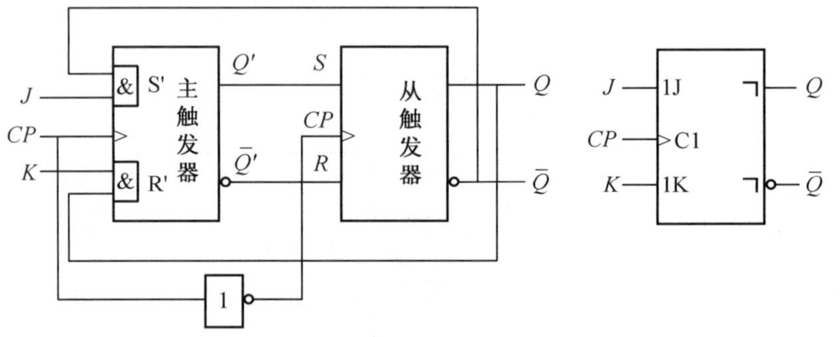

(a) 逻辑图　　(b) 逻辑符号

图 5.13　主从型 *JK* 触发器逻辑图和逻辑符号

2. 主从型 *JK* 触发器功能分析

下面分 4 种情况来分析主从型 *JK* 触发器的逻辑功能。

(1)$J=0,K=0$。

设触发器的现态为 0 态。当 $CP=1$ 时,主触发器的 S'和 R'都等于 0,根据时钟同步 *RS* 触发器的状态转换表,可知主触发器状态保持不变,即 $Q'=0$,而此时从触发器的 $CP=0$,故从触发器保持现态。当 $CP=0$ 时,主触发器的状态保持 0 态,从触发器 *S* 和 *R* 分别为 0 和 1,且 $CP=1$,根据时钟同步 *RS* 触发器的状态转换表,从触发器置为 0 态,即 $Q=0$。由此可见,主、从触发器的输出状态一致。如果 *JK* 触发器的现态为 1 态,当 $J=K=0$ 时,*JK* 触发器仍为 1 态,其分析方法相同。

结论:当 $J=K=0$ 时,*JK* 触发器具有保持的功能。

(2)$J=0,K=1$。

设触发器的现态为 1 态。当 $CP=1$ 时,主触发器的 S'和 R'分别等于 0 和 1,主触发器处于 0 态,即 $Q'=0$。而此时从触发器的 $CP=0$,故从触发器保持 1 态。当 $CP=0$ 时,主触发器的状态保持不变,从触发器变成 0 态,即 $Q=0$。如果 *JK* 触发器的现态为 0 态,当 $J=0,K=1$ 时,*JK* 触发器处于 0 态,其分析方法相同。

结论:当 $J=0,K=1$ 时,*JK* 触发器具有置 0 的功能。

(3) $J=1,K=0$。

设触发器的现态为 0 态。当 $CP=1$ 时，主触发器的 S' 和 R' 分别等于 1 和 0，主触发器处于 1 态，即 $Q'=1$。而此时从触发器的 $CP=0$，故从触发器保持 0 态。当 $CP=0$ 时，主触发器的状态保持不变，从触发器变成 1 态，即 $Q=1$。如果 JK 触发器的现态为 1 态，当 $J=1,K=0$ 时，JK 触发器处于 1 态，其分析方法相同。

结论：当 $J=1,K=0$ 时，JK 触发器具有置 1 的功能。

(4) $J=1,K=1$。

设触发器的现态为 0 态。当 $CP=1$ 时，主触发器的 S' 和 R' 分别等于 1 和 0，主触发器处于 1 态，即 $Q'=1$。而此时从触发器的 $CP=0$，故从触发器保持 0 态。当 $CP=0$ 时，主触发器的状态保持不变，从触发器变成 1 态，即 $Q=1$。如果 JK 触发器的现态为 1 态，当 $J=1,K=1$ 时，JK 触发器处于 0 态，其分析方法相同。

结论：当 $J=1,K=1$ 时，JK 触发器具有翻转功能。

综上所述，主从型 JK 触发器具有两个显著特点：①当 CP 为高电平时，主触发器的状态由 J 和 K 决定，从触发器的状态保持不变；②当 CP 跳变到低电平时，主触发器的状态保持不变，从触发器的状态由主触发器决定，且主从触发器的输出状态一致。因此主从型 JK 触发器具有脉冲触发的特点。主从型 JK 触发器的状态转换表见表 5.7(a)，其具有保持、置 0、置 1 和翻转功能，它是功能最全的触发器。驱动表见表 5.7(b)。驱动表用来反应触发器从某个现态转换到次态时，需在输入端必须施加的驱动信号。在时序逻辑电路设计时要用到驱动表，其可由状态转换表反向推导得到。

根据状态转换表 5.7(a) 可画出 JK 触发器 Q^{n+1} 的卡诺图，如图 5.14 所示。由此可得其状态方程为

$$Q^{n+1}=J\overline{Q^n}+\overline{K}Q^n \tag{5.5}$$

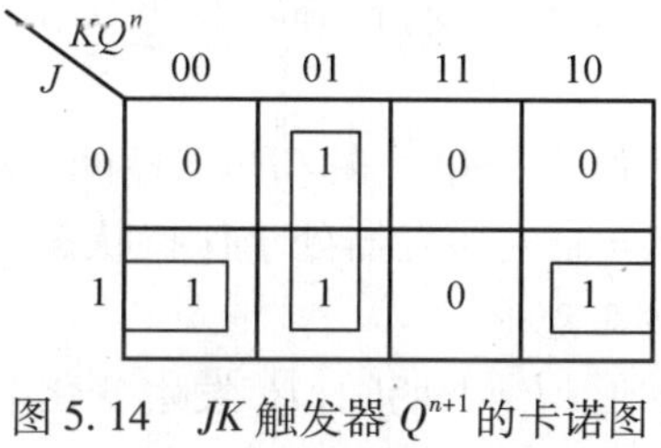

图 5.14　JK 触发器 Q^{n+1} 的卡诺图

表 5.7　主从型 JK 触发器状态转换表及驱动表

(a) 状态转换表

CP	J	K	Q^n	Q^{n+1}	$\overline{Q}^{n+1}$	功能
	0	0	0	0	1	保持
	0	0	1	1	0	
	0	1	0	0	1	置 0
	0	1	1	0	1	
	1	0	0	1	0	置 1
	1	0	1	1	0	
	1	1	0	1	0	翻转
	1	1	1	0	1	

(b) 驱动表

Q^n	Q^{n+1}	J	K
0	0	0	×
0	1	1	×
1	0	×	1
1	1	×	0

主从型 JK 触发器的状态转换图和时序波形图分别如图 5.15(a)和 5.15(b)所示。

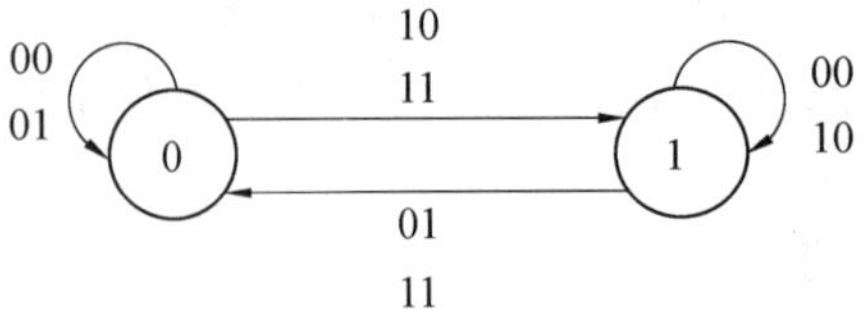

(a) 状态转换图

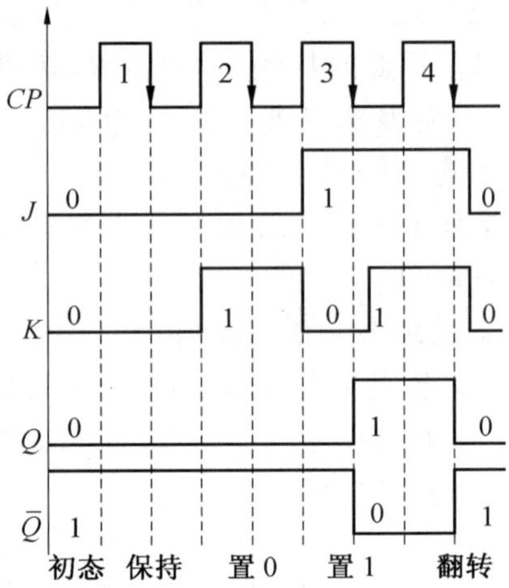

(b) 时序波形图

图 5.15　主从型 JK 触发器状态转换图和时序波形图

3. 主从型 *JK* 触发器存在的问题(一次变化现象)

上面讨论主从型 JK 触发器功能时,均有一个前提,即在 $CP=1$ 期间,J 和 K 保持状态不变。下面通过例题讨论主从型 JK 触发器存在的问题。

【例 5.2】　图 5.16(a)中给出主从型 JK 触发器的 CP、J 和 K 的波形,画出对应的输出波形。设触发器的初始状态为 0 态。

解　如图 5.16(b)所示,在第一个 $CP=1$ 期间,J 和 K 保持不变,且分别等于 1 和 0。当 CP 变成低电平时将触发器置成 1 态。

在第二个 $CP=1$ 期间,J 和 K 保持不变,且分别等于 0 和 1。当 CP 变成低电平时将触发器置成 0 态。

在第三个 $CP=1$ 期间,J 发生两次变化。在 $CP=1$ 期间,首先短时间内 $J=1,K=0$,主触发器置成 1 态。其次又变成 $J=0,K=0$,主触发器处于保持状态(保持 1 态)。当 CP 变成低电平时 $J=0,K=0$,JK 触发器将保持为 1 态。

由此看出,主从型 JK 触发器在 $CP=1$ 期间,JK 发生变化时,主触发器只变化翻转一次,这种现象称为一次变化现象。

一次变化现象也是一种有害的现象,如果在 $CP=1$ 期间,输入端出现干扰信号,就有可能造成触发器的误动作。为了避免发生一次变化现象,在使用主从型 JK 触发器时,应保证在 $CP=1$ 期间,J 和 K 状态保持不变。

除了主从型 JK 触发器,还有一种比较常用的边沿型 JK 触发器。由于边沿型 JK 触发器的次态仅仅取决于 CP 边沿到达时刻的输入信号,故其具有可靠性高、抗干扰能力强等特点。图 5.17 所示的是边沿型 JK 触发器的符号,它没有"¬"符号,CP 直接接入 $C1$ 表示上升沿触发。如果 CP 加小圆圈后直接接入 $C1$,则表示下降沿触发。

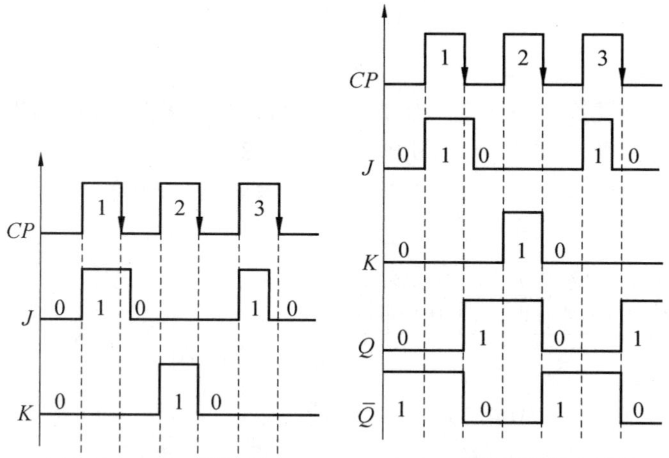

(a) CP、J 和 K 的波形　　(b) JK 触发器的输出波形

图 5.16　例 5.2 的波形图

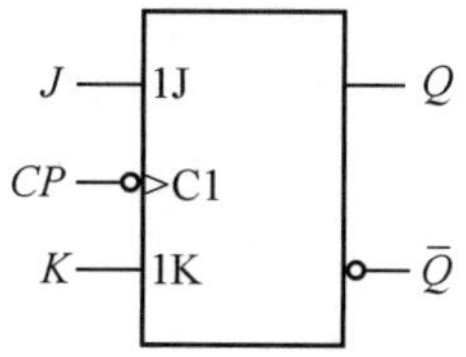

图 5.17　边沿型 JK 触发器逻辑符号

4. 集成 JK 触发器

(1)主从型双 JK 触发器 7476

7476 是典型的主从型双 JK 触发器。引脚图如图 5.18 所示,第 5 脚为电源,第 13 脚为地,其功能表见表 5.8。

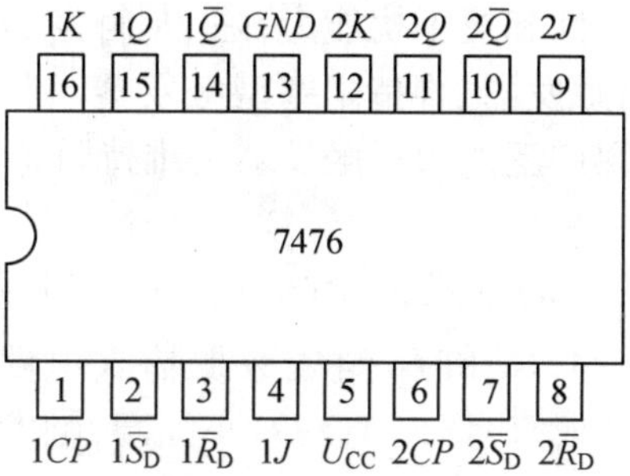

图 5.18　7476 引脚图

表 5.8　7476 功能表

CP	输入				输出	
	$\overline{R}_D$	$\overline{S}_D$	J	K	Q^{n+1}	$\overline{Q}^{n+1}$
×	1	0	×	×	1	0
×	0	1	×	×	0	1
×	0	0	×	×	不定态	不定态
⎍↓	1	1	0	0	Q^n	$\overline{Q}^n$
⎍↓	1	1	0	1	0	1
⎍↓	1	1	1	0	1	0
⎍↓	1	1	1	1	$\overline{Q}^n$	Q^n

引脚前面的数字代表组号,相同数字代表同一组 JK 触发器的引脚。其中,第 2 和 7 脚为异步置数端 $\overline{S}_D$,第 3 和 8 脚为异步清零端 $\overline{R}_D$,他们不受 CP 时钟的控制,且低电平有效。$\overline{S}_D$ 和

$\overline{R}_D$ 不使用时应接高电平。

(2)边沿双 *JK* 触发器 74112

74112 是典型边沿触发的双 *JK* 触发器。引脚图如图 5.19 所示,第 16 脚为电源,第 8 脚为地,功能与 7476 相同,不同的是 74112 为下降沿触发,功能表见表 5.8。

边沿 *JK* 触发器除了下降沿触发的芯片外,还有上升沿触发的芯片,如 74102 和 74109 等。使用时请查阅相关芯片手册。

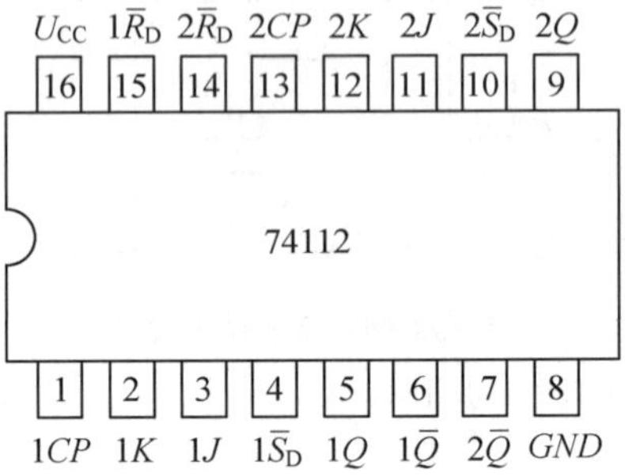

图 5.19　74112 引脚图

5.2.4　*D* 触发器

边沿触发器具有较强的可靠性和抗干扰能力,除 *JK* 触发器外,还有多种边沿触发的触发器,如利用 CMOS 传输门的边沿触发器、维持阻塞型触发器、利用门电路传输延迟时间的边沿触发器等。下面介绍另一种应用广泛的边沿触发器—维持阻塞型 *D* 触发器。

1. *D* 触发器的电路结构

D 触发器的逻辑图如图 5.20(a)所示,它由 6 个与非门组成,其中 G_1 和 G_2 组成基本 *RS* 触发器,G_3 和 G_4 组成时钟控制电路,G_5 和 G_6 组成数据输入电路。*D* 触发器的逻辑符号如图 5.20(b)所示。其中,在 *CP* 端加入符号“>”且没有小圆圈,触发器的状态改变由 *CP* 上升沿到达时刻的输入信号决定。

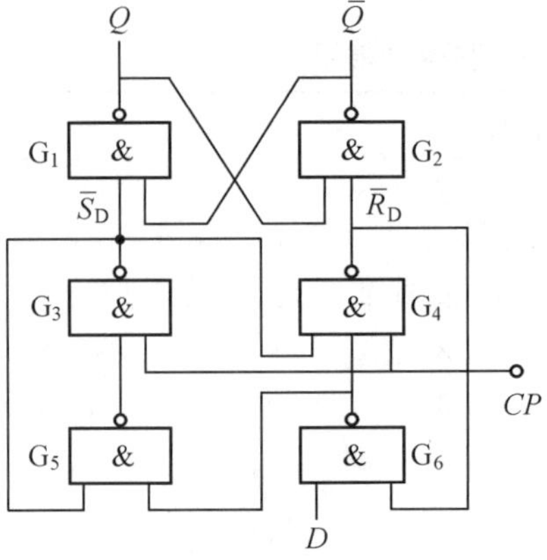

(a) 逻辑图

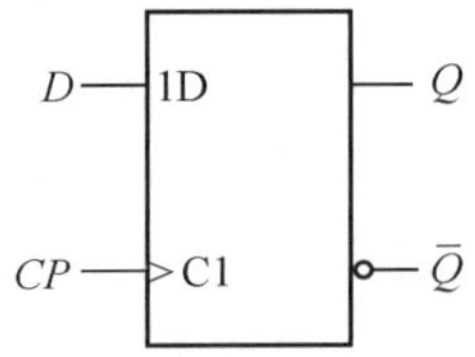

(b) 逻辑符号

图 5.20　*D* 触发器逻辑图和逻辑符号

下面分两种情况分析 *D* 触发器的逻辑功能。

(1) $D=0$。

当 $CP=0$ 且 $D=0$ 时，与非门 G_3，G_4 和 G_6 输出都为1，而与非门 G_5 的输入均为1，故输出为0。此时由 G_1 和 G_2 组成基本 RS 触发器的输入端都为1，由表5.3可知，此时的 D 触发器的状态保持不变。

当 CP 发生由0变成1的跳变且 $D=0$ 时，与非门 G_3，G_5 和 G_6 输出不变。G_4 由于输入端都为1，故输出为0。此时由 G_1 和 G_2 组成基本 RS 触发器的输入端 $\overline{S}_D$ 和 $\overline{R}_D$ 分别变为1和0，由表5.3可知，此时的 D 触发器状态为0态。同时 G_4 的输出端反馈给 G_6 的输入端，保证在 $CP=1$ 期间，输入端 D 的变化并不能影响到触发器的状态（保持0态），因此 D 触发器具有锁存的功能。

(2) $D=1$。

当 $CP=0$ 且 $D=1$ 时，G_3，G_4 输出为1，G_6 输出为0，G_5 输出为1。此时由 G_1 和 G_2 组成的基本 RS 触发器的输入端都为1，由表5.3可知，D 触发器的状态保持不变。

当 CP 发生由0变成1的跳变且 $D=1$ 时，G_3 输出为0，G_4 输出为1。此时由 G_1 和 G_2 组成的基本 RS 触发器的输入端 $\overline{S}_D$ 和 $\overline{R}_D$ 分别变为0和1，由表5.3可知，D 触发器的状态为1态。同时 G_3 的输出端反馈给 G_4 和 G_5 的输入端，保证在 $CP=1$ 期间，输入端 D 的变化并不能影响到触发器的输出状态（保持1态），具有锁存的功能。

综上可知，D 触发器的次态仅仅取决于 CP 上升沿到达时刻的输入信号，而与此边沿时刻以前或以后的输入信号无关。

D 触发器的状态转换表和驱动表见表5.9(a)和5.9(b)。

根据状态转换表5.9(a)可画出 D 触发器 Q^{n+1} 的卡诺图，如图5.21所示。由此可得其状态方程为

$$Q^{n+1}=D \tag{5.6}$$

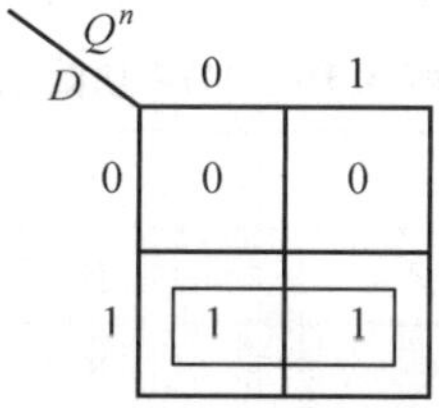

图5.21 D 触发器 Q^{n+1} 的卡诺图

表5.9 D 触发器的状态转换表及驱动表

(a) 状态转换表

CP	D	Q^n	Q^{n+1}	功能
↑	0	0	0	置0
	0	1	0	
↑	1	0	1	置1
	1	1	1	

(b) 驱动表

Q^n	Q^{n+1}	D
0	0	0
0	1	1
1	0	0
1	1	1

D 触发器的状态转换图和时序波形图分别如图5.22(a)和5.22(b)所示。

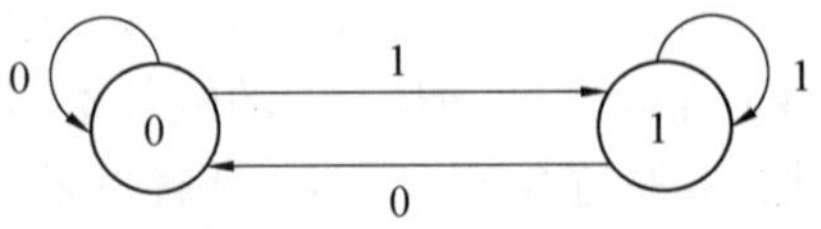

(a) 状态转换图

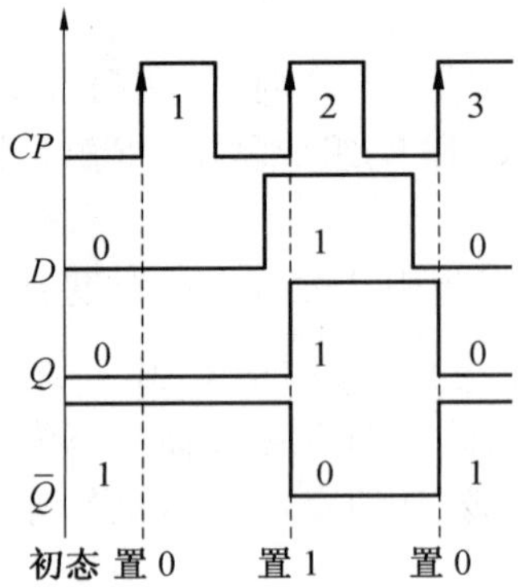

(b) 时序波形图

图 5.22　D 触发器状态转换图和时序波形图

2. 集成 *D* 触发器

本节只介绍上升沿触发的双 D 触发器芯片 7474。其引脚图如图 5.23 所示，功能表见表 5.10。

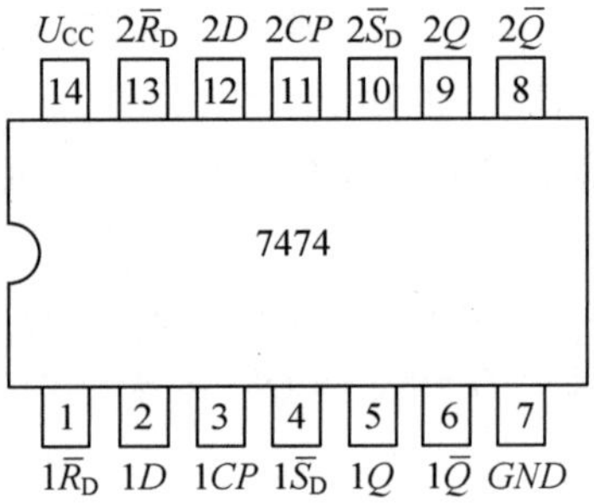

图 5.23　7474 引脚图

表 5.10　7474 功能表

输入				输出	
$\overline{S}_D$	$\overline{R}_D$	CP	D	Q^{n+1}	$\overline{Q}^{n+1}$
0	1	×	×	1	0
1	0	×	×	0	1
0	0	×	×	不定态	不定态
1	1	↑	1	1	0
1	1	↑	0	0	1

引脚前面的数字代表组号，相同数字代表同一组 D 触发器的引脚。其中，第 4 和 10 脚是触发器的异步置数端 $\overline{S}_D$，第 1 和 13 脚是触发器的异步清零端 $\overline{R}_D$。它们不受时钟 CP 的控制，且都是低电平有效。$\overline{S}_D$ 和 $\overline{R}_D$ 引脚不使用时应接高电平。

5.2.5　*T* 触发器与 *T′* 触发器

如果把 JK 触发器的 J 和 K 连接起来，用符号 T 表示输入端，就构成了 T 触发器。T 触发器只有翻转和保持两个功能。当 $T=1$ 时，实现翻转功能；当 $T=0$ 时，实现保持功能。下降沿

触发的 T 触发器逻辑符号如图 5. 24(a)所示。

T 触发器的状态转换表和驱动表见表 5. 11(a)和 5. 11(b)。由状态转换表 5. 11(a)可得 T 触发器的状态方程为

$$Q^{n+1}=\overline{T}Q^n+T\overline{Q^n}=T\oplus Q^n \tag{5.7}$$

表 5. 11　T 触发器状态转换表及驱动表

(a) 状态转换表

CP	T	Q^n	Q^{n+1}	功能
↓	0	0	0	保持
	0	1	1	
↓	1	0	1	翻转
	1	1	0	

(b) 驱动表

Q^n	Q^{n+1}	T
0	0	0
0	1	1
1	0	1
1	1	0

T 触发器的状态转换图和时序波形分别如图 5. 24(b)和 5. 24(c)所示。

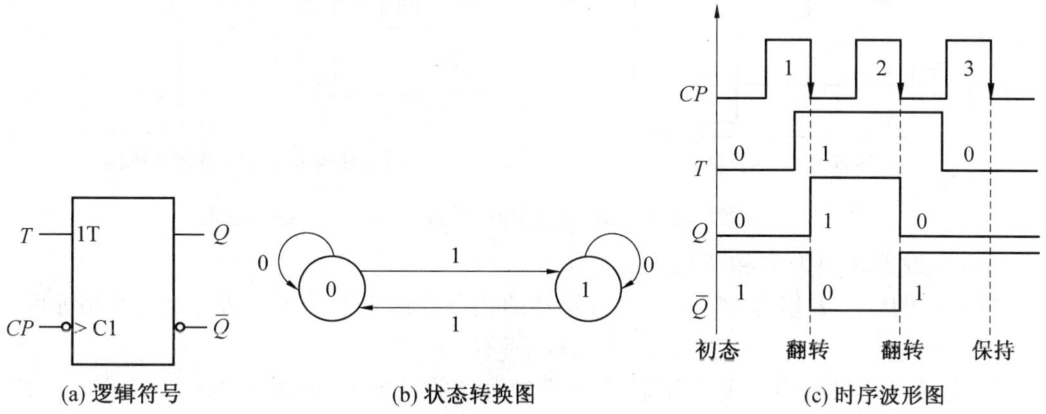

图 5. 24　T 触发器逻辑符号、状态转换图和时序波形图

将 T 触发器的输入端 T 接高电平，由表 5. 11(a)可见，触发器只有翻转功能，即来一个 CP 时钟脉冲触发器翻转一次，这种只具有翻转功能的触发器称为 T' 触发器。其状态方程为

$$Q^{n+1}=\overline{Q^n} \tag{5.8}$$

值得注意的是，T 触发器和 T' 触发器并无相对应的集成芯片，使用时可由 JK 触发器或 D 触发器转换而成。

5.2.6　触发器类型转换

常用触发器有 D 触发器和 JK 触发器，如果需要使用其他类型触发器，可以通过逻辑功能转换的方法，把 D 触发器或 JK 触发器转换成所需要的触发器类型。转换方法一般采用状态方程法。

1. D 触发器转换为 JK，RS，T 和 T' 触发器

(1) D 触发器转换为 JK 触发器。

D 触发器的状态方程为 $Q^{n+1}=D$，JK 触发器的状态方程为 $Q^{n+1}=J\overline{Q^n}+\overline{K}Q^n$，令二者相等可

得

$$D=J\bar{Q}^n+\bar{K}Q^n=\overline{\overline{J\bar{Q}^n+\bar{K}Q^n}}=\overline{\overline{J\bar{Q}^n}\cdot\overline{\bar{K}Q^n}} \tag{5.9}$$

根据式(5.9)可画出D触发器转换为JK触发器的逻辑图。由于D触发器是上升沿触发，故由D触发器构成的JK触发器也是上升沿触发。若想构成下降沿触发的JK触发器，需在CP端加非门，如图5.25(a)所示。

(2)D触发器转换为时钟同步RS触发器。

D触发器的状态方程为$Q^{n+1}=D$，时钟同步RS触发器的状态方程为$Q^{n+1}=S+\bar{R}Q^n$，令二者相等可得

$$D=S+\bar{R}Q^n=\overline{\overline{S+\bar{R}Q^n}}=\overline{\bar{S}\cdot\overline{\bar{R}Q^n}} \tag{5.10}$$

根据式(5.10)可画出D触发器转换为时钟同步RS触发器的逻辑图，如图5.25(b)所示。

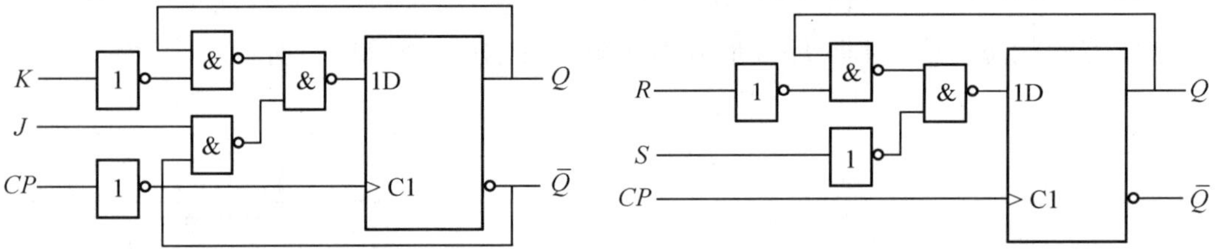

(a) 转换为JK触发器　　(b) 转换为时钟同步RS触发器

图5.25　D触发器转换JK触发器和时钟同步RS触发器的逻辑图

(3)D触发器转换为T和T'触发器。

D触发器的状态方程为$Q^{n+1}=D$，T触发器的状态方程为$Q^{n+1}=T\oplus Q^n$，令二者相等可得

$$D=T\oplus Q^n \tag{5.11}$$

根据式(5.11)可画出D触发器转换为T触发器的逻辑图，如图5.26(a)所示。而T'触发器的状态方程$Q^{n+1}=\bar{Q}^n$，D触发器的状态方程$Q^{n+1}=D$，二者相等可得

$$D=\bar{Q}^n \tag{5.12}$$

根据式(5.12)可画出D触发器转换为T'触发器的逻辑图，如图5.26(b)所示。

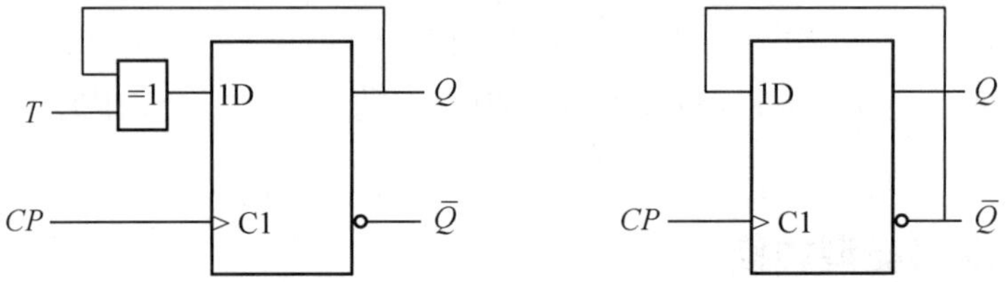

(a) 转换为T触发器　　(b) 转换为T'触发器

图5.26　D触发器转换T触发器和T'触发器的逻辑图

2. *JK*触发器转换为*D*,*T*和*T'*触发器

(1)JK触发器转换为D触发器。

JK触发器的状态方程为$Q^{n+1}=J\bar{Q}^n+\bar{K}Q^n$，而$D$触发器的状态方程为$Q^{n+1}=D$。令二者相等可得

$$J\overline{Q}_n+\overline{K}Q_n=D\overline{Q}_n+DQ_n \tag{5.13}$$

根据式(5.13)可得 $J=D,K=\overline{D}$,可画出 JK 触发器转换下降沿触发的 D 触发器的逻辑图,如图 5.27 所示。

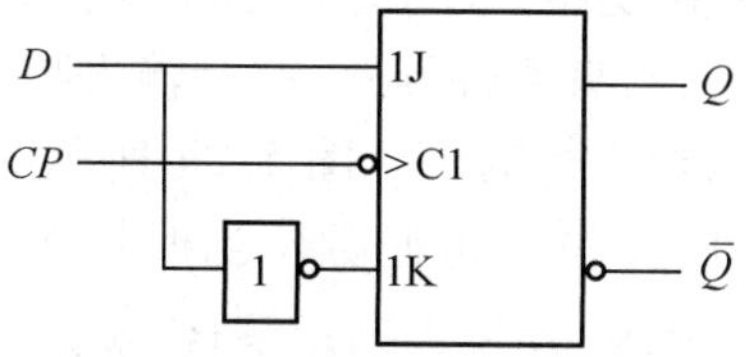

图 5.27　JK 触发器转换为 D 触发器的逻辑图

(2) JK 触发器转换为 T 和 T' 触发器。

JK 触发器的状态方程为 $Q^{n+1}=J\overline{Q^n}+\overline{K}Q^n$,$T$ 触发器的状态方程为 $Q^{n+1}=\overline{T}Q^n+T\overline{Q^n}$,令二者相等可得

$$J\overline{Q^n}+\overline{K}Q^n=\overline{T}Q^n+T\overline{Q^n} \tag{5.14}$$

根据式(5.14)可得 $J=K=T$,可画出 JK 触发器转换 T 触发器的逻辑图,如图 5.28(a)所示。

而 T' 触发器的状态方程 $Q^{n+1}=\overline{Q^n}$,JK 触发器的状态方程 $Q^{n+1}=J\overline{Q^n}+\overline{K}Q^n$,二者相等可得

$$J\overline{Q^n}+\overline{K}Q^n=\overline{Q^n} \tag{5.15}$$

根据式(5.15)可得 $J=K=1$,可画出 JK 触发器转换为 T' 触发器的逻辑图,如图 5.28(b)所示。

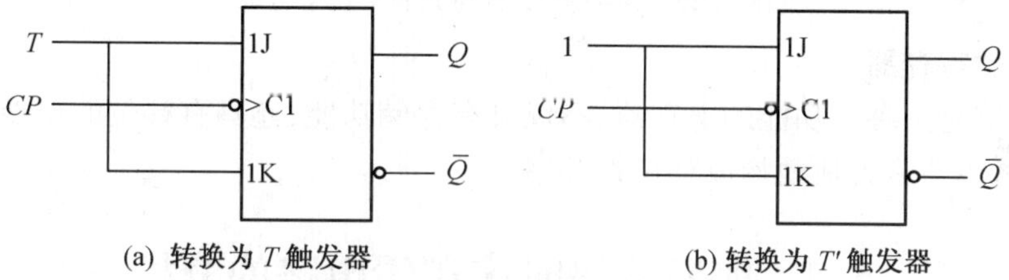

(a) 转换为 T 触发器　　(b) 转换为 T' 触发器

图 5.28　JK 触发器转换为 T 和 T' 触发器的逻辑图

5.2.7　触发器的应用

1. 构成计数器

在时序电路中,计数器是使用最多的逻辑电路。构成计数器的最基本逻辑单元是触发器,利用触发器的逻辑功能可以构成多种类型的计数器。

计数器的分类方法很多,如果按照计数方法,可分为加法计数器、减法计数器和可逆计数器(又称为加/减计数器);如果按照计数编码的方式,可分为二进制计数器和十进制计数器等;如果按照计数脉冲的引入方式,可分为异步计数器和同步计数器。异步计数器是指计数脉冲 CP 只触发最低位触发器的翻转,而其他位的触发器需由相邻低位触发器输出端来触发。异步计数器的实质就是各触发器的状态转换时间先后不一,只有在前级触发器翻转后,后级触发器才翻转。而同步计数器的计数脉冲 CP 同时接到各触发器上,各触发器的状态转换与计数脉冲同步。就二者而言,各有优缺点。异步计数器连线简单,但工作速度慢。而同步计数器

连线较复杂,但是工作速度快。

2. **构成寄存器**

利用触发器的存储功能可构成多种寄存器。一个触发器只能保存一位二进制数,如果要保存 N 位二进制数,就需要 N 个触发器,常用的有 4 位、8 位和 16 位寄存器。不同结构的寄存器存储数据的工作方式不尽相同,共有 4 种形式:并行输入与并行输出、并行输入与串行输出、串行输入与并行输出和串行输入与串行输出。图 5.29 所示的是由 D 触发器构成的 4 位寄存器。其中,$d_0 \sim d_3$ 是加到输入端的 4 位二进制数。当时钟脉冲由低变高时,$d_0 \sim d_3$ 将被寄存到 4 个 D 触发器的 $Q_0 \sim Q_3$ 端。通常,在寄存数据之前,先给异步清零端 $\overline{R}_D$ 输一个负脉冲,使寄存器清零,正常工作时需要将触发器的 $\overline{R}$ 和 $\overline{S}$ 置 1。图 5.29 所示为并行输入与并行输出工作方式。

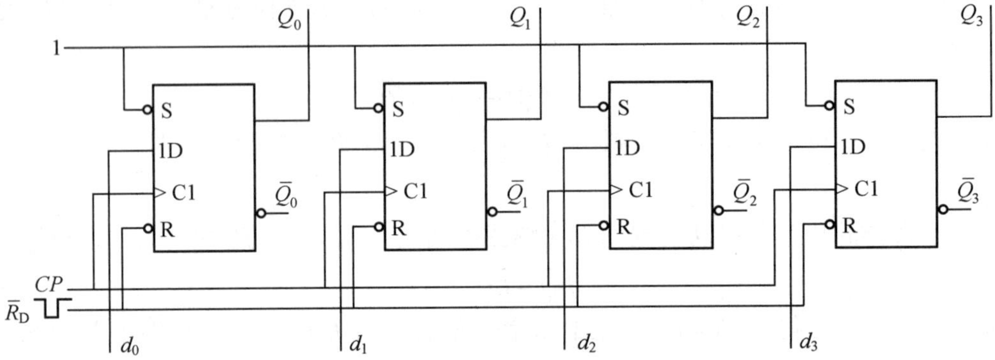

图 5.29　由 D 触发器构成的 4 位寄存器

3. **构成移位寄存器**

移位寄存器是一种多功能的寄存器,不仅具有存储功能,还具有移位的功能。利用触发器的存储功能,可以非常方便地构成移位寄存器。

5.3　触发器级时序逻辑电路的分析

时序逻辑电路的分析是指已知某时序逻辑电路,分析其逻辑功能。时序逻辑电路的分析分为同步时序电路分析和异步时序电路分析。

5.3.1　同步时序电路分析

同步时序逻辑电路中所有触发器是受同一时钟脉冲控制的,分析逻辑功能时通常是先列出输出方程组、驱动方程组和状态方程组,然后根据这 3 个方程组,列出状态转换表、画出时序波形图或状态转换图,最后确定逻辑功能。具体的分析步骤如下:

(1)根据给定的电路,列出驱动方程组。

(2)将得到的驱动方程代入相应触发器的状态方程中,得出状态方程组。

(3)如果电路有输出端,列出输出方程组。

(4)由状态方程和输出方程列出状态转换表、画出时序波形或者状态转换图。

(5)确定电路的逻辑功能。

【例 5.3】　应用同步时序电路的分析方法，分析图 5.30 所示电路的逻辑功能，设初始状态为 000。

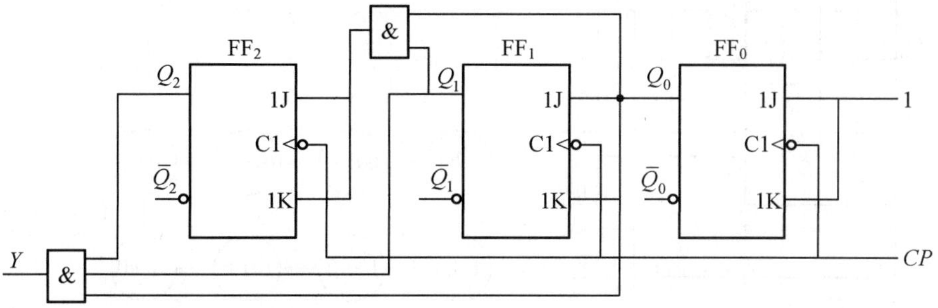

图 5.30　例 5.3 的电路

解　(1)列出驱动方程组。

$$J_0=K_0=1,\quad J_1=K_1=Q_0^n,\quad J_2=K_2=Q_1^nQ_0^n$$

(2)列出状态方程组。

将驱动方程代入 JK 触发器的状态方程 $Q^{n+1}=J\overline{Q^n}+\overline{K}Q^n$ 中，可得状态方程组

$$\begin{cases}Q_0^{n+1}=\overline{Q_0^n}\\ Q_1^{n+1}=Q_0^n\overline{Q_1^n}+\overline{Q_0^n}Q_1^n=Q_0^n\oplus Q_1^n\\ Q_2^{n+1}=Q_1^nQ_0^n\overline{Q_2^n}+\overline{Q_1^nQ_0^n}Q_2^n=(Q_1^nQ_0^n)\oplus Q_2^n\end{cases}$$

(3)列出输出方程。

$$Y=Q_2^nQ_1^nQ_0^n$$

(4)列出状态转换表、画出时序波形图和状态转换图。

将初始状态 $Q_2Q_1Q_0=000$ 代入状态方程组，依次迭代可得状态转换表见表 5.12。进而得到时序波形图和状态转换图，分别如图 5.31 和 5.32 所示。

表 5.12　例 5.3 的状态转换表

脉冲	现态			次态			输出
CP	Q_2^n	Q_1^n	Q_0^n	Q_2^{n+1}	Q_1^{n+1}	Q_0^{n+1}	Y
↓	0	0	0	0	0	1	0
↓	0	0	1	0	1	0	0
↓	0	1	0	0	1	1	0
↓	0	1	1	1	0	0	0
↓	1	0	0	1	0	1	0
↓	1	0	1	1	1	0	0
↓	1	1	0	1	1	1	0
↓	1	1	1	0	0	0	1

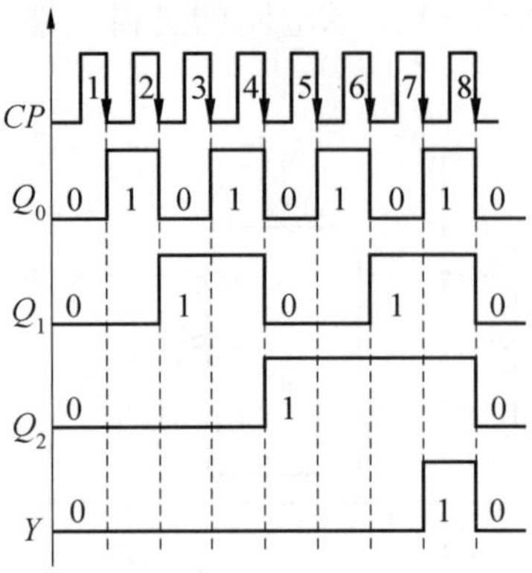

图 5.31 例 5.3 的时序波形图

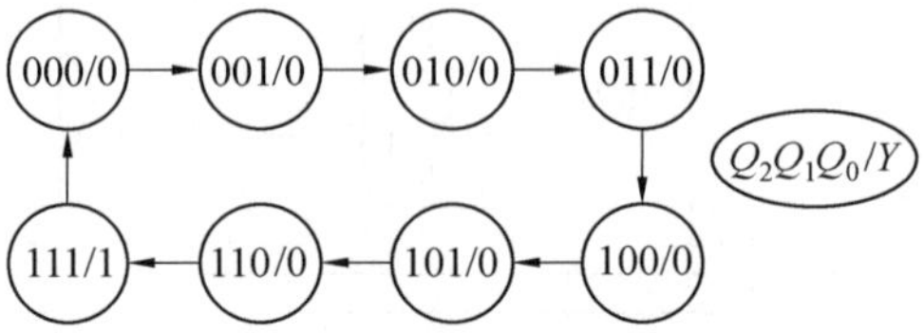

图 5.32 例 5.3 的状态转换图

(5)确定逻辑功能。

从步骤(4)中可知，电路共有 8 种状态循环，并且是 000 ~ 111 递增顺序。故该电路是同步八进制加法计数器。其中，Y 是进位端，且当计数到 111 时 $Y=1$。

【例 5.4】 应用同步时序电路的分析方法，分析图 5.33 所示电路的逻辑功能，设初始状态为 000。

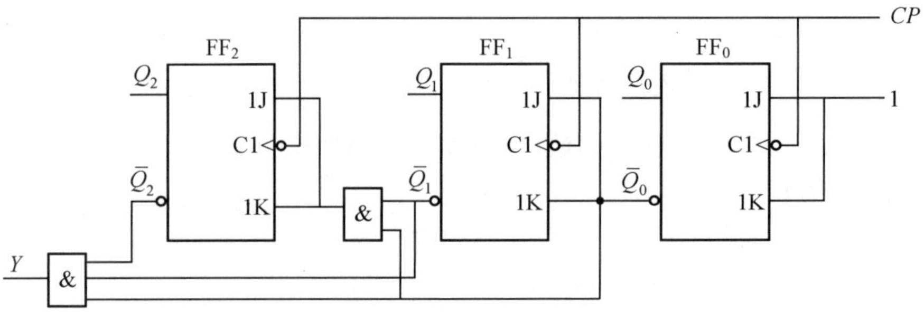

图 5.33 例 5.4 的电路

解 (1)列出驱动方程组。

$$J_0=K_0=1,\quad J_1=K_1=\overline{Q_0^n},\quad J_2=K_2=\overline{Q_1^n}\,\overline{Q_0^n}$$

(2)列出状态方程组。

将驱动方程代入 JK 触发器的状态方程 $Q^{n+1}=J\overline{Q^n}+\overline{K}Q^n$ 中，可得状态方程组

$$\begin{cases}Q_0^{n+1}=\overline{Q_0^n}\\ Q_1^{n+1}=\overline{Q_0^n}\,\overline{Q_1^n}+Q_0^nQ_1^n=Q_0^n\odot Q_1^n\\ Q_2^{n+1}=\overline{Q_1^n}\,\overline{Q_0^n}\,\overline{Q_2^n}+\overline{\overline{Q_1^n}\,\overline{Q_0^n}}\,Q_2^n=(\overline{Q_1^n}\,\overline{Q_0^n})\oplus Q_2^n\end{cases}$$

(3)列出输出方程。

$$Y=\overline{Q_2^n}\,\overline{Q_1^n}\,\overline{Q_0^n}$$

(4)列出状态转换表、画出时序波形图和状态转换图。

将初始状态 $Q_2Q_1Q_0=000$ 代入状态方程组，依次迭代可得状态转换表见表 5.13。进而得到时序波形图和状态转换图，分别如图 5.34 和 5.35 所示。

表 5.13　例 5.4 的状态转换表

脉冲 CP	现态 Q_2^n	现态 Q_1^n	现态 Q_0^n	次态 Q_2^{n+1}	次态 Q_1^{n+1}	次态 Q_0^{n+1}	输出 Y
↓	0	0	0	1	1	1	1
↓	1	1	1	1	1	0	0
↓	1	1	0	1	0	1	0
↓	1	0	1	1	0	0	0
↓	1	0	0	0	1	1	0
↓	0	1	1	0	1	0	0
↓	0	1	0	0	0	1	0
↓	0	0	1	0	0	0	0

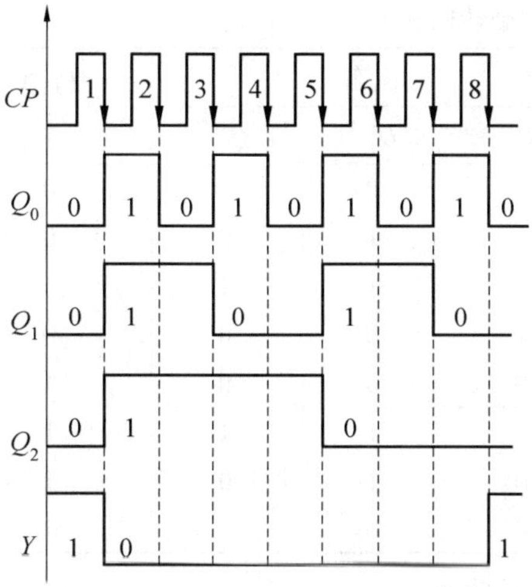

图 5.34　例 5.4 的时序波形图

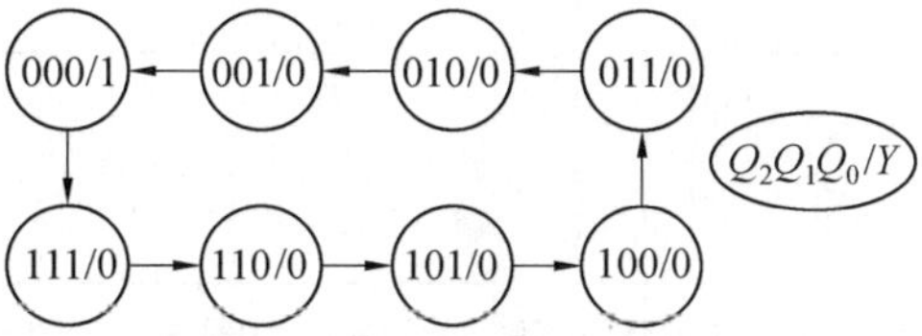

图 5.35　例 5.4 的状态转换图

(5)确定逻辑功能。

从步骤(4)中可知，电路共有 8 种状态循环，并且是 111 ~ 000 递减顺序。故该电路是同步八进制减法计数器。其中，Y 是借位端，且当计数到 000 时 $Y=1$。

【例 5.5】　应用同步时序电路的分析方法，分析图 5.36 所示电路的逻辑功能，设初始状态为 000。

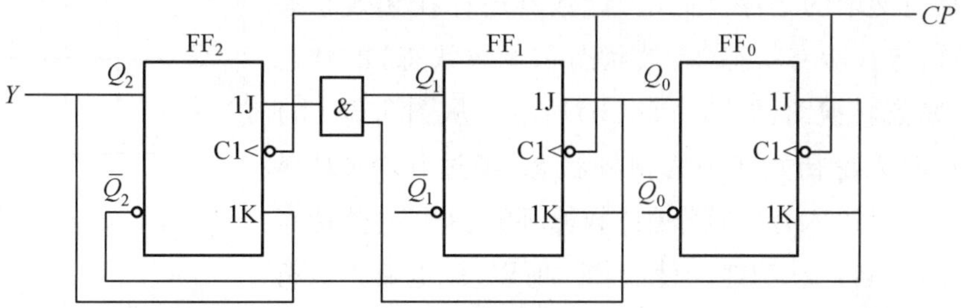

图 5.36　例 5.5 的电路

解　(1)列出驱动方程组。

$$J_0 = K_0 = \overline{Q}_2^n,\quad J_1 = K_1 = Q_0^n,\quad J_2 = Q_1^n Q_0^n,\quad K_2 = Q_2^n$$

(2)列出状态方程组。

将驱动方程代入 JK 触发器的状态方程 $Q^{n+1}=J\overline{Q^n}+\overline{K}Q^n$ 中,可得状态方程组

$$\begin{cases} Q_0^{n+1}=\overline{Q_2^n}\,\overline{Q_0^n}+Q_2^nQ_0^n=Q_2^n\odot Q_0^n \\ Q_1^{n+1}=Q_0^n\overline{Q_1^n}+\overline{Q_0^n}Q_1^n=Q_0^n\oplus Q_1^n \\ Q_2^{n+1}=Q_1^nQ_0^n\overline{Q_2^n}+\overline{Q_2^n}Q_2^n=Q_1^nQ_0^n\overline{Q_2^n} \end{cases}$$

(3)列出输出方程。

$$Y=Q_2^n$$

(4)列出状态转换表、画出时序波形图和状态转换图。

将初始状态 $Q_2Q_1Q_0=000$ 代入状态方程组,依次迭代可得状态转换表见表 5.14。

表 5.14　例 5.5 的状态转换表

脉冲 CP	现态 Q_2^n	Q_1^n	Q_0^n	次态 Q_2^{n+1}	Q_1^{n+1}	Q_0^{n+1}	输出 Y
↓	0	0	0	0	0	1	0
↓	0	0	1	0	1	0	0
↓	0	1	0	0	1	1	0
↓	0	1	1	1	0	0	0
↓	1	0	0	0	0	0	1
↓	1	0	1	0	1	1	1
↓	1	1	0	0	1	0	1
↓	1	1	1	0	0	1	1

时序波形图和状态转换图分别如图 5.37 和 5.38(a)所示。

(5)确定逻辑功能。

由上述分析可知,电路共有 5 种状态循环,并且是 000 ~ 100 递增顺序。故该电路是同步五进制加法计数器。其中 Y 是进位输出端,当输出大于等于 100 时 $Y=1$。

从状态转换图 5.38(a)可知,该计数器的有效状态为 000 ~ 100,且具有递增的顺序。同时,计数器还存在无效状态 101,110 和 111,包含所有状态(有效状态和无效状态)的状态转换图称为全状态转换图,如图 5.38(b)所示。从图 5.38(b)可知,电路启动时无论初始状态为何种状态,经过几个 CP 脉冲后,计数器都可以进入有效状态(计数循环),具有这种特点的计数器称为具有自启动功能的计数器。所以,该电路为具有自启动功能的五进制加法计数器。

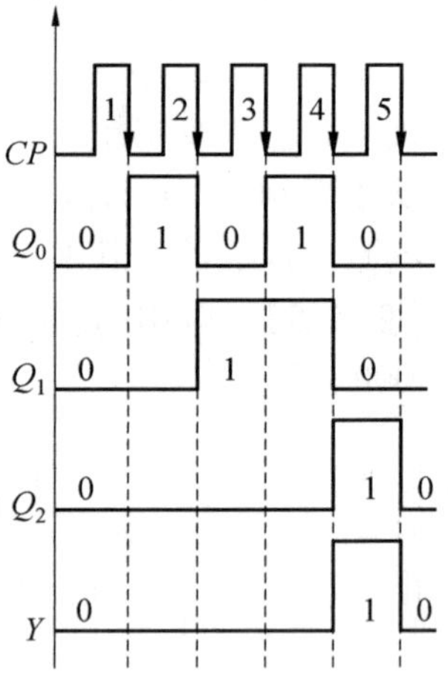

图 5.37　例 5.5 的时序波形图

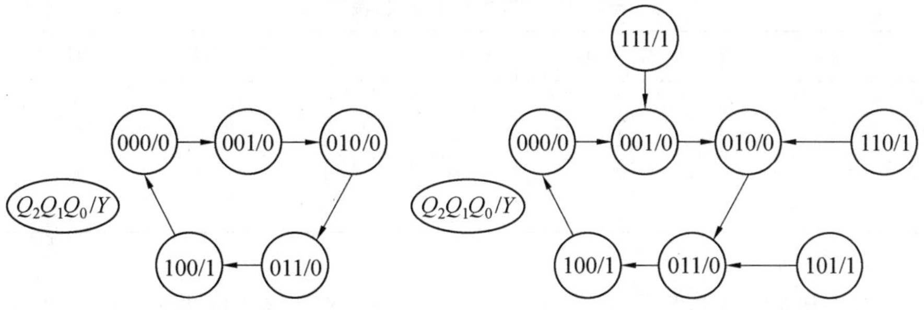

(a) 状态转换图　　(b) 全状态转换图

图 5.38　例 5.5 的状态转换图

【例 5.6】　电路如图 5.39 所示，若在 A 输入端依次输入代码 1101，试分析该电路的逻辑功能。

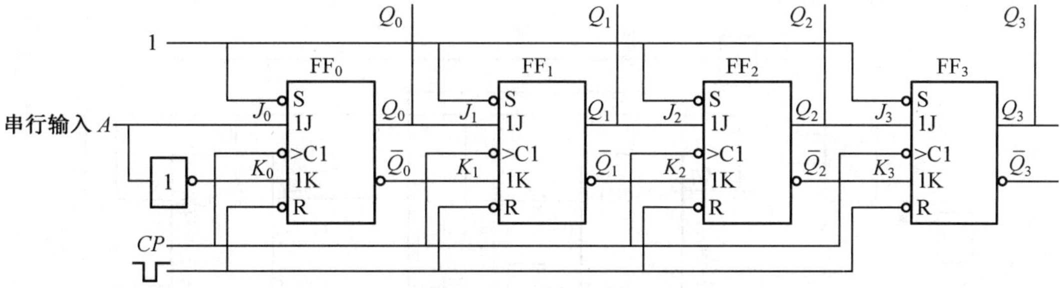

图 5.39　例 5.6 的电路

解　(1)列出驱动方程组。

$$J_0=A,\quad K_0=\overline{A},\quad J_1=Q_0^n,\quad K_1=\overline{Q}_0^n$$

$$J_2=Q_1,\quad K_2=\overline{Q}_1^n,\quad J_3=Q_2^n,\quad K_3=\overline{Q}_2^n$$

(2)列出状态方程组。

将驱动方程代入 JK 触发器的状态方程 $Q^{n+1}=J\overline{Q}^n+\overline{K}Q^n$ 中，可得状态方程组

$$\begin{cases} Q_0^{n+1}=A\,\overline{Q}_0^n+AQ_0^n=A \\ Q_1^{n+1}=Q_0^n\overline{Q}_1^n+Q_0^nQ_1^n=Q_0^n \\ Q_2^{n+1}=Q_1^n\overline{Q}_2^n+Q_1^nQ_2^n=Q_1^n \\ Q_3^{n+1}=Q_2^n\overline{Q}_3^n+Q_2^nQ_3^n=Q_2^n \end{cases}$$

(3)列出状态转换表。

将在 A 输入端依次输入代码 1101，可得状态转换表见表 5.15。

表 5.15　例 5.6 的状态转换表

CP	输入 A	Q_0	Q_1	Q_2	Q_3
↓	1	1	0	0	0
↓	1	1	1	0	0
↓	0	0	1	1	0
↓	1	1	0	1	1

(4)确定逻辑功能。

由状态转换表可知:该电路是一个 4 位二进制右移寄存器。电路在每个 CP 的下降沿将数据右移 1 位,经过 4 个 CP 脉冲,将 A 端串行输入的 4 位二进制代码 1101 通过 4 个触发器的输出端 $Q_3Q_2Q_1Q_0$ 并行输出,即 $Q_3Q_2Q_1Q_0=1101$。所以该电路是串入–并出的 4 位二进制右移寄存器。

【例 5.7】　应用同步时序电路的分析方法,分析图 5.40 所示电路当 $X=1$ 和 $X=0$ 时逻辑功能。已知电路的初始状态为 00。

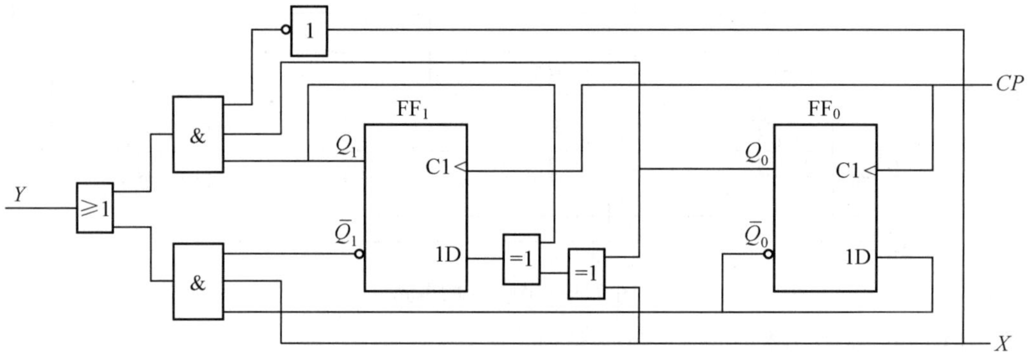

图 5.40　例 5.7 的电路

解　(1)列出驱动方程组。

$$D_0=\overline{Q}_0^n \quad D_1=X\oplus Q_0^n\oplus Q_1^n$$

(2)列出状态方程组。

将驱动方程代入 D 触发器的状态方程 $Q^{n+1}=D$ 中,可得状态方程组

$$\begin{cases} Q_0^{n+1}=\overline{Q}_0^n \\ Q_1^{n+1}=X\oplus Q_0^n\oplus Q_1^n \end{cases}$$

(3)列出输出方程。

$$Y=Q_1^nQ_0^n\overline{X}+\overline{Q}_1^n\overline{Q}_0^nX$$

(4)列出状态转换表、画出时序波形图和状态转换图。

将初始状态 $Q_1Q_0=00$ 代入状态方程组,依次迭代可得状态转换表见表 5.16。进而得到状态转换图如图 5.41 所示。而当 $X=0$ 和 $X=1$ 时的时序波形图,分别如图 5.42(a)和 5.42(b)所示。

表 5.16　例 5.7 的状态转换表

现态 $Q_1^nQ_0^n$	次态/输出 $Q_1^{n+1}Q_0^{n+1}/Y^n$	
	$X=0$	$X=1$
00	01/0	11/1
01	10/0	00/0
10	11/0	01/0
11	00/1	10/0

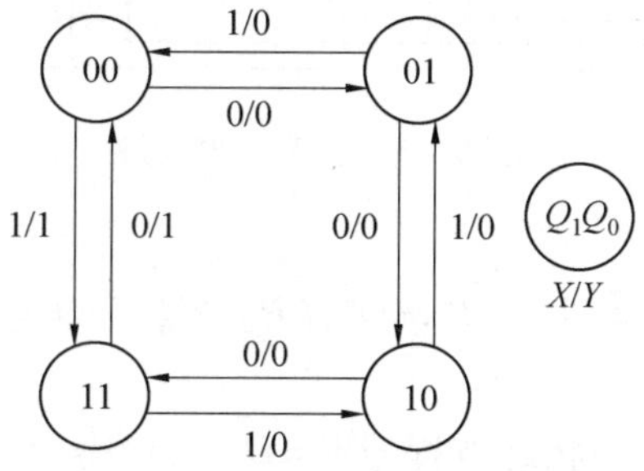

图 5.41　例 5.7 的状态转换图

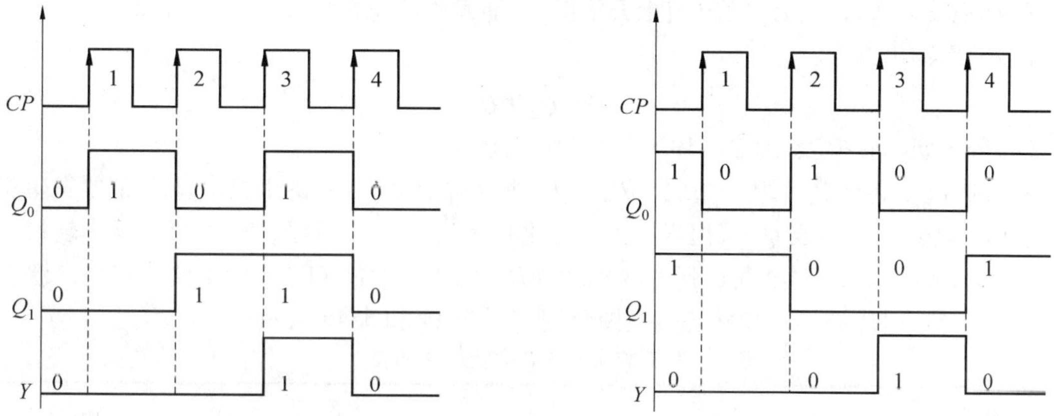

(a) 当 X=0 时的时序波形图　　(b) 当 X=1 时的时序波形图

图 5.42　例 5.7 中的 $X=0$ 和 $X=1$ 时序波形图

（5）确定逻辑功能。

从步骤(4)中可知，当 $X=0$ 时电路共有 4 种状态循环，并且是 00～11 递增顺序，故此时电路是同步四进制加法计数器。其中，Y 是进位端且当计数到 11 时 $Y=1$。当 $X=1$ 时电路共有 4 种状态循环，并且是 11～00 递减顺序，故此时电路是同步四进制减法计数器。其中，Y 是借位端且当计数到 00 时 $Y=1$。

5.3.2　异步时序电路分析

异步时序电路的分析步骤与同步时序电路基本相同，不同之处在于分析电路状态时，首先要确定电路中的每个触发器是否存在有效的时钟信号,然后根据时钟信号的有效性确定触发器的次态。如果时钟信号有效,则需要用触发器的状态方程计算次态;如果时钟信号无效,则触发器保持原状态不变。

【例5.8】 分析如图5.43所示的异步时序电路的逻辑功能,设初始状态为000。

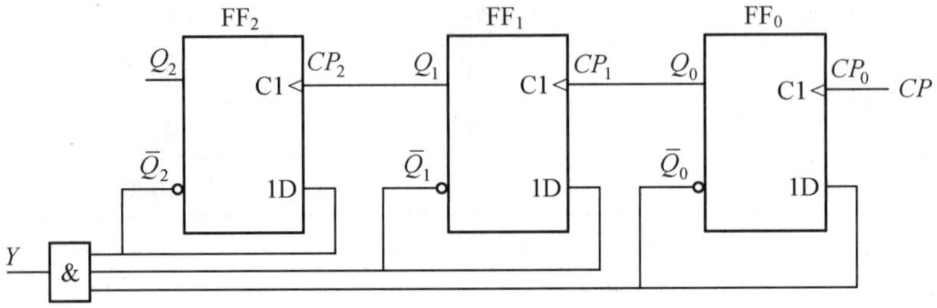

图5.43 例5.8的电路

解 (1)列出驱动方程组。

$$D_0=\overline{Q_0^n}, CP_0=CP,\quad D_1=\overline{Q_1^n}, CP_1=Q_0^n,\quad D_2=\overline{Q_2^n}, CP_2=Q_1^n$$

(2)列出状态方程组。

将驱动方程代入 D 触发器的状态方程 $Q^{n+1}=D$ 中,可得状态方程组

$$Q_0^{n+1}=\overline{Q_0^n},\quad Q_1^{n+1}=\overline{Q_1^n},\quad Q_2^{n+1}=\overline{Q_2^n}$$

对 D 触发器而言,仅有当 CP 有上升沿时,才能发生状态转换。

(3)列出输出方程。

$$Y=\overline{Q_2^n}\,\overline{Q_1^n}\,\overline{Q_0^n}$$

(4)列出状态转换表、画出时序波形图和状态转换图。

初始状态为 $Q_2Q_1Q_0=000$。由于 $CP_0=CP$,所以对于每个 CP 的上升沿,FF_0 都要发生状态转换。$CP_1=Q_0^n$,所以每当 Q_0 端出现0到1变化时,CP_1 出现上升沿,FF_1 才发生状态转换。同理 $CP_2=Q_1^n$,故每当 Q_1 端出现0到1变化时,CP_2 出现上升沿,FF_2 才发生状态转换。状态转换表见表5.17,时序波形图和状态转换图分别如图5.44和5.45所示。

表5.17 例5.8的状态转换表

脉冲 CP	现态			次态			输出 Y
	Q_2^n	Q_1^n	Q_0^n	Q_2^{n+1}	Q_1^{n+1}	Q_0^{n+1}	
↑	0	0	0	1	1	1	1
↑	1	1	1	1	1	0	0
↑	1	1	0	1	0	1	0
↑	1	0	1	1	0	0	0
↑	1	0	0	0	1	1	0
↑	0	1	1	0	1	0	0
↑	0	1	0	0	0	1	0
↑	0	0	1	0	0	0	0

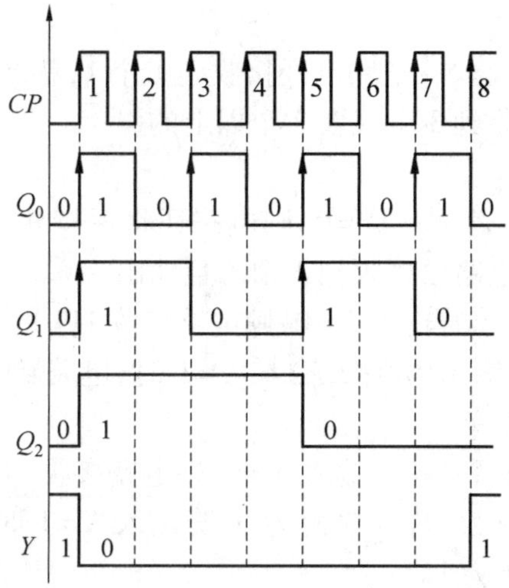

图 5.44　例 5.8 的时序波形图

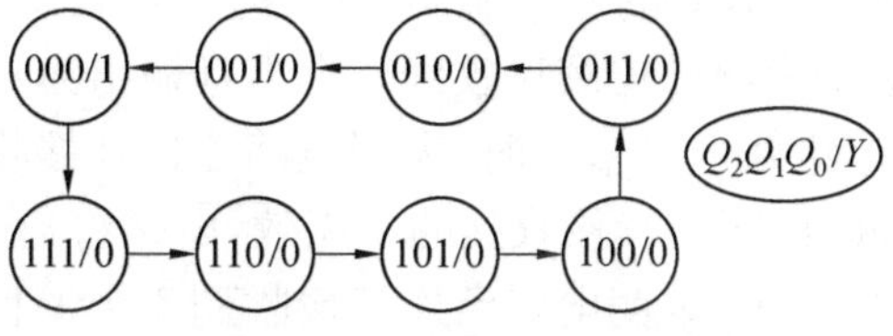

图 5.45　例 5.8 的状态转换图

(5)确定逻辑功能。

从步骤(4)中可知,电路共有 8 种状态循环,并且是 111 ~ 000 递减顺序。故该电路是异步八进制减法计数器,其中 Y 是借位端,当状态为 000 时 $Y=1$。

5.4　触发器级同步时序逻辑电路的设计

触发器级时序逻辑电路的设计是根据具体的逻辑要求,利用触发器和门电路设计出满足逻辑要求的电路。设计包括同步时序逻辑电路的设计和异步时序逻辑电路的设计,本节将重点介绍同步时序逻辑电路的设计过程。

5.4.1　设计步骤

一般情况下,同步时序逻辑电路的设计应依次遵循以下 6 个步骤:①根据逻辑问题导出状态转换图(表);②状态化简;③状态分配;④选定触发器并列出电路方程;⑤检查能否自启动;⑥画出逻辑电路图。下面结合例题介绍每个步骤的具体实现方法。

1. 根据逻辑问题,导出状态转换图或状态转换表

导出状态转换图(表)是电路设计的关键步骤。它是将具体的逻辑问题进行抽象化处理,并形成状态转换图(表)的形式来表示。关于此步骤的实现方法有多种,本节介绍一种比较常用的状态定义法,其具体步骤如下:

(1)根据具体逻辑问题,定义输入变量、输出变量及电路的状态。

(2)定义每个状态的逻辑含义,并对每个状态进行顺序编号。

(3)依据题意画出状态转换图或列出状态转换表。

【例 5.9】　导出一个串行数据检测器的状态转换图和状态转换表。要求是当连续输入 3 个或 3 个以上的 1 时,电路输出为 1;其他情况下电路输出为 0。

解　(1)定义输入变量、输出变量及电路的状态。

将输入的串行数据定义为输入变量并用 X 表示,将检验结果定义为输出变量并用 Y 表示,将电路接收到 1 的个数看成电路的状态并用 S 表示。

(2)针对每个状态定义逻辑含义并顺序编号。

状态 S_0:初始状态,含义为电路没有接收到 1;状态 S_1:电路已经接收到 1 个 1;状态 S_2:电路已经连续接收到 2 个 1;状态 S_3:电路已经连续接收到 3 个或者 3 个以上的 1。

(3)画出状态转换图和列出状态转换表。

当电路处于状态 S_0时,表明电路没有接收到 1。若输入 $X=0$,则电路还将保持状态 S_0且输出为 0;若输入 $X=1$ 时,电路转换为状态 S_1,说明电路已接收到 1 个 1 且输出为 0。

当电路处于状态 S_1时,表明电路已接收到 1 个 1。若输入 $X=0$,则电路接收 111 的过程被中断,前面接收到的 1 无效,电路将返回到状态 S_0且输出为 0;若输入 $X=1$ 时,电路转换为状态 S_2,说明电路已连续接收到 2 个 1 且输出为 0。

当电路处于状态 S_2时,表明电路已连续接收到 2 个 1。若输入 $X=0$,则电路接收 111 的过程被中断,前面连续接收到的 1 无效,电路将返回到状态 S_0且输出为 0;若输入 $X=1$ 时,电路转换为状态 S_3,说明电路已连续接收到 3 个 1 且输出为 1。

当电路处于状态 S_3时,表明电路已连续接收到 3 个 1。若输入 $X=0$,则电路接收 111 的过程被中断,前面连续接收到的 1 无效,电路将返回到状态 S_0且输出为 0;而输入 $X=1$ 时,电路保持在状态 S_3,说明电路已连续接收到 3 个以上个 1 且输出仍为 1。

通过以上分析,画出电路的状态转换图,如图 5.46 所示。其中,$S_0 \sim S_3$代表电路的状态。由状态转换图得到状态转换表,见表 5.18。

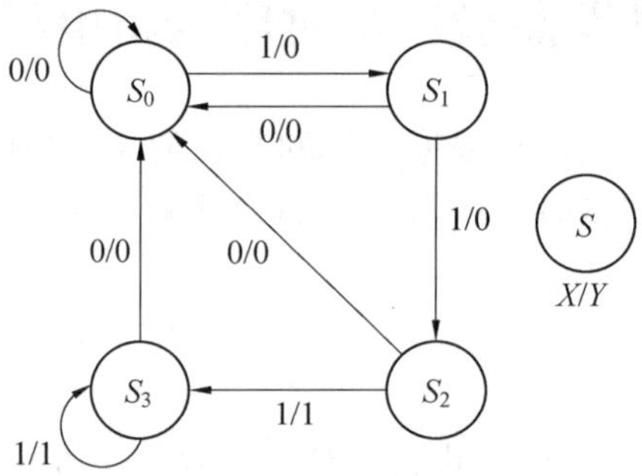

图 5.46 例 5.9 中的导出状态转换图

表 5.18 例 5.9 中的导出的状态转换表

现态 S^n	次态/输出(S^{n+1}/Y^n)	
	$X=0$	$X=1$
S_0	$S_0/0$	$S_1/0$
S_1	$S_0/0$	$S_2/0$
S_2	$S_0/0$	$S_3/1$
S_3	$S_0/0$	$S_3/1$

【例 5.10】 导出 3 位串行奇偶校验电路的状态转换图(表)。当电路串行接收了 3 位二进制数码且 1 的个数是偶数时,电路输出为 1,其余情况输出为 0。每 3 位二进制数码为一组,当接收到第 3 位数码后,电路返回初始状态,准备接收下一组数码。

解 (1)定义输入变量、输出变量及电路的状态。

将输入的串行数据定义为输入变量并用 X 表示,将判断结果定义为输出变量并用 Y 表示，将电路接收到数码的个数及内容看成电路的状态并用 $A \sim G$ 表示。

(2)针对每个状态定义逻辑含义并顺序编号。

状态 A：电路初态，没有接收到任何数码；状态 B：电路接收到一个数码且为 0；状态 C：电路接收到一个数码且为 1；状态 D：电路连续接收到两个数码且都为 0；状态 E：电路连续接收到两个数码且数值依次为 01；状态 F：电路连续接收到两个数码且数值依次为 10；状态 G：电路连续接收到两个数码且数值依次为 11。

(3)画出状态转换图和列出状态转换表。

依据题意确定当输入不同数值时，电路的次态及输出情况，进而画出电路的状态转换图，如图 5.47 所示。也可将状态转换图转换成状态转换表，见表 5.19。

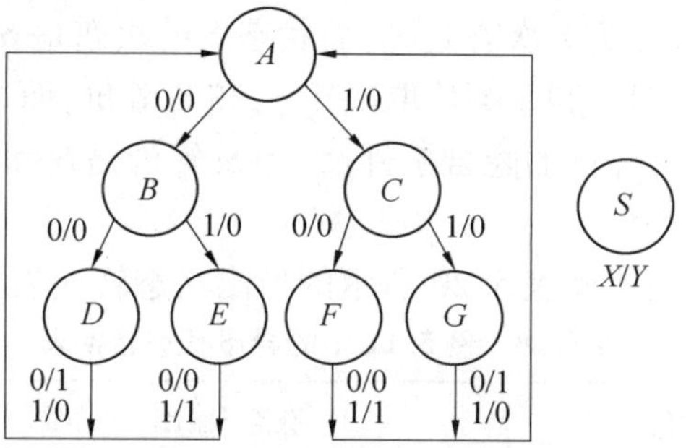

图 5.47 例 5.10 中的导出状态转换图

表 5.19 例 5.10 中的导出状态转换表

现态 S^n	次态/输出(S^{n+1}/Y^n)	
	$X=0$	$X=1$
A	$B/0$	$C/0$
B	$D/0$	$E/0$
C	$F/0$	$G/0$
D	$A/1$	$A/0$
E	$A/0$	$A/1$
F	$A/0$	$A/1$
G	$A/1$	$A/0$

2. 状态化简

前面导出的状态转换图(表)通常含有多余的状态，需要通过状态化简去除多余状态，进而简化电路的设计。状态化简是基于等价状态来实现的，只有相互等价的两个或者多个状态才可以合并成一个状态，最终求得最简状态转换图(表)。

等价状态是指电路中的两个状态 S_i 和 S_j，若在相同的输入条件下有相同的输出并且转换到同一个次态 S_x，则这两个状态称为等价状态，记作 $S_i \approx S_j$。相互等价状态也可用集合的形式来表示，称为等价类，记作(S_i，S_j)。一个等价类可合并成一个状态，即(S_i，S_j)$=S_i$。另外，等价状态还具有传递性，如果 $S_i \approx S_j$，$S_j \approx S_k$，则 $S_i \approx S_j \approx S_k$，即 S_i，S_j 和 S_k 相互等价。将所有等价状态用集合来表示称为最大等价类，记作(S_i，S_j，S_k)。同样也可将一个最大等价类合并成一个状态即$(S_i, S_j, S_k)=S_i$。

本节介绍两种状态化简的方法，分别为观察法和隐含表法。

(1)观察法。

在导出的状态转换表中找出等价状态，进而找出最大等价类并将其合并成一个状态，最终达到化简状态转换表的目的，这种方法称为观察法。可见找出等价状态是观察法的关键步骤。一般情况下，如果电路中两个状态在所有输入条件下对应的输出相同，且对应的次态满足下列条件之一，即可认为这两个状态是等价的：

① 次态相同；

② 维持现态；

③ 次态交错变化，即状态S_i的次态是S_j，而状态S_j的次态是S_i；

④ 次态互为隐含条件，即S_i和S_j等价取决于S_m和S_n等价，而S_m和S_n等价取决于S_i和S_j等价。故S_i和S_j等价是S_m和S_n等价的隐含条件，S_m和S_n等价是S_i和S_j等价的隐含条件。此时S_i和S_j等价，S_m和S_n也等价。

【例5.11】 应用观察法化简表5.20所示的导出状态转换表。

表5.20 例5.11中的导出状态转换表

现态 S^n	次态/输出(S^{n+1}/Y^n)	
	$X=0$	$X=1$
A	$B/0$	$C/0$
B	$E/1$	$C/0$
C	$D/0$	$A/0$
D	$E/1$	$A/0$
E	$E/1$	$C/0$
F	$G/1$	$E/0$
G	$F/1$	$E/0$

解 观察状态转换表5.20所示，状态B和状态E在输入$X=0$或1时有相同的输出，所对应的次态也相同，符合条件①，故状态B和状态E为等价状态，即$B\approx E$，等价类为(B,E)。

状态F和状态G在输入$X=0$或1时有相同的输出，而当$X=1$时次态相同，当$X=0$时次态交错变化，符合条件①和③，故状态F和状态G为等价状态，即$F\approx G$，等价类为(F,G)。

状态A和状态C在输入$X=0$或1时有相同的输出，而当$X=1$时次态交错变化，符合条件③，因此只要当$X=0$时状态B和状态D等价，A和C就等价。而状态B和状态D在输入$X=0$或1时有相同的输出，当$X=0$时次态相同，符合条件①，因此只要当$X=1$时状态A和状态C等价，B和D就等价。综上，A,C和B,D互为隐含条件，符合条件④。故A,C等价，B,D也等价，即(A,C)，(B,D)。

由于B,D等价，而B,E也等价，根据传递性，B,D,E等价，即(B,D,E)。本例中共有3个等价类(A,C)，(B,D,E)，(F,G)，合并后分别用A，B和F标记，即$(A,C)=(A)$，$(B,D,E)=(B)$，$(F,G)=(F)$。由此得到化简后的状态转换表，见表5.21。从表中可知除了B,F在所有输入条件下输出相同，其他状态输出各不相同。而B,F等价的隐含条件是A,B等价，而A,B

的输出不相同，故不等价。因此 B,F 也不等价。故 (A,C)，(B,D,E)，(F,G) 已是最大等价类，不能再合并。表5.21已是最简状态转换表。

表5.21　例5.11中的最简状态转换表

现态 S^n	次态/输出（S^{n+1}/Y^n）	
	$X=0$	$X=1$
A	$B/0$	$A/0$
B	$B/1$	$A/0$
F	$F/1$	$B/0$

【例5.12】 应用观察法对例5.9所导出状态转换表5.18进行化简。

解 观察状态转换表（表5.18），当 $X=0$ 或1时，状态 S_0 和状态 S_1 有相同的输出，状态 S_2 和状态 S_3 有相同的输出，其余状态各不相同，故不等价。而状态 S_0 和状态 S_1 在 $X=0$ 时次态相同，符合条件①。只有当 $X=1$ 时状态 S_1 和状态 S_2 等价，S_0 和 S_1 才等价，而 S_1 和 S_2 输出不同，故状态 S_0 和状态 S_1 不等价。

而状态 S_2 和状态 S_3 在所有输入条件下次态相同，符合条件①，S_2 与 S_3 等价，即 $S_2 \approx S_3$，等价类为 (S_2,S_3)。

针对本例，最大类为 (S_2,S_3)，合并后用 S_2 标记，即 $(S_2,S_3)=S_2$。由此得到最简状态转换表（表5.22）及最简状态转换图（图5.48）。

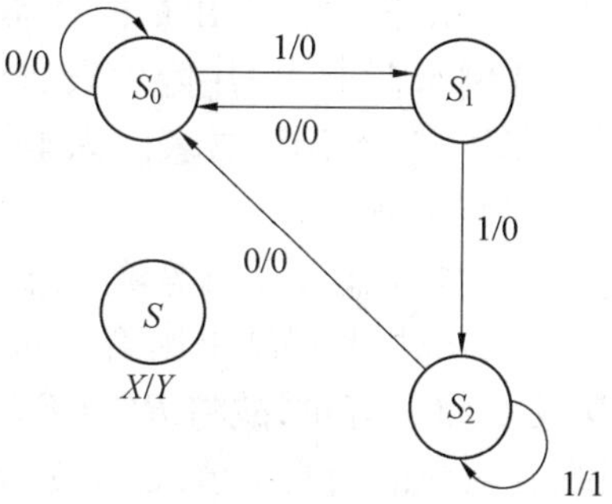

图5.48　例5.9中的最简状态转换图

表5.22　例5.12的最简状态转换表

现态 S^n	次态/输出（S^{n+1}/Y^n）	
	$X=0$	$X=1$
S_0	$S_0/0$	$S_1/0$
S_1	$S_0/0$	$S_2/0$
S_2	$S_0/0$	$S_2/1$

（2）隐含表法。

观察法适用于比较简单的状态转换表的化简，对于复杂的状态转换表一般采用隐含表的方法化简。隐含表化简法的实质是将所有状态放置在阶梯形的表格中进行比较，从中找出等价状态，进而得到最大等价类，完成状态转换表的化简。其具体步骤如下：

① 绘制隐含表。隐含表是一个直角三角形阶梯网格表，两个直角边的网格数相同，它等于状态转换表中的状态数减1。每个网格的横纵坐标用状态名称标注，纵坐标自上而下从状态转换表中的第二个状态名称到最后一个状态名称依次标注，横坐标从左到右从状态转换表中的第一个状态名称到倒数第二个状态名称依次标注。其中，每个网格代表一个状态对。

② 顺序比较寻找等价状态。在隐含表中按照自上而下，从左到右的顺序依次检查和比较每个状态对（检查方法依据观察法中所涉及的等价条件），并将结果用简明的方式填入网格中。每个状态对的比较结果有3种情况：确定两个状态为等价状态，在其对应的网格中填入

"√";确定两个状态为不等价状态,在其对应的网格中填入"×";有隐含条件的状态对,在其对应的网格中填入"隐含条件"。

③ 关联比较寻找等价状态。在隐含表中检查含有隐含条件的状态对,如果隐含条件等价,则状态对等价,此时在其对应的网格不必增加新的标注。反之,状态对不等价,在其对应的网格中填入新的不等价标注,如"⊗"等。具体查找方法是:利用已知的不等价状态(隐含表中已标注"×"的状态对)去找含有隐含条件的不等价状态并填入新的不等价标注,再利用新的不等价状态去进一步寻找新的不等价状态,依此类推,直至确定所有含有隐含条件的状态对是否存在等价关系为止。

④ 寻找全部最大等价类。在隐含表中凡是没有标注不等价状态符号的网格,其对应的两个状态为等价状态。反之为不等价状态。然后可利用传递性,找出最大等价类。

⑤ 状态合并,列出最简状态转换表。

【例 5.13】 应用隐含表法对例 5.10 导出的状态转换表(表 5.19)进行化简。

解 ① 绘制隐含表。纵坐标从状态 B 开始到状态 G,横坐标从状态 A 开始到状态 F。如图 5.45(a)所示。

② 顺序比较寻找等价状态。在隐含表中按照自上而下,从左到右的顺序依次检查和比较每个状态对,并将结果用简明的方式填入网格中。如 A 和 B 比较,输出相同,隐含条件是 B 和 D 及 C 和 E 等价,故将 BD,CE 填入对应的网格中;A 和 D 比较,输出不相同,故两者明显不等价,在对应的网格中填入"×"; D 和 G 比较,输出相同,次态相同,故是等价状态,在对应的网格中填入"√"。其他状态比较类似,不再赘述。如图 5.49(a)所示。

③ 关联比较寻找等价状态。第一轮检查含有隐含条件的状态对,因 B 和 D 不等价,所以 BD 为隐含条件的状态 A 和 B 不等价,在对应的网格中填入"⊗"(区别于"×")符号。因 B 和 F 不等价,以 BF 为隐含条件的状态 A 和 C 不等价,在对应的网格中填入"⊗"。因 D 和 E 不等价,以 DE 为隐含条件的状态 B 和 C 不等价,在对应的网格中填入"⊗"。至此,所有的含有隐含条件的状态对都被检查过,不需要进行第二轮检查,关联比较结束。如图 5.49(b)所示。

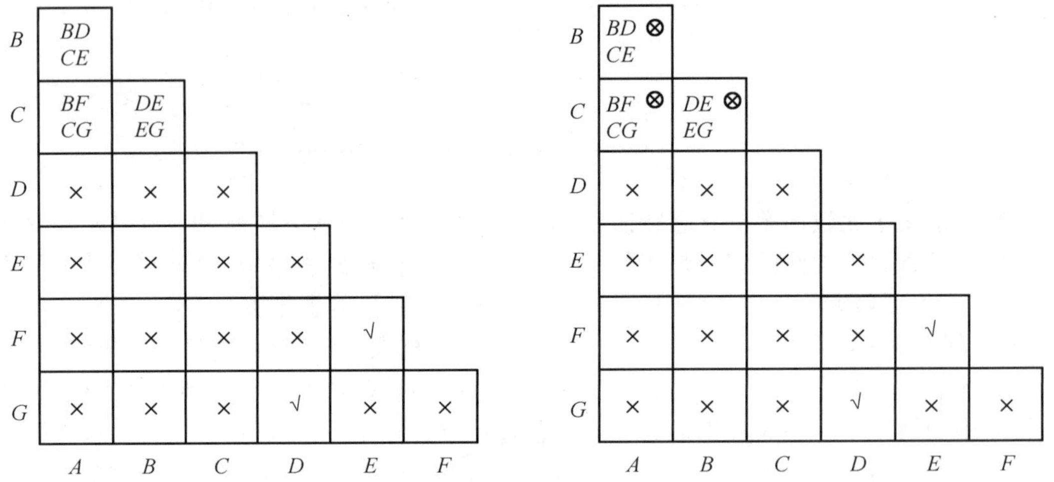

(a) 填写隐含表　　(b) 检查隐含条件

图 5.49　例 5.13 中隐含表化简过程

④ 寻找全部最大等效类。在隐含表中,凡是没有标注"×"和"⊗"的都是等价状态,故是

(D,G)和(E,F)，根据传递性，无法进行合并。故共有 5 个最大等价类：(A)，(B)，(C)，(D,G)和(E,F)。

⑤ 状态合并，列出最简状态转换表。合并状态$(D,G)=(D)$和$(E,F)=(E)$，得最简状态转换表（表 5.23）和最简状态转换图（图 5.50）。

表 5.23　例 5.10 中的最简状态转换表

现态 S^n	次态/输出（S^{n+1}/Y^n）	
	$X=0$	$X=1$
A	$B/0$	$C/0$
B	$D/0$	$E/0$
C	$E/0$	$D/0$
D	$A/1$	$A/0$
E	$A/0$	$A/1$

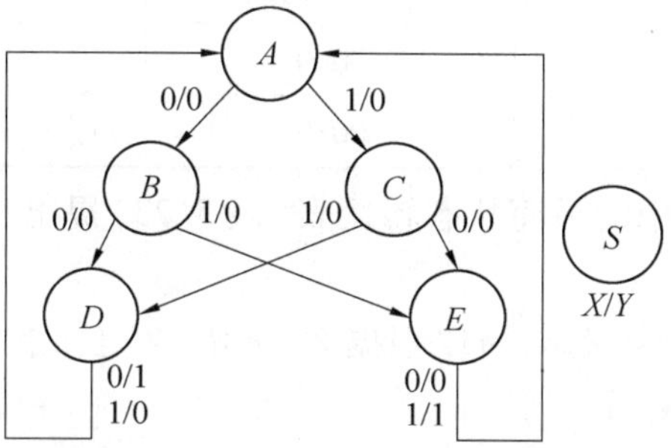

图 5.50　例 5.10 中最简状态转换图

3. 状态分配

得到最简状态转换表后，就要进行状态分配，即对最简状态转换表中的每个状态指定一个二进制代码。此过程称为状态分配或者状态编码。用二进制代码表示的状态转换表称为编码状态转换表。

一般情况下，状态分配的方案有很多种。不同的方案会得到不同的驱动方程和输出方程，从而使设计出的电路复杂度也有所不同。为了尽量采用最佳的状态分配方案，以便达到最简的电路设计结果，在状态分配方面有一些规律可遵循。具体状态分配步骤如下：

（1）首先确定触发器的个数，即状态编码的长度，也就是二进制代码的位数。若最简状态转换表的状态个数为 M，而触发器的个数为 n，两者应满足如下关系：

$$2^{n-1}<M\leqslant 2^n$$

（2）寻求最佳状态分配方案，具体分配规则如下：

① 相同输入条件下，次态相同，对应的现态应作为相邻的编码。

② 同一现态在不同的输入条件下，对应的次态应作为相邻的编码。

③ 在所有的输入条件下具有相同的输出，对应的现态应作为相邻的编码。

④ 在最简状态转换表中出现最多的状态，在状态编码上为逻辑 0。

需要指出的是，相邻是指表示状态的二进制代码仅有一位不同。通常在状态分配时，往往不能完全满足①～④的规则，此时应按照“规则①优先级最高，而规则④优先级最低，同时兼顾满足多数”的原则进行状态分配。

【例 5.14】 对例 5.9 中的最简状态转换表(表 5.22)提出一种合适的状态分配方案,并列出编码状态转换表。

解 (1)表 5.22 中有 3 个状态,所以根据 $2^{n-1}<M\leqslant 2^n$ 公式,$M=3$,故触发器的个数为 $n=2$。所以需要两位的二进制编码。

(2)根据规则①,S_0 和 S_1,S_0 和 S_2,S_1 和 S_2 应分配相邻编码;根据规则②,S_0 和 S_1,S_0 和 S_2 应分配相邻编码;根据规则③,S_0 和 S_1 应分配相邻编码。同时根据规则④,S_0 是出现最多的状态,分配其逻辑 0 。最佳的分配方案为:$S_0=00$,$S_1=01$ 和 $S_2=10$。编码状态转换表见表 5.24,其中触发器的状态 Q_1Q_0 的 00,01 和 10 分别代表状态 S_0,S_1 和 S_2。

表 5.24 例 5.9 中的编码状态转换表

现态 Q_1Q_0	次态/输出(S^{n+1}/Y^n)	
	$X=0$	$X=1$
00	00/0	01/0
01	00/0	10/0
10	00/0	10/1

【例 5.15】 对例 5.10 中的最简状态转换表(表 5.23)提出一种合适的状态分配方案,并列出编码状态转换表。

解 (1)表 5.23 中有 5 个状态,所以根据 $2^{n-1}<M\leqslant 2^n$ 公式,$M=5$,故触发器的个数为 $n=3$。所以需要 3 位的二进制编码。

(2)根据规则①,D 和 E 应分配相邻编码;根据规则②,B 和 C,D 和 E 应分配相邻编码;根据规则③,A 和 B,A 和 C,B 和 C 应分配相邻编码。同时根据规则④,A 是出现最多的状态,分配其逻辑 0。因此分配方案有多种,本例采用下面的方案:$A=000$,$B=010$,$C=110$,$D=100$ 和 $E=101$。编码状态转换表见表 5.25,触发器的状态 $Q_2Q_1Q_0$ 的 000,010,110,100 和 101 分别代表状态 A,B,C,D 和 E。

表 5.25 例 5.10 中的编码状态转换表

现态 $Q_2Q_1Q_0$	次态/输出(S^{n+1}/Y^n)	
	$X=0$	$X=1$
000	010/0	110/0
010	100/0	101/0
110	101/0	100/0
100	000/1	000/0
101	000/0	000/1

4. 选定触发器并列出电路方程

依据设计电路最简原则,选定触发器。然后根据编码状态转换表和触发器的状态方程,列出电路的状态方程、驱动方程及输出方程。

【例 5.16】 针对例 5.9 中的要求,选择触发器并列出电路方程。

解　本例选择 JK 触发器，它的状态方程为 $Q^{n+1}=J\overline{Q^n}+\overline{K}Q^n$。由编码状态转换表(表 5.24)可得电路次态及输出的卡诺图，如图 5.51 所示。将图 5.51 的卡诺图分解为 Q_1^{n+1}，Q_0^{n+1} 和 Y 3 个卡诺图，如图 5.52 所示。经化简可得电路的状态方程为

$$Q_1^{n+1}=XQ_0^n+XQ_1^n=XQ_0^n(Q_1^n+\overline{Q_1^n})+XQ_1^n=(XQ_0^n)\overline{Q_1^n}+XQ_1^n$$

$$Q_0^{n+1}=X\,\overline{Q_1^n}\,\overline{Q_0^n}=(X\,\overline{Q_1^n})\overline{Q_0^n}+\overline{1}Q_0^n$$

X \ $Q_1^nQ_0^n$	00	01	11	10
0	00/0	00/0	×	00/0
1	01/0	10/0	×	10/1

图 5.51　例 5.9 中的次态/输出卡诺图

(a) Q_1^{n+1}

X \ $Q_1^nQ_0^n$	00	01	11	10
0	0	0	×	0
1	0	1	×	1

(b) Q_0^{n+1}

X \ $Q_1^nQ_0^n$	00	01	11	10
0	0	0	×	0
1	1	0	×	0

(c) Y

X \ $Q_1^nQ_0^n$	00	01	11	10
0	0	0	×	0
1	0	0	×	1

图 5.52　图 5.51 的卡诺图分解

电路的状态方程与 JK 触发器的状态方程比较，可得驱动方程为

$$J_1=XQ_0^n,\quad K_1=\overline{X}$$

$$J_0=X\,\overline{Q_1^n},\quad K_0=1$$

由图 5.52(c)可得输出方程为

$$Y=XQ_1^n$$

本例也可以选择 D 触发器，它的状态方程为 $Q^{n+1}=D$。电路的状态方程和输出方程同上。将电路的状态方程与 D 触发器的状态方程相比较，可得驱动方程为

$$D_1=XQ_0^n+XQ_1^n,\quad D_0=X\,\overline{Q_1^n}\,\overline{Q_0^n}$$

综上比较可知，不同类型的触发器逻辑功能不同，当选用不同类型触发器时，对应的设计电路也不同。

【例 5.17】　针对例 5.10 中的要求，选定触发器并列出电路方程。

解　本例选择 D 触发器，其状态方程为 $Q^{n+1}=D$。由编码状态转换表(表 5.25)可得电路次态及输出的卡诺图，如图 5.53 所示。

将图 5.53 的卡诺图分解为 Q_2^{n+1}，Q_1^{n+1}，Q_0^{n+1} 和 Y 4 个卡诺图，如图 5.54 所示。经化简可得电路的状态方程为

$$Q_2^{n+1}=\overline{Q_2^n}X+Q_1^n,\quad Q_1^{n+1}=\overline{Q_2^n}\,\overline{Q_1^n},\quad Q_0^{n+1}=\overline{Q_2^n}Q_1^nX+Q_2^nQ_1^n\overline{X}$$

与 D 触发器的状态方程比较，可得驱动方程为

$$D_2=\overline{Q_2^n}X+Q_1^n,\quad D_1=\overline{Q_2^n}\,\overline{Q_1^n},\quad D_0=\overline{Q_2^n}Q_1^nX+Q_2^nQ_1^n\overline{X}$$

由图 5.50(d)可得输出方程为

$$Y=Q_0^nX+Q_2^n\overline{Q_1^n}\,\overline{Q_0^n}\,\overline{X}$$

5. 检查能否自启动

通常时序逻辑电路要求具有自启动的功能。这就需要在设计逻辑电路之前，检查是否含有多余状态。如果有 n 个触发器而有效的状态又少于 2^n 个，那么此逻辑电路存在多余状态。首先检查这些多余状态是否能够在有限的时钟脉冲作用下自动进入有效状态。如果

$Q_2^nQ_1^n$ \ Q_0^nX	00	01	11	10
00	010/0	110/0	×	×
01	100/0	101/0	×	×
11	101/0	100/0	×	×
10	000/1	000/0	000/1	000/0

图 5.53 例 5.10 中的次态/输出卡诺图

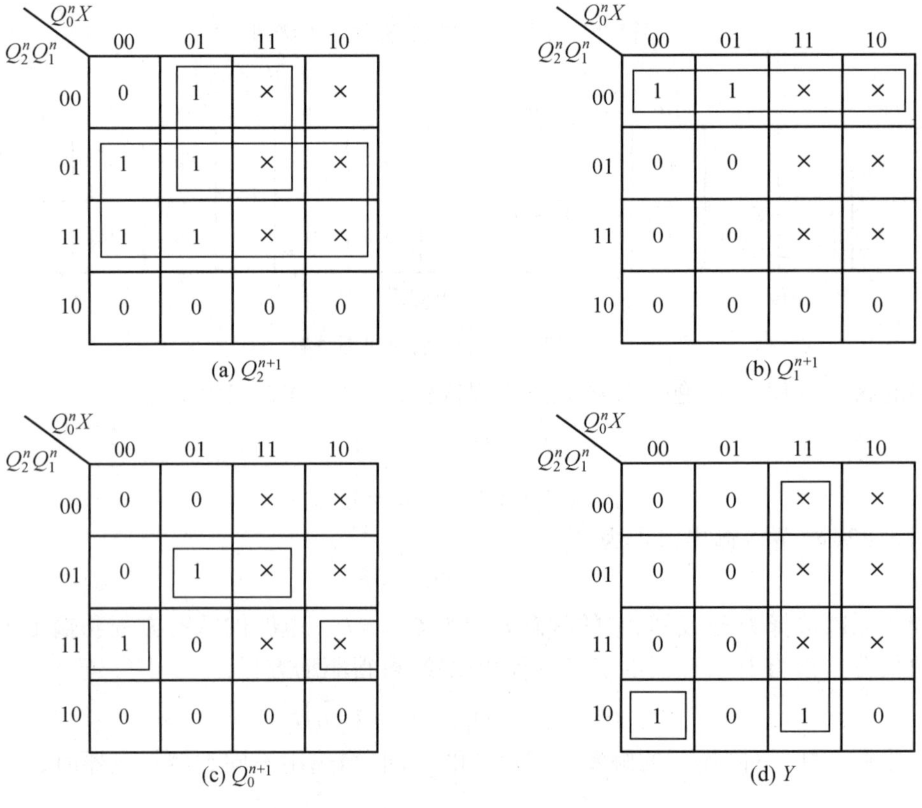

(a) Q_2^{n+1}　(b) Q_1^{n+1}　(c) Q_0^{n+1}　(d) Y

图 5.54 图 5.53 的卡诺图分解

能够自动进入，说明电路具有自启动功能，反之则没有。如果没有则可以采用两种方法加以修改，一种是当遇到无效状态时，通过置数或清零，使电路进入有效状态；另一种是修改逻辑设计达到自启动的目的。

【例 5.18】 判断例 5.9 和 5.10 中的逻辑电路是否具有自启动功能。

解 在例 5.9 中，从表 5.24 可知存在无效状态，为状态 11。将状态 11 代入该电路的状态方程，若 $X=1$，则次态为 10，$Y=1$；若 $X=0$，则次态为 00，$Y=0$。因此，在任何输入条件下状态

11 的次态都是有效状态，这说明此电路具有自启动功能，其全状态转换图如图 5.55 所示。

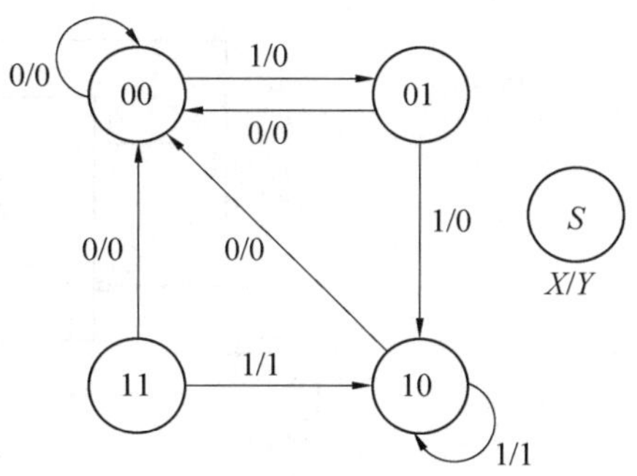

图 5.55　例 5.9 的全状态转换图

在例 5.10 中，从表 5.25 中可知存在无效状态，分别为 001，011 和 111。将上述无效状态代入状态方程，并分别取 $X=0$ 或 1 时的次态情况，见表 5.26。无效状态通过单个时钟脉冲可以转换到有效状态，但是输出有错误，这时需要修改输出方程，重新画输出 Y 的卡诺图，如图 5.56(a)所示。可得输出方程 $Y=Q_2^n\overline{Q_1^n}\overline{Q_0^n}\overline{X}+Q_2^n\overline{Q_1^n}Q_0^nX=(Q_2^n\overline{Q_1^n})(Q_0^n\odot X)$。其全状态转换图如图 5.56(b)所示。

表 5.26　例 5.10 中的无效状态编码状态转换表

现态	次态/输出(S^{n+1}/Y^n)	
$Q_2Q_1Q_0$	$X=0$	$X=1$
001	010/0	110/1
011	100/0	101/1
111	101/0	100/1

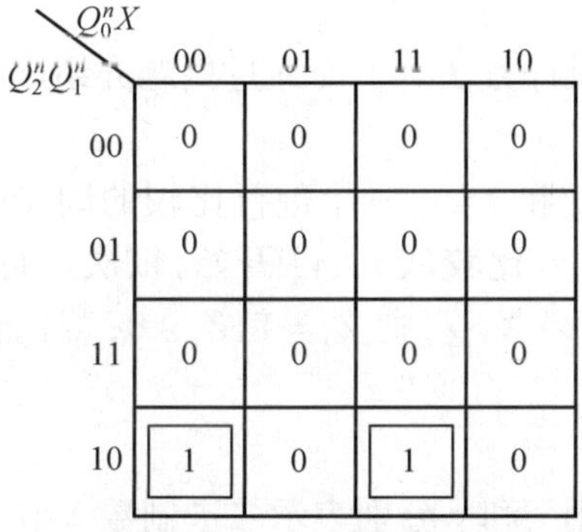

(a) 修改后输出 Y 的卡诺图

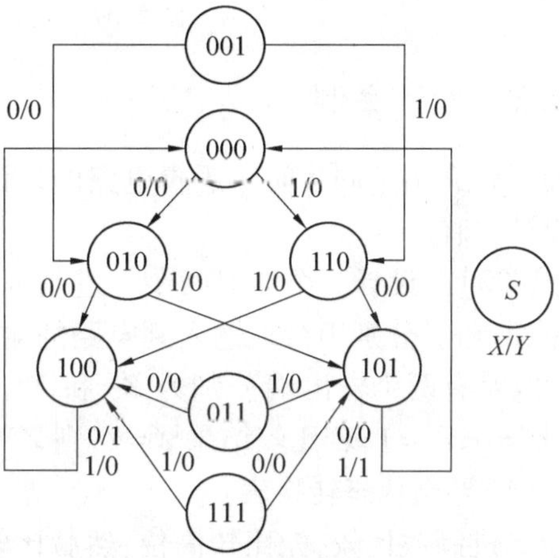

(b) 全状态转换图

图 5.56　例 5.10 的输出 Y 的卡诺图及全状态转换图

6. 画出逻辑电路图

【例 5.19】　分别画出例 5.9 和 5.10 的逻辑电路图。

解　例 5.9 的逻辑电路图如图 5.57(a)所示，例 5.10 的逻辑电路图如图 5.57(b)所示。

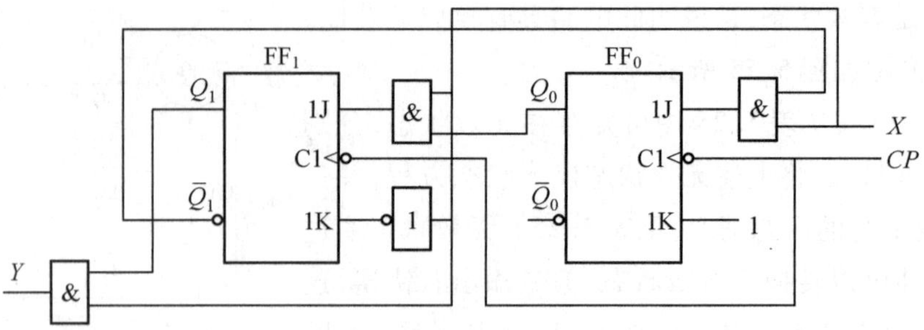

(a) 例 5.9 的逻辑电路图

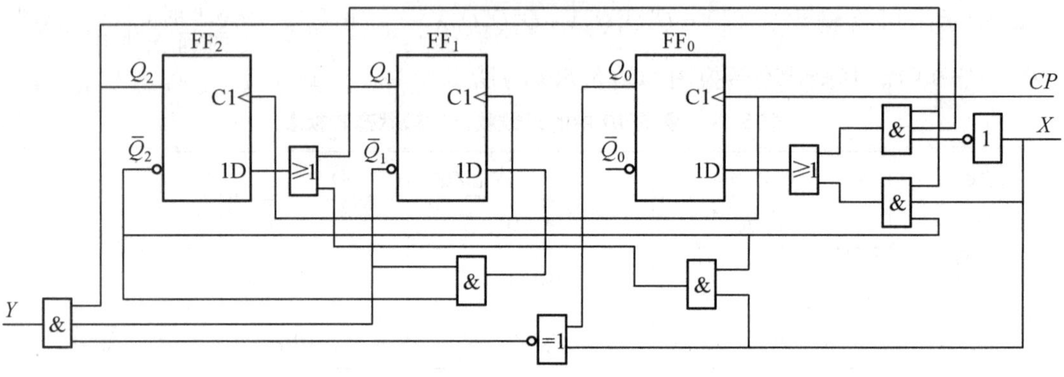

(b) 例 5.10 的逻辑电路图

图 5.57　例 5.19 的逻辑电路图

5.4.2　设计举例

前面详细介绍了同步时序逻辑电路的设计步骤及设计方法。下面通过例题介绍同步时序电路的设计过程。

【例 5.20】　设计一个能对两个二进制数 $X=x_n\cdots x_1$ 和 $Y=y_n\cdots y_1$ 进行比较的同步时序电路。其中，X 和 Y 分别串行地输入到电路的输入端 x 和 y，比较从 x_n，y_n 开始，依次进行到 x_1，y_1。同时电路有两个输出端分别为 Z_x 和 Z_y，若比较结果 $X>Y$，则 $Z_x=1$，$Z_y=0$；若比较结果 $X<Y$，则 $Z_x=0$，$Z_y=1$；若比较结果 $X=Y$，则 $Z_x=1$，$Z_y=1$。

解　(1)导出状态转换表。

两个二进制数比较，先比较高位，然后比较低位。用 x_i 和 y_i 分别表示二进制数 X 和 Y 从高位到低位串行输入电路的相对应位的二进制数码，故 x_i 和 y_i 是电路的输入变量。而输出变量是比较的结果，用 Z_x 和 Z_y 表示。

可将电路的比较结果看成电路的状态，并用 A，B 和 C 表示，具体定义如下：

状态 A：初始状态，表示目前比较位的数码都相等，则比较结果 $X=Y$，输出 $Z_x=Z_y=1$；状态 B：比较过程中某一位出现 $x_i<y_i$，则比较结束，结果为 $X<Y$，并输出 $Z_x=0$ 和 $Z_y=1$；状态 C：比较过程中某一位出现 $x_i>y_i$，则比较结束，结果为 $X>Y$，并输出 $Z_x=1$ 和 $Z_y=0$。

依据上面定义的逻辑变量画出电路的状态转换图，其中 A，B，C 代表电路的状态，如图 5.58所示。也可由状态转换图得到状态转换表，见表 5.27。

表 5.27　例 5.20 中的导出状态转换表

现态 S^n	次态/输出（$S^{n+1}/Z_x^n Z_y^n$）			
	$x_i y_i=00$	$x_i y_i=01$	$x_i y_i=10$	$x_i y_i=11$
A	$A/11$	$B/01$	$C/10$	$A/11$
B	$B/01$	$B/01$	$B/01$	$B/01$
C	$C/10$	$C/10$	$C/10$	$C/10$

（2）状态化简。

观察表 5.27，状态 A，B 和 C 的输出各不相同，无需状态化简，表 5.27 已是最简状态转换表，图 5.58 已是最简状态转换图。

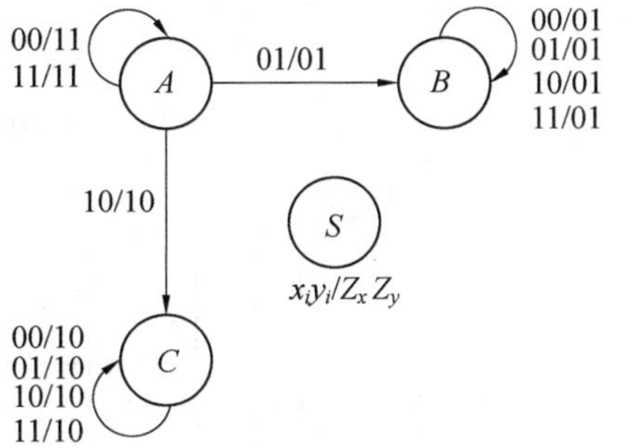

图 5.58　例 5.21 中的状态转换图

（3）状态分配。

表 5.27 中有 3 个状态，所以根据 $2^{n-1}<M\leqslant 2^n$ 公式，$M=3$，故触发器的个数为 $n=2$ 。所以需要两位二进制编码。根据规则①，A 和 B 应分配相邻编码；根据规则②，A 和 B，B 和 C，A 和 C 应分配相邻编码；根据规则③，无相邻编码。最佳的分配方案为：$A=00$，$B=01$ 和 $C=10$。编码状态转换表见表 5.28，触发器的状态 Q_1Q_0 的 00，01 和 10 分别代表状态 A，B 和 C。

表 5.28　例 5.20 中的编码状态转换表

现态 Q_1Q_0	次态/输出（$S^{n+1}/Z_x^n Z_y^n$）			
	$x_i y_i=00$	$x_i y_i=01$	$x_i y_i=10$	$x_i y_i=11$
00	00/11	01/01	10/10	00/11
01	01/01	01/01	01/01	01/01
10	10/10	10/10	10/10	10/10

（4）选定触发器。

选择 D 触发器，它的状态方程为 $Q^{n+1}=D$。由编码状态转换表（表 5.28）可得电路次态及输出的卡诺图，如图 5.59 所示。将图 5.59 的卡诺图分解为 Q_1^{n+1}，Q_0^{n+1}，Z_x 和 Z_y 4 个卡诺图，如图 5.60 所示。经化简可得电路的状态方程为

$$Q_1^{n+1}=Q_1^n+\overline{Q}_0^n x_i \overline{y}_i=\overline{\overline{Q}_1^n\ \overline{\overline{Q}_0^n x_i \overline{y}_i}}，\quad Q_0^{n+1}=Q_0^n+\overline{Q}_1^n \overline{x}_i y_i=\overline{\overline{Q}_0^n\ \overline{\overline{Q}_1^n \overline{x}_i y_i}}$$

与 D 触发器的状态方程比较，可得驱动方程为

$$D_1=Q_1^n+\overline{Q}_0^n x_i \overline{y}_i=\overline{\overline{Q}_1^n\ \overline{\overline{Q}_0^n x_i \overline{y}_i}}，\quad D_0=Q_0^n+\overline{Q}_1^n \overline{x}_i y_i=\overline{\overline{Q}_0^n\ \overline{\overline{Q}_1^n \overline{x}_i y_i}}$$

由图 5.60（c）和 5.60（d）可得输出方程为

$$Z_x=Q_1^n+\overline{Q}_0^n x_i+\overline{Q}_0^n \overline{y}_i=Q_1^n+\overline{Q}_0^n\ \overline{\overline{x}_i y_i}=\overline{\overline{Q}_1^n\ \overline{\overline{Q}_0^n\ \overline{\overline{x}_i y_i}}}$$

$$Z_y=Q_0^n+\overline{Q}_1^n \overline{x}_i+\overline{Q}_1^n y_i=Q_0^n+\overline{Q}_1^n\ \overline{x_i \overline{y}_i}=\overline{\overline{Q}_0^n\ \overline{\overline{Q}_1^n\ \overline{x_i \overline{y}_i}}}$$

$Q_1^nQ_0^n$ \ x_iy_i	00	01	11	10
00	00/11	01/01	00/11	10/10
01	01/01	01/01	01/01	01/01
11	×	×	×	×
10	10/10	10/10	10/10	10/10

图 5.59　例 5.20 中的次态/输出卡诺图

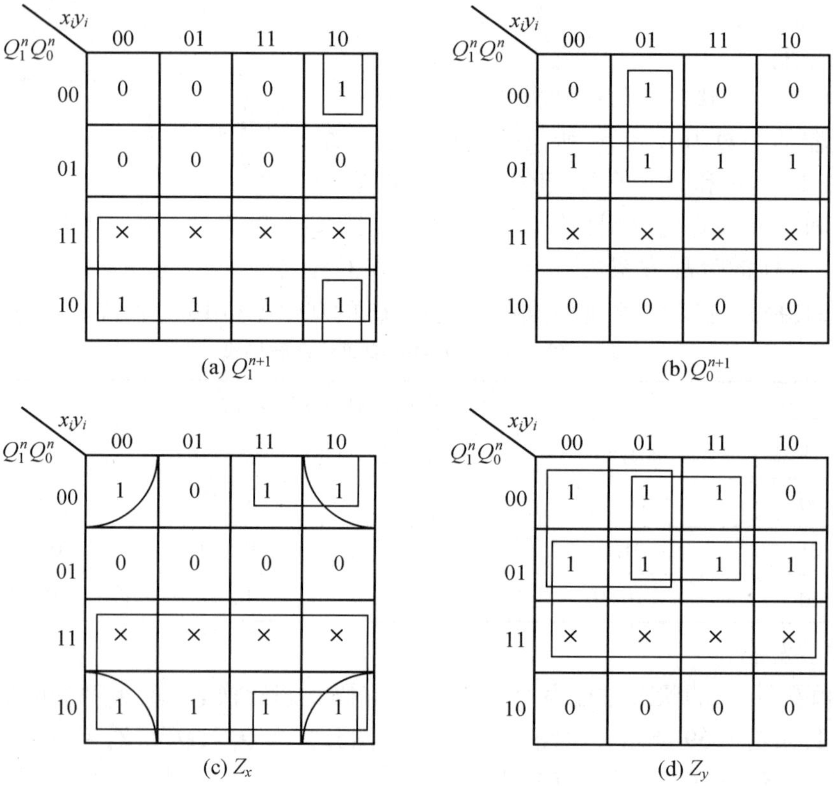

图 5.60　图 5.59 的卡诺图分解

(5)检查电路能否自启动。

从表 5.28 中可知存在无效状态 11。将状态 11 代入该电路的状态方程,发现无论输入变量为多少,次态都为状态 11,说明此电路不具有自启动功能。这时可以用异步清零法实现自启动,即当遇到状态 11 时,使电路异步清零回到有效状态 00,进而实现自启动。

(6)画出逻辑图。

逻辑电路图如图 5.61 所示。

【例 5.21】　设计一个五进制同步减法计数器,要求能够自启动。

解　(1)所设计的计数器的状态编码见表 5.29,状态转换图如图 5.62 所示。

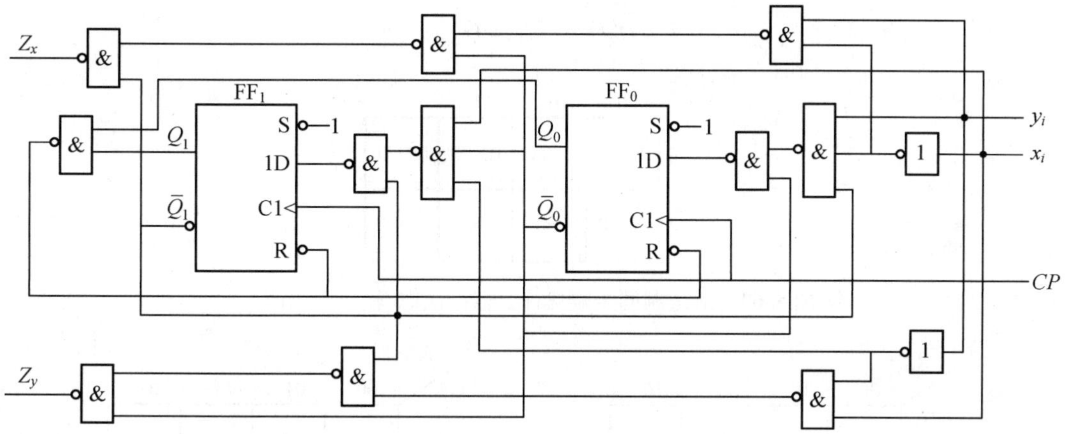

图 5.61　例 5.20 的逻辑电路图

表 5.29　五进制同步减法计数器的编码状态转换表

脉冲	现态			次态			输出
CP	Q_2^n	Q_1^n	Q_0^n	Q_2^{n+1}	Q_1^{n+1}	Q_0^{n+1}	B
↓	0	0	0	1	0	0	1
↓	1	0	0	0	1	1	0
↓	0	1	1	0	1	0	0
↓	0	1	0	0	0	1	0
↓	0	0	1	0	0	0	0

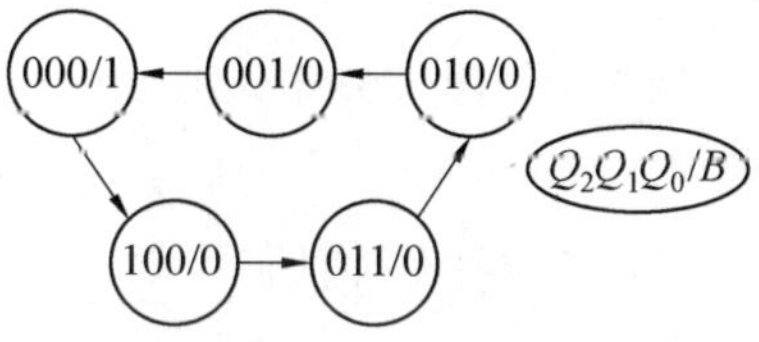

图 5.62　五进制同步减法计数器状态转换图

(2)选定触发器。

本例选择 JK 触发器,它的状态方程为 $Q^{n+1}=J\bar{Q}^n+\bar{K}Q^n$。表 5.29 中有 5 个状态,根据 $2^{n-1}<M\leqslant 2^n$ 公式,$M=5$,故触发器的个数为 $n=3$ 。由编码状态转换表(表 5.29)可得电路次态及输出的卡诺图,如图 5.63 所示。将图 5.63 的卡诺图分解为 Q_2^{n+1},Q_1^{n+1},Q_0^{n+1} 和 B 4 个卡诺图,如图 5.64 所示。经化简可得电路的状态方程为

$$Q_2^{n+1}=\bar{Q}_2^n\bar{Q}_1^n\bar{Q}_0^n=(\bar{Q}_1^n\bar{Q}_0^n)\bar{Q}_2^n+\bar{1}Q_2^n$$

$$Q_1^{n+1}=Q_1^nQ_0^n+Q_2^n=Q_2^n(\bar{Q}_1^n+Q_1^n)+(Q_0^n)Q_1^n=(Q_2^n)\bar{Q}_1^n+(\overline{\bar{Q}_2^n\bar{Q}_0^n})Q_1^n$$

$$Q_0^{n+1}=Q_1^n\bar{Q}_0^n+Q_2^n=(Q_1^n)\bar{Q}_0^n+Q_2^n(\bar{Q}_0^n+Q_0^n)=(\overline{\bar{Q}_2^n\bar{Q}_1^n})\bar{Q}_0^n+(Q_2^n)Q_0^n$$

与 JK 触发器的状态方程比较,可得驱动方程为

$$J_2=\bar{Q}_1^n\bar{Q}_0^n,\quad K_2=1$$

$$J_1=Q_2^n,\quad K_1=\bar{Q}_2^n\bar{Q}_0^n$$

$$J_0=\overline{\overline{Q}_2^n\overline{Q}_1^n},\quad K_0=\overline{Q}_2^n$$

Q_2^n \ $Q_1^nQ_0^n$	00	01	11	10
0	100/1	000/0	010/0	001/0
1	011/0	×	×	×

图 5.63　五进制同步减法计数器的次态/输出卡诺图

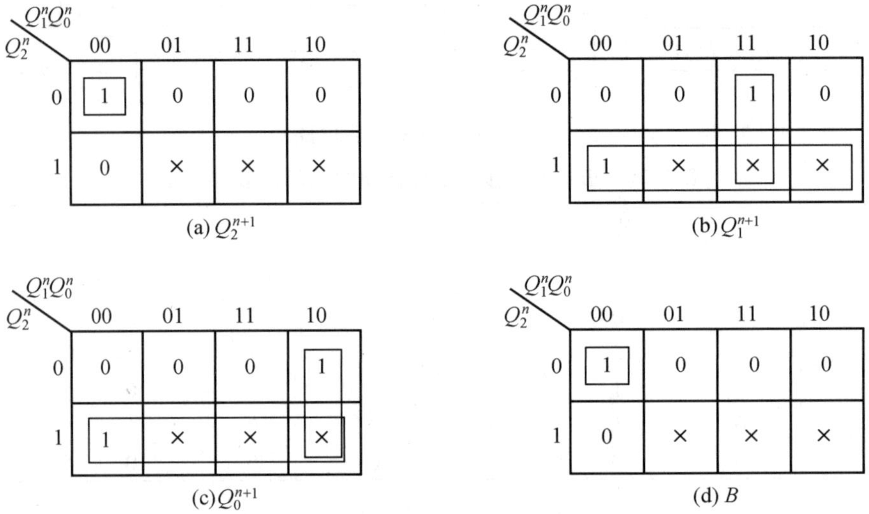

图 5.64　图 5.63 卡诺图分解

由图 5.64(d)可得输出方程为

$$B=\overline{Q}_2^n\overline{Q}_1^n\overline{Q}_0^n$$

(3)检查电路能否自启动。

从表 5.29 中可知存在无效状态，分别为状态 101，110 和 111。将无效状态分别代入该电路的状态方程，发现它们的次态都为状态 011，且输出都为 0。说明这个电路具有自启动功能。

(4)画出逻辑图。

逻辑电路图如图 5.65 所示。

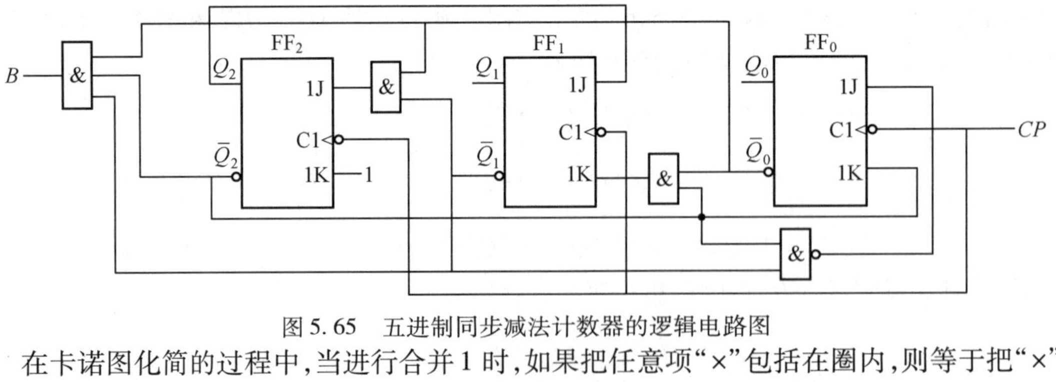

图 5.65　五进制同步减法计数器的逻辑电路图

在卡诺图化简的过程中，当进行合并 1 时，如果把任意项"×"包括在圈内，则等于把"×"看成 1，否则看成 0。这种处理相当于将无效状态指定了次态，如果该次态属于有效状态，则电路可以自启动,否则无法自启动,这时就需要进一步将无效的次态修改成有效次态,然后再进行状态方程的化简。就本例而言,从图 5. 64 可知,将所有的无效状态的次态都指定成状态 011,而状态 011 是属于有效状态的,故该电路是可以实现自启动的。

【例 5. 22】 用 D 触发器设计一个七进制同步加法计数器,要求能够自启动。

解　(1)七进制计数器的状态编码见表 5. 30,状态转换图如图 5. 66 所示。

表 5. 30　七进制同步加法计数器的编码状态转换表

脉冲 CP	现态			次态			输出 C
	Q_2^n	Q_1^n	Q_0^n	Q_2^{n+1}	Q_1^{n+1}	Q_0^{n+1}	
↑	0	0	0	0	0	1	0
↑	0	0	1	0	1	0	0
↑	0	1	0	0	1	1	0
↑	0	1	1	1	0	0	0
↑	1	0	0	1	0	1	0
↑	1	0	1	1	1	0	0
↑	1	1	0	0	0	0	1

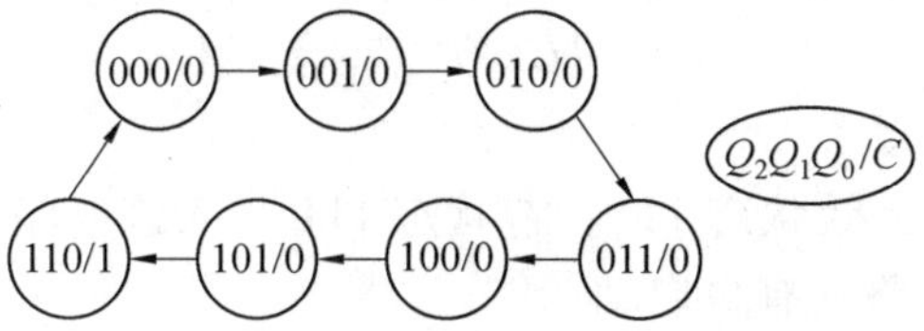

图 5. 66　七进制同步加法计数器状态转换图

(2)确定触发器数量。

本例选择 D 触发器,它的状态方程为 $Q^{n+1}=D$。表中有 7 个状态,所以根据 $2^{n-1}<M\leqslant 2^n$ 公式,$M=7$,故触发器的个数为 $n=3$。由编码状态转换表可得电路次态和输出的卡诺图,如图 5. 67 所示。将图 5. 67 的卡诺图分解为 Q_2^{n+1}、Q_1^{n+1} 和 Q_0^{n+1} 和 C 4 个卡诺图,如图 5. 68 所示。经化简可得电路的状态方程:

$$Q_2^{n+1}=Q_2^n\overline{Q_1^n}+Q_1^nQ_0^n$$

$$Q_1^{n+1}=\overline{Q_1^n}Q_0^n+\overline{Q_2^n}Q_1^n\overline{Q_0^n}$$

$$Q_0^{n+1}=\overline{Q_2^n}\,\overline{Q_0^n}+\overline{Q_1^n}\,\overline{Q_0^n}=(\overline{Q_2^n}+\overline{Q_1^n})\overline{Q_0^n}=\overline{Q_2^nQ_1^n}\,\overline{Q_0^n}$$

与 D 触发器的状态方程比较,可得驱动方程为:

$$D_2=Q_2^n\overline{Q_1^n}+Q_1^nQ_0^n\qquad D_1=\overline{Q_1^n}Q_0^n+\overline{Q_2^n}Q_1^n\overline{Q_0^n}\qquad D_0=\overline{Q_2^nQ_1^n}\,\overline{Q_0^n}$$

Q_2^n \ $Q_1^nQ_0^n$	00	01	11	10
0	001/0	010/0	100/0	011/0
1	101/0	110/0	×××/×	000/1

图 5. 67　七进制同步加法计数器的次态/输出卡诺图

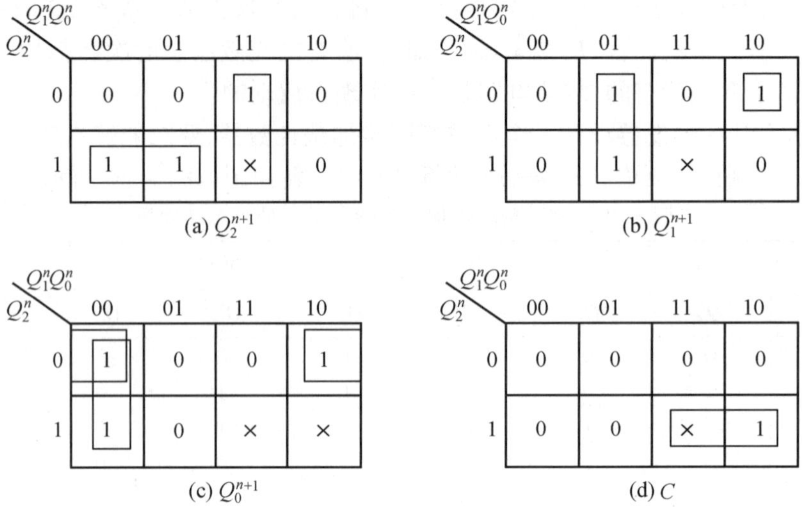

图 5.68　图 5.67 卡诺图分解

由图 5.68(d)可得输出方程：

$$C = Q_2^n Q_1^n$$

(3)检查电路能否自启动。

从表 5.30 中可知存在无效状态 111。将状态 111 代入该电路的状态方程得次态为 100，且输出为 0。这说明这个电路具有自启动功能。

(4)画出逻辑图。

逻辑电路图如图 5.69 所示。

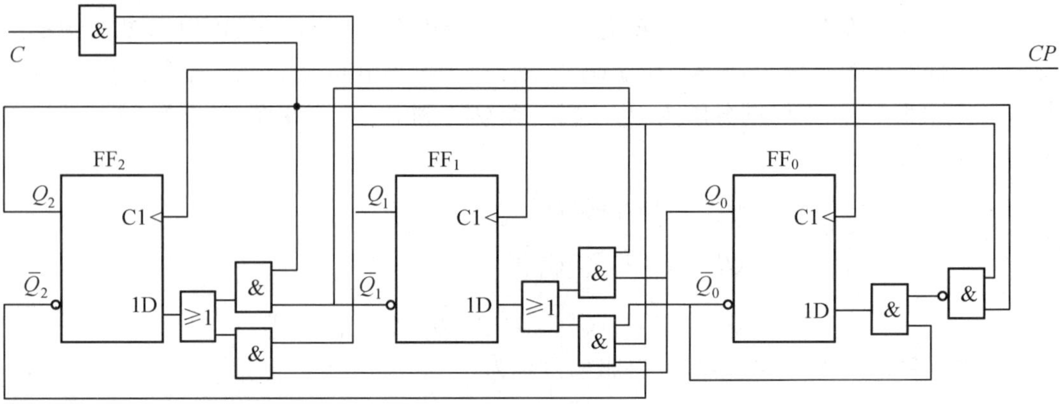

图 5.69　七进制同步加法计数器的逻辑电路图

*5.5　触发器级异步时序逻辑电路的设计

异步时序逻辑电路中的各个触发器的状态改变是不同步的，当设计异步时序电路时，除了要遵循同步时序电路的设计步骤外，还要考虑给每个触发器选择适合的时钟信号。选取时钟信号时应注意以下两点：

(1)当触发器进行翻转时,必须存在有效的时钟信号。

(2)当触发器进行翻转时,尽量减少“多余的”时钟信号。

下面通过具体实例介绍异步时序逻辑电路的设计方法。

【例 5.23】 试用 JK 触发器设计一个异步六进制加法计数器。要求所设计的电路能够自启动。

解 (1)所设计的计数器编码状态转换表见表 5.31。状态转换图如图 5.70 所示。

表 5.31　六进制异步加法计数器的编码状态表

脉冲	现态			次态			输出
CP	Q_2^n	Q_1^n	Q_0^n	Q_2^{n+1}	Q_1^{n+1}	Q_0^{n+1}	C
↓	0	0	0	0	0	1	0
↓	0	0	1	0	1	0	0
↓	0	1	0	0	1	1	0
↓	0	1	1	1	0	0	0
↓	1	0	0	1	0	1	0
↓	1	0	1	0	0	0	1

(2)确定 JK 触发器数量。

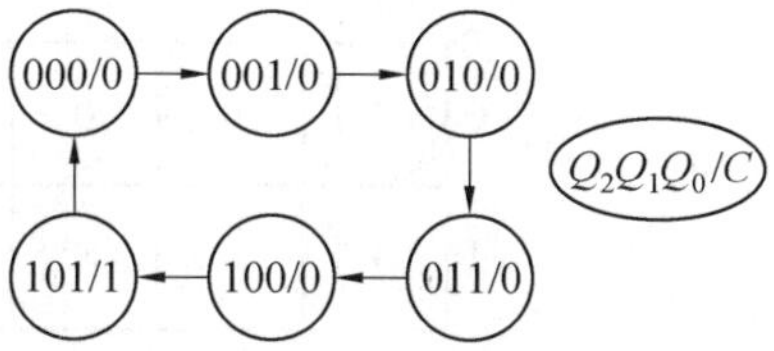

图 5.70　六进制异步加法计数器状态转换图

JK 触发器状态方程为 $Q^{n+1}=J\overline{Q}^n+\overline{K}Q^n$。表 5.31 中有 6 个状态,根据 $2^{n-1}<M\leqslant 2^n$ 公式,$M=6$,故触发器的个数为 $n=3$。下面为每个触发器选择时钟信号,观察表 5.31 可知,每来一个 CP 脉冲,触发器 Q_0状态就改变一次,因此 $CP_0=CP$,$K_0=J_0=1$。设触发器 Q_1状态改变是发生在 Q_0的下降沿,故 $CP_1=Q_0$,但是在 Q_0的第三个下降沿时 Q_1状态保持不变,这时可以通过控制激励 K_1和 J_1,使当 Q_0的第三个下降沿时 Q_1状态仍保持不变。设触发器 Q_2状态改变也发生在 Q_0的下降沿,故 $CP_2=Q_0$,但是在 Q_0的第一个下降沿时 Q_2状态保持不变,可以通过控制激励 K_2和 J_2,使当 Q_0的第一个下降沿时 Q_2状态保持不变。

由编码状态转换表(表 5.31)可得电路次态及输出的卡诺图,如图 5.71 所示。再将图 5.70的卡诺图分解为 Q_2^{n+1},Q_1^{n+1},Q_0^{n+1} 和 C 4 个卡诺图,如图 5.72 所示。其中,在 Q_2^{n+1},Q_1^{n+1} 和 Q_0^{n+1} 的卡诺图中,需要把没有时钟信号的触发器的次态作为任意项处理,也要把无效状态 110 和 111 的次态作为任意项处理,这样处理有利于状态方程的化简。经化简可得电路的状态方程为

$$Q_2^{n+1}=Q_1^n\cdot CP_2=(Q_1^n\overline{Q}_2^n+Q_1^nQ_2^n)\cdot CP_2$$

$$Q_1^{n+1}=\overline{Q}_2^n\overline{Q}_1^n\cdot CP_1=(\overline{Q}_2^n\overline{Q}_1^n+\overline{1}Q_1^n)\cdot CP_1$$

$$Q_0^{n+1}=\overline{Q}_0^n\cdot CP_0=(1\cdot\overline{Q}_0^n+\overline{1}Q_0^n)\cdot CP_0$$

式中,CP_0,CP_1 和 CP_2 代表的是 3 个脉冲信号,不是逻辑变量。含义是只有当这些时钟信号到达时,状态方程才是有效的,否则触发器将保持原来的状态不变。电路的状态方程与 JK 触发器的状态方程比较,可得驱动方程为

$$J_2=Q_1^n,\quad K_2=\overline{Q}_1^n$$

$$J_1=\overline{Q}_2^n,\quad K_1=1$$

$$J_0=1,\qquad K_0=1$$

Q_2^n \ $Q_1^nQ_0^n$	00	01	11	10
0	001/0	010/0	100/0	011/0
1	101/0	000/1	×	×

图 5.71　六进制异步加法计数器的次态/输出卡诺图

Q_2^n \ $Q_1^nQ_0^n$	00	01	11	10
0	×	0	1	×
1	×	0	×	×

(a) Q_2^{n+1}

Q_2^n \ $Q_1^nQ_0^n$	00	01	11	10
0	×	1	0	×
1	×	0	×	×

(b) Q_1^{n+1}

Q_2^n \ $Q_1^nQ_0^n$	00	01	11	10
0	1	0	0	1
1	1	0	×	×

(c) Q_0^{n+1}

Q_2^n \ $Q_1^nQ_0^n$	00	01	11	10
0	0	0	0	0
1	0	1	×	×

(d) C

图 5.72　图 5.71 卡诺图分解

由图 5.72(d)可得输出方程为

$$C=Q_2^nQ_0^n$$

(3)检查电路能否自启动。

从表 5.31 中可知存在无效状态 110 和 111，将无效状态代入该电路的状态方程可得次态为 000，说明该电路具有自启动功能。

(4)画出逻辑图。

逻辑电路图如图 5.73 所示。

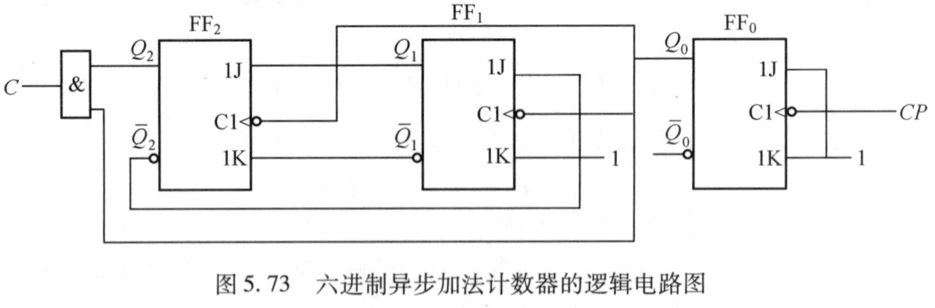

图 5.73　六进制异步加法计数器的逻辑电路图

异步时钟信号的选取方法不唯一，读者可以参照上述设计方法自行完成设计。

【例 5.23】　试用 D 触发器设计一个 8421 编码的异步十进制减法计数器。要求所设计的电路能够自启动。

解　(1)依题意得所设计的计数器的状态编码表见表 5.32,状态转换图如图 5.74 所示。

表 5.32　十进制异步减法计数器的编码状态转换表

脉冲 CP	现态				次态				输出 B
	Q_3^n	Q_2^n	Q_1^n	Q_0^n	Q_3^{n+1}	Q_2^{n+1}	Q_1^{n+1}	Q_0^{n+1}	
↑	0	0	0	0	1	0	0	1	1
↑	1	0	0	1	1	0	0	0	0
↑	1	0	0	0	0	1	1	1	0
↑	0	1	1	1	0	1	1	0	0
↑	0	1	1	0	0	1	0	1	0
↑	0	1	0	1	0	1	0	0	0
↑	0	1	0	0	0	0	1	1	0
↑	0	0	1	1	0	0	1	0	0
↑	0	0	1	0	0	0	0	1	0
↑	0	0	0	1	0	0	0	0	0

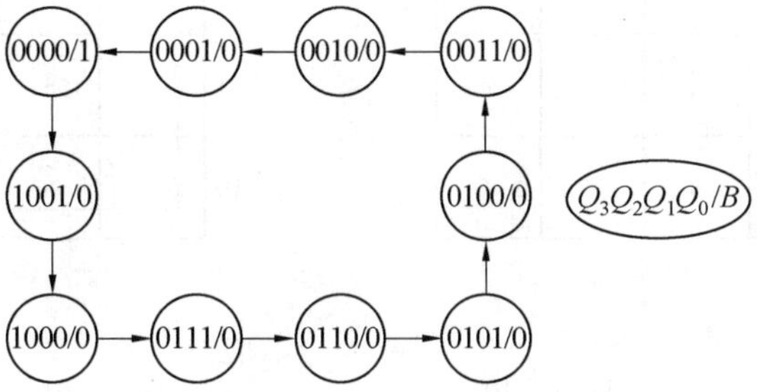

图 5.74　十进制异步减法计数器状态转换图

(2)触定触发器数量。

D 触发器状态方程为 $Q^{n+1}=D$。表 5.32 中有 10 个状态,根据 $2^{n-1}<M\leqslant 2^n$ 公式,$M=10$,故触发器的个数为 $n=4$。下面为每个触发器选择时钟信号,观察表 5.32 可知,选定 CP_0 为触发器 Q_0 的计数输入脉冲,Q_0 为触发器 Q_1 的计数输入脉冲,Q_1 为触发器 Q_2 的计数输入脉冲,Q_0 为触发器 Q_3 的计数输入脉冲。

由编码状态转换表(表 5.32)可得电路次态及输出的卡诺图,如图 5.75 所示。再将图 5.75 的卡诺图分解为 Q_3^{n+1},Q_2^{n+1},Q_1^{n+1},Q_0^{n+1} 和 B 5 个卡诺图,如图 5.76 和图 5.77 所示。其中,在 Q_3^{n+1},Q_2^{n+1},Q_1^{n+1} 卡诺图中,需要把没有时钟信号的触发器的次态作为任意项处理,也要把无效状态的次态作为任意项处理,这样处理有利于状态方程的化简。

经化简可得电路的状态方程为

$$Q_3^{n+1}=\overline{Q_3^n}\,\overline{Q_2^n}\,\overline{Q_1^n}\cdot CP_3,\qquad Q_2^{n+1}=Q_3^n\cdot CP_2$$

$$Q_1^{n+1}=(Q_3^n+Q_2^n\overline{Q_1^n})\cdot CP_1,\qquad Q_0^{n+1}=\overline{Q_0^n}\cdot CP_0$$

式中 CP_0,CP_1,CP_2 和 CP_3 代表的含义与上例相同。与 D 触发器的状态方程比较,可得驱动方程为

$Q_3^nQ_2^n$ \ $Q_1^nQ_0^n$	00	01	11	10
00	1001/1	0000/0	0010/0	0001/0
01	0011/0	0100/0	0110/0	0101/0
11	×	×	×	×
10	0111/0	1000/0	×	×

图 5.75　十进制异步减法计数器的次态/输出卡诺图

$Q_3^nQ_2^n$ \ $Q_1^nQ_0^n$	00	01	11	10
00	1	×	×	0
01	0	×	×	0
11	×	×	×	×
10	0	×	×	×

(a) Q_3^{n+1}

$Q_3^nQ_2^n$ \ $Q_1^nQ_0^n$	00	01	11	10
00	×	×	×	×
01	0	×	×	×
11	×	×	×	×
10	1	×	×	×

(b) Q_2^{n+1}

$Q_3^nQ_2^n$ \ $Q_1^nQ_0^n$	00	01	11	10
00	0	×	×	0
01	1	×	×	0
11	×	×	×	×
10	1	×	×	×

(c) Q_1^{n+1}

$Q_3^nQ_2^n$ \ $Q_1^nQ_0^n$	00	01	11	10
00	1	0	0	1
01	1	0	0	1
11	×	×	×	×
10	1	0	×	×

(d) Q_0^{n+1}

图 5.76　图 5.75 卡诺图分解

$$D_3=\overline{Q_3^n}\,\overline{Q_2^n}\,\overline{Q_1^n},\qquad D_2=Q_3^n$$

$$D_1=Q_3^n+Q_2^n\overline{Q_1^n},\qquad D_0=\overline{Q_0^n}$$

$Q_3^nQ_2^n$ \ $Q_1^nQ_0^n$	00	01	11	10
00	1	0	0	0
01	0	0	0	0
11	×	×	×	×
10	0	0	×	×

图 5.77　输出 B 的卡诺图

由图 5.77 可得输出方程为

$$B=\overline{Q_3^n}\,\overline{Q_2^n}\,\overline{Q_1^n}\,\overline{Q_0^n}$$

(3)检查自启动。

将 6 个无效状态 1010,1011,1100,1101,1110 和 1111 分别代入状态方程求得次态,最终的结果都为有效状态 0000,说明该电路具有自启动功能。

(4)画出逻辑图。

逻辑电路图如图 5.78 所示。

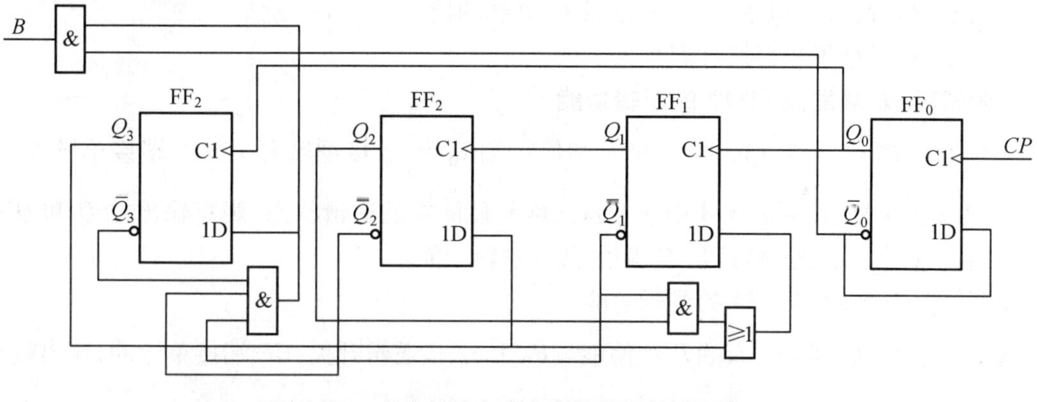

图 5.78　十进制异步减法计数器的逻辑电路图

5.6　触发器级时序逻辑电路实验

5.6.1　实验目的和意义

(1)掌握 RS 触发器、D 触发器和 JK 触发器的工作原理。

(2)学会正确使用 RS 触发器、D 触发器和 JK 触发器的方法。

(3)掌握触发器类型转换的方法。

(4)掌握用触发器设计时序逻辑电路的方法。

5.6.2 实验预习要求

(1)复习有关触发器的知识。
(2)完成时序逻辑电路的设计,画出相应波形图。

5.6.3 实验仪器与器件

(1)数字电路实验箱:1 台。
(2)数字万用表:1 块。
(3)示波器:1 台。
(4)双 D 触发器 7474:2 片。
(5)双 JK 触发器 74112:2 片。
(6)与门、或门、异或门、非门、与非门、导线:若干。

5.6.4 实验内容

1. 测试基本 RS 触发器的逻辑功能

(1)按照图 5.5(a)接线。输入端$\overline{R}_D$ 和$\overline{S}_D$ 接逻辑开关,输出端 Q 和 $\overline{Q}$ 接指示灯。
(2)改变$\overline{R}_D$ 和$\overline{S}_D$ 的电平,观察并记录 Q 和 $\overline{Q}$ 的值。
(3)比较记录结果是否符合表 5.3。

2. 测试双 JK 触发器 74112 的逻辑功能

选取一个 JK 触发器,输入端 J 和 K 和使能端$\overline{R}_D$ 和$\overline{S}_D$ 接逻辑开关,CP 端接单脉冲,输出端 Q 和 $\overline{Q}$ 接指示灯,按照表 5.8 中改变输入端和使能端的逻辑状态,观察输出端 Q 和 $\overline{Q}$ 状态是否正确。以同样的方法测其它 JK 触发器的逻辑功能。

3. 测试双 D 触发器 7474 的逻辑功能

选取一个 D 触发器,输入端 D 和使能端$\overline{R}_D$ 和$\overline{S}_D$ 接逻辑开关,CP 端接单脉冲,输出端 Q 和 $\overline{Q}$ 接指示灯,按照表 5.10 中改变输入端和使能端的逻辑状态,观察输出端 Q 和 $\overline{Q}$ 状态是否正确。以同样的方法测试其它 D 触发器的逻辑功能。

4. 用 JK 触发器设计 6 进制同步加法计数器

5. 用 D 触发器设计 7 进制同步减法计数器

6. 用 D 触发器设计异步 8 进制加法计数器

7. 用 JK 触发器设计异步 5 进制减法计数器

5.6.5 实验报告要求

(1)写出实验中所用到的芯片逻辑功能测试结果。
(2)写出设计全过程并画出波形图。
(3)对实验结果进行分析和讨论。
(4)对实验中出现的故障及解决方法进行总结。

本章小结

时序逻辑电路的最大特点是具有记忆功能，它的输出在任一时刻不仅与该时刻的输入有关，还与电路的原来状态有关，因此这种电路在数字系统中得到了广泛应用，如电子时钟和交通灯控制系统等。而构成时序逻辑电路的基本逻辑单元是触发器，本章围绕触发器，详细介绍了时序逻辑电路的分析与设计。

(1)组合逻辑电路和存储电路构成了时序逻辑电路。它可分为同步时序逻辑电路和异步时序逻辑电路，也可分为米里型电路和摩尔型电路。另外，时序逻辑电路可以通过方程组法、状态转换表法、状态转换图法和时序波形图法来描述。

(2)触发器的种类繁多，常见的有基本 *RS* 触发器、时钟同步 *RS* 触发器、*JK* 触发器、*D* 触发器和 *T* 触发器等。本章详细介绍常用触发器的基本结构、逻辑符号、状态转换表、状态方程和时序波形图等。此外，基于 *JK* 触发器或 *D* 触发器，适当增加门电路，就可以转换成其他类型的触发器。同时，本章还举例介绍了触发器的应用，如构成计数器和寄存器等。

(3)本章详细阐述了同步时序逻辑电路和异步时序逻辑电路的分析方法。

(4)时序逻辑电路设计分为同步时序逻辑电路设计和异步时序逻辑电路设计。本章重点阐述了触发器级同步时序逻辑电路的设计步骤，共分为 6 步：导出状态转换图(表)，状态化简，状态分配，选定触发器并写出电路方程式，检查能否自启动和画出逻辑电路图。此外，本章以设计异步加减法计数器为例，介绍了异步时序逻辑电路设计方法。

习　　题

5.1　某时序逻辑电路的状态转换图如图 5.79 所示，设电路初始状态为 S_0，输入序列为 $X=1010110100$，试列出它的状态转换表并确定电路的状态序列和输出序列。

5.2　用与非门组成的时钟同步 *RS* 触发器的输入波形如图 5.80 所示，设初始状态 $Q=0$，试画出 Q 和 $\overline{Q}$ 端相对应的电压波形。

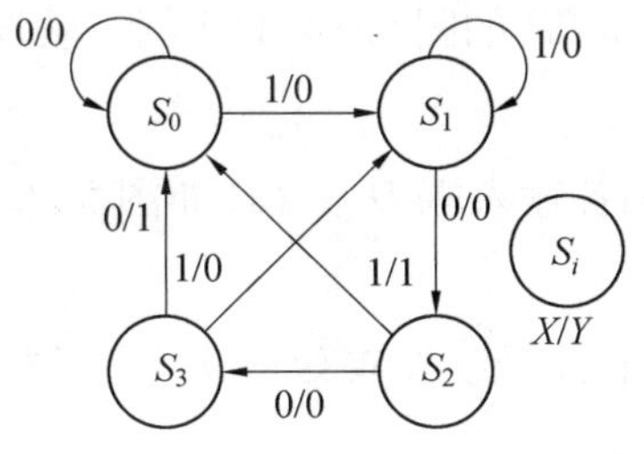

图 5.79　题 5.1 图

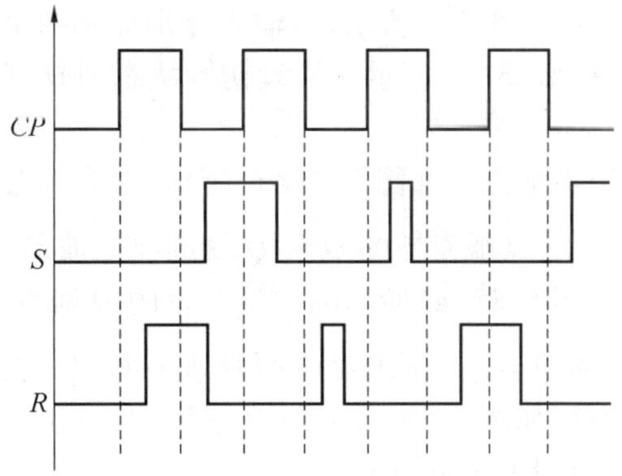

图 5.80　题 5.2 图

5.3 在或非门组成的基本 *RS* 触发器电路中，输入端 S_D 和 R_D 电压波形如图 5.81 所示，设初始状态 $Q=0$，试画出 Q 和 $\overline{Q}$ 端相对应的电压波形。

5.4 如图 5.82(a)所示，若边沿结构 *JK* 触发器 $\overline{S}_D$，J，CP，K 和 $\overline{R}_D$ 加入如图 5.82(b)所示的电压波形，试画出 Q 和 $\overline{Q}$ 端对应的电压波形。

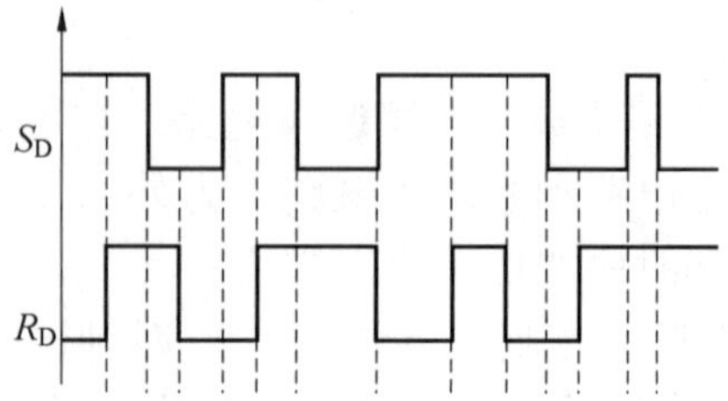

图 5.81 题 5.3 图

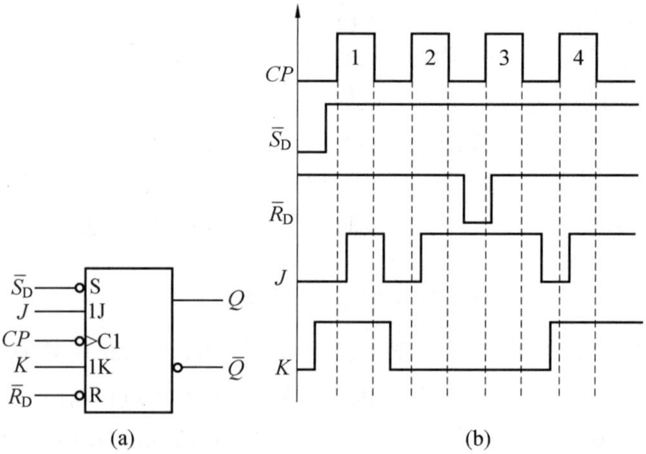

图 5.82 题 5.4 图

5.5 如图 5.83(c)所示，将输入分别加到两个边沿触发的 *JK* 触发器输入端 J 和 K 上，如图 5.83(a)和 5.83(b)所示。假设初始状态为 $Q=0$，试分别画出两个 *JK* 触发器的 Q_1 和 Q_2 端的电压波形。

5.6 边沿触发器如图 5.84(a)所示，其输入端 D 和 CP 如图 5.84(b)所示，假设初始状态为 $Q=0$，试画出 D 触发器的 Q 和 $\overline{Q}$ 端的电压波形。

5.7 如图 5.85(a)所示的边沿触发的 D 触发器的各输入端 D 和 CP 如图 5.85(b)所示，设初始状态为 $Q=0$，试画出对应的 Q 和 $\overline{Q}$ 端的电压波形。

5.8 利用如图 5.86 所示的 D 触发器，分别设计上升沿触发有效的 T' 触发器和 *JK* 触发器。必要时可附加逻辑门。

5.9 利用如图 5.87 所示的 *JK* 触发器分别设计上升沿触发有效的 T 触发器和 D 触发器。必要时可附加逻辑门。

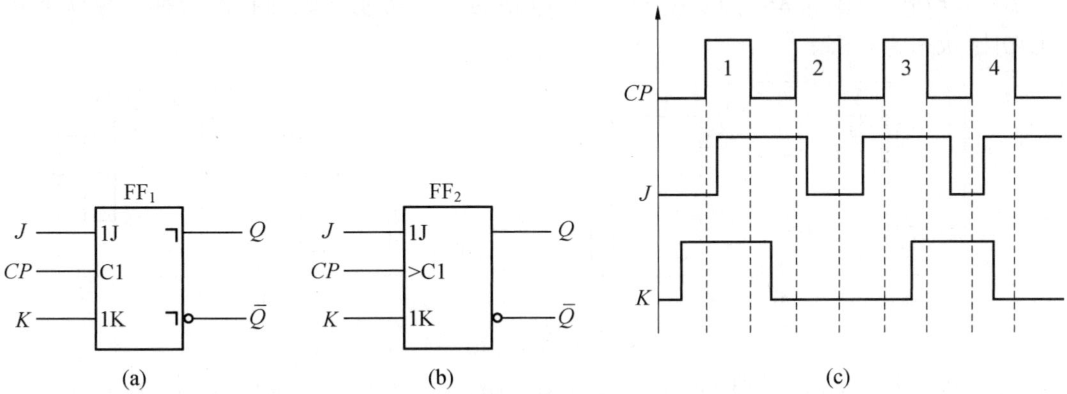

图 5.83　题 5.5 图

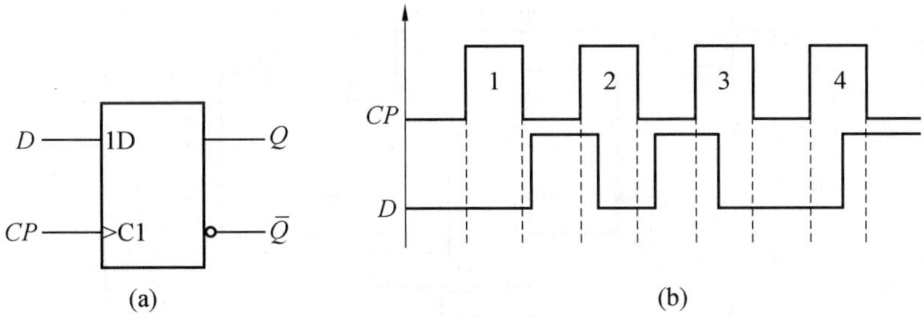

图 5.84　题 5.6 图

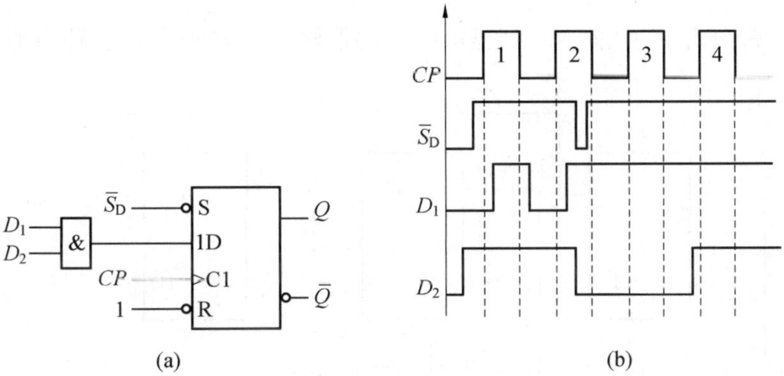

图 5.85　题 5.7 图

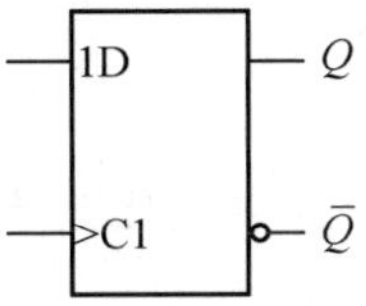

图 5.86　题 5.8 图

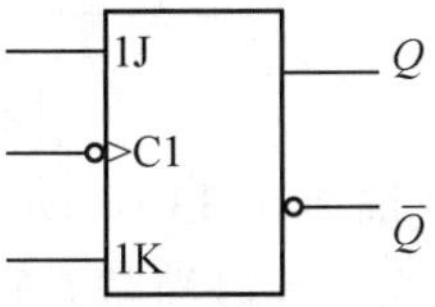

图 5.87　题 5.9 图

5.10　分别分析图 5.88 中两个时序逻辑电路的逻辑功能并画出状态转换图及状态转换表。设初始状态为 0 态。

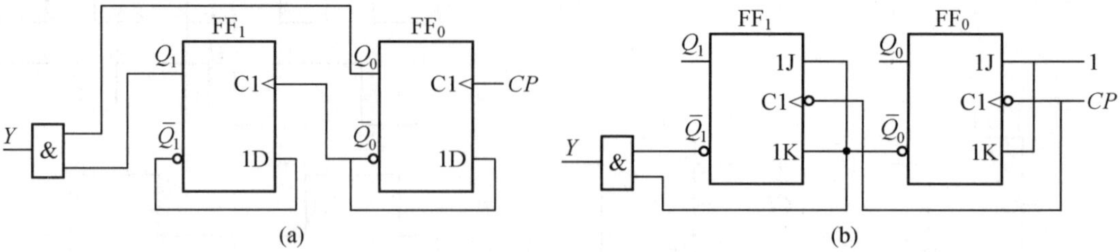

图 5.88　题 5.10 图

5.11　分析图 5.89 中时序逻辑电路的逻辑功能并画出状态转换图及状态转换表。设初始状态为 0 态。

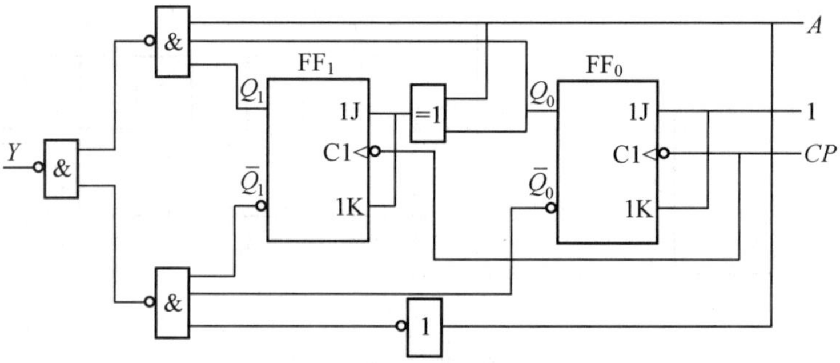

图 5.89　题 5.11 图

5.12　试分析图 5.90 中所示时序逻辑电路的逻辑功能并画出状态转换图。设初始状态为 0 态。

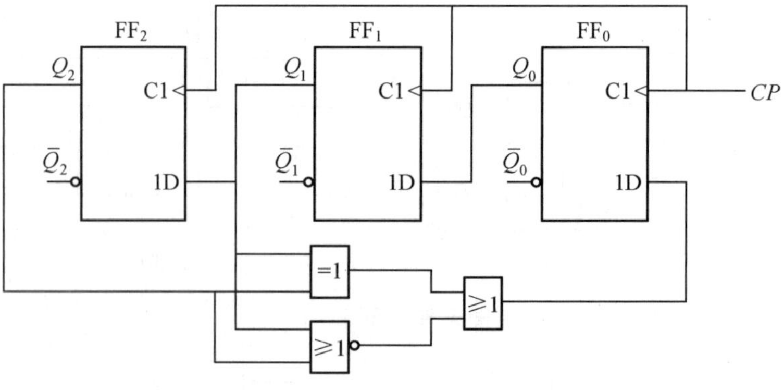

图 5.90　题 5.12 图

5.13　用观察法化简表 5.33 所示的状态转换表，用隐含法化简表 5.34 所示的状态转换表，找出最大等价类并列出其最简状态转换表。

表 5.33　题 5.13 中的表

现态 S^n	次态/输出(S^{n+1}/Y)	
	$X=0$	$X=1$
A	$A/0$	$B/0$
B	$A/0$	$C/0$
C	$D/0$	$E/1$
D	$A/1$	$F/0$
E	$A/0$	$C/0$
F	$F/0$	$G/0$
G	$F/0$	$C/0$

表 5.34　题 5.13 中的表

现态 S^n	次态/输出(S^{n+1}/Y)	
	$X=0$	$X=1$
A	$A/0$	$C/0$
B	$D/1$	$A/0$
C	$F/0$	$F/0$
D	$E/1$	$B/0$
E	$G/1$	$G/0$
F	$C/0$	$C/0$
G	$B/1$	$H/0$
H	$H/0$	$C/0$

5.14　试用 JK 触发器和门电路设计一个同步七进制加减法计数器,并检查是否能够自启动。

5.15　试用 JK 触发器设计一个变模同步计数器。当控制端 $A=0$ 时,该计数器为三进制减法计数器;当 $A=1$ 时,该计数器为四进制加法计数器。

5.16　用任意触发器设计一个"010"序列检测器,当电路完成"010"序列信号串行输入时,电路输出 $Y=1$,否则 $Y=0$。有效序列允许重叠。

5.17　用任意触发器设计一个"101"序列检测器,当电路完成"101"序列信号串行输入时,电路输出 $Y=1$,否则 $Y=0$。有效序列不允许重叠。

5.18　试用 D 触发器和少量其他门电路设计一个电子调速控制电路,其状态输出作为速度控制,见表 5.35。当外部输入 $K=1$ 时,每来一个时钟脉冲增加一挡,但到达最高挡就不再增加了,同时给出满挡指示,$Y=1$。如果每来一个时钟脉冲降低一挡,直到停止,同时给出标志 $Z=1$。

表 5.35　题 5.18 中的表

状态输出		速度
Q_2	Q_1	
0	0	停止
0	1	1 档
1	0	2 档
1	1	3 档

5.19　试用 *JK* 触发器和门电路设计一个同步模 6 格雷码计数器。要求：

(1)写出 3 位格雷码,即循环码;

(2)以初始状态为 001 画出同步模 6 格雷码计数器状态转换图。

*5.20　用 *D* 触发器设计异步 6 进制加法计数器。

*5.21　用 *JK* 触发器设计异步十一进制减法计数器。

第 6 章　模块级时序逻辑电路

数字系统中常用的时序电路一般直接选用模块级(中规模)的集成芯片,而将触发器作为辅助器件。最常用的模块级时序电路有计数器、寄存器、移位寄存器、锁存器等。本章重点介绍常用模块级时序逻辑电路的功能及使用方法等。

6.1　集成计数器

数字系统中最常用的时序电路就是计数器。第 5 章详细介绍了用触发器构成计数器的方法及步骤。但在实际应用中,一般不会用触发器构成计数器,而是直接选用集成计数器芯片。

集成计数器的种类繁多。如果按计数器中触发器是否同时翻转分类,可以把计数器分为同步计数器和异步计数器;如果按计数过程中计数器数字量增减分类,可以将其分为加法计数器和减法计数器;如果按计数器中数字的编码方式分类,可以将其分成二进制计数器、十进制计数器等。本节以 74161、74163 和 74192 三个常用芯片为例,介绍集成计数器的功能及使用方法。

6.1.1　4 位二进制同步加法计数器 74161

1. 74161 功能介绍

74161 是一种常用的 4 位二进制同步加法计数器。74161 引脚图及逻辑符号如图 6.1 所示。74161 采用 DIP16 封装,引脚分为 3 类,即输入引脚、输出引脚及与电源有关的引脚。

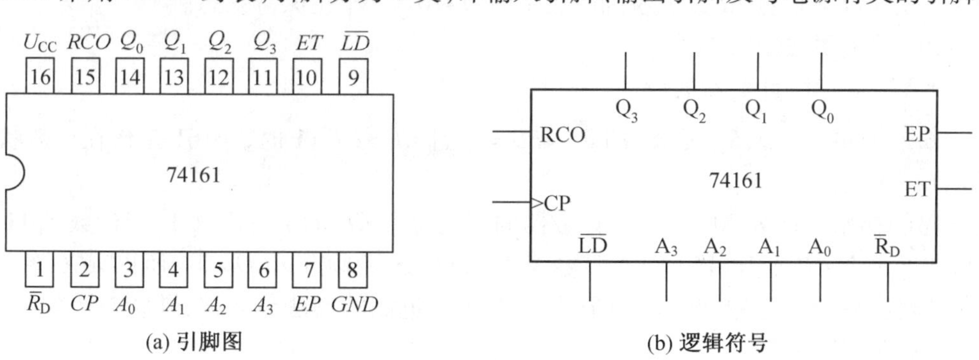

(a) 引脚图　　(b) 逻辑符号

图 6.1　74161 引脚图与逻辑符号

引脚功能:

(1)与电源有关引脚。

U_{CC}:+5 V 电源。

GND：接地端。

(2)输入引脚。

$A_3A_2A_1A_0$：预置数据输入端。

$\overline{LD}$：同步置数控制端，低电平有效。

$\overline{R}_D$：异步清零控制端，低电平有效。

CP：同步时钟脉冲输入端，上升沿有效。

EP、ET：工作状态控制端。

(3)输出引脚。

RCO：进位输出端，$RCO = ET \cdot Q_3Q_2Q_1Q_0$。

$Q_3Q_2Q_1Q_0$：计数输出端。

74161 的逻辑功能表见表 6.1。

表 6.1　74161 的逻辑功能表

输入									输出			
$\overline{R}_D$	CP	$\overline{LD}$	EP	ET	A_3	A_2	A_1	A_0	Q_3	Q_2	Q_1	Q_0
0	×	×	×	×	×	×	×	×	0	0	0	0
1	↑	0	×	×	d_3	d_2	d_1	d_0	d_3	d_2	d_1	d_0
1	↑	1	1	1	×	×	×	×	计数			
1	×	1	0	×	×	×	×	×	保持			
1	×	1	×	0	×	×	×	×	保持			

由功能表可知 74161 具有异步清零、同步置数、计数及保持的功能。

(1)当 $\overline{R}_D=0$ 时，无论其他输入端为何种状态，计数器异步清零，即 $Q_3Q_2Q_1Q_0=0000$。

(2)当 $\overline{R}_D=1$ 时，如果$\overline{LD}=0$ 且 CP 处于上升沿时，将输入端 $A_3A_2A_1A_0$ 的值送到 $Q_3Q_2Q_1Q_0$ 端，即 $Q_3Q_2Q_1Q_0=d_3d_2d_1d_0$。此时 74161 为同步置数。

(3)当 $\overline{R}_D=\overline{LD}=1$，且 $EP=ET=1$ 时，74161 工作在计数状态，每个 CP 上升沿计数加 1。

(4)当 $\overline{R}_D=\overline{LD}=1$，且 EP，ET 不同时为 1 时，74161 工作在保持状态。

2.74161 的使用方法

(1)十六进制加法计数器的设计。

由表 6.1 可知，当$\overline{LD}$，$\overline{R}_D$ 无效(即 $\overline{R}_D=\overline{LD}=1$)且 $EP=ET=1$ 时，74161 工作在计数状态，电路图如图 6.2 所示。

设电路的初始状态为 0000 状态，计数器的值在每个 CP 的上升沿加 1，当计数到 1111 时，$RCO=1$，在下一个 CP 上升沿到来时，计数值由 1111 变为 0000，$RCO=0$。所以 RCO 是每计 16 个 CP 脉冲输出一个正脉冲，此时 74161 是一个十六进制的加法计数器，其状态图如图 6.3 所示，状态转换表见表 6.2。

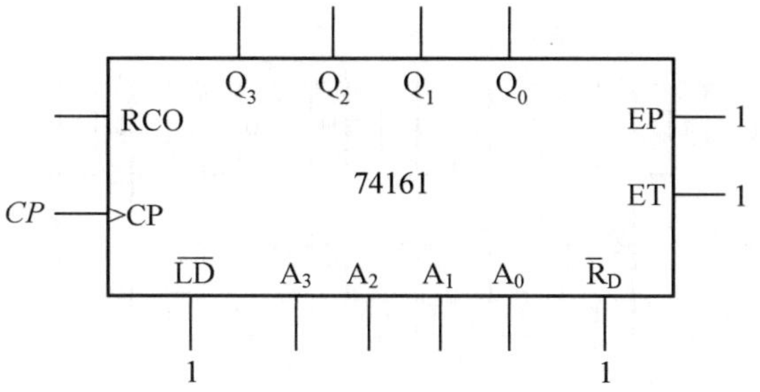

图 6.2　74161 构成十六进制计数器

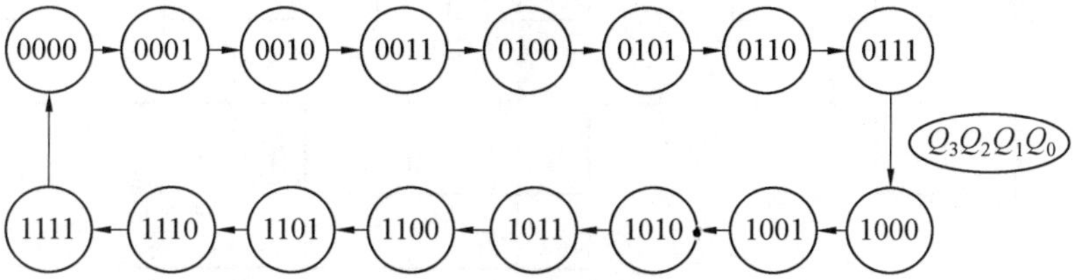

图 6.3　十六进制加法计数器状态图

表 6.2　十六进制加法计数器状态转换表

计数顺数	电路状态				进位输出
CP	Q_3	Q_2	Q_1	Q_0	RCO
0	0	0	0	0	0
1	0	0	0	1	0
2	0	0	1	0	0
3	0	0	1	1	0
4	0	1	0	0	0
5	0	1	0	1	0
6	0	1	1	0	0
7	0	1	1	1	0
8	1	0	0	0	0
9	1	0	0	1	0
10	1	0	1	0	0
11	1	0	1	1	0
12	1	1	0	0	0
13	1	1	0	1	0
14	1	1	1	0	0
15	1	1	1	1	1

十六进制加法计数器的工作波形图如图 6.4 所示。

(2)M(M<16)进制加法计数器的设计。

集成计数器仅有常用的十进制、十六进制等有限的几种进制，当需要其他进制计数器时，可以在现有的集成计数器基础上，外加门电路设计而成。

74161 是一个 4 位二进制加法计数器，通过适当的电路设计可以构成二至十六之间任意进制的加法计数器。

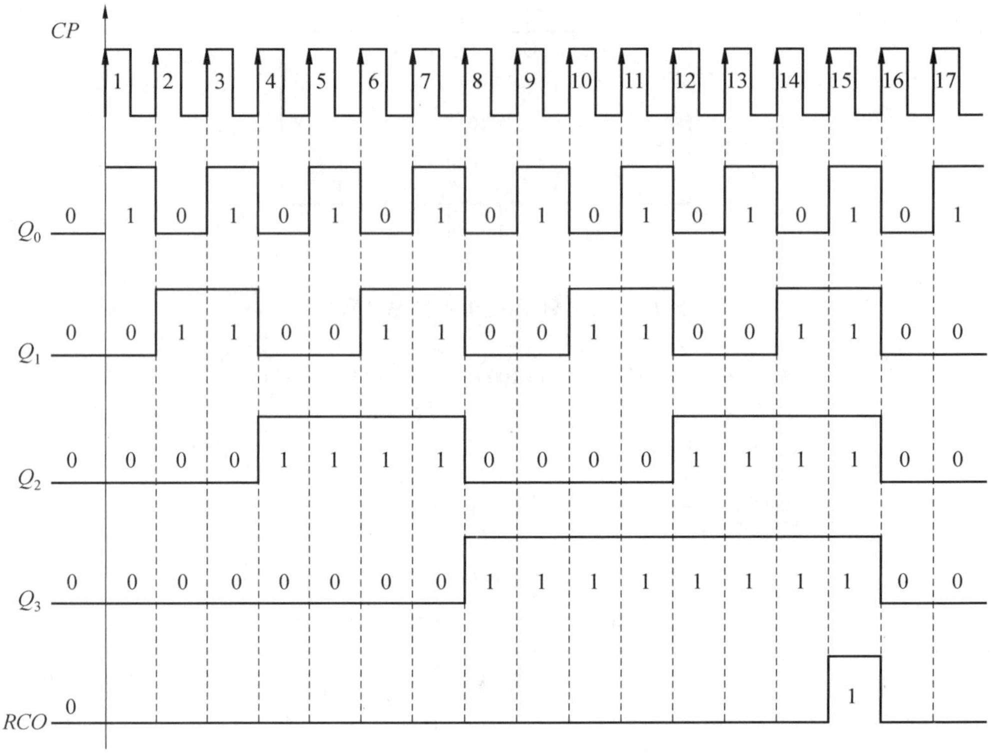

图 6.4　十六进制加法计数器的工作波形图

【例 6.1】　用 74161 设计一个九进制同步加法计数器。

解　九进制计数器，即 $M=9$，应该有 9 个稳定状态，而 74161 本身有 16 个稳定状态，只要任选其中连续的 9 个状态，就可以构成九进制计数器。设初始状态 $Q_3Q_2Q_1Q_0=0000$，选择前 9 个稳定状态 0000～1000 构成九进制计数器，每当计数器计到 $Q_3Q_2Q_1Q_0=1000$，下一个 CP 脉冲上升沿时，$Q_3Q_2Q_1Q_0=0000$。九进制加法计数器状态转换表见表 6.3。

表 6.3　九进制加法计数器状态转换表

计数顺序 CP	进位输出 RCO	计数值输出 Q_3	 Q_2	 Q_1	 Q_0
0	0	0	0	0	0
1	0	0	0	0	1
2	0	0	0	1	0
3	0	0	0	1	1
4	0	0	1	0	0
5	0	0	1	0	1
6	0	0	1	1	0
7	0	0	1	1	1
8	0	1	0	0	0

九进制加法计数器状态图和工作波形图如图 6.5 和图 6.6 所示。

由分析可知，只要输出端 $Q_3Q_2Q_1Q_0$ 计到 1000，下一个 CP 上升沿时，$Q_3Q_2Q_1Q_0$ 回到 0000 即可实现九进制加法计数。如何让计数器由 1000 状态回到 0000 状态？常用的方法有两种：

反馈清零法和反馈置数法。

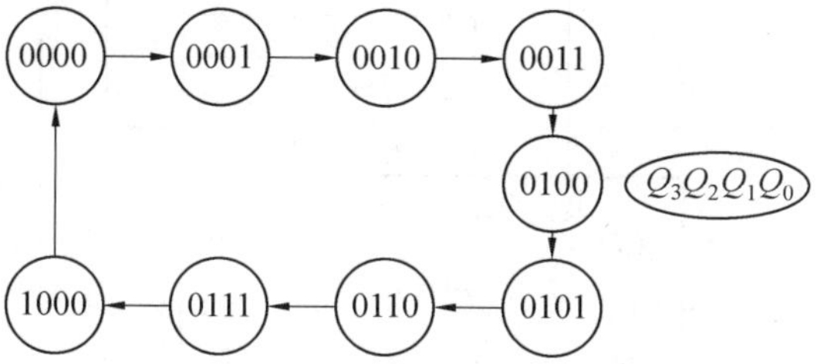

图 6.5 九进制加法计数器状态图

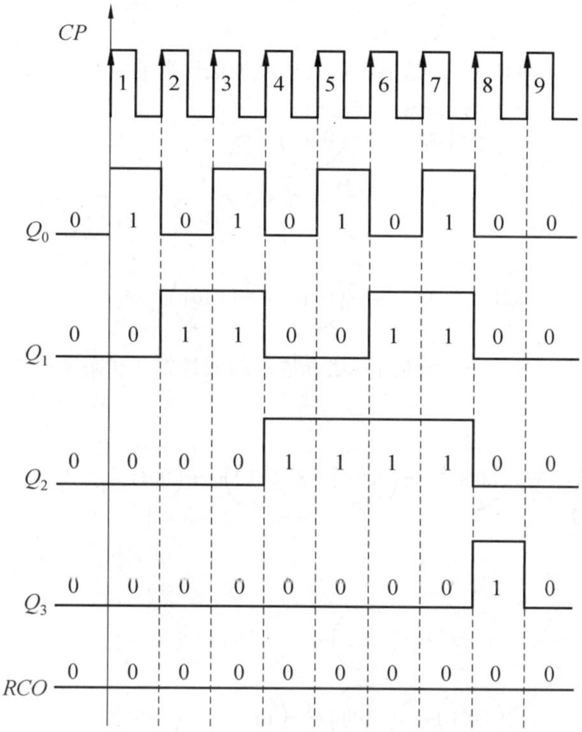

图 6.6 九进制加法计数器的工作波形图

① 反馈清零法。

反馈清零法适用于有清零端的计数器。由 74161 引脚图和功能表可知，$\overline{R}_D$ 为异步清零控制端，低电平有效，且优先级别最高。

设计原理：由图 6.5 可知九进制计数器计到 1000 状态，下一个状态回到 0000，跳过其余状态。由于 74161 计数器 1000 状态的下一个状态为 1001，可设计一个反馈电路，让其遇 1001 输出一个低电平，反馈电路输出端连接到异步清零端 $\overline{R}_D$，于是每当计数器计到 1001 时，反馈电路输出低电平，计数器瞬间清零。此时$\overline{LD}$必须接高电平。电路图如图 6.7 所示，状态图如图 6.8 所示。

由于计数器进入 1001 状态后立即被清零，所以 1001 状态仅是瞬间存在，并不是稳定状态，故图 6.8 中用虚线表示瞬间存在的状态，此时计数器输出波形 Q_0 端会出现“毛刺”，设计时应该尽量避免“毛刺”的产生。图 6.7 对应的全状态图如图 6.9 所示，图 6.9 中有一个瞬间

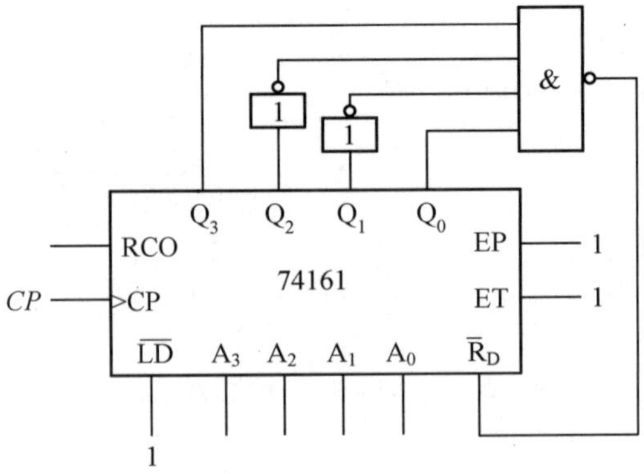

图 6.7　反馈清零法九进制加法计数器电路图

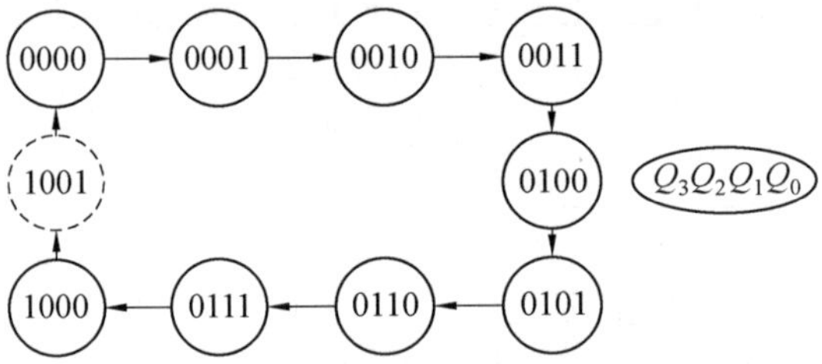

图 6.8　反馈清零法九进制加法计数器状态图

状态。

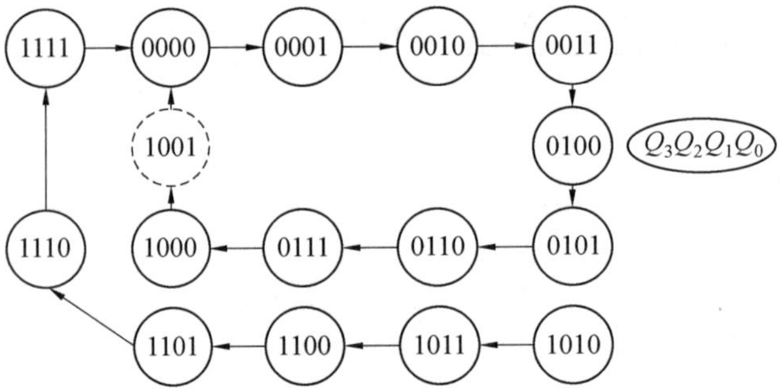

图 6.9　反馈清零法九进制加法计数器全状态图

图 6.7 所示电路图可进行简化设计，即反馈电路的输入端仅接输出状态为“1”的输出端 Q_3 和 Q_0，简化设计的电路如图 6.10 所示，对应的全状态图如图 6.11 所示。由图 6.11 可知，采用简化设计时，电路共有 4 个瞬间状态，即只要 Q_3 和 Q_0 同时为“1”，均能使电路清“0”。

②反馈置数法。

反馈置数法适用于有预置数值功能的计数器。

由 74161 引脚图和功能表可知，$\overline{LD}$为同步置数端，低电平有效，优先级别低于$\overline{R}_D$。

设计原理：由于$\overline{LD}$为同步置数端，当$\overline{LD}=0$ 时并不能立即置数，必须等待下一个 CP 上升沿才能将数据置入计数器。九进制计数器计到 1000 状态时，下一个状态回 0000，可设计一个反馈电路，让其遇 1000 输出一个低电平，该输出端连接到同步置数端，在下一个 CP 到来时将 $A_3A_2A_1A_0$ 送到计数器输出端 $Q_3Q_2Q_1Q_0$。此时 $\overline{R}_D$ 必须接高电平，处于“清零”无效状态。电路

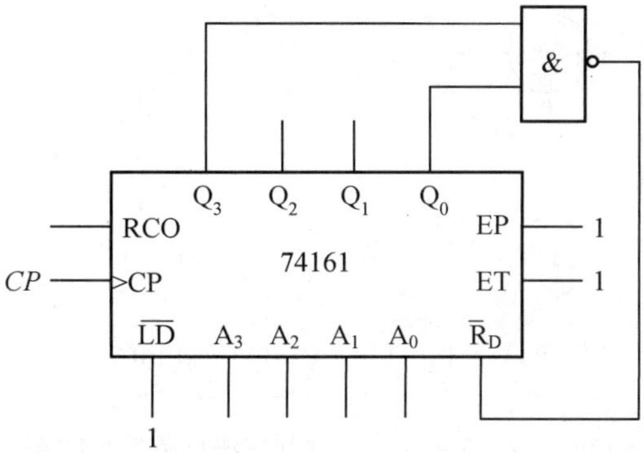

图6.10　反馈清零法九进制加法计数器简化电路图

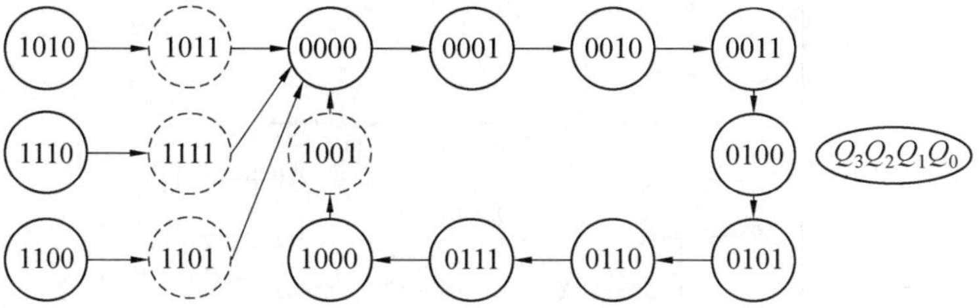

图6.11　简化设计的反馈清零法九进制加法计数器全状态图

图如图6.12所示，状态图如图6.13所示，全状态图如图6.14所示。

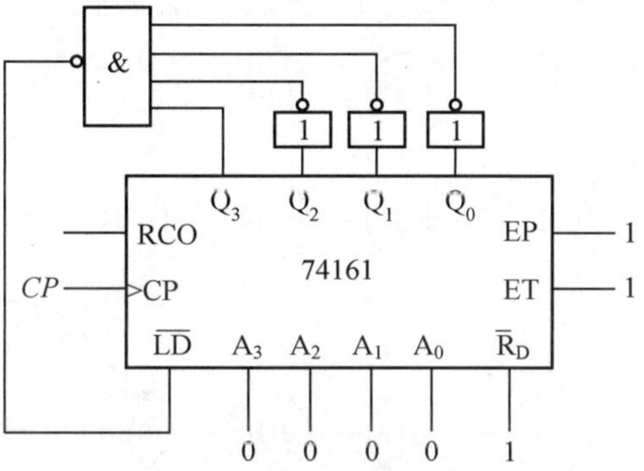

图6.12　反馈置数法九进制加法计数器电路图

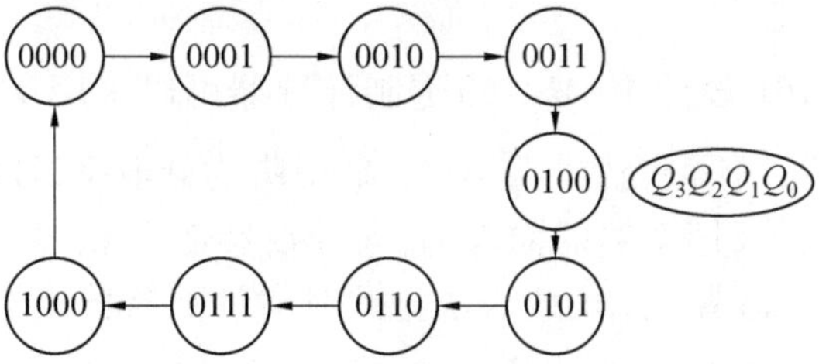

图6.13　反馈置数法九进制加法计数器状态图

可以对图6.12进行简化设计，简化电路如图6.15所示。每当 Q_3 为“1”，就可在 CP 的上升沿将 $A_3A_2A_1A_0$ 送入计数器输出端 $Q_3Q_2Q_1Q_0$。全状态图如图6.16所示。

采用简化设计可以减少连线，降低电路的复杂程度。下面的设计中如不加说明，均采用简

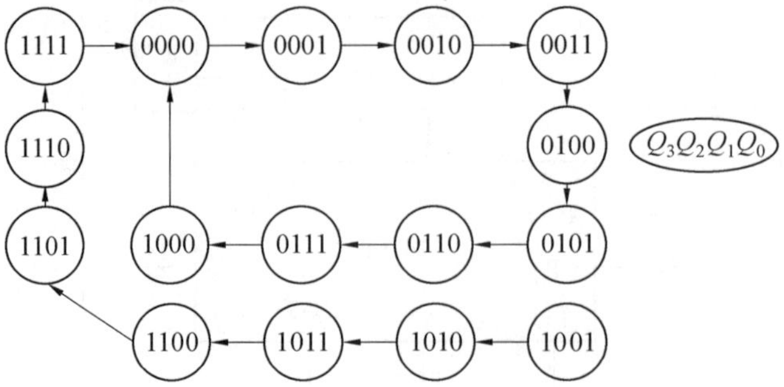

图 6.14　反馈置数法九进制加法计数器全状态图

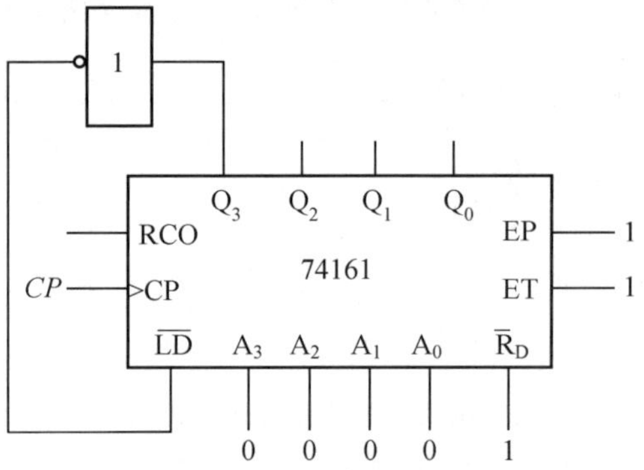

图 6.15　反馈置数法九进制加法计数器简化电路图

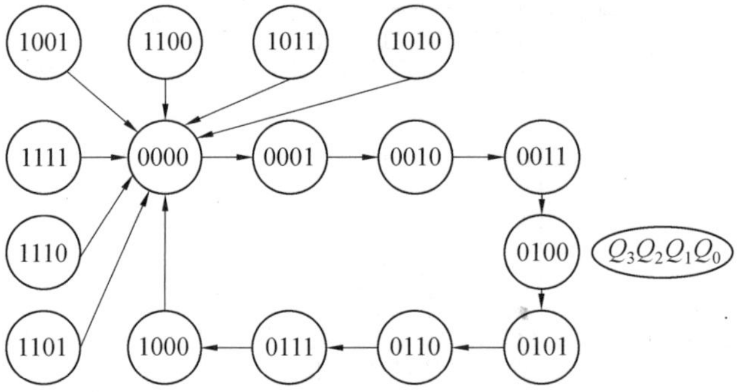

图 6.16　简化设计的反馈置数法九进制加法计数器全状态图

化设计。

由例 6.1 可知，用 74161 设计 $M(M<16)$ 进制计数器可以采用反馈清零法和反馈置数法。采用反馈清零法时，由于$\overline{R}_D$ 为异步清零端，只要$\overline{R}_D$ 引脚为低电平，计数器就清零，与 CP 无关。所以，通常采用 M 状态作为反馈电路的输入端，即计数器遇 M 清零，M 状态仅瞬间存在，不属于计数器的稳定状态，画状态图时用虚线表示。此时的计数器输出端会有“毛刺”产生。采用反馈置数法时，由于$\overline{LD}$为同步置数端，该引脚为低电平时并不能立即置数，需等到下一个 CP 上升沿时才能置数。所以，通常采用 $M-1$ 状态作为反馈电路的输入端。$M-1$ 状态为稳定状态，画状态图时用实线表示。此时的计数器输出端不会有“毛刺”产生。

(3) M(M>16)进制加法计数器的设计。

当 M>16 时需要多片 74161 级联,设计方法很多,下面通过例题介绍常用的设计方法。

说明:常用方法是先将 74161 接为 16^n进制计数器,其中 n 为 74161 芯片数量。然后选用反馈清零法或反馈置数法进行反馈电路的设计,最后设计出 $M(16^{n-1}<M\leq16^n)$进制计数器。

【例 6.2】 试用 74161 设计一百进制加法计数器。

解 $M=100$,需要两片 74161。

先将两片 74161 级联成二百五十六进制的加法计数器,如图 6.17 所示。在此基础上,设计反馈电路。采用反馈清零法时,遇 $M=100$ 清零;采用反馈置数法时,遇 $M-1=99$ 置数。

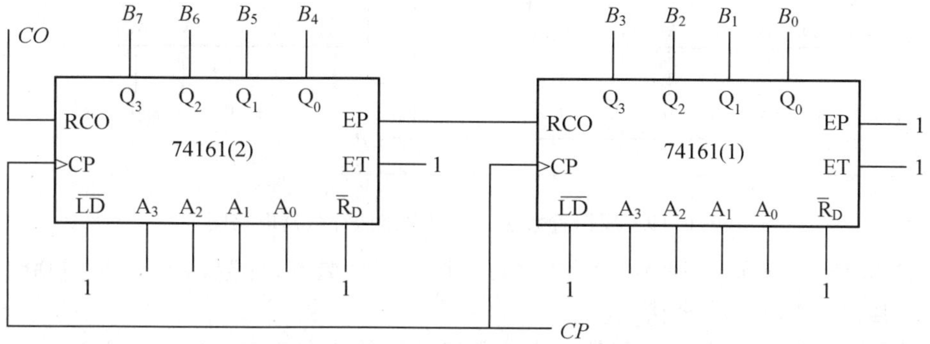

图 6.17　二百五十六进制加法计数器电路图

图 6.17 中两片 74161 的 CP 连接在一起后与外部输入脉冲相连。由于 74161(1)的 $EP=ET=1$,所以每个 CP 上升沿时 74161(1)计数加 1,而 74161(2)的 $ET=1$,EP 与 74161(1)RCO ($RCO=ET\cdot Q_3Q_2Q_1Q_0$)相连,不是每个 CP 上升沿时 74161(2)都加 1,只有当第一片的 $RCO=1$ 时加 1,即 74161(1)每计 16 个 CP 脉冲,74161(2)计数器才加 1。

在图 6.17 基础上设计一百进制计数器。

① 反馈清零法,遇 $M=100=(0110\quad0100)_2$清零,电路如图 6.18 所示。注意,两片 74161 的$\overline{LD}$端必须接高电平。

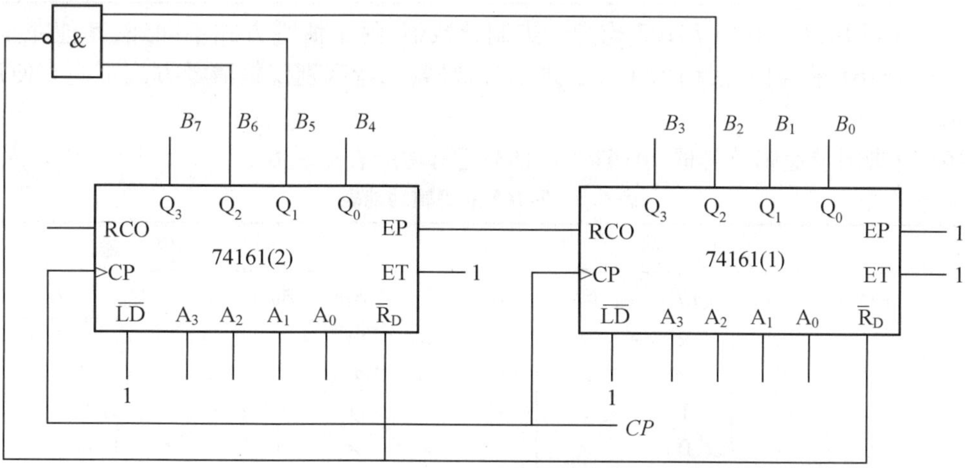

图 6.18　反馈清零法一百进制加法计数器电路图

② 反馈置数法,遇 $M-1=99=(0110\quad0011)_2$置零,电路如图 6.19 所示。注意,两片

74161 的$\overline{R}_D$ 端必须接高电平。

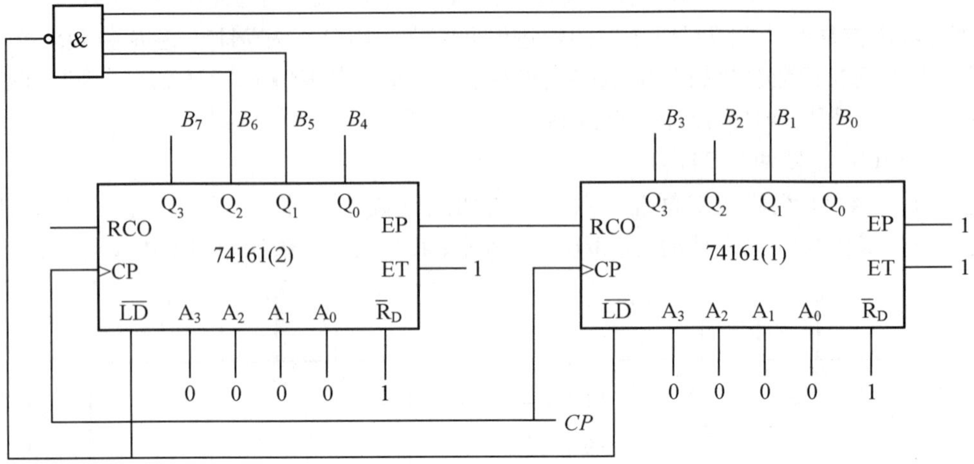

图 6.19　反馈置数法一百进制加法计数器电路图

采用图 6.18 和图 6.19 所示电路设计的一百进制计数器，计数输出从 0000 0000 到 0110 0011 变化，共包括 100 个稳定状态。

在 74 系列计数器中，与 74161 使用方法相近的计数器有 74160，74162 及 74163，它们都是同步加法计数器，区别见表 6.4。

表 6.4　74160～74163 同步加法计数器基本特性

型号	计数规律	清零方式	置数方式	触发方式
74160	十进制计数器	异步清零	同步置数	上升沿计数
74161	4 位二进制计数器	异步清零	同步置数	上升沿计数
74162	十进制计数器	同步清零	同步置数	上升沿计数
74163	4 位二进制计数器	同步清零	同步置数	上升沿计数

由表 6.4 可知，74160 与 74162 均为十进制计数器，除了清零方式不同外，其他完全一致。而 74163 与 74161 最为接近，均为 4 位二进制计数器，二者区别仅是清零方式不同。使用时要注意区别。

74163 引脚图及逻辑符号同 74161。74163 逻辑功能表见表 6.5。

表 6.5　74163 的逻辑功能表

输入									输出			
$\overline{R}_D$	CP	$\overline{LD}$	EP	ET	A_3	A_2	A_1	A_0	Q_3	Q_2	Q_1	Q_0
0	↑	×	×	×	×	×	×	×	0	0	0	0
1	↑	0	×	×	d_3	d_2	d_1	d_0	d_3	d_2	d_1	d_0
1	↑	1	1	1	×	×	×	×	计数			
1	×	1	0	×	×	×	×	×	保持			
1	×	1	×	0	×	×	×	×	保持			

由功能表可知 74163 具有同步清零、同步置数、计数及保持的功能。

6.1.2 十进制可逆计数器 74192

1.74192 功能介绍

74192 是一种常用的十进制同步可逆计数器。74192 引脚图及逻辑符号如图 6.20 所示。74192 采用 DIP16 封装,引脚分为 3 类,即输入引脚、输出引脚及与电源有关引脚。

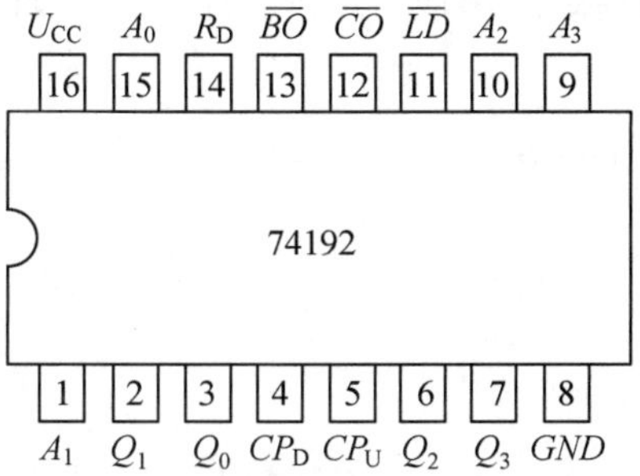

(a) 引脚图

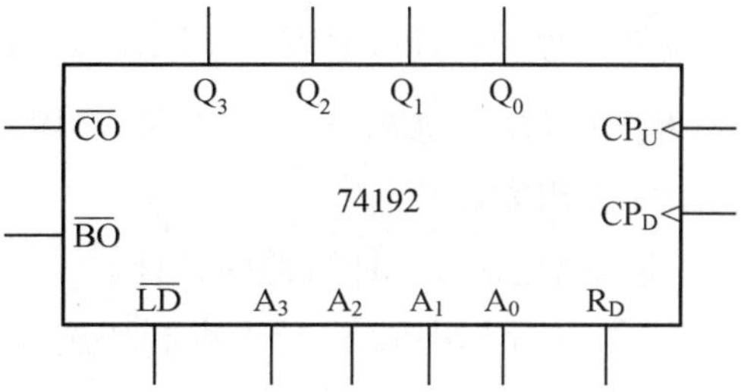

(b) 逻辑符号

图 6.20 74192 引脚图与逻辑符号

引脚功能:

(1)与电源有关引脚。

U_{CC}:+5 V 电源。

GND:接地端。

(2)输入引脚。

$A_3A_2A_1A_0$:预置数据输入端。

$\overline{LD}$:异步置数控制端,低电平有效。

R_D:异步清零控制端,高电平有效。

CP_U:加法计数器计数脉冲输入端,上升沿有效。

CP_D:减法计数器计数脉冲输入端,上升沿有效。

(3)输出引脚。

$\overline{CO}$:加法计数器进位输出端,$\overline{CO}=\overline{Q_3\overline{Q_2}\,\overline{Q_1}Q_0\,\overline{CP_U}}$。

$\overline{BO}$:减法计数器借位输出端,$\overline{BO}=\overline{\overline{Q_3}\,\overline{Q_2}\,\overline{Q_1}\,\overline{Q_0}\,\overline{CP_D}}$。

$Q_3Q_2Q_1Q_0$:计数输出端。

74192 逻辑功能表见表 6.6。

表 6.6 74192 的逻辑功能表

输入								输出			
R_D	$\overline{LD}$	CP_U	CP_D	A_3	A_2	A_1	A_0	Q_3	Q_2	Q_1	Q_0
1	×	×	×	×	×	×	×	0	0	0	0
0	0	×	×	d_3	d_2	d_1	d_0	d_3	d_2	d_1	d_0
0	1	↑	1	×	×	×	×	加法计数			
0	1	1	↑	×	×	×	×	减法计数			
0	1	1	1	×	×	×	×	保持			

由表6.6可知74192具有异步清零、异步置数、加法/减法计数及保持的功能。

①当 $R_D=1$ 时，无论其他输入端为何值，计数器异步清零，即 $Q_3Q_2Q_1Q_0=0000$。

②当 $R_D=0$ 时，$\overline{LD}=0$，将输入端 $A_3A_2A_1A_0$ 的值送到 $Q_3Q_2Q_1Q_0$端，即 $Q_3Q_2Q_1Q_0=d_3d_2d_1d_0$。74192 工作在异步置数状态。

③当 $R_D=0$，$\overline{LD}=1$ 时，如果 $CP_D=1$，CP_U接外部计数脉冲，74192 为加法计数器。如果 $CP_U=1$，CP_D 接外部计数脉冲，74192 为减法计数器。

④当 $R_D=0$，$\overline{LD}=1$，$CP_U=CP_D=1$ 时，74192 处于保持状态。

2.74192 使用方法

(1)十进制加法/减法计数器的设计。

【例6.3】 应用74192设计十进制加法计数器。

解 由表6.6可知，当 R_D，$\overline{LD}$无效(即 $R_D=0$，$\overline{LD}=1$)，$CP_D=1$，CP_U接外部计数脉冲时，74192 为十进制加法计数器。十进制加法计数器电路图和工作波形图分别如图6.21和图6.22所示。

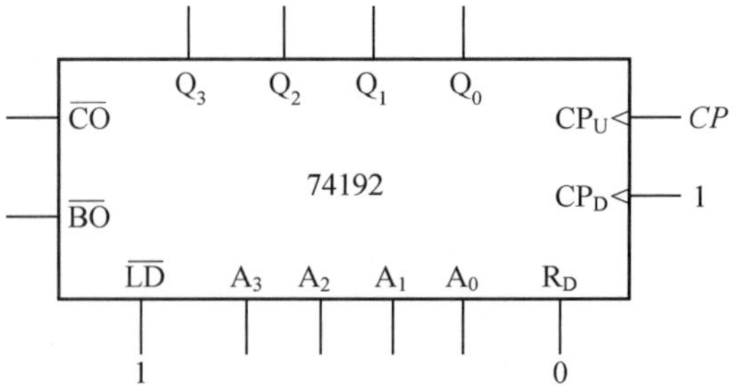

图6.21 十进制加法计数器电路图

【例6.4】 应用74192设计十进制减法计数器。

解 由表6.6可知，当 R_D，$\overline{LD}$无效(即 $R_D=0$，$\overline{LD}=1$)，$CP_U=1$，CP_D 接外部计数脉冲时，74192 为十进制减法计数器。十进制减法计数器电路图和工作波形图分别如图6.23和图6.24所示。

由图6.21和图6.23可知，按照表6.6进行简单连接就可将74192设计成十进制加法计数器和减法计数器。

(2)$M(2\leqslant M\leqslant 9)$进制加法/减法计数器的设计。

74192是十进制可逆计数器，本身带有异步清零控制端 R_D 和异步置数控制端$\overline{LD}$。可采用反馈清零法或反馈置数法设计二至十之间任意进制的计数器。

【例6.5】 用74192设计一个六进制同步加法计数器。

解 六进制计数器，即 $M=6$，应该有6个稳定状态，而74192本身有10个稳定状态，只要任选其中连续的6个状态，就可以构成六进制加法计数器。设初始状态 $Q_3Q_2Q_1Q_0=0000$，选择前6个稳定状态 0000~0101 构成六进制加法计数器。

采用反馈清零法设计的六进制加法计数器电路如图6.25所示。由于74192异步清零端

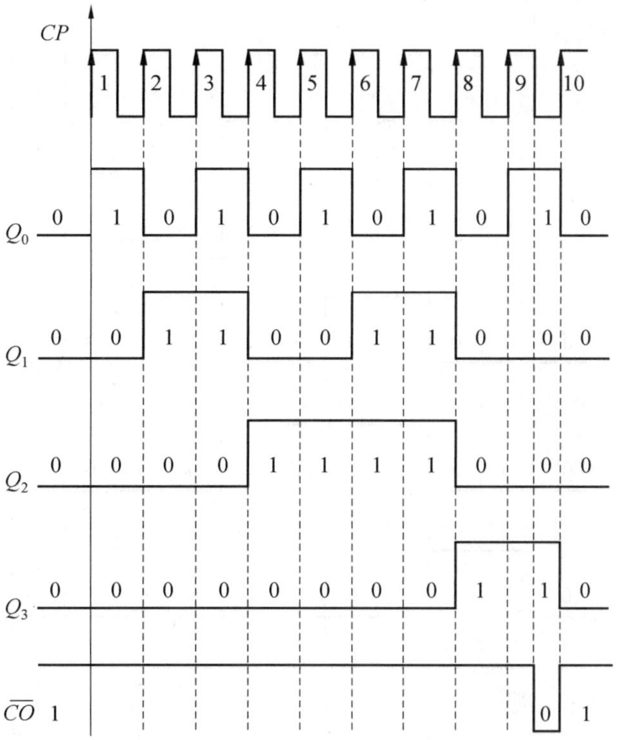

图 6.22　十进制加法计数器工作波形图

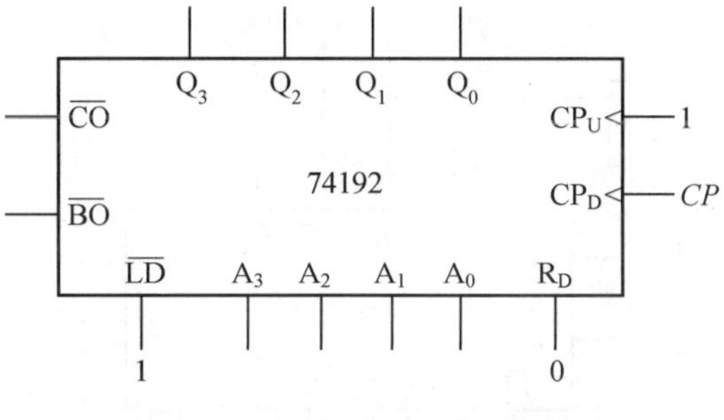

图 6.23　十进制减法计数器电路图

R_D 高电平有效,故反馈识别门选用与门,每当计数器计到 $Q_3Q_2Q_1Q_0=0110$ 时,与门输出高电平,即异步清零端 R_D 有效,$Q_3Q_2Q_1Q_0=0000$。

采用反馈置数法设计的六进制加法计数器电路如图 6.26 所示。由于 74192 异步置数控制端$\overline{LD}$低电平有效,故反馈识别门选用与非门,每当计数器计到 $Q_3Q_2Q_1Q_0=0110$ 时,与非门输出低电平,即异步置数端$\overline{LD}$有效,$A_3 \sim A_0$输入端的数据置入计数器,即 $Q_3Q_2Q_1Q_0=0000$。

图 6.25 和图 6.26 所示电路均采用简化设计方法,其状态表和状态图略。

【例 6.6】　用 74192 设计一个八进制同步减法计数器。

解　8 进制减法计数器,即 $M=8$,应该有 8 个稳定状态。

方法一:设初始状态 $Q_3Q_2Q_1Q_0=0000$,则选择 8 个稳定状态 0000 和后 7 个状态 1001 ~ 0011 来设计八进制减法计数器。采用反馈清零法设计的八进制减法计数器电路如图6.27(a)

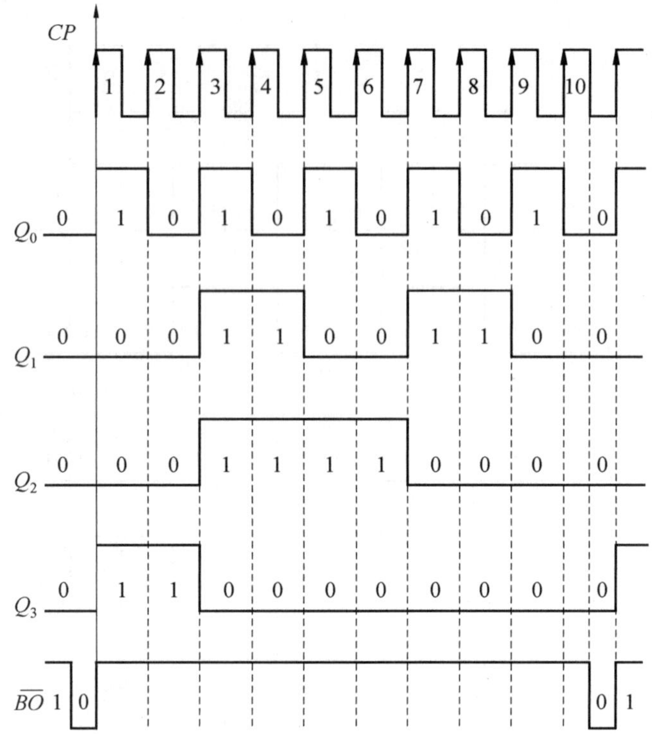

图 6.24 十进制减法计数器工作波形图

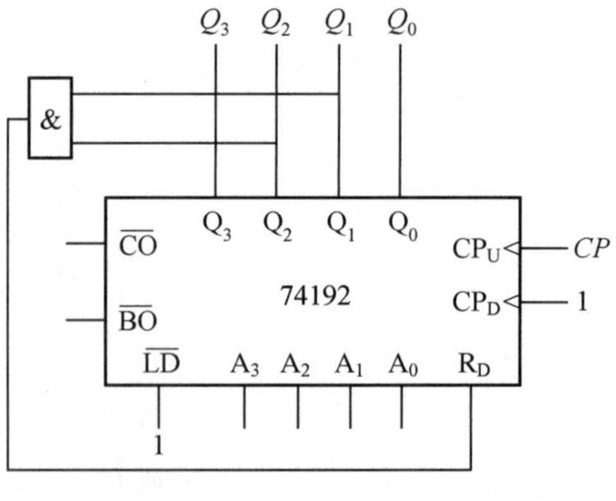

图 6.25 反馈清零法构成的六进制加法计数器电路图

所示。状态 0010 作为反馈电路的输入端,即遇 0010 状态计数器清零。其状态图如图6.27(b)所示。此时电路设计不能简化。

方法二:设初始状态 $Q_3Q_2Q_1Q_0=0000$,则选择 8 个稳定状态 0111 ~0000 构成八进制减法计数器。采用反馈置数法设计的 8 进制减法计数器电路如图 6.28(a)所示。状态 1001 作为反馈电路的输入端,即遇 1001 状态计数器置初值 0111。状态图如图 6.28(b)所示。

由于 74192 是异步清零和异步置数,所以用其构成 $M(2\leqslant M\leqslant 9)$进制加法/减法计数器时,计数器输出波形均会有“毛刺”产生。

(3)$M(M>10)$进制加法/减法计数器的设计。

当 $M>10$ 时需要用多片 74192 级联,设计方法与 74161 类似。

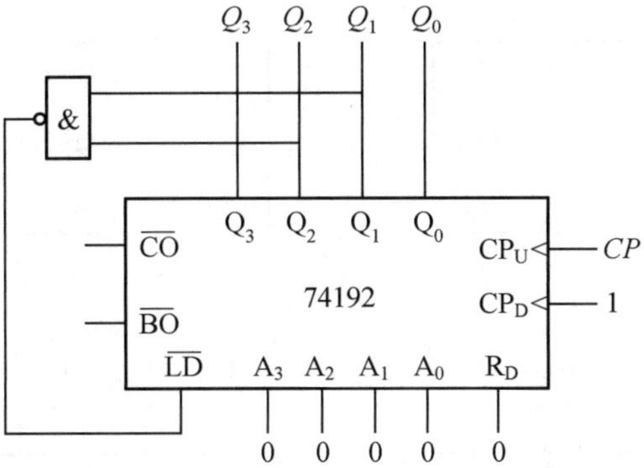

图 6.26　反馈置数法构成的六进制加法计数器电路图

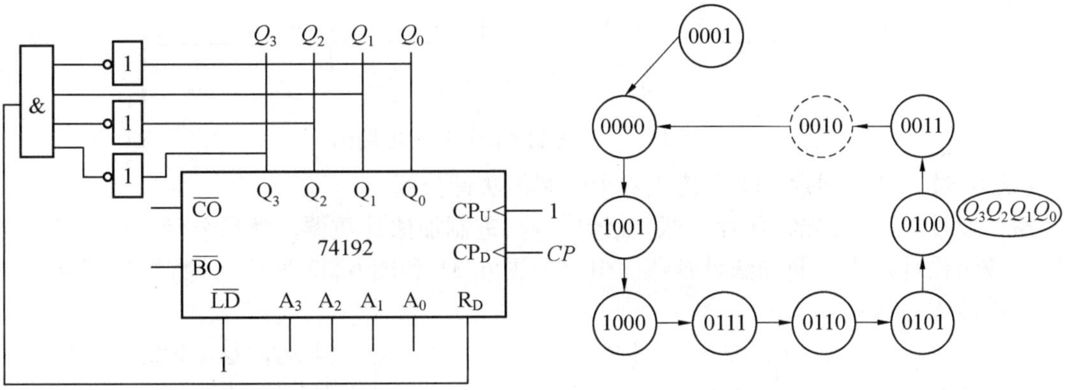

(a) 电路图　　(b) 状态图

图 6.27　反馈清零法构成的八进制减法计数器电路图和状态图

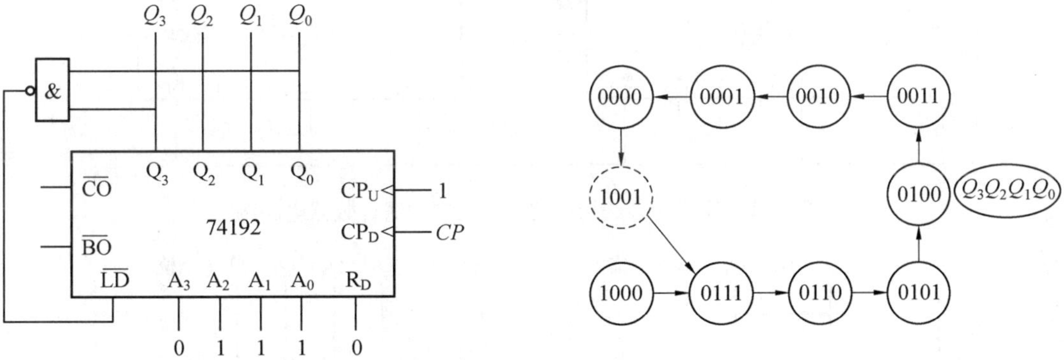

(a) 电路图　　(b) 状态图

图 6.28　反馈置数法构成的八进制减法计数器电路图和状态图

【例 6.7】　试用两片 74192 分别构成一百进制加法计数器和减法计数器。

解　设计思路：第一片 74192 接成十进制加法/减法计数器，然后将第一片的 $\overline{CO}$ 或 $\overline{BO}$ 接到第二片的 CP_U 或 CP_D 上，做为第二片的输入脉冲。第二片的 $\overline{LD}$、R_D 接法同第一片。电路分别如图 6.29 和图 6.30 所示。

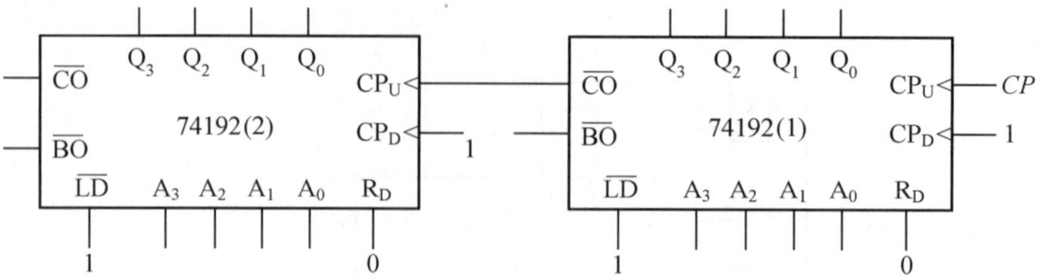

图 6. 29　一百进制加法计数器电路图

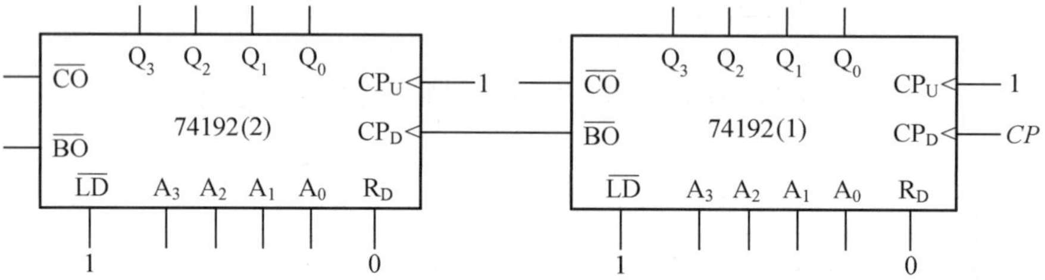

图 6. 30　一百进制减法计数器电路图

【例 6. 8】　试用两片 74192 构成六十进制加法计数器。

解　设计思路:首先将两片级联,设计成一百进制加法计数器。然后分别采用反馈清零或反馈置数法设计六十进制加法计数器。电路如图 6. 31 和图 6. 32 所示,计数器选用 0 ~ 59 状态,遇 60 清零/置数。

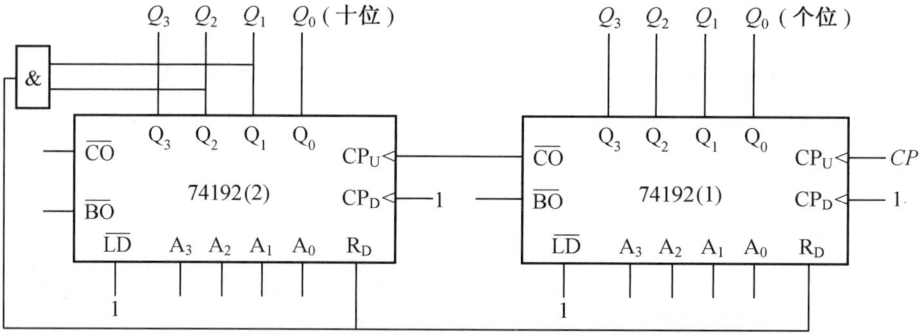

图 6. 31　反馈清零法构成的六十进制加法计数器电路图

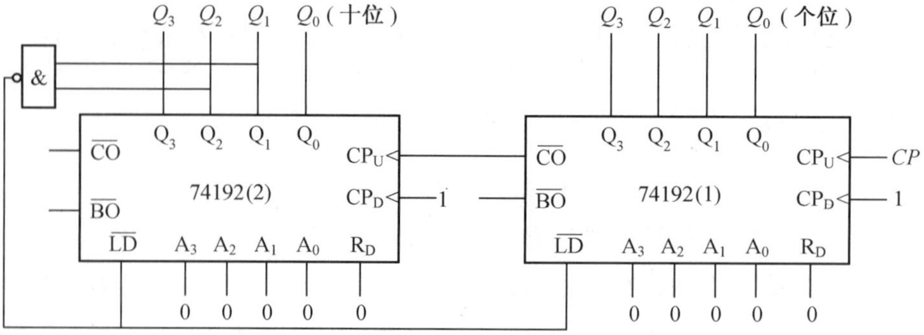

图 6. 32　反馈置数法构成的六十进制加法计数器电路图

【例 6.9】 试用两片 74192 构成六十进制减法计数器。

解 设计思路:减法计数器的设计与加法有所不同。采用反馈置数法时,可选用 59 ~ 0,遇 99 置 59。电路如图 6.33 所示。

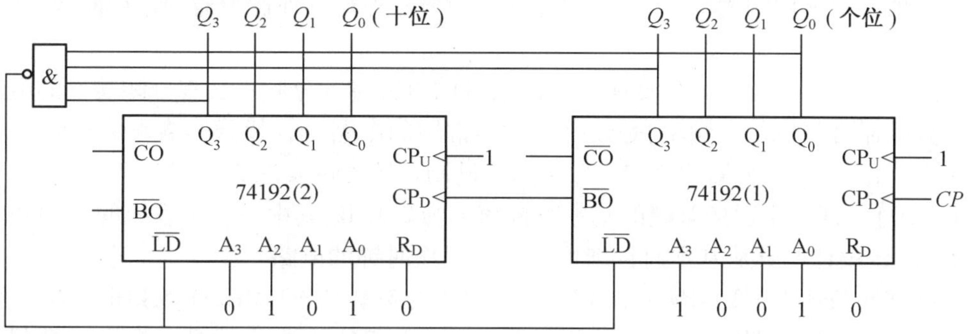

图 6.33　反馈置数法构成的六十进制减法计数器电路图

采用反馈清零法时,选用 0,99,98,…,41 共 60 个状态,遇 40 清零。电路如图 6.34 所示。此电路也不可以简化设计。

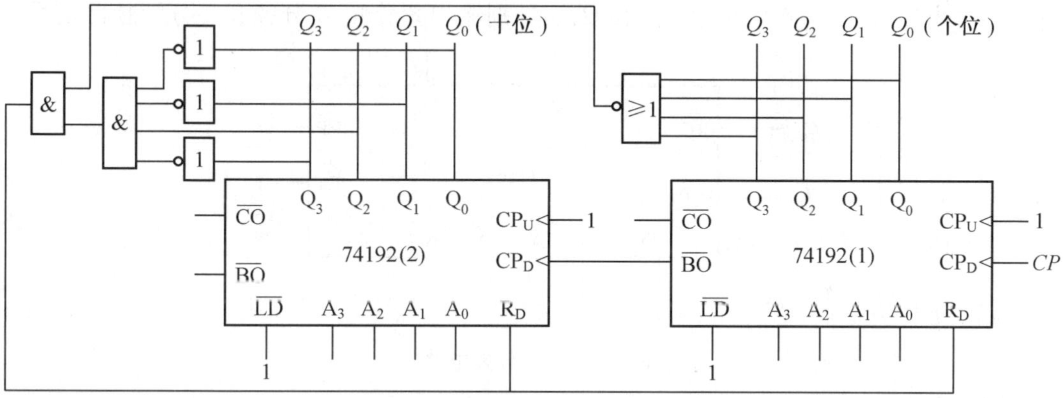

图 6.34　反馈清零法构成的六十进制减法计数器电路图

在 74 系列计数器中,与 74192 使用方法相近的计数器有 74190,74191 及 74193,它们都是同步可逆计数器,其基本特性见表 6.7。

表 6.7　74190 ~ 74193 同步可逆计数器基本特性

型号	计数规律	清零方式	置数方式	触发方式
74190	十进制可逆计数器	—	异步置数	上升沿计数
74191	4 位二进制可逆计数器	—	异步置数	上升沿计数
74192	十进制可逆计数器	异步清零	异步置数	上升沿计数
74193	4 位二进制可逆计数器	异步清零	异步置数	上升沿计数

由表 6.7 可知,74192 与 74190 最为接近,其中 74190 没有清零输入端,且仅有单脉冲输入端。而 74191 和 74193 均为 4 位二进制可逆计数器,二者区别与 74190 和 74192 的区别相同。使用时要注意区别。

6.1.3 计数器的应用

数字系统中计数器的应用十分广泛。其中分频器、定时器、脉冲分配器及序列信号发生器是数字通信系统中常用的逻辑部件,它们通常由计数器外加其他逻辑器件设计而成。

1. 分频器

由较高频率输入信号得到较低频率输出信号的过程称为分频。具有分频功能的电路称为分频器。分频器可降低信号频率,是数字系统中常用的电路。分频器的输入信号频率f_{in}和输出信号频率f_{out}之比称为分频比N,$N=f_{in}/f_{out}$,N进制计数器可实现N分频。

【例 6.10】 某数字通信系统的基本时钟频率为 2 MHz,其中一个子系统的时钟频率要求为 125 kHz。试设计能够从基本时钟产生子系统工作时钟的电路。

解 由已知条件$f_{in}=2$ MHz,$f_{out}=125$ kHz,可得分频比$N=2$ MHz/125 kHz$=16$。因此,设计一个十六进制计数器即可满足 16 分频的要求。由于 74161 本身就是一个十六进制的计数器,每计 16 个脉冲由 *RCO* 输出一个进位脉冲,即 *RCO* 输出的脉冲频率为 125 kHz,所以将 *RCO* 作为电路输出即可。16 分频电路如图 6.35 所示。

由图 6.35 可知,该电路为十六进制计数器,故Q_3端也可作为 16 分频脉冲信号的输出端,*RCO* 与Q_3的输出波形不同。从Q_2,Q_1和Q_0端分别输出 8 分频、4 分频和 2 分频脉冲信号。

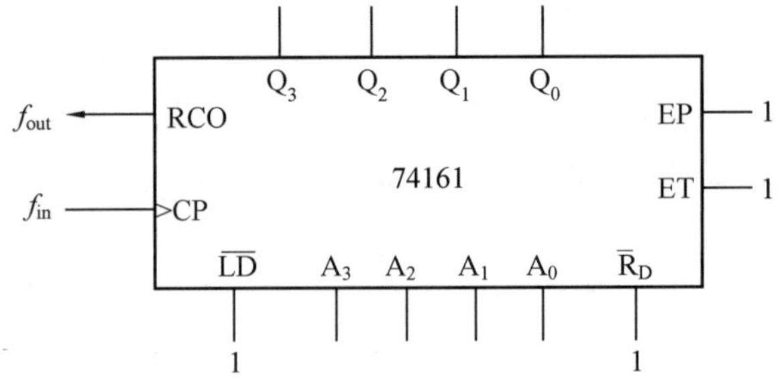

图 6.35 16 分频电路

2. 定时器

定时器通过对基准时钟脉冲进行计数来实现定时功能,故定时器在本质上也是计数器。设基准时钟脉冲频率为 1 Hz,即该时钟脉冲周期为 1 s。对于一个六十进制计数器,秒脉冲作为 *CP* 输入端,计数器每计 60 个脉冲就可实现 1 min 的定时。

3. 顺序脉冲发生器

在一些数字系统中,有时系统需要按照事先规定的顺序进行一系列操作,要求系统控制部分输出一组顺序脉冲信号,再用这组脉冲形成所需要的控制信号。顺序脉冲发生器就是用来产生这样一组顺序脉冲信号的电路。通常,利用计数器和译码器,可以方便地产生一组顺序脉冲信号。详见例 6.14。

4. 周期序列信号发生器

在数字信号的传输和数字系统的测试中,有时还需要产生一组特定的串行数字信号。通常把这组串行数字信号称为序列信号。产生序列信号的电路称为序列信号发生器。

利用计数器的状态循环特性和数据选择器(或其他组合逻辑器件),可以实现计数型周期序列发生器。详见例 6.15。

6.2　寄存器与移位寄存器

由第 5 章可知，寄存器和移位寄存器是时序逻辑电路的常用电路，是一种用来暂存数据的逻辑器件。两者的共同之处是具有暂存数据的记忆功能，不同之处是移位寄存器还具有移位功能。

一个触发器存储一位二进制代码，存储 n 位二进制代码的寄存器就需要 n 个触发器。

6.2.1　寄存器

寄存器能够接收、存放和传送数据。各种类型的集成触发器都具有接收（清零置数）、记忆（保持）和传送（读出）的功能，它们均可构成寄存器。集成寄存器常用 D 触发器构成。

74175 是由 D 触发器构成的 4 位集成寄存器，其引脚图及逻辑符号如图 6.36 所示。74175 采用 DIP16 封装，引脚分为 3 类，即输入引脚、输出引脚及与电源有关引脚。

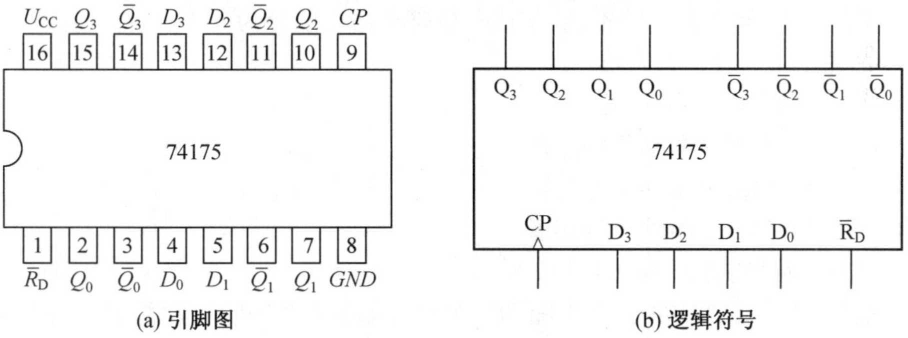

图 6.36　74LS175 引脚图与逻辑符号

引脚功能：

（1）与电源有关引脚。

U_{CC}：+5 V 电源。

GND：接地端。

（2）输入引脚。

$D_3D_2D_1D_0$：数据输入端。

$\overline{R}_D$：清零/置数控制端。低电平时异步清零，高电平时同步置数。

CP：同步时钟脉冲输入端。

（3）输出引脚。

$Q_3Q_2Q_1Q_0$：并行数据输出端。

$\overline{Q}_3\overline{Q}_2\overline{Q}_1\overline{Q}_0$：反相数据输出端。

74175 逻辑功能表见表 6.8。

表 6.8　74175 的逻辑功能表

输入						输出			
$\overline{R}_D$	CP	D_3	D_2	D_1	D_0	Q_3	Q_2	Q_1	Q_0
0	×	×	×	×	×	0	0	0	0
1	↑	d_3	d_2	d_1	d_0	d_3	d_2	d_1	d_0
1	1	×	×	×	×	保持			
1	0	×	×	×	×	保持			

由表 6.8 可知,74175 具有异步清零、同步置数及保持功能。同步置数(即存储)的基本工作过程:将需要存储的 4 位二进制数送到数据输入端 $D_3D_2D_1D_0$,$\overline{R}_D=1$,此时在 CP 端送入一个时钟脉冲,脉冲上升沿作用时,4 位二进制数并行地送到 4 个触发器的输出端 $Q_3Q_2Q_1Q_0$。

6.2.2　移位寄存器

移位寄存器除了具有寄存数据的功能外,还可以在时钟脉冲的控制下,实现数据的移位。根据移位寄存器输入、输出方式的不同,集成移位寄存器可以分为 5 类:

(1)串入-并出单向移位寄存器。

(2)串入-串出单向移位寄存器。

(3)串入、并入-串出单向移位寄存器。

(4)串入、并入-并出单向移位寄存器。

(5)串入、并入-并出双向移位寄存器。

1. 4/8 位双向移位寄存器 74194/74198

4 位双向移位寄存器 74194 的引脚图和逻辑符号如图 6.37 所示,功能表见表 6.9。

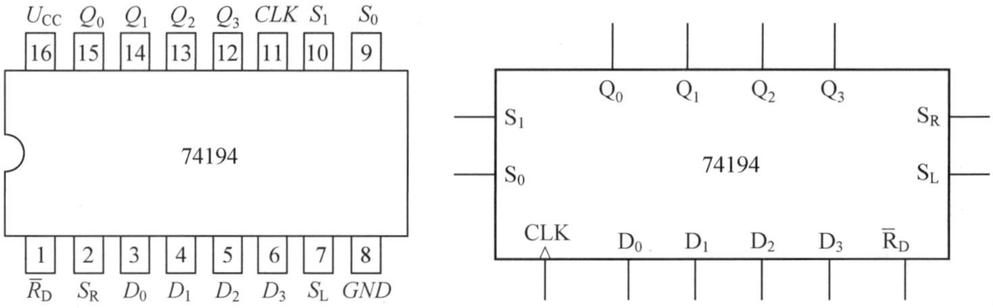

(a) 引脚图　　(b) 逻辑符号

图 6.37　双向移位寄存器 74194 的引脚图和逻辑符号

74194 有 4 个并行数据输入端 D_3,D_2,D_1和 D_0,两个串行数据输入端 S_L 和 S_R,还有两个模式控制输入端 S_1和 S_0,它们的组合可以完成 4 种控制功能,其中左移和右移两项是指串行输入,数据分别从左移输入端 S_L 和右移输入端 S_R送入寄存器,$\overline{R}_D$ 是异步清零输入端。Q_3,Q_2,Q_1和 Q_0为并行输出端。CLK 为时钟脉冲输入端。74194 共有 5 种工作模式:同步置数、同步右移、同步左移、数据保持及异步清零。

表 6.9　74194 双向移位寄存器的功能表

$\overline{R}_D$	S_1	S_0	CLK	功能描述
0	×	×	×	异步清零
1	0	0	×	保持
1	0	1	↑	同步右移,串行输入 S_R
1	1	0	↑	同步左移,串行输入 S_L
1	1	1	↑	同步置数 $D_n \to Q_n$

74198 是 8 位串入、并入-并出双向移位寄存器,其逻辑符号如图 6.38 所示,其功能表见表 6.10。74198 采用 DIP24 封装。

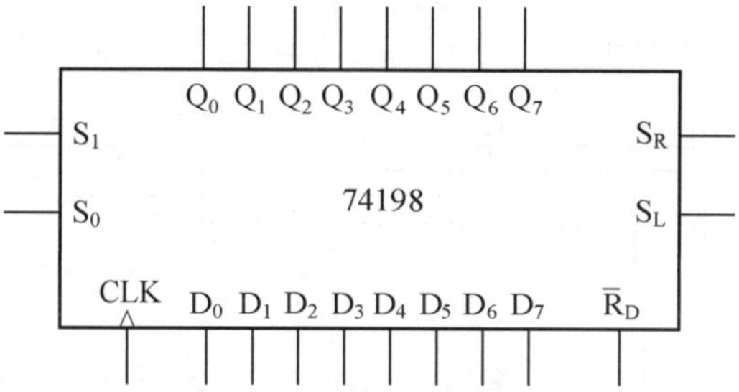

图 6.38　74198 逻辑符号

表 6.10　8 位双向移位寄存器 74198 的功能表

$\overline{R}_D$	S_1	S_0	CLK	功能描述
0	×	×	×	异步清零
1	0	0	×	保持
1	0	1	↑	同步右移,串行输入 S_R
1	1	0	↑	同步左移,串行输入 S_L
1	1	1	↑	同步置数 $D_n \to Q_n$

引脚功能:

(1)与电源有关引脚。

U_{CC}:+5 V 电源。

GND:接地端。

(2) 输入引脚。

$D_7 \sim D_0$:并行数据输入端。

S_R:右移串行数据输入端。

S_L:左移串行数据输入端。

CLK:时钟脉冲输入端。

$\overline{R}_D$:异步清零端,低电平有效。

S_1, S_0:功能控制输入端。

(3)输出引脚。

$Q_7 \sim Q_0$:并行数据输出端。

由功能表可见,74198 具有并行送数寄存、同步右移、同步左移、数据保持及异步清零共 5 种工作模式。

74194是4位串入、并入-并出双向移位寄存器,除了位数与74198不同外,其使用方法与74198完全相同。两片74194级联可构成8位双向移位寄存器,电路连接图如图6.39所示。连接方法很简单,只需将74194(2)的Q_3接至74194(1)的S_R端,而将74194(1)的Q_0接至74194(2)的S_L端,再将两片的S_1,S_0,CLK,$\overline{R}_D$分别并联即可。采用同样方法,可以将两片74198级联构成16位双向移位寄存器,电路连接图略。

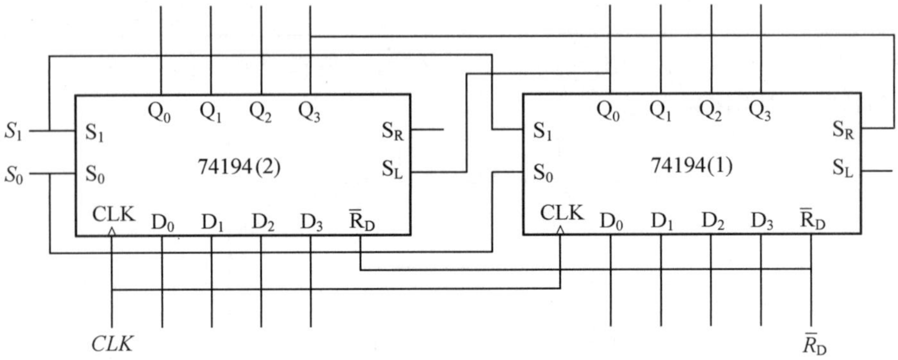

图6.39　两片74194级联构成8位双向移位寄存器

2. **串入-并出8位移位寄存器74164**

74164是串入-并出8位移位寄存器,其引脚图及逻辑符号如图6.40所示,其功能表见表6.11。74164采用DIP14封装。

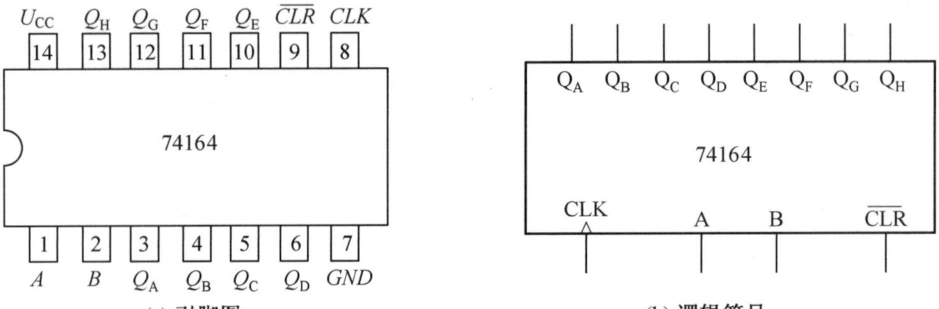

(a) 引脚图　　(b) 逻辑符号

图6.40　74164引脚图与逻辑符号

表6.11　74164逻辑功能表

输入				输出				功能描述
$\overline{CLR}$	CLK	A	B	Q_A	Q_B	…	Q_H	
0	×	×	×	0	0	…	0	异步清零
1	0	×	×	Q_A	Q_B	…	Q_H	保持
1	↑	1	1	1	Q_A	…	Q_G	补1右移
1	↑	0	×	0	Q_A	…	Q_G	补0右移
1	↑	×	0	0	Q_A	…	Q_G	补0右移

引脚功能:

(1)与电源有关引脚。

U_{CC}:+5 V 电源。

GND:接地端。

(2)输入引脚。

A,B:功能控制输入端。

CLK:时钟脉冲输入端。

$\overline{CLR}$:异步清零端。

(3)输出引脚。

$Q_A \sim Q_H$:并行数据输出端。

在单片机系统设计中,常常在单片机的串行口外接一片 74164,来实现串口到并口的转换。

3. 并入-串出 8 位移位寄存器 74165

74165 是并行输入-互补串行输出的 8 位移位寄存器,其逻辑符号如图 6.41 所示,其功能见表 6.12。74165 采用 DIP16 封装。

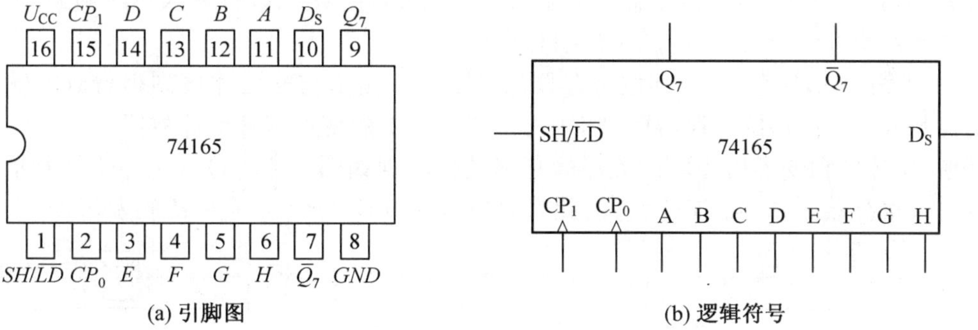

图 6.41　74165 引脚图与逻辑符号

引脚功能:

(1)与电源有关引脚。

U_{CC}:+5 V 电源。

GND:接地端。

(2)输入引脚。

$A \sim H$:8 位并行数据输入端。

CP_1、CP_0:时钟脉冲输入端。

D_S:串行数据输入端。

$SH/\overline{LD}$:移位/置数控制端。

(3)输出引脚。

Q_7:串行数据输出端。

$\overline{Q}_7$:串行数据互补输出端。

表 6.12　74165 逻辑功能表

输入					内部输出				输出	功能描述
$SH/\overline{LD}$	CP_1	CP_0	D_S	$A\cdots H$	Q_0	Q_1	…	Q_6	Q_7	
0	×	×	×	$d_0\cdots d_7$	d_0	d_1	…	d_6	d_7	异步置数
1	1	×	×	×…×	Q_0	Q_1	…	Q_6	Q_7	保持
1	0	↑	1	×…×	1	Q_0	…	Q_5	Q_6	补 1 右移
1	0	↑	0	×…×	0	Q_0	…	Q_5	Q_6	补 0 右移

在单片机系统设计中，通过单片机的串行口外接一片 74165，可实现并口到串口的转换。

4. 移位寄存器的应用

移位寄存器可以构成移位型计数器。移位型计数器可分为三种类型：环形计数器、扭环形计数器和变形扭环形计数器。

（1）环形计数器：将移位寄存器的末级输出直接连接到串行输入端所构成的计数器。N 位移位寄存器可以构成模值为 N 的环形计数器。

（2）扭环形计数器：将移位寄存器的末级输出取反后连接到串行输入端所构成的计数器。N 位移位寄存器可以构成模值为 $2N$ 的扭环形计数器。

（3）变形扭环形计数器：将移位寄存器的最末两级输出与非后连接到串行数据输入端所构成的计数器。N 位移位寄存器可以构成模值为 $2N-1$ 的变形扭环形计数器。

环形、扭环形和变形扭环形计数器的基本结构分别如图 6.42（a）、（b）和（c）所示。图中所示的移位寄存器是右移的工作模式，此时 Q_0 是首级触发器，Q_{n-1} 是末级触发器。

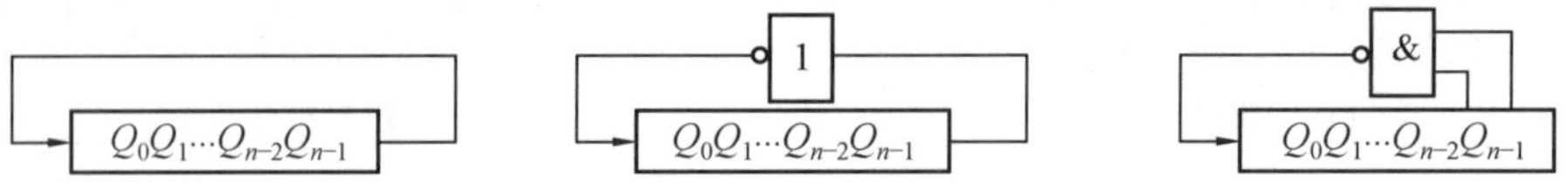

(a) 环形计数器　(b) 扭环形计数器　(c) 变形扭环形计数器

图 6.42　移位计数器的基本结构

【例 6.11】　用 74194 分别构成四进制环形计数器、八进制扭环形计数器和七进制变形扭环形计数器。

解　（1）四进制环形计数器

74194 为 4 位移位寄存器，用其构成右移形四进制环形计数器的状态图和电路图如图 6.43 所示。其中末级输出端 Q_3 连接到右移输入端 S_R。电路工作时，首先在 S_1 端加一个正脉冲，此时 $S_1S_0=11$，74194 在 CP 脉冲上升沿时，将并行数据输入端 $D_0D_1D_2D_3$ 的 4 位二进制数 1000 送到 74194 的并行输出端 $Q_0Q_1Q_2Q_3$，即将 74194 的初始状态设置为 1000。此后，S_1 端一直为低电平，即 $S_1S_0=01$，74194 一直工作在右移方式。

（2）八进制扭环形计数器

设 74194 的初始状态为 0000，则 74194 构成右移形八进制扭环形计数器的状态图和电路图如图 6.44 所示。其中末级输出端 Q_3 经非门后连接到右移输入端 S_R。电路工作时，首先在 R_D 端加一个负脉冲，将 74194 的初始状态设置为 0000。此后，R_D 端一直为高电平，由于 $S_1S_0=01$，74194 一直工作在右移方式。

（3）七进制变形扭环形计数器

设 74194 的初始状态为 1000，则 74194 构成右移形七进制变形扭环形计数器的状态图和

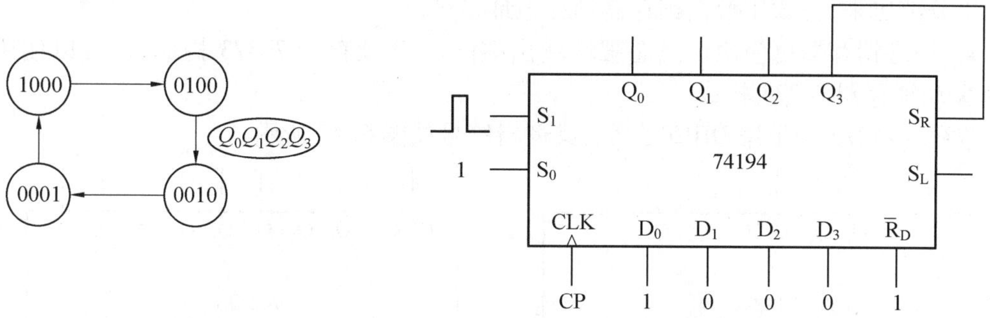

(a) 环形计数器状态图　　(b) 环形计数器电路图

图 6. 43　74194 构成的右移形四进制环形计数器

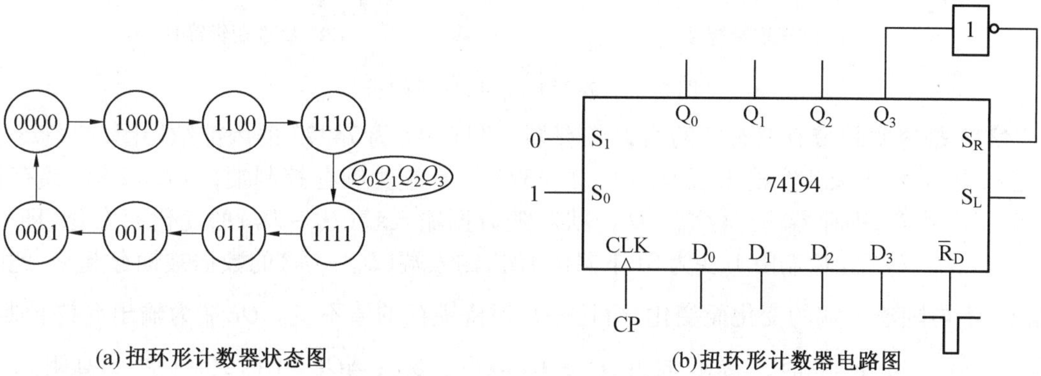

(a) 扭环形计数器状态图　　(b)扭环形计数器电路图

图 6. 44　74194 构成的右移形八进制扭环形计数器

电路图如图6. 45 所示。其中最末两级输出端 Q_2、Q_3 经与非门后连接到右移输入端 S_R。电路工作时，首先在 S_1 端加一个正脉冲，将 74194 的初始状态设置为 1000。此后，由于 $S_1S_0=01$，74194 一直工作在右移方式。

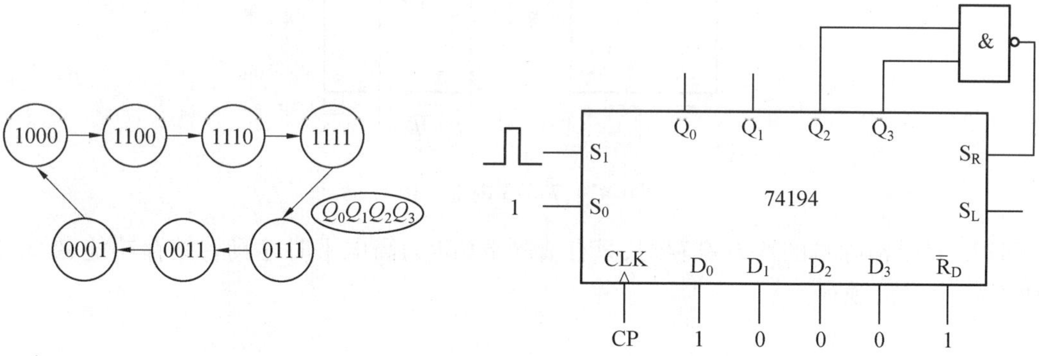

(a) 变形扭环形计数器状态图　　(b) 变形扭环形计数器电路图

图 6. 45　74194 构成的右移形七进制变形扭环形计数器

6.3　数据锁存器

微处理器的数据总线和地址总线一般采用分时复用方法设计，为了将地址信号从地址/数据总线中分离出来，必须用数据锁存器锁存地址信号。

通常，地址锁存器可使用带三态缓冲输出端的八 D 锁存器 74373 构成，也可以使用带清除端的八 D 锁存器 74273 构成。

74373 和 74273 均采用 DIP20 封装，其逻辑符号如图 6.46 所示。

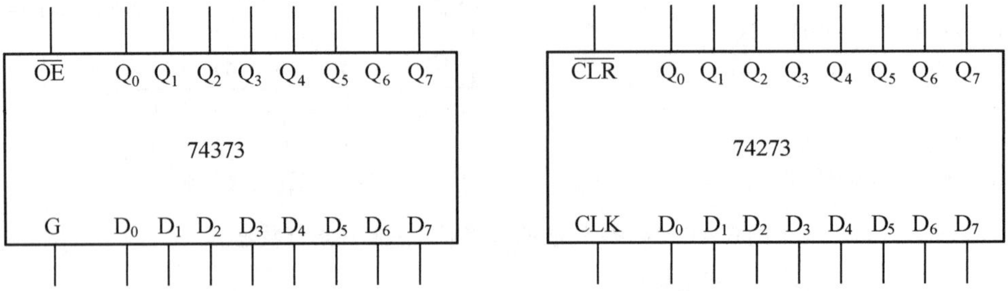

(a) 74373 逻辑符号　　(b) 74273 逻辑符号

图 6.46　74373 和 74273 逻辑符号

74373 是透明的带有三态门的八 D 锁存器。图 6.47 为 74373 的内部结构图。74373 共有 8 个输入端 $D_0 \sim D_7$ 及 8 个输出端 $Q_0 \sim Q_7$。74373 的 G 端为锁存控制端，当 $G=1$ 时，锁存器处于透明工作状态，锁存器输出（$Q'_0 \sim Q'_7$）状态随数据输入端（$D_0 \sim D_7$）的变化而变化，即 $Q'_i = D_i(i=0,1,\cdots,7)$；当 G 端由 1 变为 0（下降沿）时，输入端（$D_0 \sim D_7$）的数据被锁存起来，此时输出端 Q'_i 不再随输入端的变化而变化，而是一直保持锁存的值不变。$\overline{OE}$ 端为输出允许控制端，低电平有效。当 $\overline{OE}=0$ 时，三态门打开，$Q_0 \sim Q_7 = Q'_0 \sim Q'_7$；当 $\overline{OE}=1$ 时，$Q_0 \sim Q_7$ 为高阻态。

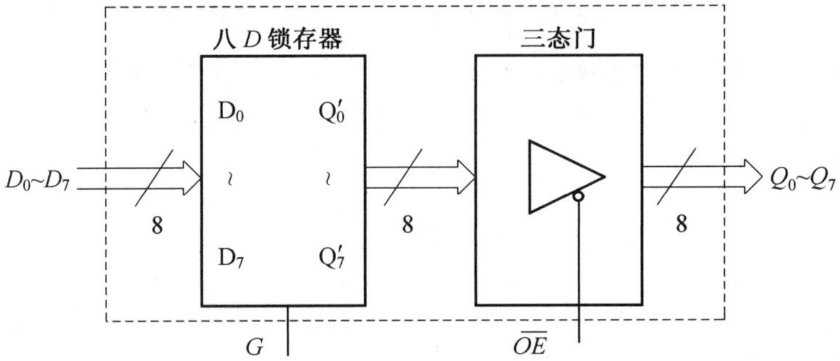

图 6.47　74373 内部结构图

74273 是带清除端的八 D 锁存器，只有清除端 $\overline{CLR}$ 为高电平时才具有锁存功能，锁存控制端为 CLK，上升沿锁存。

6.4　模块级时序逻辑电路的分析

由第 5 章可知，对触发器级的时序逻辑电路可按步骤逐步进行分析，最后确定出电路的功能。采用同样方法对模块级时序电路分析则是相当困难的，下面通过几个例子介绍模块级时序逻辑电路的分析方法。

【例 6.12】　已知电路如图 6.48 所示，试分析其逻辑功能。

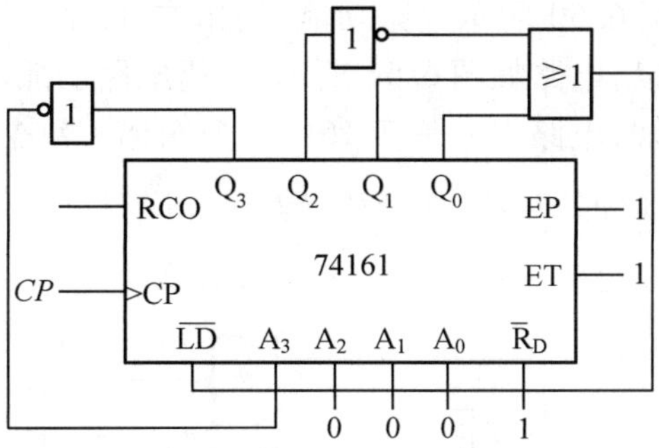

图 6.48　例 6.12 电路图

解　电路由一片 74161、一个三输入或门和两个非门组成，$EP=ET=1$，$\overline{R}_D=1$，$\overline{LD}=\overline{Q}_2+Q_1+Q_0$，$A_3A_2A_1A_0=\overline{Q}_3000$，$Q_3Q_2Q_1Q_0$为计数输出端。

设电路的初始状态为 0000 状态，计数器的值在每个 CP 上升沿时加 1，当计数值计到 0100 时，$\overline{LD}=\overline{Q}_2+Q_1+Q_0=0$，在下一个 CP 上升沿到来时，计数值由 0100 变为 1000。然后，计数器继续计数，即计数器的值在每个 CP 上升沿时继续加 1，当计数值计到 1100 时，$\overline{LD}=\overline{Q}_2+Q_1+Q_0=0$，在下一个 CP 上升沿到来时，计数值由 1100 又变为初始状态 0000。由上述分析可列出状态转换表，见表 6.13。对表 6.13 分析可知，该电路是一个 5421BCD 计数器。其状态图如图 6.49 所示。

表 6.13　状态转换表

计数顺序	电路状态			
CP	Q_3	Q_2	Q_1	Q_0
0	0	0	0	0
1	0	0	0	1
2	0	0	1	0
3	0	0	1	1
4	0	1	0	0
5	1	0	0	0
6	1	0	0	1
7	1	0	1	0
8	1	0	1	1
9	1	1	0	0

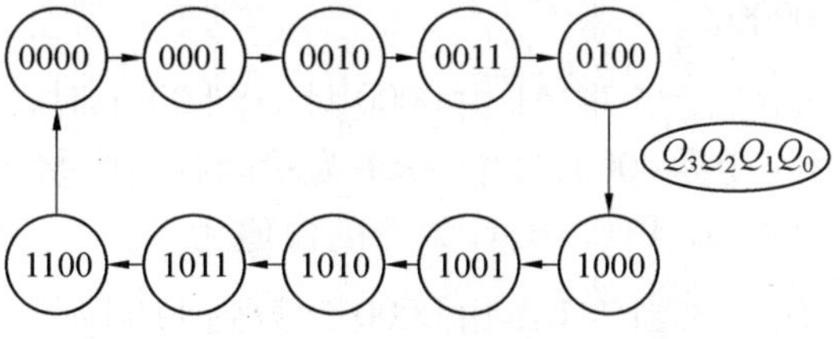

图 6.49　5421BCD 计数器状态图

【例 6.13】 (1)分析图 6.50 所示电路功能,给出在 AB 控制下,计数器的模值分别为多少。(2)用 74163 替换 74161,电路如图 6.51 所示,分析电路功能。

解 (1)由图 6.50 可知,电路由一片 74161、一个四选一数据选择器和三个门电路组成。当数据选择器输出端 Y 为“1”时,74161 的 $EP=ET=1$、$\overline{LD}=1$、$\overline{R}_D=Y=1$,74161 正常计数;而当数据选择器输出端 Y 为“0”时,$\overline{R}_D=Y=0$,74161 立即清零。

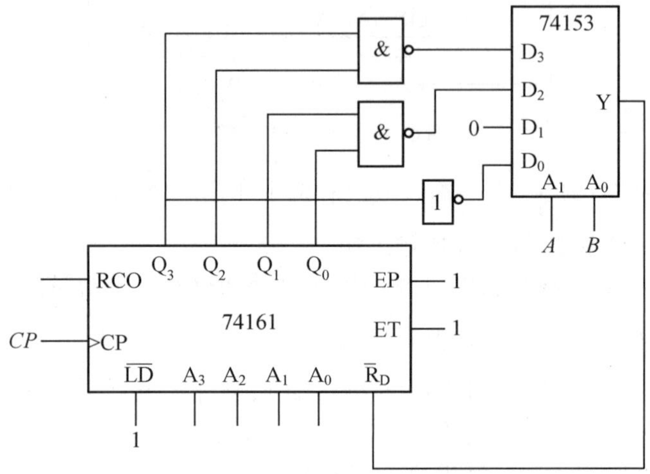

图 6.50 例 6.13 电路图

由已知可知,计数器的模值由 AB 控制,AB 与数据选择器输出端 Y 的关系由表 6.14 所示。

表 6.14 AB 与 Y 的关系

A	B	Y
0	0	$D_0=\overline{Q}_3$
0	1	$D_1=0$
1	0	$D_2=\overline{Q_1Q_0}$
1	1	$D_3=\overline{Q_3Q_2}$

设 74161 初始状态为 0000,由表 6.14 可知:

①$AB=00$ 时,$Y=D_0=\overline{Q}_3$。当 74161 由 0000 计数到 1000 时,$Q_3=1$,则 $\overline{R}_D=Y=0$,由于 74161 为异步清零,计数值由 1000 瞬间变为 0000,其中 1000 为瞬间存在的状态。所以,当 $AB=00$ 时,计数器有 8 种稳定状态:0000、0001、……0110 和 0111,模值为 8。

②$AB=01$ 时,$Y=D_1=0$,则 $\overline{R}_D=Y=0$。74161 始终处于异步清零状态。所以,当 $AB=01$ 时,74161 不计数,输出为 0000。

③$AB=10$ 时,$Y=D_2=\overline{Q_1Q_0}$。当 74161 由 0000 计数到 0011 时,即 Q_1 与 Q_0 同时为 1,则 $\overline{R}_D=Y=0$。计数值由 0011 瞬间变为 0000,其中 0011 为瞬间存在的状态。所以,当 $AB=10$ 时,计数器有 3 种稳定状态:0000、0001 和 0010,计数器的模值为 3。

④$AB=11$ 时,$Y=D_3=\overline{Q_3Q_2}$。当 74161 由 0000 计数到 1100 时,即 Q_3 与 Q_2 同时为 1,则 $\overline{R}_D=Y=0$。计数值由 1100 瞬间变为 0000,其中 1100 为瞬间存在的状态。所以,当 $AB=11$ 时,计数器有 12 种稳定状态:0000、0001、……1010 和 1011,计数器的模值为 12。

因此,该电路可实现模值分别为 8、3、12 的计数,当 $AB=01$ 时,计数器不计数,始终输出

0000。

(2)图 6.51 的电路组成除 74161 换成 74163 外,其它均与图 6.50 相同。由表 6.4 可知,74163 与 74161 仅有一点不同,即 74163 为同步清零。

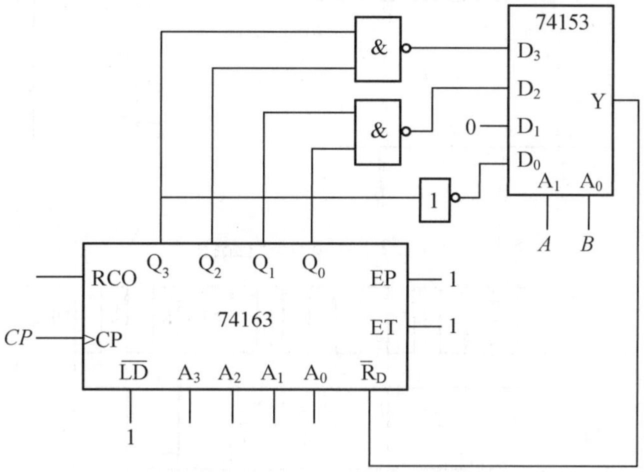

图 6.51　例 6.13 电路图

设 74163 初始状态为 0000,由表 6.14 可知:

①$AB=00$ 时,$Y=D_0=\overline{Q_3}$。当 74163 由 0000 计数到 1000 时,$Q_3=1$,则 $\overline{R}_D=Y=0$,由于 74163 为同步清零,在下一个 CP 上升沿到来时,计数值由 1000 变为 0000。所以,当 $AB=00$ 时,计数器有 9 种稳定状态:0000、0001、……0111 和 1000,模值为 9。

②$AB=01$ 时,$Y=D_1=0$,则 $\overline{R}_D=Y=0$。74163 始终处于同步清零状态。所以,当 $AB=01$ 时,74161 不计数,输出为 0000。

③$AB=10$ 时,$Y=D_2=\overline{Q_1Q_0}$。当 74163 由 0000 计数到 0011 时,即 Q_1 与 Q_0 同时为 1,则 $\overline{R}_D=Y=0$,在下一个 CP 上升沿到来时,计数值由 0011 变为 0000。所以,当 $AB=10$ 时,计数器有 4 种稳定状态:0000、0001、0010 和 0011,计数器的模值为 4。

④$AB=11$ 时,$Y=D_3=\overline{Q_3Q_2}$。当 74163 由 0000 计数到 1100 时,即 Q_3 与 Q_2 同时为 1,则 $\overline{R}_D=Y=0$,在下一个 CP 上升沿到来时,计数值由 1100 变为 0000。所以,当 $AB=11$ 时,计数器有 13 种稳定状态:0000、0001、……1011 和 1100,计数器的模值为 13。

因此,图 6.51 所示电路可实现模值分别为 9、4、13 的计数,当 $AB=01$ 时,计数器不计数,始终输出 0000。

【例 6.14】　分析图 6.52 所示电路的逻辑功能。

解　本题电路由一片 74161 和一片 74138 组成,且 74161 的 $Q_2Q_1Q_0$ 与 74138 的地址输入端 $A_2A_1A_0$ 相连。从电路中可知,74161 工作在计数方式,74138 译码器工作在译码方式。因此,在时钟脉冲 CP 驱动下,计数器 74161 的 $Q_2Q_1Q_0$ 输出端周期性地产生 000 ~ 111 输出,通过译码器 74138 译码后,依次在 74138 的 8 个输出端输出脉宽为一个时钟周期的负脉冲,工作波形图如图 6.53 所示。

由上述分析可知,图 6.52 所示电路在 CP 脉冲驱动下,74138 输出端可输出一组顺序脉冲信号,所以该电路是 8 路顺序脉冲信号发生器。

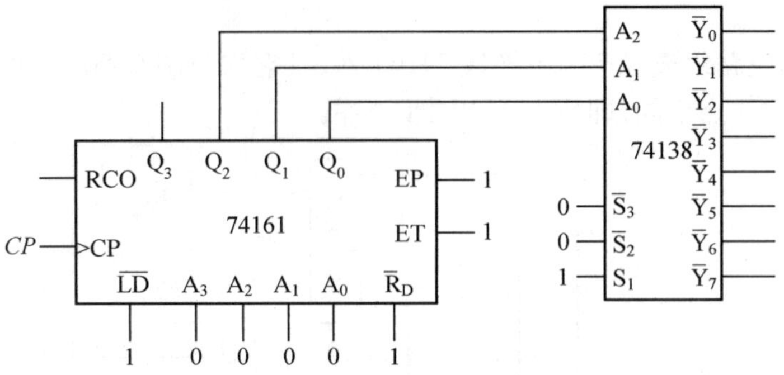

图 6.52　例 6.14 电路图

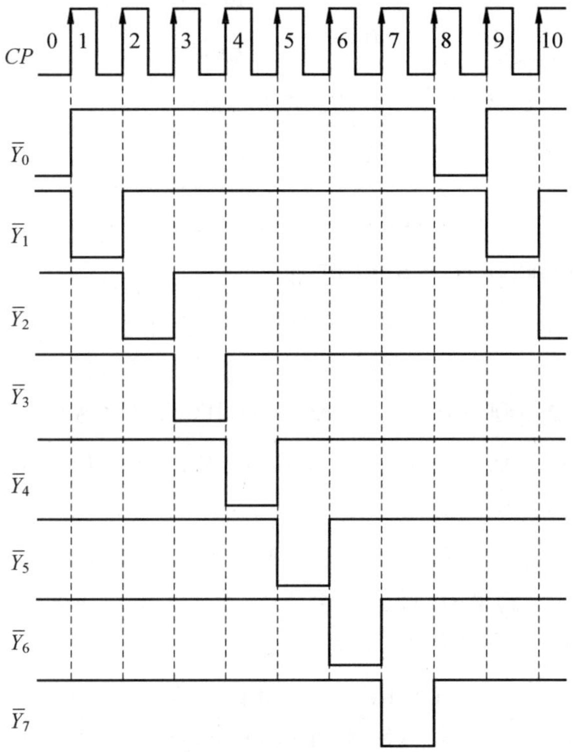

图 6.53　8 路顺序脉冲发生器的工作波形图

【例 6.15】 分析图 6.54 所示电路的逻辑功能。

解　本题电路主要由一片 74161 和一片 74151 组成。其中,74161 工作在计数方式,当 Q_2,Q_1同时为 1 时(即 74161 计到 0110 时),在下一个 *CP* 时钟的上升沿到来时,74161 重新装入初值 0000,因此 74161 实现模值为 7 的计数功能。

由于 74161 计数输出端 $Q_2Q_1Q_0$与 74151 的地址输入端 $A_2A_1A_0$相连,在时钟脉冲 *CP* 驱动下,计数器 74161 的 $Q_2Q_1Q_0$输出端周期性地产生 000 ~ 110 输出,进而 74151 的输出端 *Y* 周期性地输出序列 0110100。

综上所述,该电路循环输出周期序列 0110100,即该电路是一个 0110100 序列信号发生器。当需要修改序列信号时,仅修改 74151 数据输入端的高低电平即可,而无需对电路结构做其他修改。

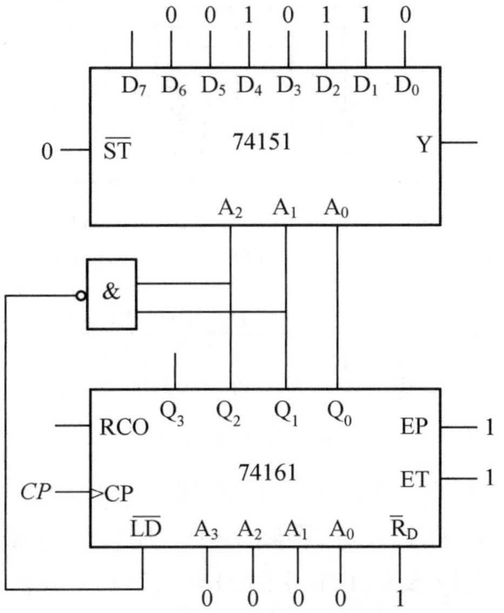

图 6.54　例 6.15 电路图

序列信号发生器除了可以用计数器和数据选择器构成外，还可以用移位寄存器构成。

【例 6.16】　指出图 6.55 所示电路的电路类型，分析逻辑功能。

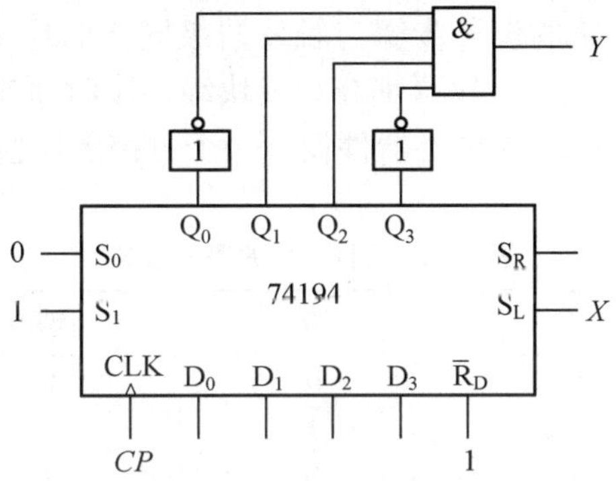

图 6.55　例 6.16 电路图

解　电路由一片 74194、一个四输入与门和两个非门组成。X 为外部数据输入，Y 为输出，且 $S_0=0, S_1=1, \overline{R}_D=1$，所以 74194 工作在同步左移方式。由于输出端 $Y=\overline{Q}_0Q_1Q_2\overline{Q}_3$，与外部输入 X 无关，故该电路类型为摩尔型时序电路。

分析电路可知：当 X 端依次输入 0，1，1，0 时，$Y=1$，否则 $Y=0$。所以该电路为“0110”序列检测器。由于 74194 一直工作在同步左移方式，“0110”序列中的最后一位“0”可以作为下一组“0110”序列的第一位，这称为允许输入序列码重叠。所以该电路是允许输入序列码重叠的“0110”序列检测器。

【例 6.17】　指出图 6.56 所示电路的电路类型，分析逻辑功能。

解　电路由一片 74194、一个四输入与门和两个非门组成。X 为外部输入端，Y 为输出端，且 $S_0=Y=\overline{Q}_0Q_1Q_2\overline{Q_3}, S_1=1, \overline{R}_D=1$。由于输出端 Y 与外部输入端无关，所以该电路类型是摩尔型时序电路。

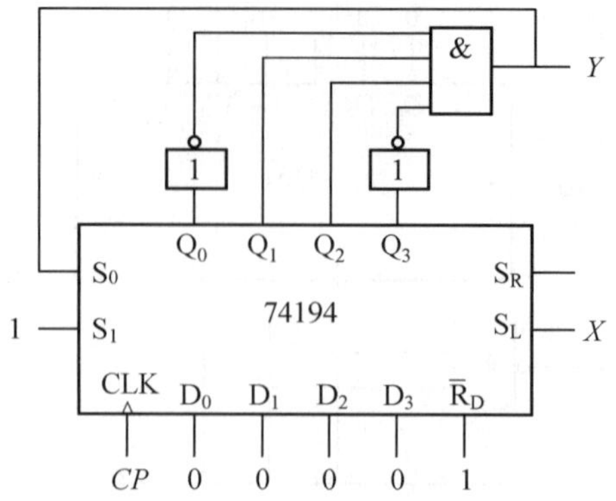

图 6.56　例 6.17 电路图

分析电路可知：当 $Y=1$ 时，74194 工作在同步置数方式；$Y=0$，74194 工作在同步左移方式。仅当 X 端依次输入 0，1，1，0 时，$Y=1$，否则 $Y=0$。所以该电路也是"0110"序列检测器。

由于电路检测到 X 端依次输入 0，1，1，0 时，$Y=1$，74194 同步置数为"0000"，所以该电路不允许输入序列码重叠，即该电路是不允许输入序列码重叠的"0110"序列检测器。

6.5　模块级时序逻辑电路的设计

模块级同步时序逻辑电路的设计步骤与触发器级同步时序逻辑电路的设计步骤大致相同，设计时可适当参考。下面通过例题详细介绍模块级同步时序逻辑电路的设计过程。

【例 6.18】　以计数器 74192 为核心器件设计一个可控多模值加法计数器，具体要求见表 6.15。

表 6.15　例 6.18 的逻辑要求

A	B	模值
0	0	6
0	1	7
1	0	8
1	1	9

解　(1)分析。

由于 74192 是可逆计数器，按题意先将 74192 连接为加法计数器。对表 6.15 分析可知，AB 取值的不同，74192 的模值也不同，对多模值计数器设计采用反馈置数法较容易实现：

① 当 $AB=00$ 时，74192 为模 6 加法计数器，选用后 6 个状态：0100 ~ 1001，遇 0000 置 0100，即当 $Q_3Q_2Q_1Q_0=0000$ 时，$A_3A_2A_1A_0=0100$；

② 当 $AB=01$ 时，74192 为模 7 加法计数器，选用后 7 个状态：0011 ~ 1001，遇 0000 置 0011，即当 $Q_3Q_2Q_1Q_0=0000$ 时，$A_3A_2A_1A_0=0011$；

③ 当 $AB=10$ 时，74192 为模 8 加法计数器，选用后 8 个状态：0010 ~ 1001，遇 0000 置 0010，即当 $Q_3Q_2Q_1Q_0=0000$ 时，$A_3A_2A_1A_0=0010$；

④ 当 $AB=11$ 时，74192 为模 9 加法计数器，选用后 9 个状态：0001 ~ 1001，遇 0000 置 0001，即当 $Q_3Q_2Q_1Q_0=0000$ 时，$A_3A_2A_1A_0=0001$。

(2) 设计。

由上述分析可直接列出 A_3,A_2,A_1,A_0关于变量 A,B 的对应关系表,见表 6.16。

表 6.16　AB 与预置数据的对应关系列表

A	B	A_3	A_2	A_1	A_0
0	0	0	1	0	0
0	1	0	0	1	1
1	0	0	0	1	0
1	1	0	0	0	1

由表 6.16 可得

$$A_3=0,\quad A_2=\overline{A}\,\overline{B},\quad A_1=A\oplus B,\quad A_0=B$$

根据逻辑表达式设计电路,如图 6.57 所示。

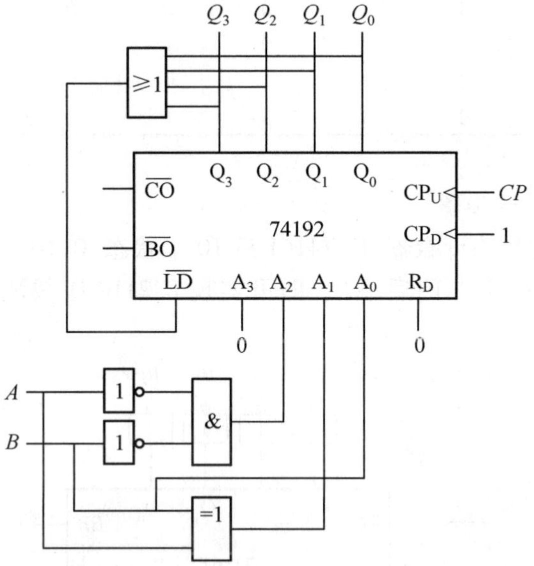

图 6.57　可控多模值加法计数器

【例 6.19】　试以计数器 74161 为主要芯片,设计一个 8421BCD 减法计数器。

解　(1)分析。

由于 74161 是一个 4 位二进制加法计数器,计数器输出端 $Q_3Q_2Q_1Q_0$ 可以周期性地产生 0000 ~ 1111 输出,如果将输出位逐位取反,则 $\overline{Q}_3\overline{Q}_2\overline{Q}_1\overline{Q}_0$ 周期性地产生 1111 ~ 0000,输出状态表见表 6.17。观察电路状态反相输出端发现,74161 后 10 个状态为 1001 ~ 0000。

表 6.17 74161 状态表

等效十进制数	电路状态输出				电路状态反相输出			
	Q_3	Q_2	Q_1	Q_0	$\overline{Q}_3$	$\overline{Q}_2$	$\overline{Q}_1$	$\overline{Q}_0$
0	0	0	0	0	1	1	1	1
1	0	0	0	1	1	1	1	0
2	0	0	1	0	1	1	0	1
3	0	0	1	1	1	1	0	0
4	0	1	0	0	1	0	1	1
5	0	1	0	1	1	0	1	0
6	0	1	1	0	1	0	0	1
7	0	1	1	1	1	0	0	0
8	1	0	0	0	0	1	1	1
9	1	0	0	1	0	1	1	0
10	1	0	1	0	0	1	0	1
11	1	0	1	1	0	1	0	0
12	1	1	0	0	0	0	1	1
13	1	1	0	1	0	0	1	0
14	1	1	1	0	0	0	0	1
15	1	1	1	1	0	0	0	0

(2)设计。

由上述分析可给出设计步骤：

① 设计模值为 10 的加法计数器，用 74161 后 10 个状态(0110 ~ 1111)；

② 将输出端分别加一个非门后输出，即可实现 8421BCD 减法计数器。设计电路如图 6.58所示。

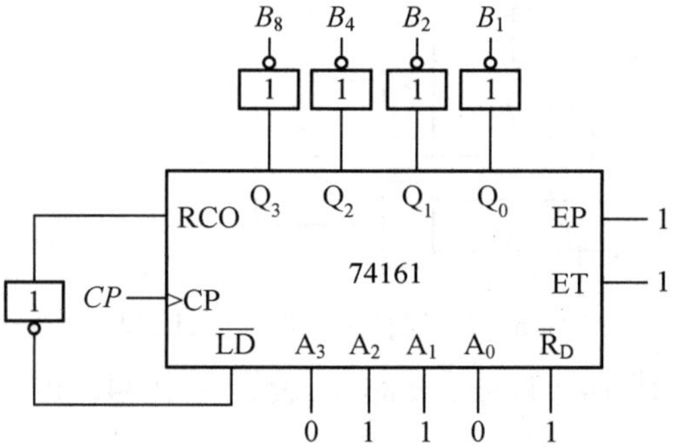

图 6.58 8421BCD 减法计数器

【例 6.20】 用 74194 构成具有自启动特性的八进制扭环形计数器，要求采用左移方式，画出全状态图。

解 (1)分析。

八进制扭环形计数器应该有 8 个稳定状态，所以 4 位移位寄存器 74194 可以实现八进制扭环形计数器功能。由于题中要求采用左移方式，所以 74194 的 S_1、S_0 端必须接 1、0，按照扭环形计数器的定义可给出电路，如图 6.59 所示。

设电路的初始状态为 0000，可画出 8 个状态构成的状态图，如图 6.60(a)所示。如果将初

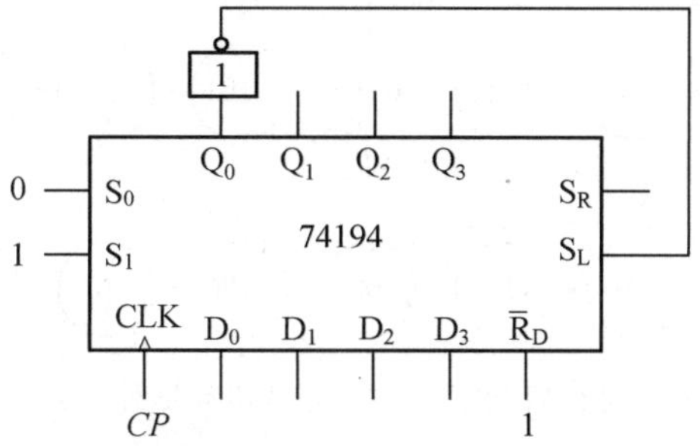

图 6. 59　不具有自启动特性的八进制扭环形计数器电路图

始状态设为 0010,则可画出剩余 8 个状态构成的状态图,如图 6. 60(b)所示。图 6. 60(a)和(b)构成了该电路的全状态图。如果选择图 6. 60(a)所示的 8 个状态构成八进制扭环形计数器,则图 6. 60(b)中的 8 个状态为无效状态。由图 6. 60 可知,两个循环各自独立,假设电路初始状态为无效状态之一,无论经过多少 *CP* 脉冲,电路都不会进入到图6. 60(a)所示的循环中,所以图 6. 59 构成的八进制扭环形计数器电路不具有自启动特性,需要进行修改。本题采用反馈清零法实现电路的自启动,即从 8 个无效状态中任选一个状态作为反馈识别门的输入端。本题选用 0010 状态作为识别门的输入端。电路遇到 0010 时,电路清零回到有效状态 0000,进而实现自启动。修改后的电路如图 6. 61 所示,全状态图如图 6. 62 所示。

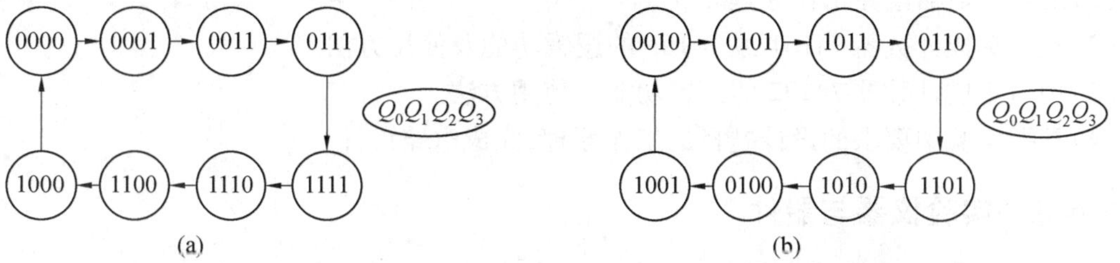

图 6. 60　不具有自启动特性的八进制扭环形计数器全状态图

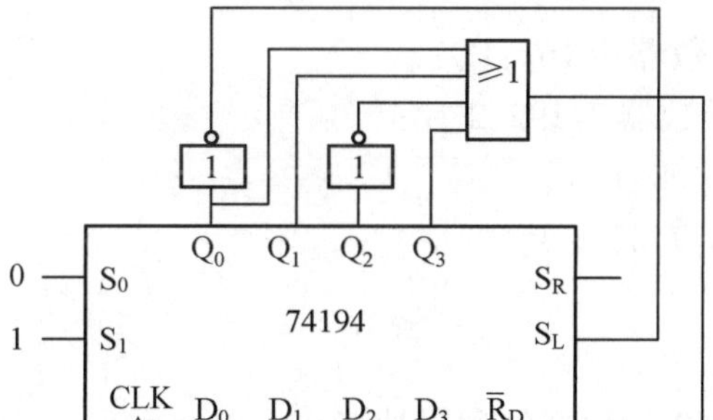

图 6. 61　具有自启动特性的八进制扭环形计数器电路图

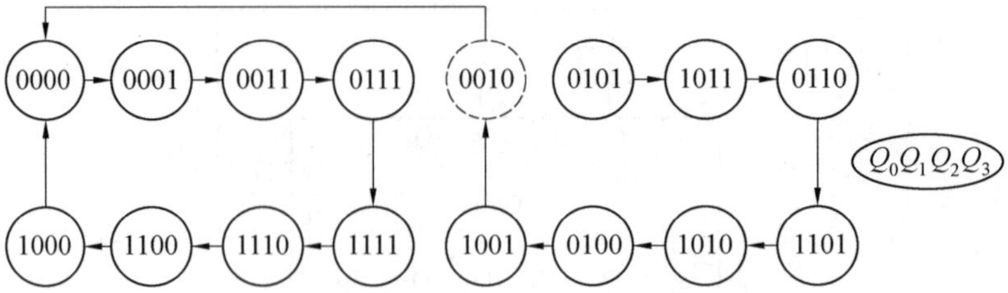

图 6.62 具有自启动特性的八进制扭环形计数器全状态图

6.6 计数器及其应用实验

6.6.1 实验目的和意义

(1)掌握中规模集成计数器的工作原理及功能测试方法。
(2)掌握用集成计数器构成任意进制计数器的方法。

6.6.2 实验预习要求

(1)复习计数器电路工作原理。
(2)预习集成计数器 74161 或 74163 的逻辑功能及使用方法。
(3)预习集成计数器 74192 的逻辑功能及使用方法。
(4)掌握实验中要求的设计题目的工作原理,完成电路设计。

6.6.3 实验仪器与器件

(1)数字电路实验箱:1 台。
(2)数字万用表:1 块。
(3)4 位二进制同步计数器 74161:1 片。
(4)同步十进制可逆计数器 74192:2 片;
(5)二输入与门芯片 7408:1 片。
(6)二输入与非门芯片 7400:1 片。

6.6.4 实验内容

(1)测试 74161 或 74163 计数器的逻辑功能。
(2)测试 74192 计数器的逻辑功能。
(3)用一片 74161 或 74163 实现任意进制(二~十六进制)加法计数器。
(4)用两片 74192 实现一百以内任意进制的加法/减法计数器。

6.6.5 实验思考题

(1)用两片 74192 设计六十进制可逆计数器。
(2)用 74161 或 74163 设计任意进制可逆计数器。

6.6.6　实验报告要求

(1)写出实验中所用到的芯片逻辑功能测试结果。
(2)写出设计全过程。
(3)对实验结果进行分析和讨论。
(4)对实验中出现的故障及解决的方法进行总结。

6.7　移位寄存器及其应用实验

6.7.1　实验目的和意义

(1)掌握 4 位双向移位寄存器 74194 的逻辑功能及使用方法。
(2)掌握移位寄存器的应用——构成序列检测器。

6.7.2　实验预习要求

(1)复习寄存器及累加运算的有关内容。
(2)了解 74194 的逻辑功能、移位寄存器构成环形计数器的方法。
(3)掌握实验中要求的设计题目的工作原理,完成电路设计。

6.7.3　实验仪器与器件

(1)数字电路实验板(插芯片及元器件用):1 块。
(2)数字万用表:1 块。
(3)示波器:1 台。
(4)4 位双向移位寄存器 74194:2 片。
(5)74 系列芯片:若干。

6.7.4　实验内容

(1)测试 74194 的逻辑功能。
(2)设计四路循环彩灯电路。
(3)用两片 74194 构成 8 位移位寄存器,通过手动控制 S_1,S_0实现双向移位。
(4)用 74194 实现“1011”序列检测器,允许输入序列码重叠,要求采用右移方式。

6.7.5　实验思考题

(1)设计一个模 8 的环形计数器。
(2)设计一个“1011”序列检测器,不允许输入序列码重叠。

6.7.6　实验报告要求

(1)总结 74194 的逻辑功能。
(2)根据实验内容的要求,设计合理电路,画出逻辑电路图,记录整理实验现象及数据,对实验结构进行分析。

本章小结

常用模块级时序电路有计数器、寄存器、移位寄存器、锁存器等。本章重点介绍了这些常用模块级时序电路的逻辑功能、使用方法等,在此基础上详细介绍了模块级时序电路的分析方法和设计过程。

(1)计数器的种类繁多,用途广泛,常用于计数、定时、分频、产生节拍脉冲和时序脉冲等。本章以74161、74163和74192为例,重点介绍了计数器的逻辑功能和使用方法。

(2)锁存器、寄存器和移位寄存器也是常用的时序逻辑器件。其功能是:在某一时刻将数据并行存入其中,或通过移位寄存器的移位功能实现数据的左移、右移、并入并出、串入并出、并入串出等逻辑功能。

(3)模块级时序电路的分析不同于触发器级时序逻辑电路,一般没有固定分析步骤。通常需要经过下列几个分析步骤:

① 分析电路组成,按功能将电路划分为模块;

② 分析各模块的逻辑功能;

③ 分析模块间的连接方式;

④ 确定整个电路的逻辑功能。

本章通过几个例题详细介绍了模块级时序逻辑电路的分析方法。

(4)由于模块级同步时序逻辑电路的设计步骤与触发级同步时序逻辑电路的设计步骤大致相同,设计时可参考第5章相关内容。本章也是通过几个例题详细介绍了模块级时序逻辑电路的详细设计过程。

(5)本章最后两节是计数器、移位寄存器及其应用实验,包括计数器、移位寄存器芯片性能测试、时序逻辑电路验证及设计环节。通过这些实验,有利于对模块级时序逻辑电路的理解。

习　题

6.1　试述74161和74192是属于何种类型的计数器,并列出其功能表。

6.2　简述74160系列芯片与74190系列芯片之间的区别与联系。

6.3　试分别分析如图6.63所示的电路是几进制的计数器?并画出全状态图。

6.4　试分析如图6.64所示的计数器在$M=1$和$M=0$时各为几进制?

6.5　试分析如图6.65所示的电路是几进制的计数器?

6.6　试用4位同步二进制计数器74161构成十三进制计数器,标出输出端和输入端。可以添加必要的门电路。

6.7　分析如图6.66所示电路,说明是几进制计数器。

6.8　试用74192构成两种预置方式的八进制加法计数器。

6.9　用74192构成七进制加法计数器。要求给出3种连接电路。

6.10　用74192构成六进制减法计数器,并画出其全状态图(不含1010~1111)和工作波形。

6.11　分别用两片同步十进制计数器74161和74192设计同步三十二进制计数器。

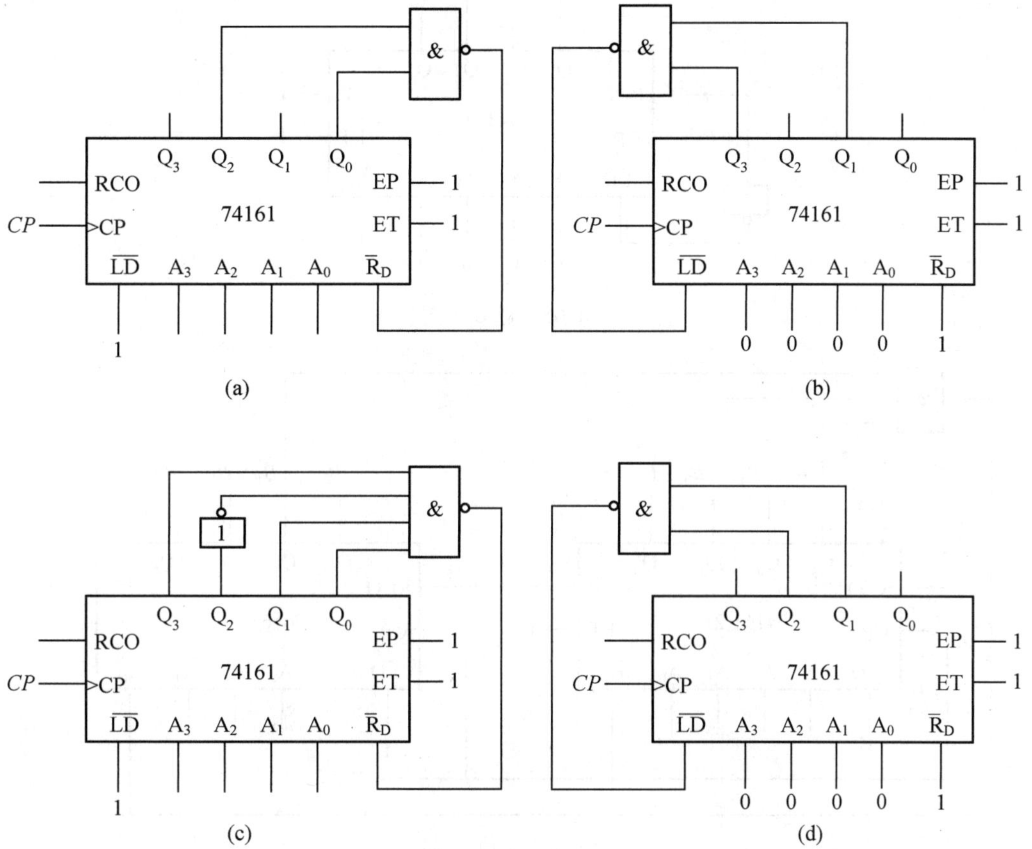

图 6.63　题 6.3 图

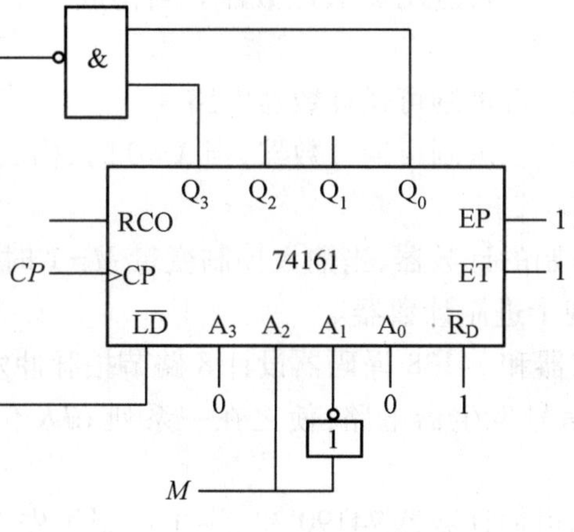

图 6.64　题 6.4 图

6.12　分别用 74192 和 74161 构成十二进制计数器：

(1)用反馈清零法实现。

(2)用反馈置数法实现。

6.13　设计一个数字时钟电路，要求能用七段数码管显示从 0 h 0 min 0 s ~ 23 h 59 min 59 s 之间的任一时刻。

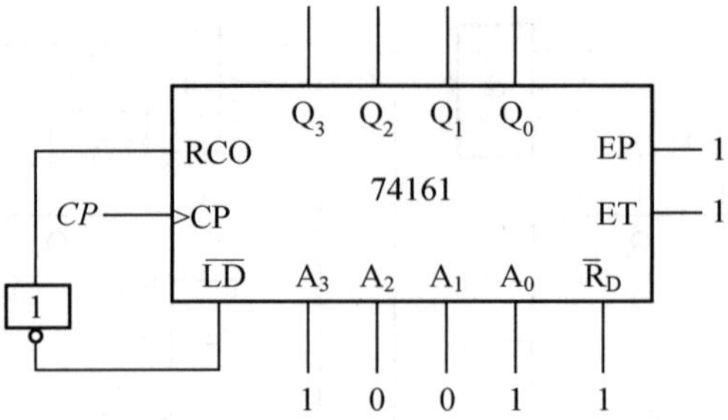

图 6.65　题 6.5 图

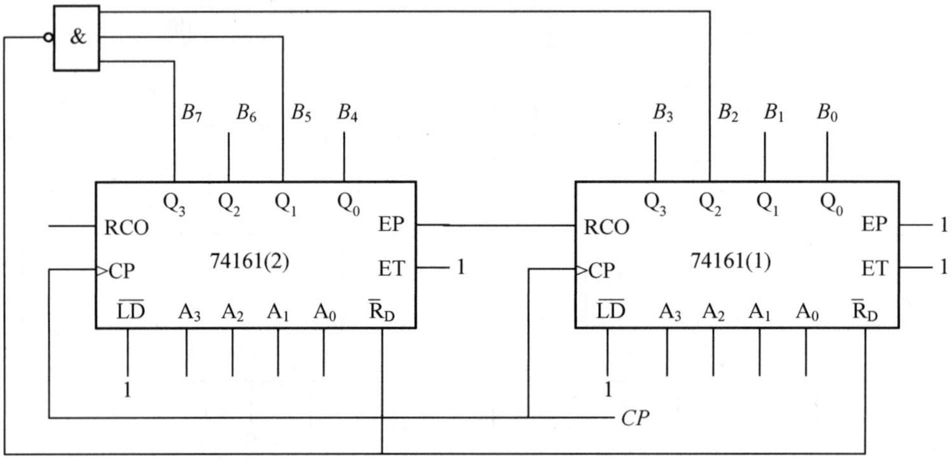

图 6.66　题 6.7 图

6.14　用 74161 构成二～一百进制加法计数器。当构成二十三进制计数器时，预置数是多少？

6.15　试用 74192 构成一百进制可逆计数器电路。

6.16　用 74192 构成八十三进制可逆计数器，当 $X=0$ 时，构成加法计数器；当 $X=1$ 时，构成减法计数器。

6.17　设计一个可控进制的计数器，当输入控制变量 $M=1$ 时，实现十二进制计数器。当输入控制变量 $M=0$ 时，实现十进制计数器。

6.18　试用 74161 计数器和 74138 译码器设计 8 路节拍脉冲发生器。

6.19　设计一个序列信号发生器电路，使之在一系列 CLK 信号作用下能周期性地输出"0010110111"的序列信号。

6.20　试用同步十进制可逆计数器 74190 和二-十进制优先编码器 74147 设计一个工作在减法计数状态的可控分频器。要求在控制信号 A,B,C,D,E,F,G 和 H 分别为一时分频比为 1/2，1/3，1/4，1/5，1/6，1/7，1/8 和 1/9。可以加必要的门电路。

6.21　用 8 位移位寄存器 74198 构成的带有识别标志的 7 位串/并变换器和 7 位并/串变换器。

6.22　试画出用两片 74194 组成的 8 位双向移位寄存器的逻辑图。

6.23　用 74194 实现"1101"序列检测器，允许输入序列码重叠。

6.24　用74194构成"1010"序列检测器,不允许序列码重叠。

6.25　用74194构成模7计数器,画出其全状态图,要求采用右移方式。

6.26　分别用74194构成十四进制扭环形计数器和十一进制变形扭环形计数器。

第7章　脉冲信号的产生与变换电路

在数字系统中，时序电路的工作需要脉冲信号的激励和同步，即需要脉冲信号的产生、变换和整形电路，以获得周期合适、上升沿和下降沿都陡峭的矩形脉冲信号。本章主要介绍两类脉冲单元电路：一类是脉冲信号产生电路——多谐振荡器；另一类是波形整形电路——单稳态触发器和施密特触发器。本章的最后介绍由555定时器构成的典型脉冲产生与变换电路。

7.1　多谐振荡器

多谐振荡器是一种自激振荡电路，无需外加触发信号就能自动产生矩形脉冲。由于矩形脉冲中含有丰富的谐波分量，因此将矩形脉冲振荡电路称为多谐振荡器。在工作过程中，多谐振荡器只有两个暂态，没有稳态，故又称为无稳态电路。

利用集成逻辑门本身的开关作用，再加上适当的延时和反馈网络，可以构成多种形式的多谐振荡电路。

7.1.1　环形振荡器

1. 简单环形振荡器

图7.1(a)所示的是一种简单的环形振荡器。它由3个TTL非门首尾依次相连构成。这个电路是没有稳态的。根据非门的传输特性，如果电路初始没有振荡，3个非门均工作在电压传输特性的转折区，处于放大状态，这种放大状态是不稳定的，只要其中一个非门的输入电压产生小的波动，就会引起电路振荡。

假定由于某种原因（如电源波动或外来干扰）使u_{i1}产生一个微小正跳变，则经过G_1门的传输延时t_{pd}后，u_{i2}会产生一个放大的负跳变；经过G_2门的传输延时t_{pd}后，u_{i3}又会产生一个放大的正跳变；再经过G_3门的传输延时t_{pd}后，在输出端u_o产生一个放大的负跳变，并反馈到G_1门的输入端。也就是说，从$u_o(u_{i1})$产生正跳变起，经过3个t_{pd}的传输延时后，$u_o(u_{i1})$产生一个很大幅度的负跳变。以此类推，再经过$3t_{pd}$的传输延时后，$u_o(u_{i1})$产生一个放大的正跳变，如此周而复始，就产生了自激振荡。图7.1(b)是图7.1(a)电路平稳后的工作波形，若忽略各个门之间传输延时t_{pd}的差别，不难得出其振荡周期$T=6t_{pd}$。同理，N个（N为不小于3的奇数）非门首尾相接都能产生自激振荡，则振荡周期为

$$T=2Nt_{pd} \tag{7.1}$$

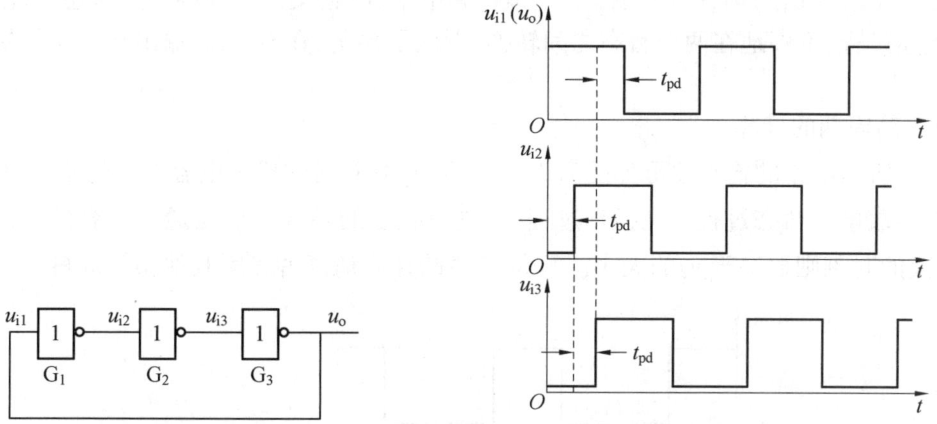

(a) 最简单的环形振荡器电路　　(b) 工作波形

图 7.1　最简单的环形振荡器大电路及工作波形图

2. 带 *RC* 延时电路的环形振荡器

图 7.1(a)所示的环形振荡器虽然结构简单，但并不实用。因为集成逻辑门的传输延时 t_{pd} 很短，CMOS 门的延时最多不过一二百纳秒，TTL 门一般也只有几十纳秒，所以很难获得稍低频率的振荡信号，而且振荡信号的频率也不宜调节。为了克服以上缺点，可以在图 7.1(a)的基础上加上 *RC* 延时电路，构成带 *RC* 延时电路的环形振荡器。如图 7.2 所示。

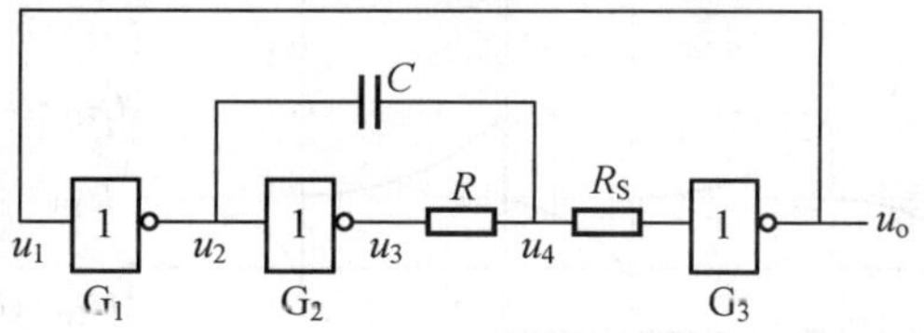

图 7.2　带 *RC* 延时电路的 TTL 环形振荡器

RC 延时电路的加入不仅增加了传输延时时间，降低了振荡频率，而且可以通过改变 *R* 和 *C* 的大小实现对振荡频率的调节。由于 *RC* 延时电路的延时时间远大于门电路的传输延时 t_{pd}，所以在分析电路时，可以不考虑 t_{pd} 的影响。另外，为了防止负电平时流入 G_3 门内部电流过大(不应超过 20 mA)，通常在 G_3 门的输入端串联一个 100 Ω 左右的限流电阻 R_S。

(1)工作过程。

假设 $t=0$ 时接通电源，电路的初始状态为 $u_1=u_o=U_{OH}$，则 G_1 门的输出 $u_2=U_{OL}$，由于此时电容尚未充电，而且电容上的电压不会突变，因此 G_3 门的输入 $u_4=u_2=U_{OL}$，此时 G_3 门的输出 u_o 维持高电平。这是电路的第一个状态，该状态是不稳定的，这是因为对于 G_2 门而言，其输入 u_2 为低电平，输出 u_3 必为高电平，会通过电阻 *R* 对电容 *C* 充电，同时 G_3 门的输入端也会通过电阻 R_S 对电容 *C* 充电。随着充电的进行，u_4 将按照指数规律逐渐上升。当 u_4 上升到 G_3 门的阈值电平 U_{TH} 时，电路的状态发生翻转：$u_1=u_o=U_{OL}\rightarrow u_2=U_{OH}\rightarrow u_3=U_{OL}$，由于电容上的电压不能突变，因此 u_4 将随着 u_2 产生一个正跳变，在幅值升高到 $U_{TH}+(U_{OH}-U_{OL})$ 前，G_3 门的输出 u_o 维持低电平。这是电路的第二个状态。同样，电路的第二个状态也是不稳定的，电容 *C* 将通过电阻 *R* 放电。随着放电的进行，u_4 将按照指数规律逐渐下降。当 u_4 下降到 G_3 门的阈值电平 U_{TH} 时，电路的状态发生翻转：$u_1=u_o=U_{OH}\rightarrow u_2=U_{OL}\rightarrow u_3=U_{OH}$，$u_4$ 将随着 u_2 产生一个负跳变，幅值

下降到 $U_{TH}-(U_{OH}-U_{OL})$ 前，G_3 门的输出 u_o 维持高电平，电路又返回到第一个状态。此后，电路又重复上述过程，不停地在两个暂态之间转换，形成了振荡，在 G_3 门的输出端产生了矩形脉冲信号。

(2)振荡周期的计算。

图 7.2 所示电路的输出波形如图 7.3 所示，波形中 T_1 时间段为电容充电的暂态过程，T_2 时间段为电容放电的暂态过程。在振荡过程中，电路状态的转换主要是通过电容的充放电来实现，而转换的时刻则取决于 u_4 的大小。T_1 和 T_2 值的计算请读者参阅其他相关资料。

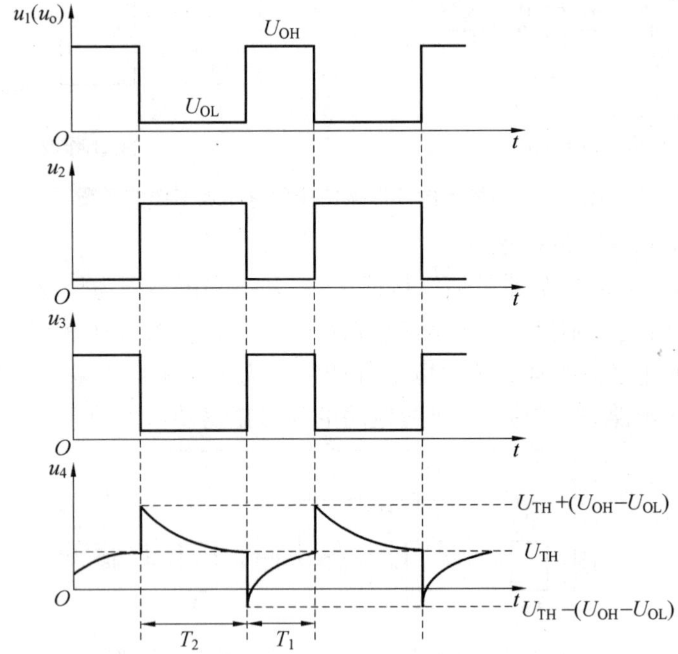

图 7.3　带 RC 延时电路的环形振荡器的工作波形

图 7.2 所示的振荡电路可以通过改变 RC 参数来调节振荡周期，通常电容 C 用于粗调，电阻 R 用于微调。

7.1.2　石英晶体振荡器

环形振荡器的振荡周期不仅与时间常数 RC 有关，还与电路的几个关键参数 U_{TH}，U_{OL} 和 U_{OH} 有关。而门电路的这些参数很容易受环境温度、电源波动和干扰等因素的影响，因此这类电路的频率稳定性比较差，不适用于对频率稳定性要求较高的场合。

为了获得频率稳定性好的脉冲信号，目前普遍采用的一种方法是在多谐振荡器中加入石英晶体，构成石英晶体振荡器。石英晶体振荡器的符号及阻抗频率特性如图 7.4 所示。石英晶体的选频特性比较好，它有一个极为稳定的串联谐振频率 f_0，f_0 的大小是由石英晶体的结晶方向和外形尺寸决定的，其稳定度($\Delta f_0/f_0$)可达到 $10^{-10}\sim10^{-11}$，可以满足大多数数字系统对频率稳定性的要求。目前，多种谐振频率的石英晶体已经被制成系列化的标准器件出售。

图 7.5 为石英晶体振荡器电路，其是在多谐振荡器电容 C_2 支路上串联一个石英晶体构成

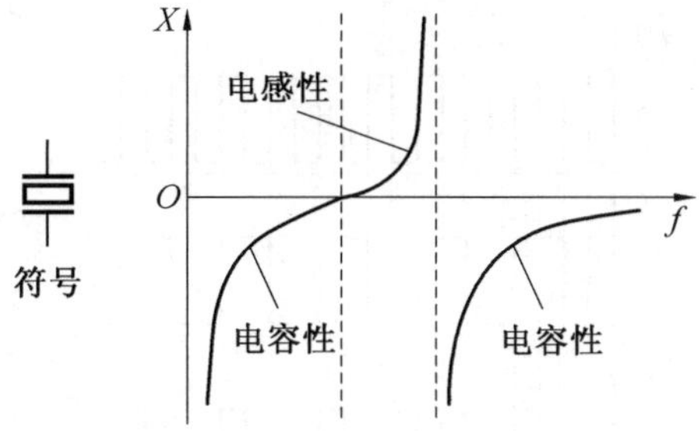

图 7.4　石英晶体振荡器符号及其阻抗频率特性

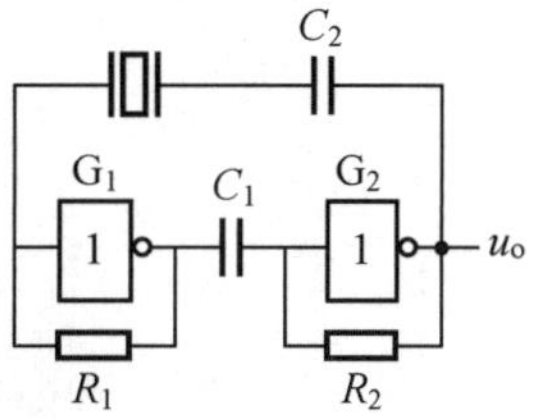

图 7.5　石英晶体振荡器

的。图中，并联在输入和输出非门之间的反馈电阻 R_1 和 R_2 的作用是使非门工作在特性曲线的转折区，对于 TTL 门电路，阻值一般在 10 Ω ~ 100 MΩ 之间，电容 C_1 和 C_2 用于两个门电路之间的耦合，电容的取值应使其在频率 f_0 时的容抗可以忽略不计。由石英晶体振荡器的阻抗频率特性可知，当频率为 f_0 时的阻抗最小，频率为 f_0 的信号最容易通过，并在电路中形成最强的正反馈，而其他频率的信号都被石英晶体衰减，正反馈减弱，不足以形成振荡。所以石英晶体振荡器的振荡频率仅取决于石英晶体固有的谐振频率，而与电路中的其他参数无关。

另外，为改善输出波形、提高驱动能力，通常在石英晶体振荡器输出端再加一级非门。

7.1.3　多谐振荡器的应用

利用多谐振荡器产生不同频率的脉冲信号，可为数字系统提供所需的时钟信号。

图 7.6 所示的电路是一个含石英晶体的两相脉冲信号产生电路，其输出信号的波形图如图 7.7 所示。从图中可见，输出信号 CP_1 和 CP_2 不仅相位错开，频率也是石英晶体振荡频率的一半。

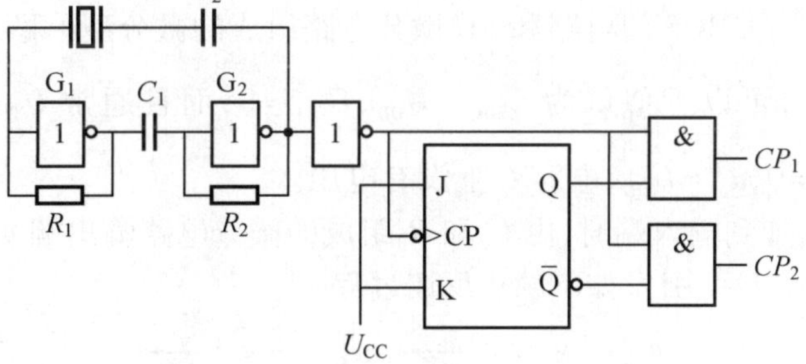

图 7.6　石英晶体振荡器两相脉冲产生电路

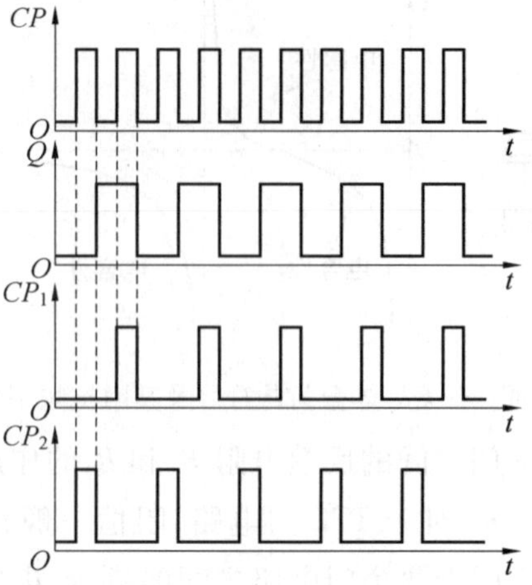

图 7.7　石英晶体振荡器两相脉冲信号输出波形图

7.2　单稳态触发器

单稳态触发器有两个工作状态：一个为稳态，另一个为暂态。在没有外部触发信号作用时，电路处于稳态；在受到外来触发信号作用时，电路从稳态过渡到暂态，一段时间后，电路会自动返回到稳态。暂态的维持时间仅取决于电路本身的参数，与触发信号的宽窄无关。

单稳态触发器广泛应用于脉冲整形、延时（产生滞后于触发脉冲的输出脉冲）以及定时（产生固定时间宽度的脉冲信号）等电路中。

7.2.1　门电路组成的单稳态触发器

单稳态触发器的暂态通常由 *RC* 电路的充放电过程来维持。根据 *RC* 电路的不同接法分为微分型单稳态触发器和积分型单稳态触发器。

1. 微分型单稳态触发器

如图 7.8 所示是由 CMOS 门电路和 *RC* 微分电路组成的微分型单稳态触发器。

对于 CMOS 电路，可以近似认为 $U_{OH} \approx U_{DD}$，$U_{OL} \approx 0$，而且通常 $U_{TH} = \frac{1}{2}U_{DD}$。在稳态下 $u_1 = 0$，$u_2 = U_{DD}$，故 $u_o = 0$，$u_{o1} = U_{DD}$，电容 C 上没有电压。

当触发正脉冲 u_1 加到输入端时，由 C_d 和 R_d 组成的微分电路输出端 u_d 将得到很窄的正、负脉冲，当 u_d 上升到 U_{TH} 以后，引发如下的正反馈过程

$$u_d\uparrow \longrightarrow u_{o1}\downarrow \longrightarrow u_2\downarrow \longrightarrow u_o\uparrow$$

此过程使 u_{o1} 迅速变为低电平。由于电容上的电压不可能发生跃变，所以 u_2 也同时变成低电平，并使 u_o 跳变成高电平，电路进入暂态。与此同时，电容 C 开始充电。这时即使 u_d 回到低电平，u_o 的高电平仍然维持。

随着充电过程的进行 u_2 逐渐升高。当升至 $u_2 = U_{TH}$ 时，又引发另一个正反馈过程

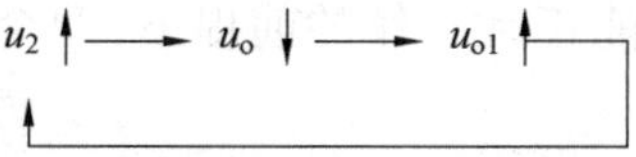

如果此时触发脉冲已消失（u_d已回到低电平），则 u_{o1} 和 u_2迅速跳变为高电平，并使输出返回 $u_o=0$ 的状态。同时，电容 C 通过电阻 R 和 G_2门的输入保护电路放电，直至电容上的电压为 0，电路恢复到稳态。

根据以上的分析，可以画出电路中各点的波形图，如图 7.9 所示。

为了定量地描述单稳态触发器的性能，经常使用输出脉冲宽度 t_w、输出脉冲幅度 U_m、恢复时间 t_{re}和分辨时间 t_d等几个参数。

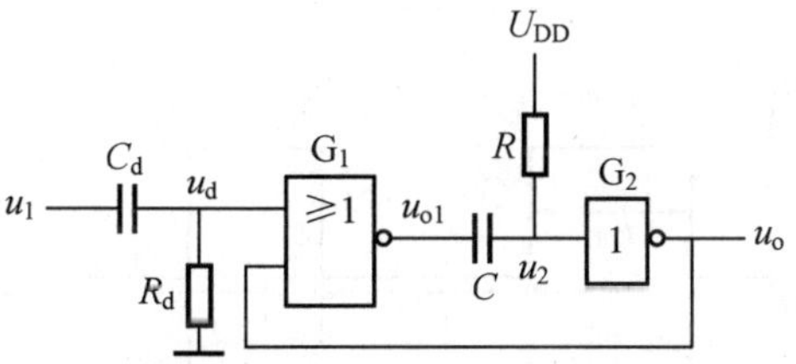

图 7.8　微分型单稳态触发器

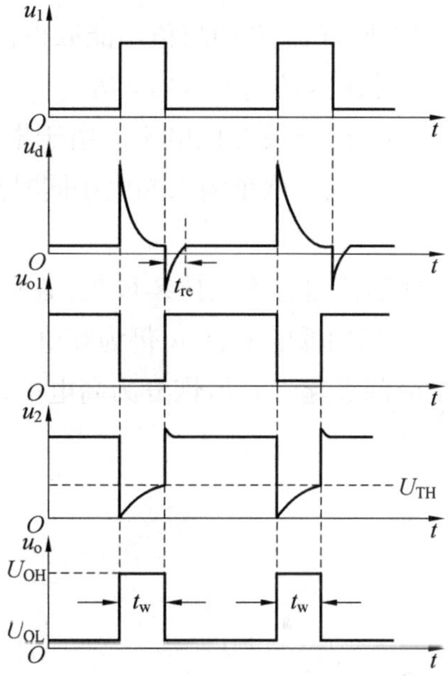

图 7.9　微分型单稳态触发器的波形

由图 7.9 可见，输出脉冲宽度 t_w等于从电容 C 开始充电到 u_2上升到 U_{TH}的这段时间。

在电容充放电过程中，电容上的电压 u_C 从充、放电开始到变化至 U_{TH}所经过的时间可以用下式计算

$$t=RC\ln\frac{u_C(\infty)-u_C(0)}{u_C(\infty)-U_{TH}} \tag{7.2}$$

其中，$u_C(0)$是电容电压的起始值；$u_C(\infty)$是电容电压充放电的终值。电容电压从 0 V 充到 U_{TH}的时间即为 t_w。将 $u_C(0)=0$ 和 $u_C(\infty)=U_{DD}$代入式(7.2)中，得到

$$t_w=RC\ln\frac{U_{DD}-0}{U_{DD}-U_{TH}}=RC\ln 2\approx 0.69RC \tag{7.3}$$

输出脉冲幅度为

$$U_m=U_{OH}-U_{OL}\approx U_{DD} \tag{7.4}$$

在 u_o返回低电平后，要等到电容 C 放电完毕电路才恢复为稳态。经过 3～5 倍时间常数 τ（$\tau=R_{ON}C$）后，RC 电路基本达到稳态。恢复时间 t_{re}为

$$t_{re}\approx(3\sim5)R_{ON}C \tag{7.5}$$

分辨时间 t_d 是指在保证电路能正常工作的前提下，两个相邻触发脉冲之间的最小时间间隔，故有

$$t_d = t_w + t_{re} \tag{7.6}$$

微分型单稳态触发器可以用窄脉冲激发。在 u_d 的脉冲宽度大于输出脉冲宽度的情况下，电路仍能工作，但是输出脉冲的下降沿将变差。因为在 u_o 返回低电平的过程中输入 u_d 的高电平仍然存在，所以电路内部不能形成正反馈。

2. 积分型单稳态触发器

图 7.10 所示的是由与非门、非门和 RC 积分电路组成的积分型单稳态触发器。为了保证 u_{o1} 为低电平时 $V_A < U_{TH}$，R 的阻值不能取得很大，该电路用正脉冲触发。

当 $u_1 = 0$ 时，$u_o = U_{OH}$，$u_{o1} = V_A = U_{OH}$。

当 $u_1 = 1$ 时，u_{o1} 跳变为低电平。由于电容 C 上的电压不能突变，在一段时间内 $V_A > U_{TH}$。在这段时间内 G_2 门的两个输入端电压同时高于 U_{TH}，$u_o = U_{OL}$，电路进入暂态。同时，电容 C 开始放电。

然而这个暂态过程不能持续很久，随着电容 C 的放电，V_A 不断降低，当 $V_A = U_{TH}$ 时，u_o 回到高电平。当 u_1 回到低电平后，u_o 仍为高电平 U_{OH}，并向电容 C 充电。经过恢复时间 t_{re}（从 u_1 回到低电平的时间算起）后，V_A 恢复为高电平，电路达到稳态。电路中各点电压的波形图如图 7.11 所示。

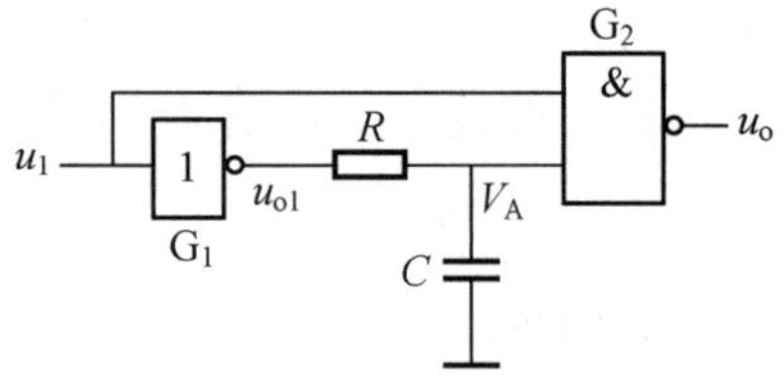

图 7.10 积分型单稳态触发器

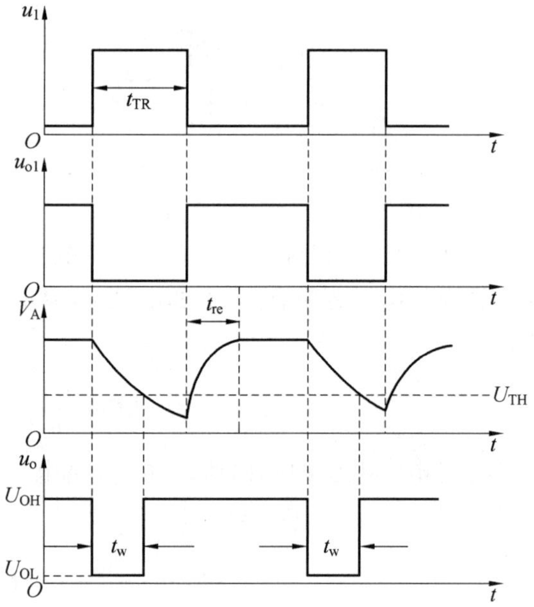

图 7.11 积分型单稳态触发器的波形

由图 7.11 可见，输出脉冲宽度 t_w 等于从电容 C 开始放电到 $V_A = U_{TH}$ 的时间。为了计算 t_w，需要画出 C 放电的等效电路，如图 7.12(a)所示。在 V_A 高于 U_{TH} 期间，G_2 门的输入电流很小，可以忽略不计，因而电容 C 放电的等效电路可以简化为 $(R+R_o)$ 和 C 的串联。其中，R_o 是 G_1 门输出低电平时的输出电阻。

由图 7.12(b)所示的曲线得出 $u_C(0)=U_{OH}$，$u_C(\infty)=U_{OL}$，将其代入式(7.2)可得

$$t_w=(R+R_o)C\ln\frac{U_{OL}-U_{OH}}{U_{OL}-U_{TH}}=RC\ln 2\approx 0.69RC \tag{7.7}$$

输出脉冲幅度为

$$U_m=U_{OH}-U_{OL} \tag{7.8}$$

恢复时间等于 u_{o1} 跳变为高电平后电容 C 充电至 U_{OH} 所经过的时间，通常取充电时间常数的 3～5 倍，即

$$t_{re}\approx(3\sim5)(R+R'_o)C \tag{7.9}$$

其中，R'_o 是 G_1 输出高电平时的输出电阻。这里为简化计算没有计入 G_2 输入电路对电容充放电的影响，算出的恢复时间是偏于安全的。

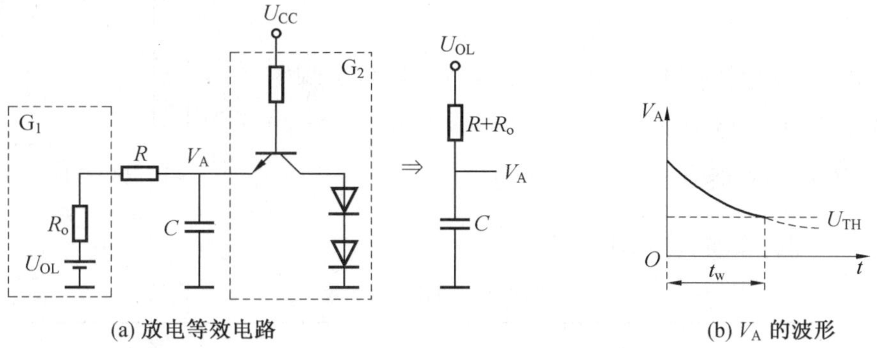

图 7.12　积分型单稳态触发器电容放电电路及 V_A 的波形

电路的分辨时间应为触发脉冲的宽度和恢复时间之和，即

$$t_d=t_{TR}+t_{re} \tag{7.10}$$

与微分型单稳态触发器相比，积分型单稳态触发器具有抗干扰能力强的优点。因为数字电路中的噪声多为尖峰脉冲，而积分型单稳态触发器不会受到这种噪声的干扰。

积分型单稳态触发器的缺点是输出波形的边缘比较差，这是由于电路的转换过程中没有正反馈作用。此外，积分型单稳态触发器必须在触发脉冲宽度大于输出脉冲宽度时方能正常工作。

为了使积分型单稳态触发器在窄脉冲的触发下能够正常工作，可以采用图 7.13 所示的改进电路。这个电路在图 7.10 的基础上增加了与非门 G_3 和输入至 G_3 的反馈连线。该电路用负脉冲触发。

当负触发脉冲加到输入端时，u_{o3} 变成高电平、u_o 变成低电平，电路进入暂态。由于 u_o 反馈到输入端，虽然这时负触发脉冲消失，但暂态期间 u_{o3} 的高电平维持不变。直到 RC 电路放电到 $V_A=U_{TH}$，u_o 才返回高电平，电路回到稳态。

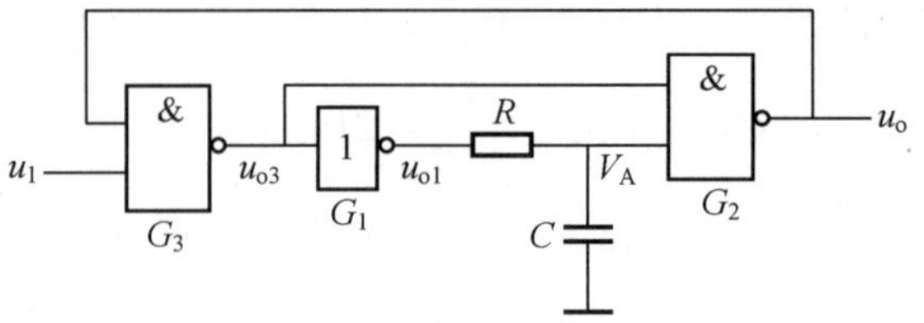

图 7.13　窄脉冲触发的积分型单稳态触发器

7.2.2　集成单稳态触发器

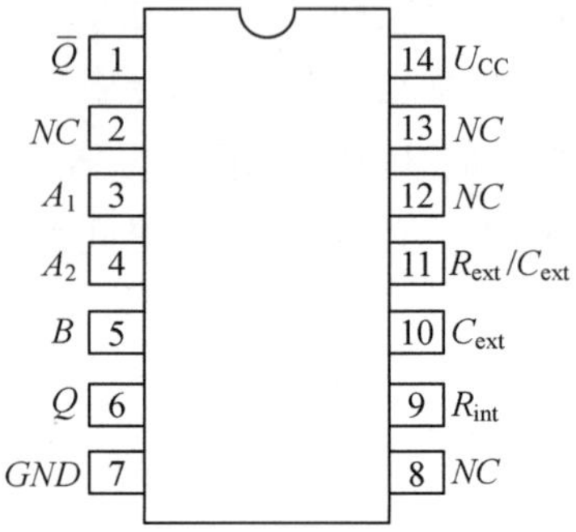

图 7.14　74121 引脚图

集成单稳态触发器具有温度稳定性好、使用方便等特点，在数字系统中得到广泛的应用。本节简要介绍集成单稳态触发器 74121 的功能和使用方法。

74121 是一种典型的 TTL 集成单稳态触发器，其引脚图和功能表分别如图 7.14 和表 7.1 所示。在稳态下，74121 的输出 $Q=0$，$\overline{Q}=1$；当有触发脉冲作用时，74121 进入暂态，$Q=1$，$\overline{Q}=0$，一段时间后电路自动返回到稳态。

表 7.1　74121 功能表

输入			输出	
A_1	A_2	B	Q	$\overline{Q}$
0	×	1	0	1
×	0	1	0	1
×	×	0	0	1
1	1	×	0	1
1	↓	1	⊓	⊔
↓	1	1	⊓	⊔
↓	↓	1	⊓	⊔
0	×	↑	⊓	⊔
×	0	↑	⊓	⊔

下面简要介绍 74121 的使用方法及特点。

1. 触发方式

由表 7.1 可知，74121 的触发信号可以加在 A_1，A_2和 B 中的任意一端。其中，A_1，A_2端是下降沿触发，B 端是上升沿触发。触发方式有 3 种：

（1）A_1或 A_2端用下降沿触发，这时要求另外两个输入端必须接高电平。

（2）A_1和 A_2端同时用下降沿触发，B 端接高电平。

（3）B 端用上升沿触发，同时 A_1和 A_2至少有一个接低电平。

74121 的工作波形如图 7.15 所示。

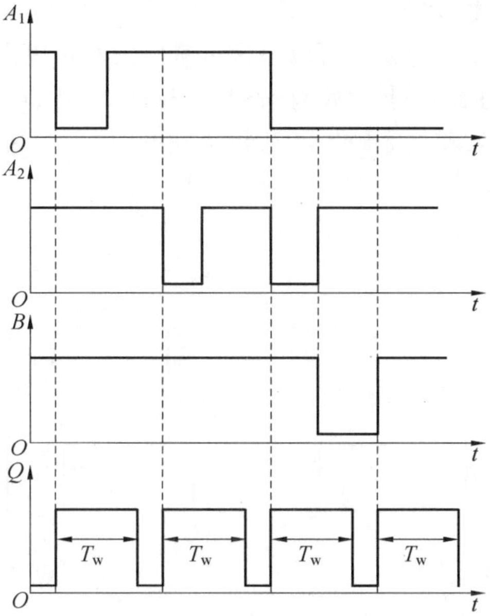

图 7.15　74121 的工作波形

2. 定时工作方式

74121 的典型工作方式是定时方式，典型电路如图 7.16(a)(b)所示。改变定时电阻 R_{ext} 和定时电容 C_{ext} 的大小，可调整输出脉冲宽度 T_w。定时电容 C_{ext} 接在 10，11 引脚之间，10 引脚接电解电容正极。对于定时电阻，有两种选择：一是使用芯片内部集成的 2 kΩ 的定时电阻，此时须将 9 引脚接电源 U_{CC}，如图 7.16(a)所示。如果要获得较宽的输出脉冲，可采用外接定时电阻的方法，将电阻接在 11 引脚和 14 引脚之间，如图 7.16(b)所示。

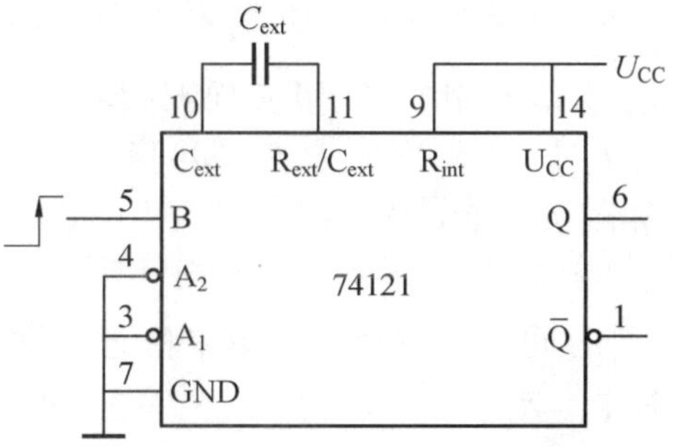

(a) 使用内部电阻（上升沿触发）

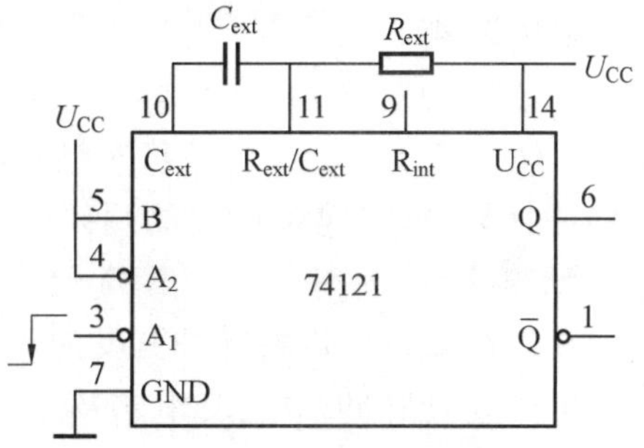

(b) 使用外部电阻（下降沿触发）

图 7.16　74121 的定时方式

74121 的输出脉冲宽度可用下式进行估算

$$T_w \approx 0.7RC \tag{7.11}$$

其中，定时电阻 R_{ext} 的取值范围一般为 1.4 ~ 40 kΩ，定时电容 C_{ext} 的取值范围一般为 1 ~ 1 000 μF。适当选择电阻和电容值，可以使输出脉冲宽度 T_w 在 30 ns ~ 28 s 之间。

3. 74121 的不可重触发性

根据触发特性，集成单稳态触发器可以分为可重触发和不可重触发两种。二者的区别是：可重触发单稳态触发器在暂态期间，只要有新的触发脉冲作用，电路就会被重新触发，使电路的暂态时间延长；不可重触发单稳态触发器在暂态期间，将不受新的触发脉冲的作用，只有当其返回稳态后，才会被触发脉冲重新触发。74121 属于不可重触发单稳态触发器。

图 7.17 是两种单稳态触发器的波形图。

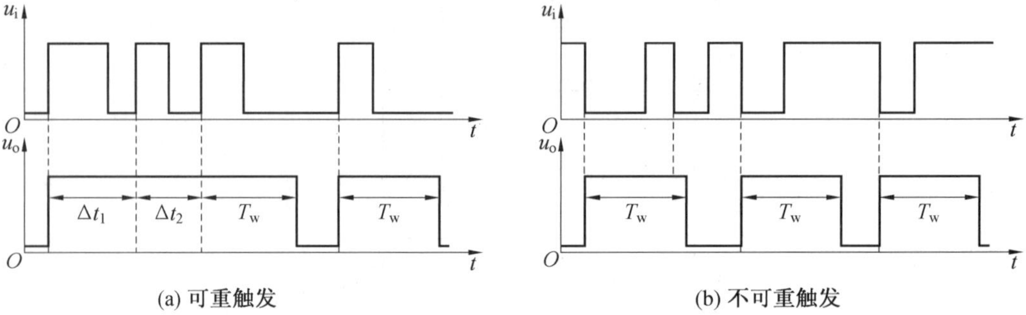

图 7.17　单稳态触发器的波形图

集成单稳态触发器除了 74121 以外，还有其他一些产品。TTL 系列的有 74221，74122，74123 等，其中 74221 属于不可重触发单稳态触发器，74122，74123 属于可重触发单稳态触发器。在 74221，74123 芯片中都含有两个单稳态触发器。MC14528 是 CMOS 的典型产品，属于可重单稳态触发器。另外，有些集成单稳态触发器（如 74221，74123，MC14528 等）上还设有清零端，通过在清零端输入低电平可以立即终止暂态过程，回到稳态。

7.2.3　单稳态触发器的应用

1. 脉冲测频

将单稳态触发器 74121 的输出端 Q 与外部时钟信号 CLK 相“与”，可实现测频功能，电路如图 7.18(a)所示。如果将单稳态触发器的输出脉宽 T_w 调整为 1 秒，在 T_w 期间对 CLK 端输入的脉冲计数，可实现对 CLK 的测频功能，测频波形如图 7.18(b)所示。

2. 脉冲延时

单稳态触发器可以将脉冲宽度为 T_0 的信号延迟 T_1 时间后再输出。利用单稳态触发器可以很方便地实现脉冲延时，其电路及波形如图 7.19 所示。图中 $T_1 \approx 0.7R_1C_1$，$T_0 \approx 0.7R_2C_2$。

3. 脉冲整形

矩形脉冲在传输过程中可能发生畸变，如边缘变缓、叠加噪声等，可以采用单稳态触发器对其进行整形。待整形信号应作为触发信号输入到单稳态触发器，输出端就可以得到干净且边缘陡峭的矩形脉冲。74121 对输入脉冲有 1.2 V 的抗干扰容限，输入脉冲边缘上升或下降的速率最慢可以为 1 V/s。脉冲整形将在 7.3 节中详细介绍。

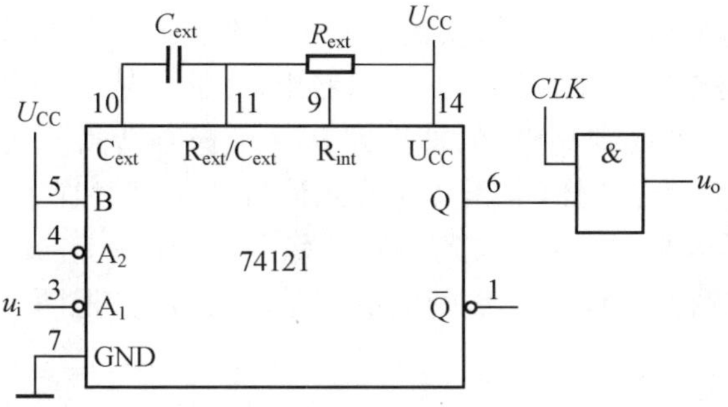

(a) 电路图

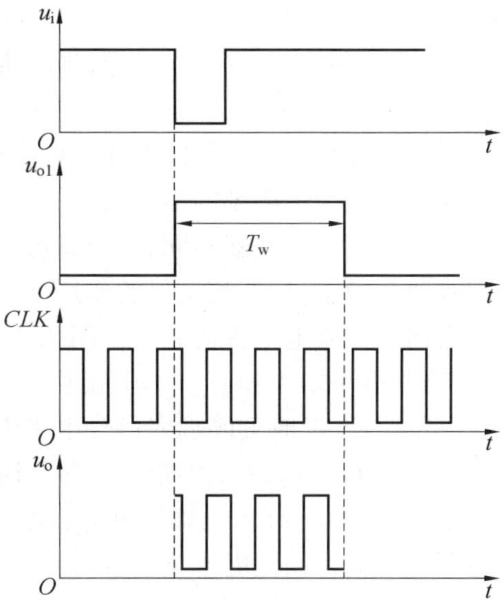

(b) 波形图

图 7. 18　单稳态触发器用于定时控制

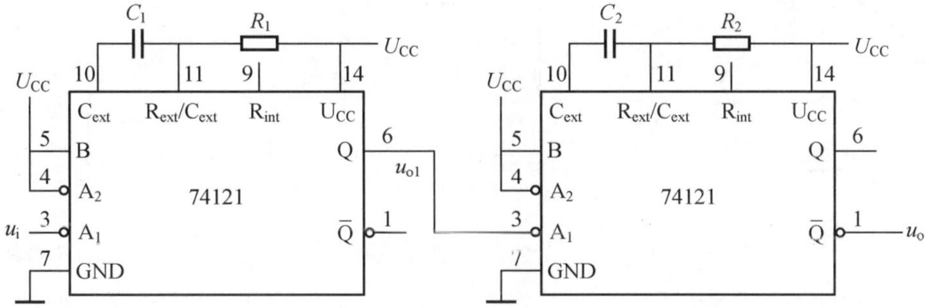

(a) 电路图

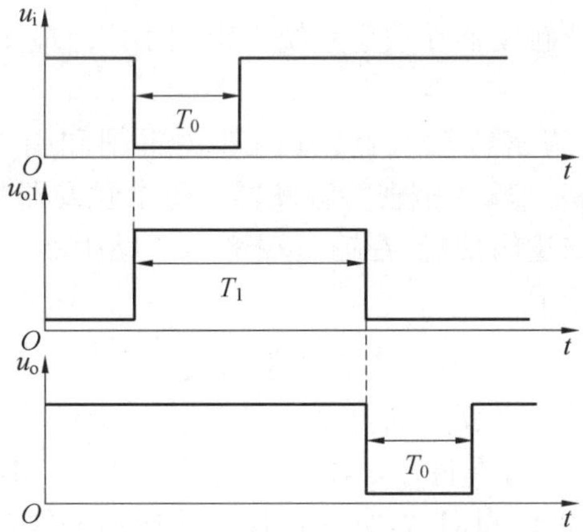

(b) 波形图

图 7. 19　单稳态触发器用于脉冲延时

7.3 施密特触发器

施密特触发器是矩形脉冲变换中经常使用的一种电路,利用它可以将正弦波、三角波以及脉冲波形变换成边缘陡峭的矩形波。另外,它还可以用作脉冲鉴幅器和比较器。

与前面介绍的触发器不同,施密特触发器是一种直接受输入信号电平控制的双稳态触发器。它有两个稳态,在外加信号的作用下,电路从一个稳态转换到另一个稳态。而且稳态的保持时间与输入信号电平密切相关。图 7.20 是电路的工作波形。可以看出,在输入信号的上升过程中,当其电平增大到 U_{T+}时,输出由低电平跳变到高电平,即电路从一个稳态转换到另一个稳态,把这一变换时刻的输入信号电平 U_{T+}称为正阈值电压。在输入信号的下降过程中,当其电平减小到 U_{T-}时,输出由高电平跳变到低电平,电路又回到原来的稳态,把这一变换时刻的输入信号电平 U_{T-}称为负阈值电压。施密特触发器的正、负阈值电压是不相等的,把两者之间的电压差定义为回差电压 ΔU_T,即

$$\Delta U_T = U_{T+} - U_{T-} \tag{7.12}$$

施密特触发器的电压传输特性及逻辑符号如图 7.21 所示。

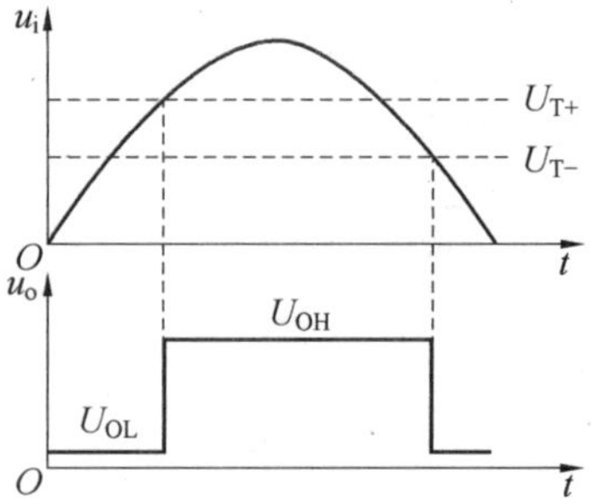

图 7.20 施密特触发器波形图

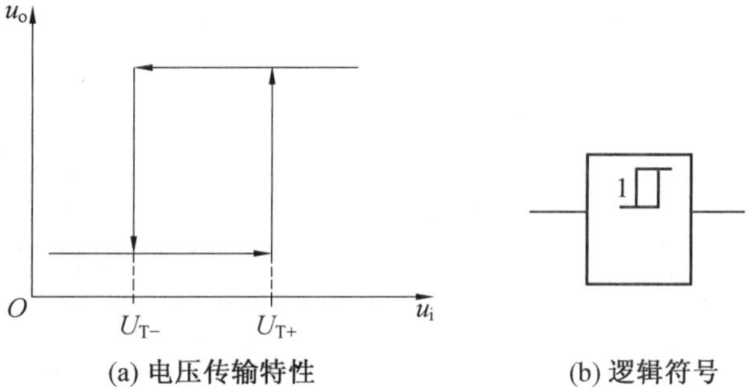

图 7.21 施密特触发器电压传输特性及逻辑符号

7.3.1 集成施密特触发器

由于性能稳定,集成施密特触发器在数字系统中得到了广泛应用。目前,市场上有多种集成施密特触发器产品。

74132 是一种典型的集成施密特触发器,其内部逻辑图和引脚图如图 7.22(a)所示。74132 内部包含 4 个相互独立的二输入施密特触发器。每个触发器都以基本的施密特触发器电路为基础,在输入端增加了与逻辑功能,在输出端增加了反相器,所以称为施密特触发与非门,其逻辑符号如图 7.22(b)所示。

74132 的输出信号 Y 与输入信号 A,B 之间的逻辑关系是 $Y=\overline{AB}$。A,B 中只要有一个低于施密特触发器的负阈值电压,输出 Y 就是高电平。只有当 A,B 同时高于正阈值电压时,输出 Y 才是低电平。在使用+5 V 电源的条件下,集成施密特触发器 74132 的正阈值电压 U_{T+} = 1.5 ~2.0 V,负阈值电压 U_{T-} =0.6 ~1.1 V,回差电压 ΔU_T的典型值是 0.8 V。

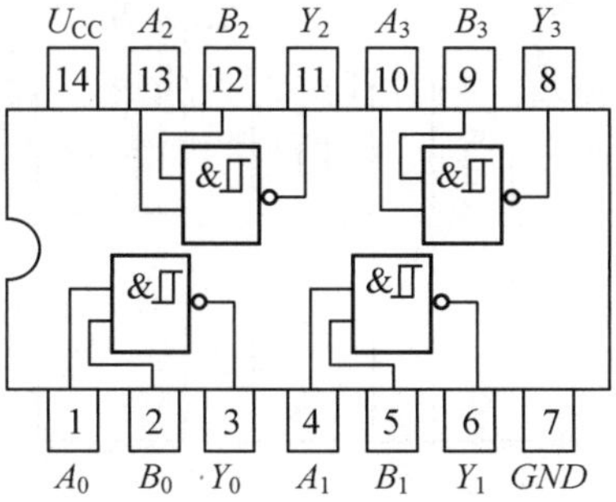

(a) 内部逻辑图和引脚图

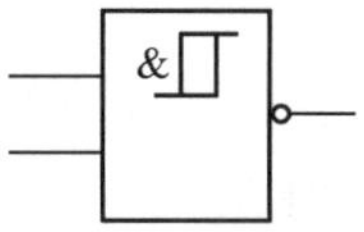

(b) 逻辑符号

图 7.22　74132 内部逻辑图和引脚图及逻辑符号

7.3.2　施密特触发器的应用

1. 波形变换

利用施密特触发器在状态转换过程中的正反馈作用，可以将边沿变化缓慢的周期性信号（如正弦波、三角波等）变成边沿陡峭的矩形脉冲。在图 7.23 中，施密特触发器的输入 u_i 是一个直流分量和正弦波叠加的信号，只要 u_i 的幅值 U_{im} 满足 $U_{im}>U_{T+}$，$-U_{im}<U_{T-}$，在触发器的输出端就可以得到同频率的矩形波。

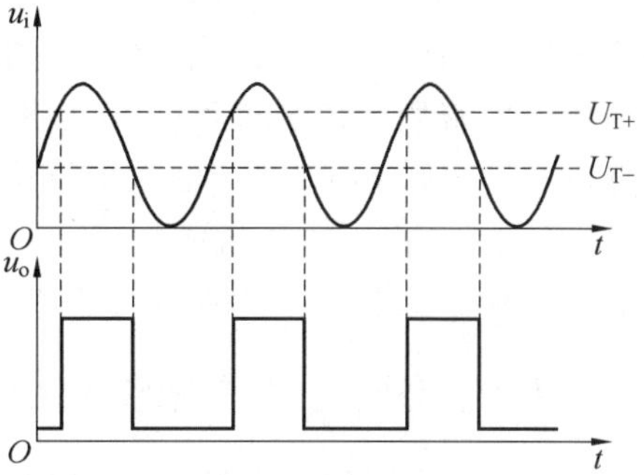

图 7.23　施密特触发器波形变换

2. 脉冲整形

矩形波传输过程中有可能发生畸变，其中比较常见的有 3 种情况：(a)矩形波的边沿变缓；(b)矩形波的边沿处产生振荡；(c)矩形波叠加了干扰。如图 7.24 所示。无论哪一种情况，只要设置合适的 U_{T+} 和 U_{T-}，均可以获得理想矩形波输出。

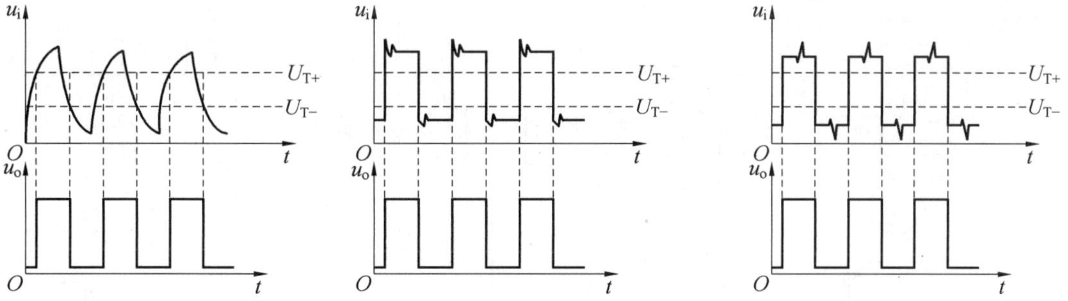

(a) 矩形波的边沿变缓　(b) 矩形波的边沿处产生振荡　(c) 矩形波叠加了干扰

图 7.24　施密特触发器脉冲整形

3. 脉冲幅度鉴别

利用施密特触发器的输出取决于输入幅度的特点，可以将其用作脉冲幅度鉴别电路，其波形图如图 7.25 所示。在施密特触发器的输入端输入一个幅度不等的矩形脉冲，根据施密特触发器的特点，当 $U_{im}>U_{T+}$ 时，$U_o=U_{oH}$；当 $U_{im}<U_{T+}$ 时，$U_o=U_{oL}$ 从而达到幅度鉴别的目的。

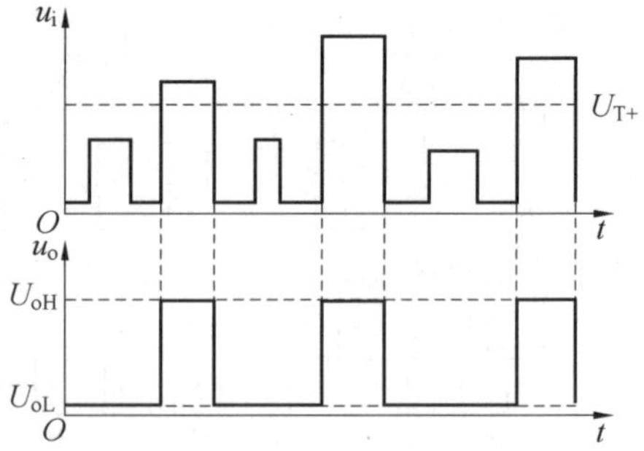

图 7.25 施密特触发器脉冲幅度鉴别波形图

7.4 555 定时器

555 定时器是一种应用广泛的模数混合集成电路，只需要外接少量的阻容元件就可以构成多种不同用途的电路，如多谐振荡器、单稳态触发器和施密特触发器等。

目前生产的 555 定时器有 TTL 和 CMOS 两种类型。通常，TTL 型 555 定时器的输出电流最高可达到 200 mA，具有很强的驱动能力，其产品型号都以 555 结尾；而 CMOS 型 555 定时器则具有低功耗、高输入阻抗的特点，其产品型号都以 7555 结尾。另外，还有一种将两个 555 定时器集成到一个芯片上的双定时器产品 556（TTL 型）和 7556（CMOS 型）。

7.4.1 555 定时器的芯片结构及功能

555 定时器的型号很多，但电路结构、功能和外部引脚排列基本相同。图 7.26(a)是国产 TTL 型 555 定时器的内部结构图，由 5 部分组成：3 个 5 kΩ 电阻组成的分压器、2 个高精度的电压比较器 C_1 和 C_2、1 个基本 RS 触发器、1 个放电三极管 T_D 和 1 个用于提高驱动能力的非门。555 定时器的引脚图如图 7.26(b)所示。

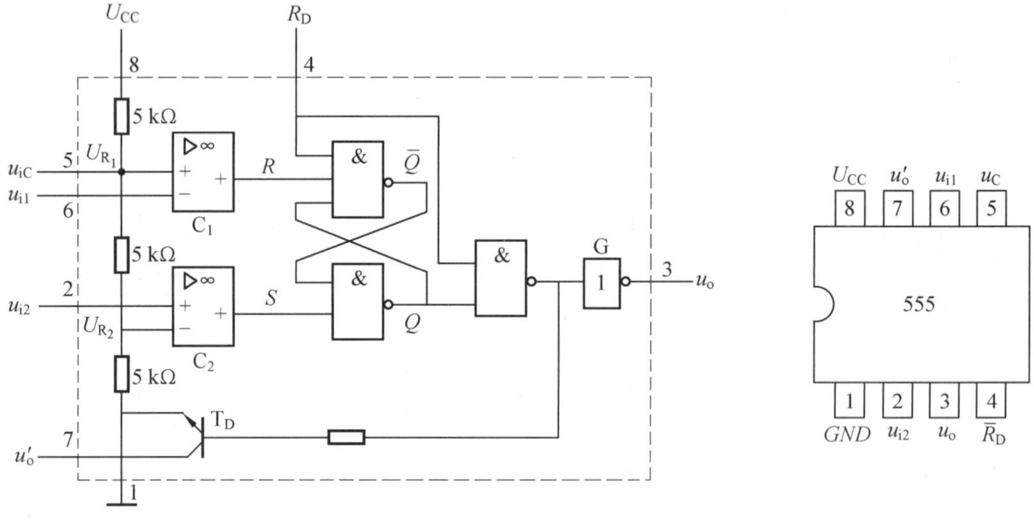

(a) 结构图　　　　(b) 引脚图

图 7.26 555 定时器内部结构和引脚图

在图 7.26(a)中，R_D 是清零端，当 R_D 为低电平时，电路的输出立即变为低电平。因此正常使用时，要将 R_D 接高电平。

电路中 3 个阻值为 5 kΩ 的电阻组成分压器，提供电压比较器 C_1 和 C_2 的参考电压 U_{R_1} 和 U_{R_2}。当控制电压输入端 u_{iC} 悬空时，$U_{R_1}=\frac{2}{3}U_{CC}$，$U_{R_2}=\frac{1}{3}U_{CC}$；如果 u_{iC} 外界固定电压 U_{iC}，则 $U_{R_1}=U_{iC}$，$U_{R_2}=U_{iC}/2$。当不需要外界控制电压时，一般是在 u_{iC} 和地之间接一个0.01 μF的滤波电容，以提高参考电压的稳定性。

u_{i1} 和 u_{i2} 分别是阈值电平输入端和触发信号输入端。在电路正常工作时，电路的状态就取决于这两个输入端的电平。

当 $u_{i1}>U_{R_1}$，$u_{i2}>U_{R_2}$ 时，比较器 C_1 的输出 $R=0$，比较器 C_2 的输出 $S=1$，基本 RS 触发器被置 0。放电三极管 T_D 导通，输出 u_o 为低电平。

当 $u_{i1}<U_{R_1}$，$u_{i2}<U_{R_2}$ 时，比较器 C_1 的输出 $R=1$，比较器 C_2 的输出 $S=0$，基本 RS 触发器被置 1。放电三极管 T_D 截止，输出 u_o 为高电平。

当 $u_{i1}>U_{R_1}$，$u_{i2}<U_{R_2}$ 时，比较器 C_1 的输出 $R=0$，比较器 C_2 的输出 $S=0$，基本 RS 触发器 $Q=\overline{Q}=1$。放电三极管 T_D 截止，输出 u_o 为高电平。

当 $u_{i1}<U_{R_1}$，$u_{i2}>U_{R_2}$ 时，比较器 C_1 的输出 $R=1$，比较器 C_2 的输出 $S=1$，基本 RS 触发器状态不变。放电三极管 T_D 的状态和输出 u_o 的状态也不变。

555 定时器的功能表见表 7.2。

表 7.2　555 定时器功能表

输入			输出	
R_D	u_{i1}	u_{i2}	u_o	T_D
0	×	×	0	导通
1	$>U_{R_1}$	$>U_{R_2}$	0	导通
1	$<U_{R_1}$	$<U_{R_2}$	1	截止
1	$>U_{R_1}$	$<U_{R_2}$	1	截止
1	$<U_{R_1}$	$>U_{R_2}$	保持	维持原状态

由表 7.2 可知，将放电端 u'_o 经过一个电阻接到电源 U_{CC} 上，如果电阻足够大，当 u_o 为高电平时，u'_o 也为高电平；当 u_o 为低电平时，u'_o 也为低电平。

7.4.2　555 定时器构成多谐振荡器

图 7.27(a)是由 555 定时器构成的多谐振荡器电路，图 7.27(b)是 u_c 和 u_o 的输出波形图。下面分析这个多谐振荡器的工作过程。

根据图 7.27(a)所示的电路，参考电压 $U_{R_1}=\frac{2}{3}U_{CC}$，$U_{R_2}=\frac{1}{3}U_{CC}$。

电源接通后，开始通过电阻 R_1 和 R_2 对电容 C 充电，使得电压 u_C 逐渐升高，此时满足 $u_{i1}<U_{R_1}$，$u_{i2}<U_{R_2}$，所以电路输出 u_o 为高电平，晶体管 T_D 截止；当 $\frac{2}{3}U_{CC}>u_C>\frac{1}{3}U_{CC}$ 时，满足 $u_{i1}<U_{R_1}$，$u_{i2}>U_{R_2}$，电路保持原状态不变，电路输出 u_o 仍为高电平，晶体管 T_D 仍然截止；当 u_C 的电压升高

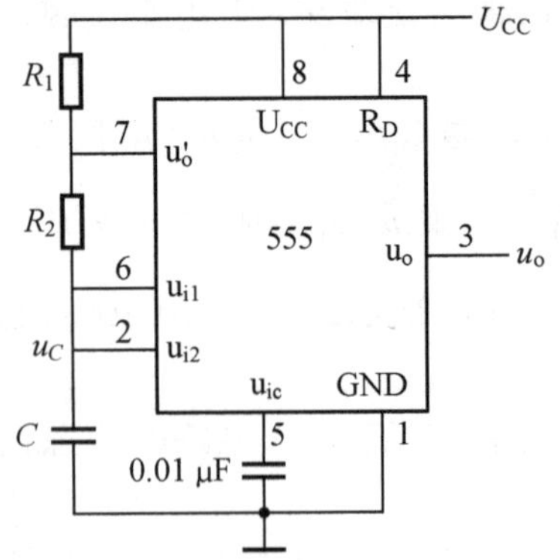

(a) 电路图

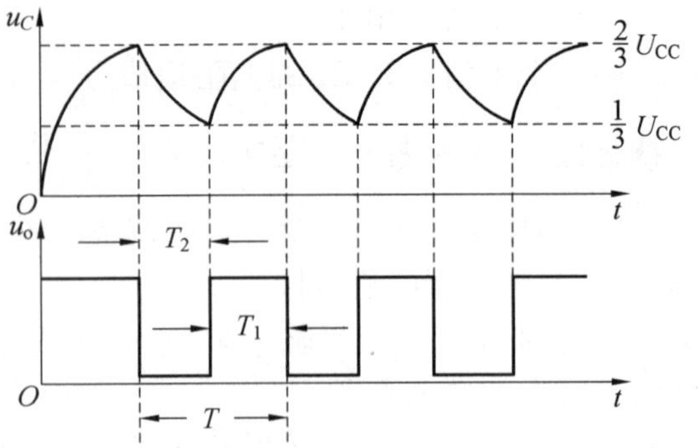

(b) 波形图

图 7.27　用 555 定时器构成的多谐振荡器及其输出波形图

到大于(2/3) U_{CC}时，满足 $u_{i1}>U_{R_1}$，$u_{i2}>U_{R_2}$，输出 u_o变为低电平，晶体管 T_D 饱和导通，u_o 变为低电平，同时电容 C 开始通过晶体管 T_D 放电。

随着电容放电的进行，u_C的电压逐渐下降，只要 u_C不低于$\frac{1}{3}$ U_{CC}，电路的输出将一直保持低电平，晶体管 T_D 一直饱和导通；当 u_C 下降到略低于$\frac{1}{3}$ U_{CC}时，满足 $u_{i1}<U_{R_1}$，$u_{i2}<U_{R_2}$，电路的状态发生翻转，输出 u_o又跳变到高电平，晶体管 T_D 截止，同时电容又开始充电，如此周而复始，便形成了多谐振荡器。

由上述分析可知，多谐振荡器输出脉冲的周期 T 等于电容充电时间 T_1和放电时间 T_2之和，即

$$T_1=(R_1+R_2)C\ln\frac{U_{CC}-U_{R_2}}{U_{CC}-U_{R_1}}=(R_1+R_2)C\ln 2 \tag{7.13}$$

$$T_2=R_2C\ln\frac{0-U_{R_2}}{0-U_{R_1}}=R_2C\ln 2 \tag{7.14}$$

$$T=T_1+T_2=(R_1+2R_2)C\ln 2 \tag{7.15}$$

根据式(7.13)和式(7.15)，可求出输出脉冲的占空比 q，即

$$q=\frac{T_1}{T}=\frac{R_1+R_2}{R_1+2R_2}=\frac{1}{1+R_2/(R_1+R_2)} \tag{7.16}$$

改变电阻 R_1，R_2和电容 C 的参数，可以调整输出脉冲的频率和占空比。另外，如果参考电压 u_{ic}接外部信号，通过改变 u_{ic}的数值也可以调整输出脉冲的频率。

7.4.3　555 定时器构成单稳态触发器

555 定时器构成的单稳态触发器电路及其工作波形图如图 7.28(a)和 7.28(b)所示。参考电压 $U_{R_1}=\frac{2}{3}U_{CC}$，$U_{R_2}=\frac{1}{3}U_{CC}$。

在图 7.28(a)所示的电路中，外加触发信号 u_i 接触发输入端 u_{i2}，输入脉冲的下降沿触发。u_{i2}为高电平时，电路处于稳态，输出 u_o为低电平，晶体管 T_D 饱和导通。假设在接通电源之后基本 RS 触发器的状态 $Q=1$，则晶体管 T_D 饱和导通，输出 u_o 为低电平，且状态保持不变，如果

在接通电源后基本 RS 触发器的状态 $Q=0$，则输出 u_o 为高电平，晶体管 T_D 截止，电容将会被充电，u_C 的电压上升；当 u_C 上升到略大于 $\frac{2}{3}U_{CC}$ 时，晶体管 T_D 饱和导通，输出 u_o 变为低电平，电路自动进入稳态，同时电容 C 经晶体管 T_D 迅速放电至 $u_C\approx 0$，电路状态不变。

当触发脉冲的下降沿到来时，满足 $u_{i1}<U_{R_1}$，$u_{i2}<U_{R_2}$，输出 u_o 迅速跳变为高电平，晶体管 T_D 截止，同时电源开始通过电阻 R 对电容 C 充电，即电路进入了暂稳态；随着充电的进行，当 u_C 上升到略大于 $\frac{2}{3}U_{CC}$ 时，如果此时触发脉冲消失，则满足 $u_{i1}>U_{R_1}$，$u_{i2}>U_{R_2}$，所以输出 u_o 迅速跳变为低电平，晶体管 T_D 饱和导通，电路又回到稳态，同时电容 C 经晶体管 T_D 迅速放电至 $u_C\approx 0$，此时满足 $u_{i1}>U_{R_1}$，$u_{i2}>U_{R_2}$，所以电路维持稳态不变。

输出脉冲宽度 T_w 等于暂态持续的时间，如果不考虑晶体管饱和压降，T_w 等于电容充电过程中 u_C 从 0 上升到 $\frac{2}{3}U_{CC}$ 所用的时间。输出脉冲的宽度为

$$T_w=RC\ln\frac{U_{CC}-0}{U_{CC}-\frac{2}{3}U_{CC}}=RC\ln 3 \tag{7.17}$$

555 定时器接成单稳态触发器时，外接电阻 R 的取值范围为 2 kΩ ~ 20 MΩ，外接电容 C 的取值范围为 100 pF ~ 1 000 μF，输出脉冲宽度可以从几微秒到几小时。但是随着脉冲宽度的增大，精度和稳定度都会下降。

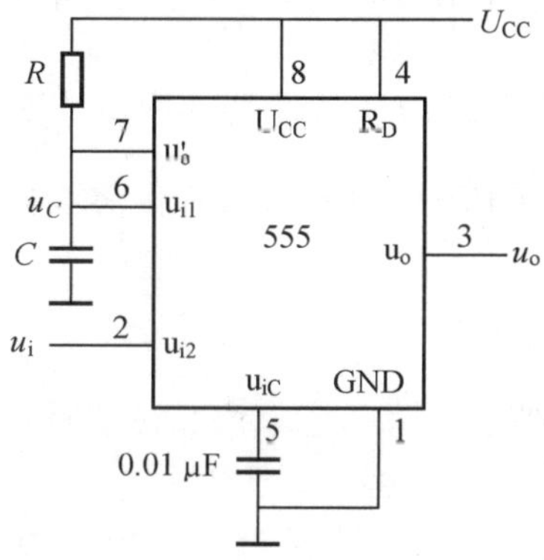

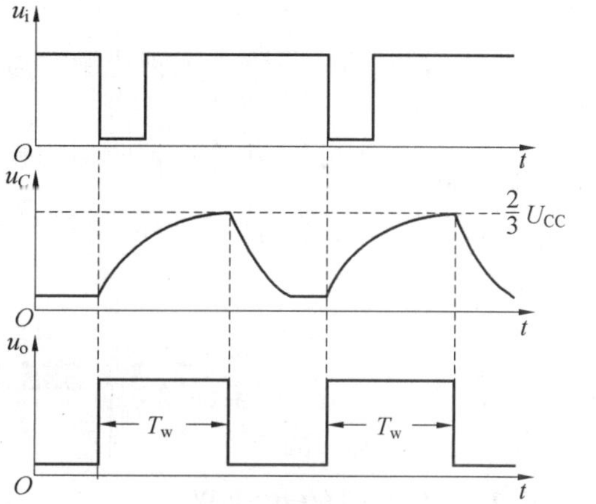

图 7.28　用 555 定时器构成的单稳态触发器及其输出波形图

7.4.4　555 定时器构成施密特触发器

将 555 定时器阈值输入端 u_{i1} 和触发输入端 u_{i2} 连在一起作为外加触发信号 u_i 的输入端，就构成了施密特触发器。所构成的施密特触发器电路及其电压传输特性如图 7.29(a) 及 7.29(b) 所示。参考电压 $U_{R_1}=\frac{2}{3}U_{CC}$，$U_{R_2}=\frac{1}{3}U_{CC}$。

在 u_i 从 0 开始升高的过程中，当 $u_{i1}<\frac{1}{3}U_{CC}$ 时，满足 $u_{i1}<U_{R_1}$，$u_{i2}<U_{R_2}$，电路输出 u_o 为高电

平；当$\frac{1}{3}U_{CC}<u_{i1}<\frac{2}{3}U_{CC}$时，满足$u_{i1}<U_{R_1}$，$u_{i2}>U_{R_2}$，555定时器的状态不变，$u_o$仍为高电平；当$u_{i1}>\frac{2}{3}U_{CC}$时，满足$u_{i1}>U_{R_1}$，$u_{i2}>U_{R_2}$，$u_o$才跳变为低电平。

在u_i从高于$\frac{2}{3}U_{CC}$的电压开始下降的过程中，当$\frac{1}{3}U_{CC}<u_{i1}<\frac{2}{3}U_{CC}$时，满足$u_{i1}<U_{R_1}$，$u_{i2}>U_{R_2}$，$u_o$仍保持低电平不变，当$u_{i1}<\frac{1}{3}U_{CC}$时，满足$u_{i1}<U_{R_1}$，$u_{i2}<U_{R_2}$，电路输出$u_o$为高电平。

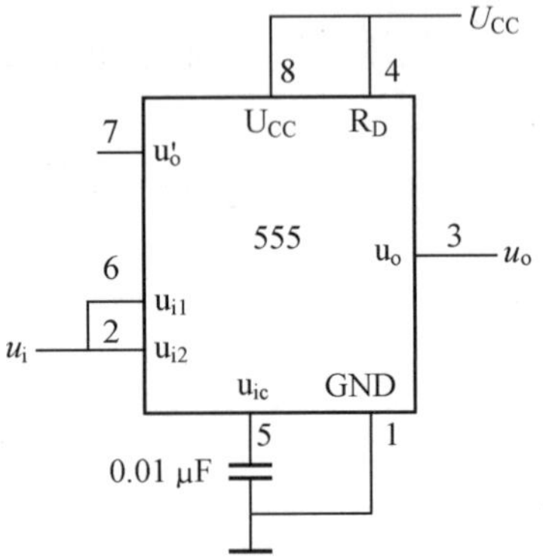

(a) 电路图

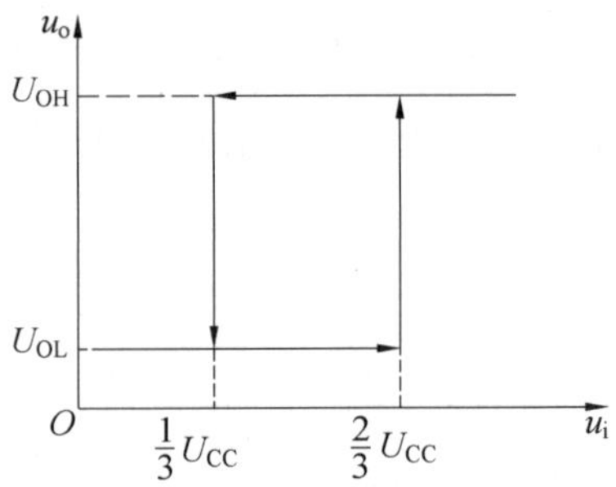

(b) 传输特性

图 7.29　用555定时器构成的施密特触发器电路图及其传输特性

通过以上分析，可以得到该施密特触发器的正向阈值电压$U_{T+}=U_{R_1}=\frac{2}{3}U_{CC}$，负向阈值电压$U_{T-}=U_{R_2}=\frac{1}{3}U_{CC}$。可见，由555定时器构成的施密特触发器的电压传输特性取决于两个参考电压U_{R_1}，U_{R_2}。当然，也可以外接信号U_{iC}，通过改变控制电压U_{iC}的大小调节施密特触发器的传输特性。

7.5　555定时器实验

7.5.1　实验目的和意义

（1）熟悉555型集成定时器的组成及工作原理。
（2）掌握555定时器电路的典型应用。

7.5.2　实验预习要求

（1）复习有关多谐振荡器、单稳态触发器和施密特触发器的知识。
（2）复习实验中涉及的所有应用电路的工作原理。

7.5.3　实验仪器与器件

（1）数字电路实验箱：1台。

(2)数字万用表:1 块。
(3)示波器:1 台。
(4)555 定时器芯片:1 片。
(5)可变电阻(5.1 kΩ,10 kΩ,100 kΩ):各 1 个。
(6)电容(0.01 μF,0.1 μF,10 μF):各 1 个。
(7)二极管:2 个。

7.5.4 实验原理

1.555 定时器功能

555 定时器的功能参见 7.4.1 节相关内容。

2.555 定时器典型应用

(1)由 555 定时器构成多谐振荡器。

电路图参考图 7.27,电路的工作原理参见 7.4 节相关内容。

(2)由 555 定时器构成单稳态触发器。

电路图参考图 7.28,电路的工作原理参见 7.4 节相关内容。

(3)由 555 定时器构成施密特触发器。

电路图参考图 7.29,电路的工作原理参见 7.4 节相关内容。

7.5.5 实验内容

1. 用 555 定时器构成多谐振荡器

(1)参照图 7.30 连接线路。

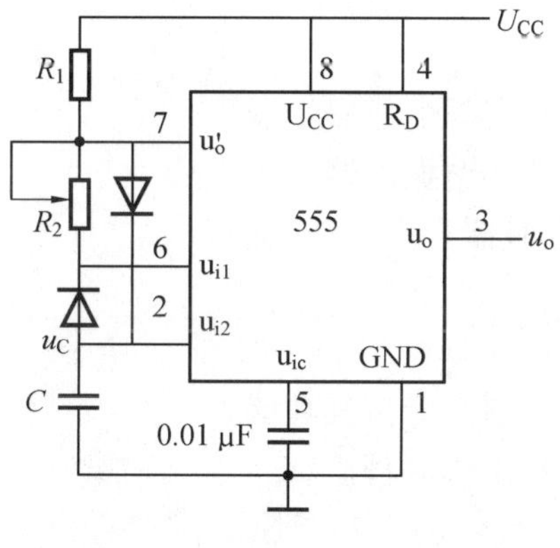

图 7.30 555 定时器构成的多谐振荡器电路图

(2)实验步骤。

① 电路中 R_2采用 100 kΩ 可变电阻,电容 C 的参数选择 0.1 μF。调节 R_2的大小,用示波器分别观察 u_C,u_o的波形,并记录电阻 R_2 为不同值时输出波形的频率和占空比。

② 保持电阻 R_2 的值不变,将电容 C 的大小改为 0.01 μF,观察此时输出波形的变化,并记录输出波形的频率和占空比。

2. 用 555 定时器构成单稳态触发器

(1)参照图 7.28 连接线路。

(2)实验步骤。

① 在电路中取 $R=100\ \text{k}\Omega$,$C=10\ \mu\text{F}$,输出接 LED 指示器,u_i采用单次脉冲,用示波器观察 u_i,u_C,u_o的波形。并测定幅度与暂态时间。

② 取 $R=1\ \text{k}\Omega$,$C=0.1\ \mu\text{F}$,输入 $f=1$ kHz 连续脉冲,用示波器观察 u_i,u_C 和 u_o的波形,测定幅度及延时时间。

3. 用 555 定时器构成施密特触发器

(1)施密特触发器参考电路图如图 7.31 所示。

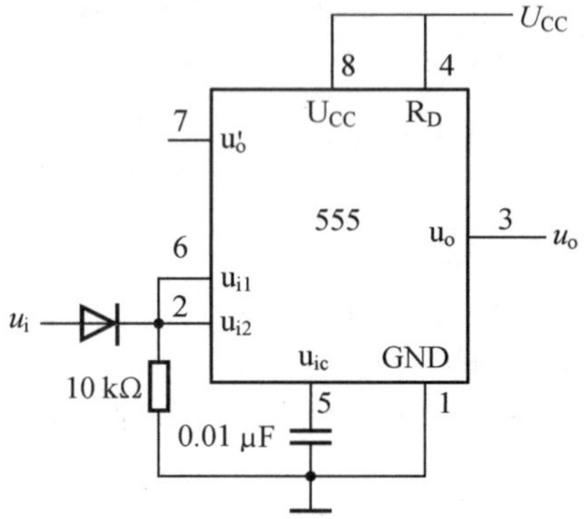

图 7.31　555 定时器构成的施密特触发器电路图

(2)实验步骤。

u_i 选择频率为 1 kHz 的正弦波信号,逐渐加大 u_i的幅度,记录输出波形,测绘电压传输特性,并计算回差电压 ΔU。

7.5.6　实验思考题

(1)用两片 555 定时器设计变频信号发生器。

(2)设计一个占空比可调的多谐振荡器。

(3)查阅资料,采用 555 定时器实现其他功能。

7.5.7　实验报告要求

(1)画出 555 定时器的结构图并分析其功能。

(2)写出电路的设计过程和工作原理。

(3)对实验结果进行分析。

(4)对实验中的故障及解决办法进行分析和总结。

本章小结

本章主要介绍了几种波形发生和脉冲整形的电路和芯片以及广为应用的 555 定时器。

(1)多谐振荡器是可以直接产生矩形脉冲信号的自激振荡电路,不需要外加输入信号。在工作过程中,多谐振荡器有两个暂态交替出现,不存在稳态。

(2)单稳态触发器和施密特触发器没有输入信号不能直接产生矩形脉冲信号,但是它们能将其他形状的信号变换成所需要的矩形脉冲信号,从而达到脉冲整形的目的。

单稳态触发器的工作状态是一个稳态和一个暂态。输出矩形脉冲信号的宽度由电路本身的参数决定，与输入信号无关；输入信号只起到触发的作用，决定脉冲产生的时间。

施密特触发器有两个稳态。矩形脉冲信号受输入信号电平的控制，呈现一种“滞回”传输特性，主要参数包括正向阈值电压 U_{T+}、负向阈值电压 U_{T-} 及回差电压 ΔU_T 等。

除了用于脉冲整形与波形变换外，单稳态触发器和施密特触发器还有其他的应用，如单稳态触发器可以用于脉冲测频和脉冲延时，施密特触发器可以用于幅度鉴别等。

(3)555 定时器是一种用途广泛、使用方便的集成芯片。本章主要介绍了用 555 定时器构成多谐振荡器、单稳态触发器和施密特触发器的典型应用电路。

习　题

7.1　用于产生矩形脉冲的电路可分为几类？

7.2　说明带有 RC 延时电路的环形振荡器中 RC 的作用。

7.3　单稳态触发器的主要用途是什么？

7.4　可重单稳态触发器和不可重单稳态触发器有什么区别？

7.5　简述施密特触发器的工作特点和主要用途。

7.6　反相输出的施密特触发器的输入波形如图 7.32 所示，试画出其输出波形，并指出该电路的功能。

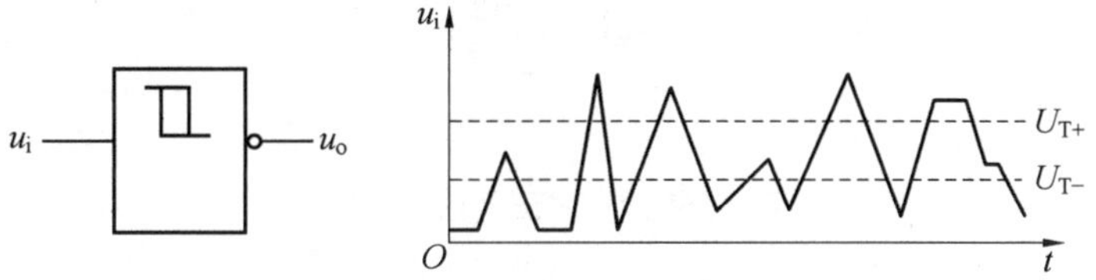

图 7.32　习题 7.6 波形图

7.7　使用 74121 集成施密特触发器，设定时电阻采用片内电阻，要求脉冲宽度为 3.5 ms，试求外接电容的数值，并画出电路图。

7.8　由 TTL 与非门和非门构成的如图 7.33 所示的电路，若每个门平均传输延时 $t_{pd}=50$ ns，则在 $u_i=0$ 或 $u_i=1$ 时，电路能否产生振荡？如果能产生振荡，试计算出该电路的振荡周期 T 和频率 f。

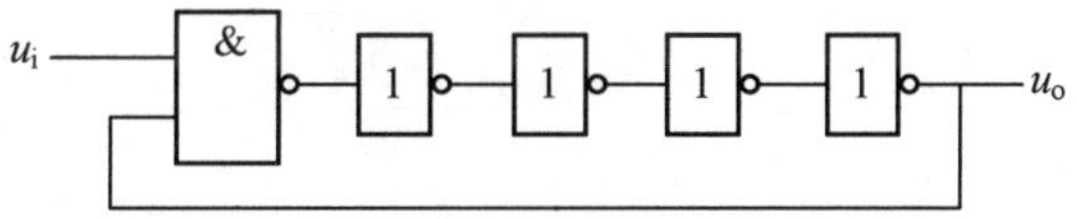

图 7.33　习题 7.8 电路图

7.9　用门电路构成的微分型单稳态触发器和积分型单稳态触发器如图 7.8 和图 7.11 所示，其中，$U_{DD}=5$ V，$R=300$ Ω，$C=1$ μF，$R_d=3$ kΩ，$C_d=0.01$ μF，估算它们各自的输出脉冲宽度。

7.10　试画出 555 定时器构成多谐振荡器、单稳态触发器、施密特触发器电路的原理接线图。

7.11　由 555 定时器构成的多谐振荡器电路如图 7.27 所示，若 $U_{CC}=5$ V，$R_1=R_2=$

5.1 kΩ，C=0.01 μF，求电路的振荡周期和输出脉冲占空比。

7.12　试用555定时器设计一个振荡频率为500 Hz，输出脉冲占空比为1/2的多谐振荡器（只要求画出电路，选好参数值）。

7.13　用555定时器构成单稳态触发器，要求按钮按下后，定时器的暂稳态时间为1 s。试选择电阻和电容参数，并画出电路图。

7.14　用555定时器和JK触发器设计一个4 000 Hz与2 000 Hz的时钟源电路。

第 8 章　D/A 与 A/D 转换

由模拟信号转换为数字信号的过程称为模/数转换(Analog to Digital,A/D),能够实现A/D转换的电路称为A/D转换器(Analog to Digital Converter,ADC);由数字信号转换为模拟信号的过程称为数/模转换(Digital to Analog,D/A),能够实现D/A转换的电路称为D/A转换器(Digital to Analog Converter,DAC)。目前市场上集成的ADC和DAC芯片有几百种之多,随着集成电路技术的发展,技术指标越来越先进,可以适应不同场合的需要。

本章主要介绍几种常见的A/D,D/A转换电路的工作原理和特点,并以典型芯片为例介绍ADC和DAC的主要技术指标及使用方法。由于D/A转换电路比A/D转换电路工作原理简单,并且在A/D转换电路中要用到D/A转换电路做为反馈回路,所以首先介绍D/A转换电路。

8.1　D/A 转换

8.1.1　D/A 转换的基本概念

DAC的原理框图如图8.1所示。其中 $D(D_{n-1}\,D_{n-2}\cdots D_1\,D_0)$ 为输入的 n 位二进制数,S_A 为输出的模拟信号(电压信号或者电流信号),U_{REF} 为实现数D/A模转换所必需的参考电压(也称基准电压),它们三者之间的关系为

$$S_A = KDU_{REF} \tag{8.1}$$

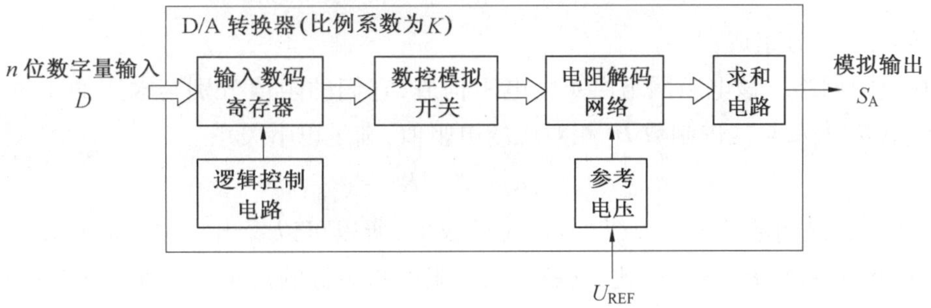

图 8.1　DAC 原理框图

式中,K 为比例系数,不同的DAC有不同的 K 值;输入的 n 位二进制数 D 对应的十进制数值为

$$(D)_{10} = D_{n-1}\times 2^{n-1} + D_{n-2}\times 2^{n-2} + \cdots + D_1\times 2^1 + D_0\times 2^0 = \sum_{i=0}^{n-1} D_i\times 2^i \tag{8.2}$$

则式(8.1)可变为

$$S_A = KU_{REF}\sum_{i=0}^{n-1} D_i \times 2^i \tag{8.3}$$

另外必须指出,n 位二进制代码有 2^n 种不同的组合,从而对应有 2^n 个模拟电压(或电流)值,所以严格来讲,DAC 的输出并非真正的模拟信号,而是时间连续、幅度离散的信号。

由 DAC 原理框图可知,D/A 转换电路主要由输入数码寄存器、数控模拟开关、电阻解码网络、求和电路、参考电压以及逻辑控制电路组成。输入的数字信号可以串行,也可以并行。数字信号输入后首先存储在输入寄存器中,寄存器并行输出的每一位数码驱动一个数控模拟开关,使电阻解码网络将每一位数码翻译成相应大小的模拟量,并送至求和电路;求和电路将各位数码所代表的模拟量相加便得到与数字量相对应的模拟量。DAC 的核心电路是电阻解码网络,下面主要介绍电阻解码网络的工作原理。

8.1.2 常用 D/A 转换技术

实现 D/A 转换的方法有很多种,本节只介绍常用的几种。

1. 权电阻网络 D/A 转换电路

如图 8.2 所示为 4 位权电阻网络 D/A 转换电路的原理图。

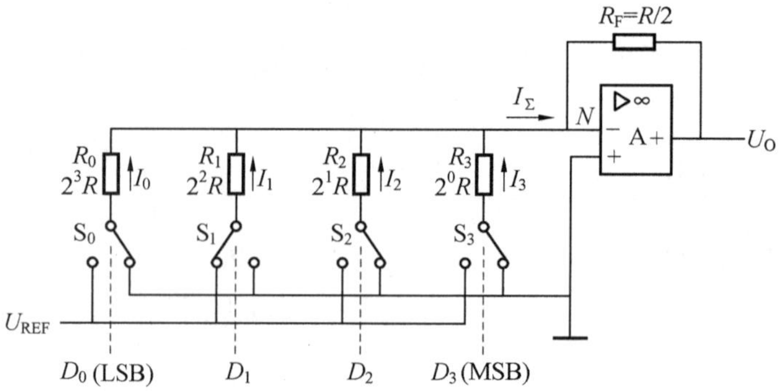

图 8.2 权电阻网络 D/A 转换电路原理图

该电路由 4 部分组成:

(1)权电阻网络。该电阻网络由 4 个电阻构成,它们的阻值分别与输入的 4 位二进制数一一对应,用 R_i 表示与二进制数 D_i 相对应的电阻值,满足以下关系

$$R_i = 2^{n-1-i}R \tag{8.4}$$

式中,n 为输入二进制数的位数;2^{n-1-i} 为 D_i 位的权值,所以可以看出二进制数的某一位所对应的电阻的大小与该位的权值成反比,这就是权电阻网络名称的由来。例如图 8.2 中最高位 D_3 所对应的电阻 $R_3=R$。

(2)模拟开关。每个电阻都串联一个单刀双掷的模拟开关,4 个模拟开关分别由 4 位二进制数码控制。当 $D_i=0$ 时,开关 S_i 打到右边,使电阻 R_i 接地;当 $D_i=1$ 时,开关 S_i 打到左边,使电阻 R_i 接 U_{REF}。

(3)基准电压源 U_{REF}。作为 D/A 转换的参考值,要求其准确度高、稳定性好。

(4)求和放大器。通常由运算放大器构成,并接成反相放大器的形式。

为了简化分析,假设运算放大器为理想运放。由于 N 点虚地,当 $D_i=0$ 时,对应的电阻 R_i 上没有电流;当 $D_i=1$ 时,电阻 R_i 上有电流通过,其大小为 $I_i=U_{REF}/R_i$。

根据叠加原理,本例中输入 4 位二进制数$(D_3D_2D_1D_0)_2$,应有

$$\begin{aligned} I_\Sigma &= D_3I_3 + D_2I_2 + D_1I_1 + D_0I_0 \\ &= D_3\frac{U_{REF}}{R_3} + D_2\frac{U_{REF}}{R_2} + D_1\frac{U_{REF}}{R_1} + D_0\frac{U_{REF}}{R_0} \\ &= D_3\frac{U_{REF}}{2^0R} + D_2\frac{U_{REF}}{2^1R} + D_1\frac{U_{REF}}{2^2R} + D_0\frac{U_{REF}}{2^3R} \\ &= \frac{U_{REF}}{2^3R}\sum_{i=0}^{3}D_i\times 2^i \end{aligned} \tag{8.5}$$

求和放大器的反馈电阻 $R_F=R/2$,则输出电压 U_O 为

$$U_O=-I_\Sigma R_F=-\frac{U_{REF}}{2^4}\sum_{i=0}^{3}D_i\times 2^i \tag{8.6}$$

推广到 n 位权电阻 D/A 转换电路,可得

$$U_O=-\frac{U_{REF}}{2^n}\sum_{i=0}^{n-1}D_i\times 2^i \tag{8.7}$$

由式(8.6)和(8.7)可以看出,权电阻网络 D/A 转换电路的输出电压和输入数字量之间的关系与式(8.3)的描述完全一致。这里的比例系数 $K=1/2^n$,输出电压与基准电压的极性相反。

权电阻 D/A 转换电路的优点是结构简单,所用的电阻个数比较少;缺点是电阻的取值范围太大,这个问题在数字输入量的位数较多时尤为突出。例如当输入数字量的位数为 12 位时,最大电阻与最小电阻的比例高达 2 048 ∶1,要在如此大的范围内保证电阻的精度,对于集成 DAC 的制造是十分困难的。

2. T 型电阻网络 D/A 转换电路

图 8.3 所示的 4 位 T 型电阻网络 D/A 转换电路,就克服了权电阻网络 D/A 转换电路的缺点,无论 D/A 转换电路为多少位,电阻网络中只有 R 和 $2R$ 两种电阻,但电阻的个数却比相同位数的权电阻网络 D/A 转换电路增加了一倍。

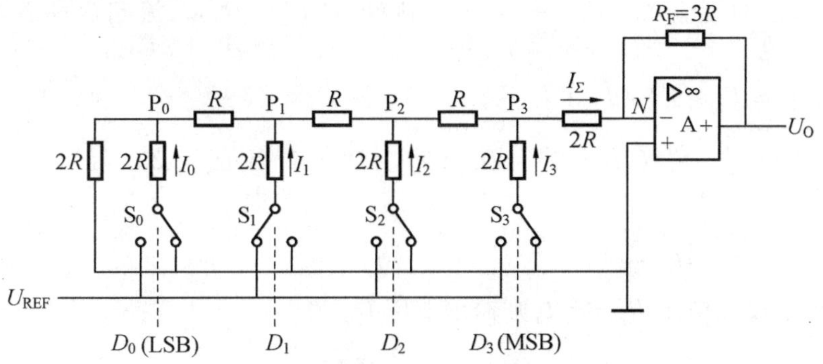

图 8.3　T 型电阻网络 D/A 转换电路图

T 型电阻网络 D/A 转换电路也由 4 部分组成,它们是:$R-2R$ 电阻网络、单刀双掷模拟开关(S_0,S_1,S_2,S_3)、基准电压 U_{REF}和求和放大器。

4 个模拟开关的状况分别由 4 位二进制数码控制。当 $D_i=0$ 时,开关 S_i打到右边,与之相串联的电阻 $2R$ 接地;当 $D_i=1$ 时,开关 S_i打到左边,电阻 $2R$ 接 U_{REF}。

该电路的结构具有以下特点:

(1)如果不考虑基准电压 U_{REF}的内阻,那么无论模拟开关的状态如何,从 T 型网络的节点(P_0,P_1,P_2,P_3)向左、向右和向下看的等效电阻都等于 $2R$;从运算放大器的虚地点向左看去,T 型电阻网络的等效电阻等于 $3R$。

(2)当任意一位 $D_i=1$,其余位 $D_i=0$ 时,我们可以根据图 8.4 所示的等效电路计算出流过 $2R$ 电阻支路的电流 $I_i=U_{REF}/3R$,并且这部分电流每流过一个节点时,都会向另外两个方向分流,分流系数为 1/2。

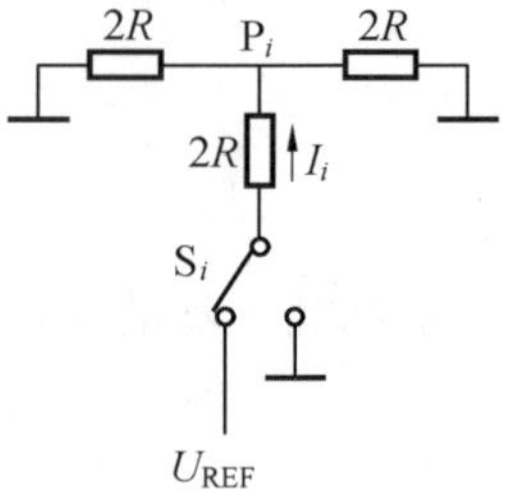

图 8.4 P_i节点等效电路图

例如,当只有 $D_0=1$ 时,其等效电路如图 8.5 所示。可以看出,经 P_0流出的电流 $I_0=U_{REF}/3R$,它要经过 4 个节点的分流才能流入求和放大器。在每个节点处,由于向右、向左和向下看的等效电阻都是 $2R$,在每个节点分流时的分流系数都是 1/2,因此流向求和放大器的电流为 $I_0'=I_0/2^4$。

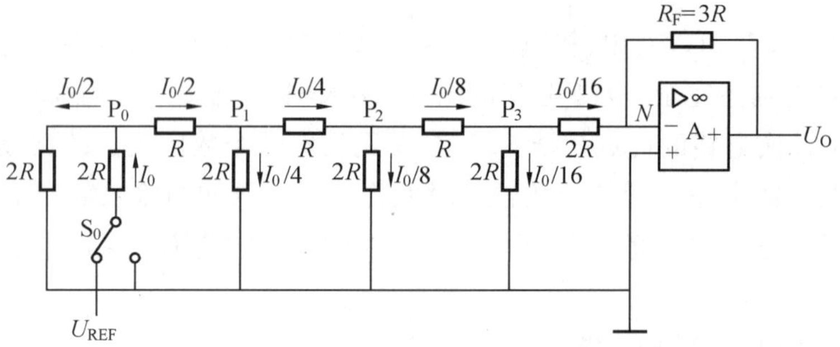

图 8.5 模拟开关 S_0单独作用时各个支路电流分配电路图

同理,当 D_1,D_2,D_3各自为 1 时,流向求和放大器的电流分别为 $I'_1=I_0/2^3$,$I'_2=I_0/2^2$,$I'_3=I_0/2^1$。

根据叠加原理,对于输入的任意一个二进制数$(D_3D_2D_1D_0)_2$,流向求和放大器的电流 I_Σ应为

$$\begin{aligned} I_\Sigma &= I'_3+I'_2+I'_1+I'_0 \\ &= \frac{1}{2^4}\frac{U_{REF}}{3R}(D_0\times 2^0+D_1\times 2^1+D_2\times 2^2+D_3\times 2^3) \\ &= \frac{1}{2^4}\frac{U_{REF}}{3R}\sum_{i=0}^{3}D_i\times 2^i \end{aligned} \tag{8.8}$$

求和放大器的反馈电阻 $R_F=3R$,则输出电压 U_O 为

$$U_O=-I_\Sigma R_F=-\frac{U_{REF}}{2^4}\sum_{i=0}^{3}D_i\times 2^i \tag{8.9}$$

推广到 n 位权电阻 D/A 转换电路,可得

$$U_O = -\frac{U_{REF}}{2^n}\sum_{i=0}^{n-1} D_i \times 2^i \tag{8.10}$$

3. 倒 T 型电阻网络 D/A 转换电路

图 8.6 所示为倒 T 型电阻网络 D/A 转换电路的原理图，它同样由 $R-2R$ 电阻网络、单刀双掷模拟开关（S_0, S_1, S_2, S_3）、基准电压 U_{REF} 和求和放大器 4 部分构成。它与 T 型电阻网络 D/A 转换电路的区别在于：

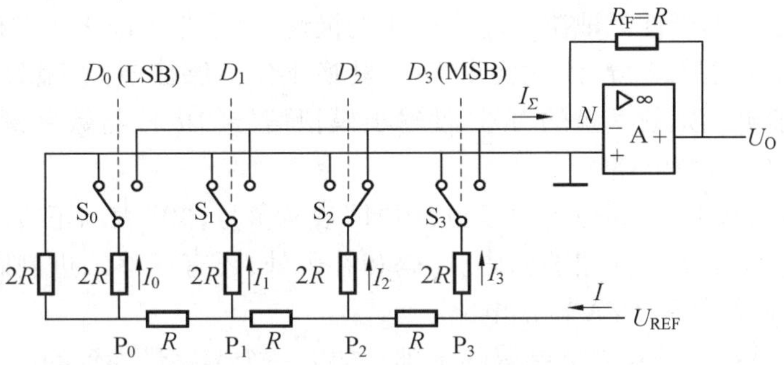

图 8.6　倒 T 型电阻网络 D/A 转换电路原理图

（1）电阻网络呈倒 T 型分布。

（2）模拟开关的位置发生了变化。在 T 型电阻网络 D/A 转换电路中，模拟开关位于基准电压源和电阻网络之间，并在基准电压和地之间切换；在倒 T 型电阻网络 D/A 转换电路中，模拟开关位于电阻网络和求和放大器之间，并在求和放大器的虚地点 N 和地之间切换。当 $D_i = 1$ 时，开关 S_i 接虚地点 N；当 $D_i = 0$ 时，开关 S_i 接地。

分析倒 T 型电阻网络不难看出：无论模拟开关的状态如何，从任意一个节点（P_0, P_1, P_2, P_3）向上、向左或向右看去的等效电阻均为 $2R$。因此可以计算出基准电压源 U_{REF} 的输出电流 $I = U_{REF}/R$，而且每流过一个节点时就产生 1/2 的分流，则各支路的电流分别为 $I_0 = \frac{1}{2^4}I, I_1 = \frac{1}{2^3}I, I_2 = \frac{1}{2^2}I, I_3 = \frac{1}{2^1}I$。

根据叠加原理，对于输入的任意一个二进制数 $(D_3D_2D_1D_0)_2$，流向求和放大器的的电流 I_Σ 应为

$$\begin{aligned} I_\Sigma &= I_3 + I_2 + I_1 + I_0 \\ &= \frac{1}{2^4}\frac{U_{REF}}{R}(D_0 \times 2^0 + D_1 \times 2^1 + D_2 \times 2^2 + D_3 \times 2^3) \\ &= \frac{1}{2^4}\frac{U_{REF}}{R}\sum_{i=0}^{3} D_i \times 2^i \end{aligned} \tag{8.11}$$

求和放大器的反馈电阻 $R_F = R$，则输出电压 U_O 为

$$U_O = -I_\Sigma R_F = -\frac{U_{REF}}{2^4}\sum_{i=0}^{3} D_i \times 2^i \tag{8.12}$$

推广到 n 位权电阻 D/A 转换电路，可得

$$U_O = -\frac{U_{REF}}{2^n}\sum_{i=0}^{n-1} D_i \times 2^i \tag{8.13}$$

与T型电阻网络D/A转换电路相比，倒T型电阻网络D/A转换电路的突出优点在于：无论输入信号如何变化，流过基准电压源、模拟开关以及各电阻支路的电流均保持恒定，电路中各节点的电压也保持不变，这有利于提高D/A转换的转换速度。倒T型电阻网络D/A转换电路只有两种电阻值和它便于集成的优点，使其成为目前集成DAC中应用最多的转换电路。

4. 双极性D/A转换电路

前面讨论的几种D/A转换电路都是单极性电路，转换电路输入的数字量都是无符号二进制数，输出的模拟信号的极性只取决于基准电压的极性，也是非负即正的单极性信号。但是在实际应用中，数字量有正负之分，因此要求D/A转换不仅能够按照数字量的数值转换出相应的模拟信号，而且能够判别数字量的符号，使输出模拟信号的极性与数字量的极性一致，这就需要采用双极性D/A转换电路。

在有符号二进制数中，最高位为符号位，用"1"表示负号，"0"表示正号。带符号的二进制数有多种表示方法，除第1章介绍的原码、反码和补码外，还有偏移二进制码等其他方式。下面介绍偏移二进制码和补码D/A转换电路。

偏移二进制码是在带符号二进制码的基础上加上一个偏移量得到的。N位二进制数的偏移二进制码为

$$D_B = D_C + 2^n \tag{8.14}$$

式中，2^n就是偏移量，D_C是n位二进制数D的补码。例如一个正的3位数$D=(+110)_2$，其补码为$(0110)_2$，则对应的偏移二进制码为

$$D_B = D_C + 2^n = 0110 + 1000 = 1110$$

若3位数$D=(-110)_2$，其补码为$(1010)_2$，则对应的偏移二进制码为

$$D_B = D_C + 2^n = 1010 + 1000 = 0010$$

下面以3位偏移二进制码为例，说明双极性D/A转换电路的转换原理。3位偏移二进制码偏移量为100，可以表示-4～+3之间的任何整数，它与3位补码、3位无符号数和十进制数之间的对应关系以及希望输出的模拟电压值见表8.1。

表8.1 无符号数、偏移二进制码和补码对应的输出列表

无符号二进制数			对应的十进制数	无偏移时输出电压	对应的补码			偏移二进制码			对应的十进制数	应该输出的电压
D_2	D_1	D_0			D_2	D_1	D_0	D_2	D_1	D_0		
0	0	0	0	0	0	0	0	1	0	0	-4	$-4U_{REF}/8$
0	0	1	+1	$U_{REF}/8$	0	0	1	1	0	1	-3	$-3U_{REF}/8$
0	1	0	+2	$2U_{REF}/8$	0	1	0	1	1	0	-2	$-2U_{REF}/8$
0	1	1	+3	$3U_{REF}/8$	0	1	1	1	1	1	-1	$-U_{REF}/8$
1	0	0	+4	$4U_{REF}/8$	1	0	0	0	0	0	0	0
1	0	1	+5	$5U_{REF}/8$	1	0	1	0	0	1	+1	$+U_{REF}/8$
1	1	0	+6	$6U_{REF}/8$	1	1	0	0	1	0	+2	$+2U_{REF}/8$
1	1	1	+7	$7U_{REF}/8$	1	1	1	0	1	1	+3	$+3U_{REF}/8$

图8.7所示为3位偏移二进制码输入的倒T型电阻网络双极性D/A转换电路。如果没

有偏移电压 U_B 和偏移电阻 R_B，那么它们就是一个普通的 3 位倒 T 型电阻网络 D/A 转换电路。在这种情况下，电路将输出的偏移二进制码看作无符号二进制数，输出的模拟电压比我们希望得到的模拟电压恰好偏移了 $U_{REF}/2$，见表 8.1。

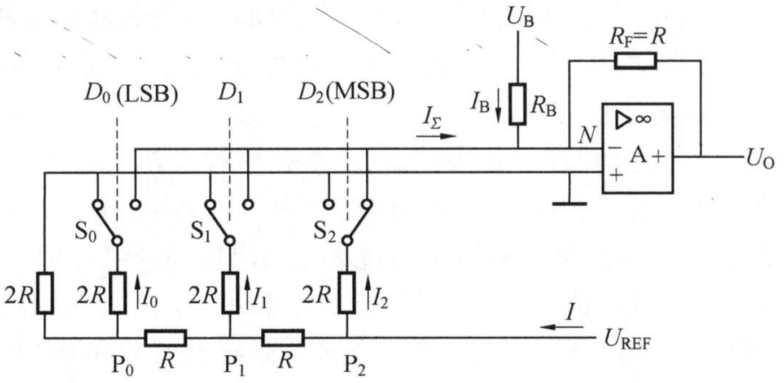

图 8.7　偏移二进制码倒 T 型电阻网络双极性 DAC 电路原理图

从表 8.1 可以看出，为了得到应该输出的电压，只要保证当输入 $D_2D_1D_0=100$ 时，输出电压 $U_O=0$ 即可。为此，在求和放大器的输出端增加了偏移电压 U_B 和偏移电阻 R_B。根据图 8.7 所示的电路，为了使当 $D_2D_1D_0=100$ 时，输出电压 $U_O=0$，电流 I_Σ 和偏移电流 I_B 之和必须为零，则有

$$\frac{U_B}{R_B}=\frac{U_{REF}}{2R} \tag{8.15}$$

偏移电压源和基准电压源的极性相反。当 U_{REF} 为正电源时，输出电压和输入偏移二进制码的极性一致；当 U_{REF} 为负电源时，输出电压和输入偏移二进制码的极性相反。

如果再将表 8.1 中的补码和偏移二进制码对照一下可以发现，两者之间的区别只是符号位的状态相反，而数值部分完全一样。因此，在如图 8.7 所示的电路中，只要最高位 D_2 的输入端再加一级反相器，就可以变成补码输入的 D/A 转换电路。

8.1.3　集成 DAC 的主要技术指标

1. 最小输出电压 U_{LSB} 和满量程输出电压 U_{MSB}

最小输出电压 U_{LSB} 是指输入数字量只有最低位为 1 时，DAC 所输出的模拟电压的幅值，也就是当输入数字量的最低位发生变化时所引起的输出模拟电压的变化量；满量程输出电压 U_{MSB} 是指输入数字量全部为 1 时，DAC 所输出的模拟电压的幅值。有时也把 U_{MSB} 称为最大输出电压 U_{max}。

对于电流输出的 DAC，则有 I_{LSB} 和 I_{MSB} 两个概念，其含义和电压量相同。有时也将 U_{LSB} 和 I_{LSB} 简称为 LSB，将 U_{MSB} 和 I_{MSB} 简称为 MSB。

2. 转换精度

DAC 的转换精度常用分辨率和转换误差来描述。

(1)分辨率。

分辨率是指 DAC 能够分辨的最小电压的能力，它是 DAC 在理论上能达到的精度，将其定义为 DAC 的最小输出电压和最大输出电压之比，即

$$分辨率=\frac{U_{LSB}}{U_{MSB}}=\frac{1}{2^n-1} \tag{8.16}$$

显然 DAC 的位数越多,分辨率越高。正因为如此,在实际的集成 DAC 产品的参数表中,有时将 2^n 或 n 作为 DAC 的分辨率。例如,8 位 DAC 的分辨率为 2^8 或 8。

(2)转换误差。

由于 DAC 的各个环节在参数和性能上与理论值之间不可避免地存在着差异,因此它在实际工作中并不能达到理论上的精度。转换误差就是用来描述 DAC 输出模拟信号的理论值与实际值之间差别的一个综合指标。

DAC 的转换误差一般有两种表示方法:绝对误差和相对误差。绝对误差是指实际值和理论值之间的最大差值,通常用最小输出值 LSB 的倍数表示。例如,转换误差为 0.5LSB,表明输出信号的实际值和理论值之间的最大差值不超过最小输出值的一半。相对误差是指绝对误差与 DAC 满量程输出值 FSR 的比值,以 FSR 的百分比来表示。例如,转换误差为0.02% FSR,表示输出信号的实际值与理论值之间的最大差值是满量程输出值的 0.02%。由于转换误差的存在,因此对转换精度只讲位数是片面的,因为转换误差大于 1LSB 时,理论精度就没有意义了。

造成 DAC 转换误差的原因有很多种,如参考电压 U_{REF} 的波动、运算放大器的零点漂移、模拟开关的导通内阻和导通压降、电阻解码网络中电阻阻值的偏差等。转换误差的体现形式通常有以下 3 种:

① 比例系数误差:是指由于 D/A 转换实际的比例系数与理想的比例系数之间存在差异而引起的输出模拟信号的误差,也称为增益误差或斜率误差,如图 8.8 所示。输入的数字量越大,输出模拟信号的误差也就越大。对以上几种 D/A 转换电路分析可知,参考电压 U_{REF} 的波动和运算放大器的闭环增益偏离理论值是引起这种误差的主要原因。

② 失调误差:也称为零点误差或平移误差,它是指输入数字量的所有位都为 0 时,DAC 的输出电压与理想情况下的输出电压(应为 0)之差。造成这种误差的原因是运算放大器的零点漂移,它与输入的数字量无关。这种误差使得 D/A 转换的实际转换特性曲线相对于理想转换特性发生了平移(向上或向下),如图 8.9 所示。

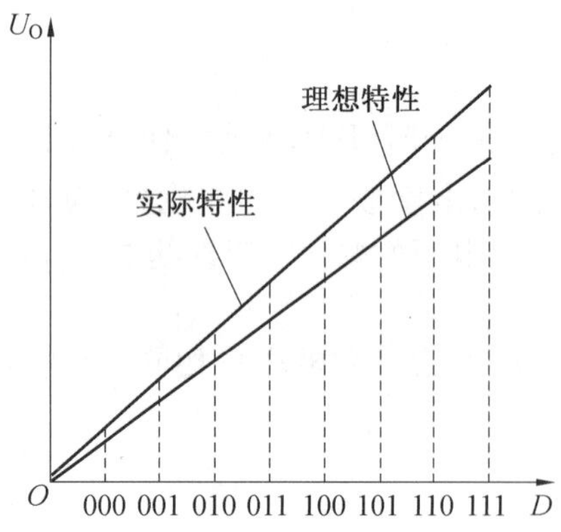

图 8.8　3 位 DAC 比例系数误差

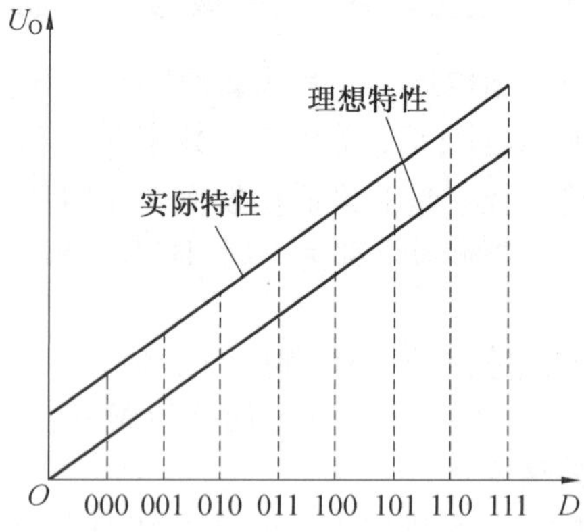

图 8.9　3 位 DAC 失调误差

③ 非线性误差:是指一种没有固定变化规律的误差,它既不是常数也不与输入数字量成比例,通常用偏离理想转换特性的最大值来表示。这种误差使得 D/A 转换的理想线性转换特性变为非线性,如图 8.10 所示。造成这种误差的原因有很多,如模拟开关的导通电阻和导通压降不可能绝对为零,而且各个模拟开关的导通电阻也未必相同;电阻网络中的电阻阻值存在

偏差，各个电阻支路的电阻偏差以及对输出电压的影响也不一定相同等，这些都会导致输出模拟电压的非线性误差。

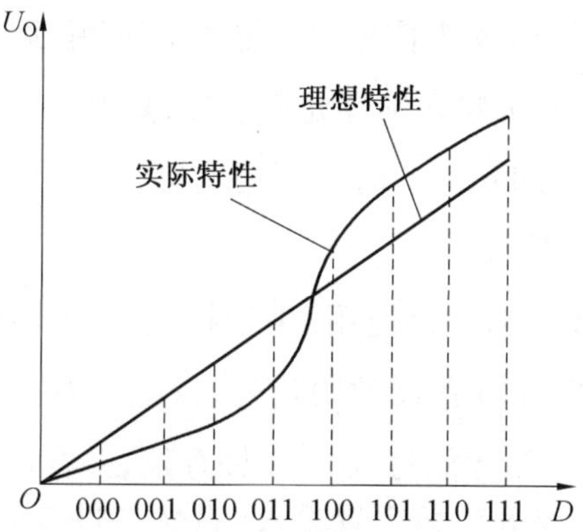

图 8.10　3 位 DAC 非线性误差

3. 转换速度

通常用建立时间（Setting Time）和转换速率来描述 DAC 的转换速度。

当 DAC 输入的数字量发生变化后，输出的模拟量并不立即达到所对应的数值，它需要一段时间，我们将这段时间称为建立时间。由于数字量的变化量越大，D/A 转换所需要的建立时间越长，因此在集成 DAC 产品的性能表中，建立时间通常是指数字量从全 0 变到全 1 或从全 1 变到全 0 过程中，输出模拟量进入到规定的误差范围内的时间。误差范围一般取 $\pm\frac{1}{2}$ LSB。

建立时间的倒数即为转换速率，也就是每秒 DAC 可进行转换的次数。

8.1.4　集成 DAC 芯片 0832

DAC0832 是由美国国家半导体公司（NSC）生产的 8 位 DAC，芯片内部采用 CMOS 工艺。该器件可以直接与 8051 等微处理器接口相连，是目前微机控制系统中常用的 DAC。

（1）DAC0832 的主要性能参数。

① 8 位并行数据输入；

② TTL 标准逻辑电平；

③ 可单缓冲、双缓冲或直通数据输入；

④ 5 ~ 15 V 单一电源供电；

⑤ −10 ~ +10 V 参考电压源；

⑥ 转换时间≤1 μs；

⑦ 线性误差≤0.02% FSB；

⑧ 功耗为 20 mW；

⑨ 工作温度范围为−40 ~ +85 ℃。

（2）DAC0832 的内部结构及引脚说明。

图 8.11 是 DAC0832 的内部结构框图，虚框外标注的是引脚标号和名称。从图 8.11 可以看出，电路由 8 位输入锁存器、8 位 D/A 锁存器、8 位 D/A 转换器、逻辑控制电路以及输出电

路的辅助元件 R_{fb}(阻值为 15 kΩ)构成。

引脚说明:

① 控制信号:$\overline{CS}$,ILE,$\overline{WR}_1$ 这 3 个信号在一起配合使用,用于控制对输入锁存器的操作。$\overline{CS}$是片选信号,低电平有效;ILE 为输入锁存允许信号,高电平有效;$\overline{WR}_1$ 为输入锁存器的写信号,低电平有效;只有当$\overline{CS}$,ILE,$\overline{WR}_1$3 个信号同时有效时,输入的数字量才能写入输入锁存器,并在$\overline{WR}_1$ 的上升沿实现数据锁存。

$\overline{XFER}$,$\overline{WR}_2$ 这两个信号在一起配合使用,用于控制 D/A 锁存器的操作。$\overline{XFER}$为传送控制信号,低电平有效;$\overline{WR}_2$ 为 D/A 锁存器的写信号,低电平有效;只有当$\overline{XFER}$,$\overline{WR}_2$ 两个信号同时有效时,输入锁存器的数字量才能写入 D/A 锁存器,并在$\overline{WR}_2$ 的上升沿实现数据锁存。

② 输入数字量:$DI_7 \sim DI_0$ 是 8 位数字量输入(自然二进制码),其中 DI_0 为最低位,DI_7 为最高位。

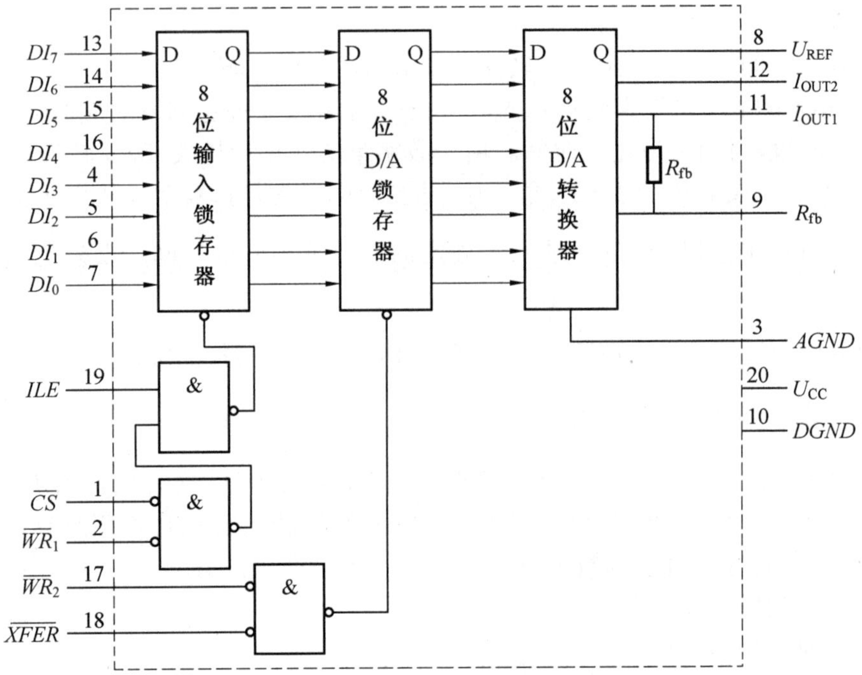

图 8.11 DAC0832 的内部结构框图

③ 输出模拟量:I_{OUT1}是 DAC 输出电流量 1。当 D/A 锁存器中的数据全为 1 时,I_{OUT1}最大,当 D/A 锁存器中的数据全为 0 时,$I_{OUT1}=0$。

I_{OUT2}是 DAC 输出电流量 2。I_{OUT2}为一个常数(输出满量程电流)与 I_{OUT1}之差,即

$$I_{OUT1}+I_{OUT2}=\text{满量程电流}$$

④ 电源、地:U_{REF}为参考电压源,DAC0832 需要外接参考电压源,基准电压在$-10 \sim +10$ V 范围内取值;U_{CC}为工作电压源,取值范围为$+5 \sim +15$ V,最佳工作状态时用+15 V;$AGND$,$DGND$ 分别为模拟地和数字地,所有数字电路的地线均接到 $DGND$,所有模拟电路的地线均接到 $AGND$,并且就近将 $AGND$ 和 $DGND$ 在一点短接,以减少干扰。

⑤ 其他：R_{fb}为反馈电阻连线端。DAC0832 为电流输出型 D/A 转换器，所以要获得模拟电压的输出时，需要外接运算放大器。由于芯片内部已经集成了一个阻值为 15 kΩ 的电阻，因此运算放大器不需要外接反馈电阻。

(3) DAC0832 工作原理。

DAC0832 芯片采用倒 T 型电阻网络结构，该电路的倒 T 型电阻网络与图 8.6 基本相同，只不过位数增加到了 8 位。

图 8.6 电路中无论 S_i接地还是虚地，电阻网络中各支路电流保持不变。由参考电压源 U_{REF}流出的总电流 $I=U_{REF}/R$，而且该电流每经过一个节点都会产生 1/2 的分流，则各 2R 电阻支路的电流 $I_i=I/2^{n-i}(n=8)$。

输出电压在数值上与基准电压的绝对值 U_{REF}成正比，与输入数字量成正比，输出电压的极性与基准电压的极性相反。而基准电压 U_{REF}可正可负，所以可以在 U_{REF}端加一个交流电压 u_i，则运算放大器的输出电压为

$$u_o=-\frac{u_i}{2^8}\sum_{i=0}^{7}(D_i\times 2^i) \tag{8.17}$$

式(8.17)可简写为 $u_o=Ku_iD$，其中 D 为输入数字量所对应的十进制数。该式表明，输出电压在数值上正比于输入电压与数字量的乘积。把具有这种功能的 DAC 称为乘法 DAC，记作 MDAC。

图 8.12 所示为 DAC0832 双极性工作电路。

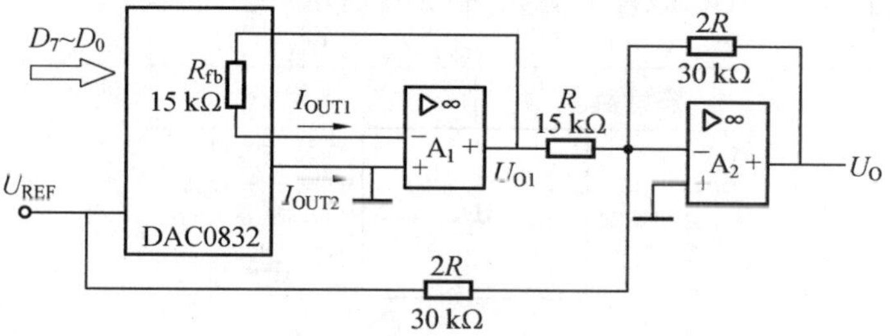

图 8.12　DAC0832 双极性工作电路

这种接法在效果上起到了把数字量的最高位当作符号位的作用。由于基准电压也可以改变极性，因此便实现了完整的四象限乘积输出。关于双极性 DAC 电路的输出电压与输入数字量的关系，请读者参照前面的内容自行分析。

(4) DAC0832 的工作方式。

上面提到，通过外接不同的电路，可以使 DAC0832 实现单极性和双极性 D/A 转换。另外，由于芯片内部的两个锁存器工作状态不同，DAC0832 可以有 3 种工作方式。

① 双缓冲工作方式：是指两个 8 位锁存器均处于受控锁存工作状态，在双缓冲工作方式下，数字量的输入分成两步：第一步是当$\overline{CS}=0$，$ILE=1$ 时，外部输入的数字量在写信号$\overline{WR_1}$（负脉冲）的作用下写入 8 位输入锁存器，并在写脉冲的上升沿锁存；第二步是令$\overline{XFER}=0$，在写信号$\overline{WR_2}$（负脉冲）的作用下将 8 位输入锁存器的数据写入 8 位 D/A 锁存器，开始 D/A 转换，并在写脉冲的上升沿锁存。这样，DAC0832 在 D/A 转换的同时，就可以采集下一个数字量。图 8.13 给出了 DAC0832 双缓冲工作方式下的电路图。

② 单缓冲工作方式:在 DAC0832 的两个锁存器中,使其中一个始终处于直通状态,而另一个处于受控锁存状态或者控制两个锁存器同时进行锁存,这就是单缓冲工作方式。

③ 直通工作方式:是指两个锁存器均处于直通工作状态,当外部输入数字量发生变化时,D/A 转换器输出亦随之变化。

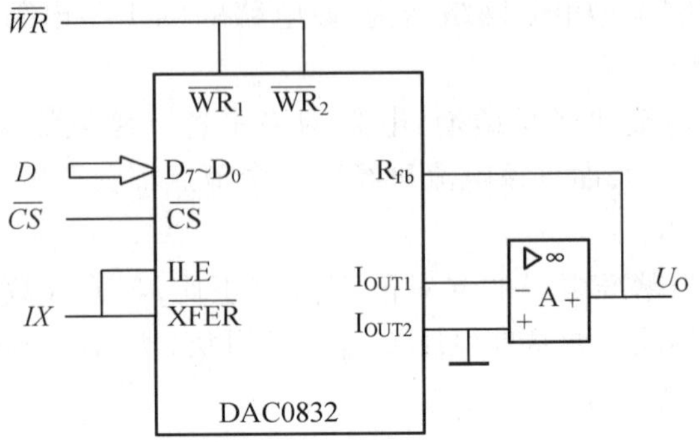

图 8. 13　DAC0832 双缓冲工作方式电路图

8.2　A/D 转换

A/D 转换器 ADC 用于将时间和幅度都连续的模拟信号(模拟量)转换成时间和幅度都离散的数字信号(数字量)。ADC 原理框图如图 8. 14 所示。

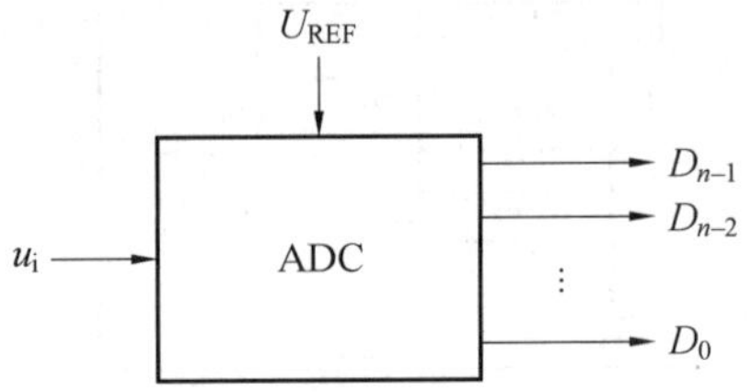

图 8. 14　ADC 原理框图

图 8. 14 中 u_i 为模拟电压输入,$D(D_{n-1}\ D_{n-2}\cdots D_1\ D_0)$ 为输出的 n 位二进制数,U_{REF} 为实现 A/D 转换所必需的参考电压(也称基准电压),它们三者之间的关系为

$$D=K\frac{u_i}{U_{REF}} \tag{8.18}$$

式(8. 18)中 K 为比例系数,不同的 ADC 有不同的 K 值。

要把模拟量转换成数字量,通常有采样、保持、量化和编码四个过程。对于变化较大的模拟量,需要先将其送入采样/保持电路,然后再送入 ADC 进行量化和编码。而对于直流信号和变化缓慢的信号可直接送入 ADC 进行量化和编码。下面只介绍模拟量的量化和编码过程。

8.2.1　量化和编码

将输入的模拟量幅值离散化后,将离散化的输入信号归并到相应的离散电平上,这个过程称为量化。将量化的结果(离散电平)用数字代码表示称为编码。对于单极性模拟量,一般采用自然二进制码对量化结果进行编码;对于双极性模拟量,则通常采用二进制补码对量化结果进行编码。经过编码得到的代码就是A/D转换输出的数字量。

量化过程就是将模拟量变换成最小离散电平整数倍的过程，这个最小离散电平称为量化单位，记作Δ。它也是数字量的最低有效位*LSB*的"1"所代表的模拟电压值，即$\Delta=1LSB$。

由于模拟量的幅值是连续的，不可能所有的输入数值都恰好为量化单位的整数倍，因此量化前后不可避免的存在误差，这种误差称为量化误差，用ε表示。

量化过程通常采用两种方式：只舍不入和四舍五入。

(1)只舍不入量化方式

只舍不入量化方式就是当输入电压值介于两个量化单位之间时，采用取整的方法将其归并为较低的量化电平。例如，输入模拟量的变化范围为0～8 V，如果1 V为一个量化单位，当5 V$\leqslant u_i<$6 V时，都将其归并为5 V，输出编码为101。这种方式的最大量化误差为一个量化单位Δ。

(2)四舍五入量化方式

四舍五入量化方式是输入电压值介于两个量化电平之间时，采用四舍五入的方法将其归并为最近的那个量化电平。对于输入电压范围在0～8 V之间的模拟量，如果1 V为一个量化单位，当5 V$\leqslant u_i<$5.5 V时，编码为101；当5.5 V$\leqslant u_i<$6 V时，编码为110。这种方式的最大量化误差为一个量化单位的一半Δ/2。目前大多数的ADC都采用这种量化方式。

量化误差是A/D转换的固有误差，只能减小，不能消除。减小量化误差的主要措施是减小量化单位。但是，当输入模拟电压的范围一定时，量化单位的减小意味着量化电平个数的增加，编码位数也随之增多，电路会变得更复杂。

8.2.2 ADC的主要性能指标

1.输入电压范围

输入电压范围是指ADC能够转换的模拟电压范围。单极性工作的ADC输入电压范围有0～5 V和0～10 V等，双极性工作的ADC输入电压范围有-5 V～+5 V和-10 V～+10 V等。理论上最大输入电压$U_{max}=\frac{(2^n-1)}{2^n}U_{REF}$，有时也用$U_{REF}$近似替代。

2.转换精度

集成ADC的转换精度采用分辨率和转换误差来描述。

(1)分辨率

分辨率是指ADC对输入模拟信号的分辨能力，通常用输出数字量的位数n来表示。例如，n位ADC可分辨2^n-1个不同等级的模拟信号，这些模拟量之间的最小差别为$U_{max}/(2^n-1)$(即量化单位Δ)。可见，分辨率所描述的也就是A/D转换的固有误差——量化误差ε，它指出了ADC在理论上所能达到的精度。根据量化方式的不同，$\varepsilon=\Delta$或$\varepsilon=\Delta/2$。当输入模拟电压的范围一定时，数字量的位数n越大，量化误差越小，分辨率越高。

【例8.1】　一个8位ADC，$U_{REF}=5$ V。输入电压u_i取值范围为0～5 V，分别计算u_i为3.75 V和2.63 V时对应的输出数字量。

解　根据式(8.18)，8位ADC对应的最大数字量$(11111111)_2=(255)_{10}$，对应的参考电压为$U_{REF}=5$ V，本例中$K=2^n-1$。

当$u_i=3.75$ V，对应的数字量输出为

$$D=K\frac{U_i}{U_{REF}}=255\times\frac{3.75}{5}\approx(191)_{10}=(10111111)_2$$

当 $u_i=2.63$ V,对应的数字量输出为

$$D=K\frac{U_i}{U_{REF}}=255\times\frac{2.63}{5}\approx(134)_{10}=(10000110)_2$$

(2)转换误差

转换误差是指 ADC 实际输出的数字量和理论数字量之间的差值,通常以最大值的形式给出,表示为最低有效位的倍数。例如,给出转换误差 $\leqslant\pm0.5LSB$,表示 ADC 输出信号的实际值和理论值之间差别不超过半个最低有效位。有时也用最大输入模拟信号(FSR)的百分数表示转换误差,如 $\pm0.05FSR$。

ADC 的转换误差是由 A/D 转换电路中各种元器件的非理想特性造成的,是一个综合性指标,也包括比例系数误差、失调误差和非线性误差等多种类型误差,其成因与 D/A 转换电路类似。

必须指出,由于转换误差的存在,一味地增加输出数字量的位数并不一定能提高 ADC 的精度,必须根据转换误差小于量化误差这一关系,合理地选择数字量的位数。

3. 转换速度

ADC 的转换速度可以用完成一次转换所用的时间来表示,也可以用每秒能完成转换的次数——转换速率来表示。ADC 的转换速度主要取决于转换电路类型,不同类型转换电路的转换速度相差甚远。

8.2.3 常用 A/D 转换技术

实现 A/D 转换的方法很多,常用的有并行 A/D 转换、逐次逼近型 A/D 转换和双积分型 A/D 转换等。

1. 并行 A/D 转换

图 8.15 是 3 位并行 A/D 转换的原理图,由电阻分压器、电压比较器 $C_7\sim C_1$、寄存器 $D_7\sim D_1$ 和优先编码电路四部分组成。

基准电压 U_{REF} 经电阻分压器分压后,产生各电压比较器的参考电压:$u_1=U_{REF}/16$,$u_2=3U_{REF}/16$,$u_3=5U_{REF}/16$,$u_4=7U_{REF}/16$,$u_5=9U_{REF}/16$,$u_6=11U_{REF}/16$,$u_7=13U_{REF}/16$。由参考电压值可以看出,该 A/D 转换电路采用的是四舍五入的量化方式,量化单位 $\Delta=2U_{REF}/16$,在 $0\sim15U_{REF}/16$ 范围内的模拟电压的最大量化误差 $\varepsilon_{max}=\Delta/2=U_{REF}/16$。

参考电压由电压比较器的反相输入端输入,ADC 输入模拟电压 u_i 由电压比较器的同相输入端输入。当 u_i 大于某电压比较器的参考电压时,该电压比较器输出高电平,反之输出低电平。输入模拟电压值与电压比较器输出结果之间的关系如表 8.2 所示。例如,若 u_i 满足 $7U_{REF}/16<u_i<9U_{REF}/16$ 之间时,7 个电压比较器的输出分别为 $C_7\sim C_1=0001111$,所对应的量化电平为 $4U_{REF}/8$。

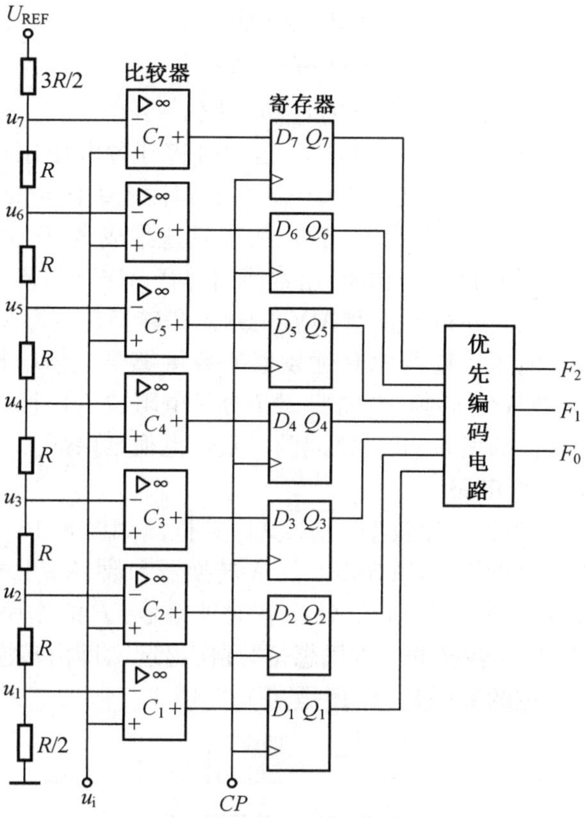

图 8.15　3 位并行 A/D 转换原理图

表 8.2　3 位并行 ADC 模拟电压和输出编码转换关系表

模拟输入电压 u_i	寄存器输出 Q_7	Q_6	Q_5	Q_4	Q_3	Q_2	Q_1	量化电平	编码输出 F_2	F_1	F_0
$0 \leqslant u_i \leqslant U_{REF}/16$	0	0	0	0	0	0	0	0	0	0	0
$U_{REF}/16 \leqslant u_i \leqslant 3U_{REF}/16$	0	0	0	0	0	0	1	$U_{REF}/8$	0	0	1
$3U_{REF}/16 \leqslant u_i \leqslant 5U_{REF}/16$	0	0	0	0	0	1	1	$2U_{REF}/8$	0	1	0
$5U_{REF}/16 \leqslant u_i \leqslant 7U_{REF}/16$	0	0	0	0	1	1	1	$3U_{REF}/8$	0	1	1
$7U_{REF}/16 \leqslant u_i \leqslant 9U_{REF}/16$	0	0	0	1	1	1	1	$4U_{REF}/8$	1	0	0
$9U_{REF}/16 \leqslant u_i \leqslant 11U_{REF}/16$	0	0	1	1	1	1	1	$5U_{REF}/8$	1	0	1
$11U_{REF}/16 \leqslant u_i \leqslant 13U_{REF}/16$	0	1	1	1	1	1	1	$6U_{REF}/8$	1	1	0
$13U_{REF}/16 \leqslant u_i \leqslant 15U_{REF}/16$	1	1	1	1	1	1	1	$7U_{REF}/8$	1	1	1

在时钟脉冲 *CP* 的上升沿，将比较器的比较结果通过 D 触发器电路送入优先编码电路进行编码。优先编码原理参见 4.2.2 节相关内容。

根据表 8.2 所列的寄存器输出与编码输出之间的关系，可以得出优先编码电路输出的逻辑表达式。

$$F_2=Q_7+Q_6+Q_5+Q_4$$
$$F_1=Q_7+Q_6+Q_3+Q_2 \qquad (8.19)$$
$$F_0=Q_7+Q_5+Q_3+Q_1$$

在并行 A/D 转换电路中，由于模拟电压 u_i 是同时送到各电压比较器与相应的参考电压进行比较，因此其转换速度仅受电压比较器、D 触发器和优先编码电路延时时间的限制，转换时间一般为纳秒级。并行 A/D 转换技术广泛应用于高速集成 ADC 中。另外，由于电压比较器和 D 触发器同时兼有采样和保持的功能，通常使用并行 ADC 时，不需要采样/保持电路，这是并行比较器的另一个优点。并行比较型 ADC 的缺点是转换精度不易做的很高，因为输出编码每增加一位，分压电阻、电压比较器和 D 触发器的数量都要成倍增长，编码电路更加复杂。例如，对于 n 位并行比较型 A/D 转换，它需要 2^n 个分压电阻、2^n-1 个电压比较器和 2^n-1 个 D 触发器。而且随着电路元件的增多，元件之间的一致性也很难保证。

2. 逐次逼近型 A/D 转换电路

逐次逼近型 ADC 又称为逐次比较型 ADC，其原理框图如图 8.16 所示。它主要由电压比较器、逻辑控制电路、逐次逼近寄存器（SAR）、D/A 转换器和数字输出电路五部分组成。

进行 A/D 转换时，通过 *Ctr* 信号启动 ADC，在时钟信号 *CP* 的作用下，ADC 开始工作。逐次逼近型 ADC 电路实现 A/D 转换的基本思想是“逐次逼近”，即由转换结果的最高位开始，从高位到低位依次确定每一位的数码是“1”还是“0”。

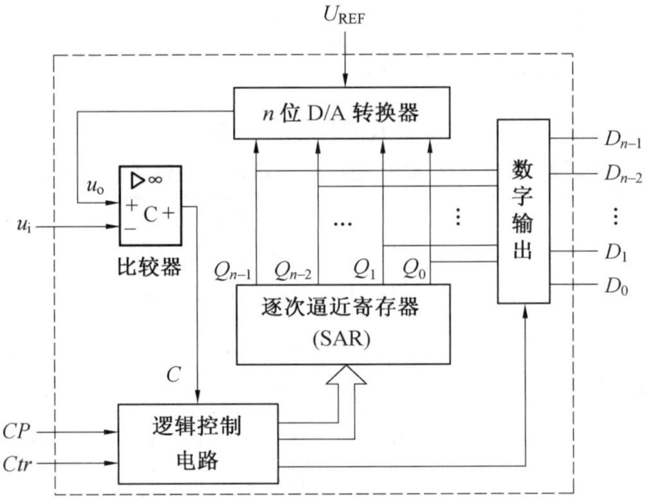

图 8.16　逐次逼近型 A/D 转换原理图

在第一个 *CP* 作用下，SAR 的最高位置“1”，寄存器输出为 100…00。这个数字量被 D/A 转换器转换成相应的模拟电压 u_o，送至比较器的同相输入端与待转换的模拟电压 u_i 比较。如果 $u_o>u_i$，则比较器的输出 $C=1$，说明这个数字量过大，逻辑控制电路将 SAR 的最高位清“0”；如果 $u_o<u_i$，则比较器的输出 $C=0$，说明这个数字量过小，SAR 的最高位保持“1”不变，这样就确定了转换结果最高位是“1”还是“0”。

在第二个 *CP* 作用下，逻辑控制电路在前一次比较结果的基础上先将 SAR 的次高位置“1”，然后根据 u_o 和 u_i 的比较结果确定 SAR 次高位的“1”是保留还是清除。

在 *CP* 作用下，按照同样的方法一直比较下去，直到确定最低位是“1”还是“0”为止。这时 SAR 中的内容就是本次 A/D 转换的最终结果。下面以一个例子来具体说明 A/D 转换的过程。

【例 8.2】　在图 8.14 所示的电路中，$n=8$，基准电压 $U_{REF}=10$ V，当输入电压 $u_i=5$ V 时，对应的数字量为 10000000。若输入电压 $u_i=6.9$ V，试列表说明逐次比较型 A/D 的转换过程及结果。

解　由 $U_{REF}=10$ V，$n=8$ 可以求得量化单位

$$\Delta=\frac{|U_{REF}|}{2^n-1}=\frac{10}{255}\approx 0.039\ \text{V}$$

当 $u_S=6.9$ V 时，逐次逼近型 A/D 转换过程如表 8.3 所示。计算结果保留小数点后四位。

表 8.3　例 8.2 逐次逼近型 ADC 电路的 A/D 转换过程表

CP	SAR 当前值	D/A 输出 u_o	比较结果	比较器 C 输出	SAR 比较后的数值
1	10000000	5 V	$u_o<u_i$	0	10000000
2	11000000	7.5 V	$u_o>u_i$	1	10000000
3	10100000	6.25 V	$u_o<u_i$	0	10100000
4	10110000	6.875 V	$u_o<u_i$	0	10110000
5	10111000	7.1875 V	$u_o>u_i$	1	10110000
6	10110100	7.0313 V	$u_o>u_i$	1	10110000
7	10110010	6.9531 V	$u_o>u_i$	1	10110000
8	10110001	6.9141*V*	$u_o>u_i$	1	10110001

由表 8.3 可以看出，转换结果为 10110001，其对应的量化电平为 6.9141 V，量化误差 $\varepsilon=0.0141$ V。

与并行 A/D 转换电路相比，逐次逼近型 A/D 转换电路的转化速度要慢很多，完成一次 n 位的转换需要经过 n 个时钟周期，当时钟频率一定时，ADC 的位数越多，完成一次转换所需要的时间越长。而时钟最高频率受逐次比较器 C、逼近型寄存器 SAR 和 D/A 转换器延时时间的控制。但逐次逼近型 ADC 电路比并行比较型 ADC 电路简单，无论位数如何增加，都只要一个比较器，只需要增加逼近型寄存器和 D/A 转换器的位数，所以比较容易做到高精度。

3. 双积分型 A/D 转换电路

双积分型 ADC 电路是一种间接 A/D 转换电路。它的转换原理是先把模拟电压转换成与之成正比的时间变量 T，然后在时间 T 内对固定频率的时钟脉冲计数，计数的结果就是正比于模拟电压的数字量。

图 8.17 为双积分型 ADC 电路的原理框图。它主要由积分器、过零比较器、计数器/定时器、逻辑控制电路和模拟开关构成。

积分器是转换器的核心部分。它由运算放大器和 RC 网络组成，积分时间常数 $\tau=RC$。积分器的输入端接单刀双掷模拟开关 S_1，在逻辑控制电路作用下，S_1 在不同时刻分别将极性相反的模拟电压 u_i 和基准电压 U_{REF} 接入积分器进行积分。

过零比较器的反相输入端接积分器的输出 u_o，同相输入端接地。当 $u_o<0$ 时，过零比较器输出 $C=1$，使时钟脉冲通过与门加到计数器的时钟输入端；当 $u_o=0$ 时，过零比较器输出 $C=0$，

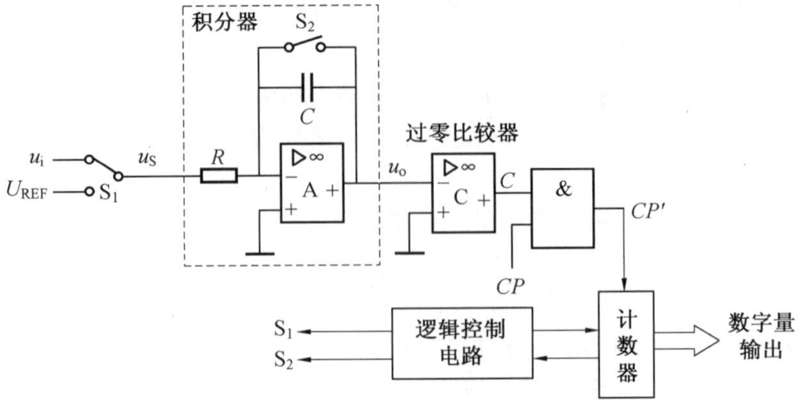

图 8.17 双积分型 ADC 电路原理框图

计数器的时钟脉冲输入端无信号,停止计数。

下面以正极性的直流电压为例,介绍双积分型 ADC 的转换过程。

在转换之前,逻辑控制电路输出控制信号,计数器清零,开关 S_2 闭合,电容 C 完全放电。当开关 S_2 打开时,开始 A/D 转换,整个过程包括两次积分,所以称为双积分型 ADC。

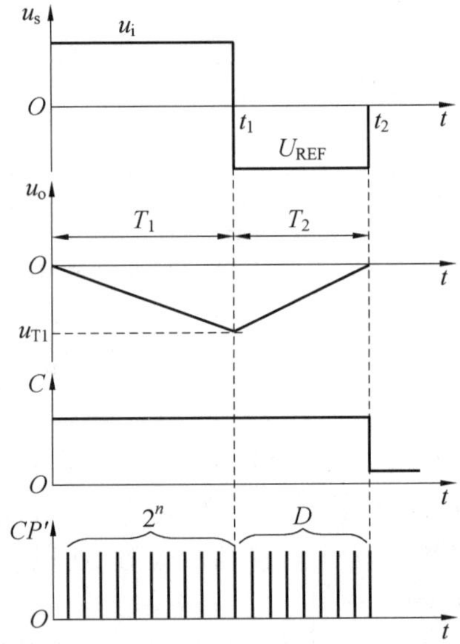

图 8.18 双积分型 ADC 电路各点输出波形图

第一次积分——在固定时间 T_1 内对模拟电压 u_i 积分。

设时间 $t=0$ 时,开关 S_1 将模拟电压 u_i 接入积分器开始积分,积分器输出 u_o 的变化如图 8.18 中 T_1 段所示。由于 $u_o<0$,过零比较器输出 $C=1$,时钟脉冲通过与门加到计数器的时钟输入端,计数器从 0 开始计数。在 2^n 个时钟脉冲过后(n 为计数器的位数),计数器又回到 0,这时逻辑控制电路使开关 S_1 切换到基准电压 U_{REF} 上,第一次积分结束,所用的时间为

$$T_1 = 2^n T_{CP} \tag{8.20}$$

其中,T_{CP} 是时钟脉冲 CP 的周期。

当第一次积分结束时,积分器输出电压 u_o 为

$$u_o(t_1) = -\frac{1}{RC}\int_0^{T_1} u_i \mathrm{d}t = -\frac{1}{RC}u_i T_1 = -\frac{1}{RC}2^n T_{CP} \tag{8.21}$$

第二次积分——对基准电压 U_{REF} 积分。

当 $t=t_1$ 时，开关 S_1 将极性为负的基准电压 U_{REF} 接入积分器开始积分，积分器输出 u_o 的变化如图 8.18 中 T_2 段所示。由于 $u_o<0$，计数器从 0 开始计数。当 $t=t_2$ 时，u_o 的电压线性上升到 0，比较器输出 $C=0$，与门关闭，计数器停止计数，第二次积分过程结束，计数器的数值 D 就是 A/D 转换输出的数字量。$t=t_2$ 时刻的输出电压为

$$u_o(t_2) = u_o(t_1) - \frac{1}{RC}\int_{t_1}^{t_2} U_{REF}\mathrm{d}t = 0 \tag{8.22}$$

$$T_2 = t_2 - t_1 = -\frac{u_i}{U_{REF}}2^n T_{CP} \tag{8.23}$$

$$D = \frac{T_2}{T_{CP}} = -\frac{u_i}{U_{REF}}2^n \tag{8.24}$$

由式(8.24)可以看出，D 和 u_i 大小成正比。

【例 8.3】　在图 8.17 所示的电路中，若基准电压 $U_{REF}=-10$ V，计数器位数 $n=10$，CP 脉冲的频率是 10 kHz，求完成一次转换最长需要多少时间？若输入的模拟电压 $u_i=5$ V 时，试求转换时间和输出的数字量 D 各为多少？

解　双积分 ADC 的第一次积分时间 T_1 是固定的，第二次积分时间 T_2 与输入模拟电压的值成正比，当 $T_1=T_2$ 时，完成一次转换的时间最长，因此

$$T_{max} = T_1 + T_{2max} = 2\times2^n\times\frac{1}{f_{CP}} = 2^{11}\times\frac{1}{10^4} = 0.204\ 8\ \mathrm{s}$$

当 $u_i=5$ V 时，转换时间为

$$T = T_1 + T_2 = 2^n T_{CP} - \frac{u_i}{U_{REF}}2^n T_{CP} = \left(1-\frac{u_i}{U_{REF}}\right)\times2^n\times T_{CP} = \left(1+\frac{5}{10}\right)\times2^{10}\times\frac{1}{10^4} = 0.153\ 6\ \mathrm{s}$$

输出的数字量为

$$D = -\frac{u_i}{U_{REF}}2^n = -\frac{5}{-10}\times2^{10} = 512 = (100000000)_2$$

双积分型 ADC 的优点是转换精度可以做的很高。一方面从式(8.24)可以看出，转换结果的精度仅与基准电压的准确度有关，而对积分时间常数和时钟脉冲的周期都没有严格的要求，只要它们在两次积分过程中保持一样就可以；而且由于输入端使用了积分器，该电路对平均值为 0 的噪声有很强的抑制作用。另一方面，只要增加计数器的级数，就可以很方便的增加数字量的位数，从而减小量化误差。双积分型 ADC 抗干扰能力强，转换精度高，但速度不够理想，常用于数字式测量仪器中。

8.2.4　集成 ADC 芯片 0809

ADC0809 是由美国国家半导体公司(NSC)生产的 8 位逐次逼近型 ADC 转换器，芯片内采用 CMOS 工艺。该器件具有与微处理器兼容的控制逻辑，可以直接与 8051 等微处理器接口相连。

(1)ADC0809 的主要性能参数。

① 8 路模拟量输入，输入电压范围为 0 ~ +5 V；

② 当时钟脉冲频率为 640 kHz 时，转换时间约为 100 μs；

③ 转换误差为±1 LSB；

④ 数字量输出为标准 TTL 逻辑电平；

⑤ 8 位转换结果经三态数据锁存器输出；

⑥ 单一+5 V 电源供电；

⑦ 功耗为 15 mW；

⑧ 参考电压为 0 ~ +5 V；

⑨ 工作温度范围为-40 ~ 85 ℃。

（2）ADC0809 的内部结构和引脚说明。

图 8.19 所示为 ADC0809 的内部结构框图，从图上可以看出，该电路主要由 8 路模拟开关、地址锁存与译码电路、8 位逐次比较型 A/D 转换电路和三态输出锁存器构成。

引脚说明：

① 输入模拟信号：$IN_7 \sim IN_0$ 为 8 路模拟信号输入，可由 8 路模拟开关控制选择其中一路送至 8 位 A/D 转换电路进行转换。

② 输出数字信号：$D_7 \sim D_0$ 为 A/D 转换器输出的 8 位二进制数。

③ 地址信号：*ADDA*，*ADDB*，*ADDC* 为 3 位地址信号。3 位地址经锁存和译码后决定选择哪路模拟信号进行 A/D 转换，当 3 位地址为 000 时，选择 IN_0 进行转换；当 3 位地址为 001 时，选择 IN_1 进行转换；当 3 位地址为 111 时，选择 IN_7 进行转换。

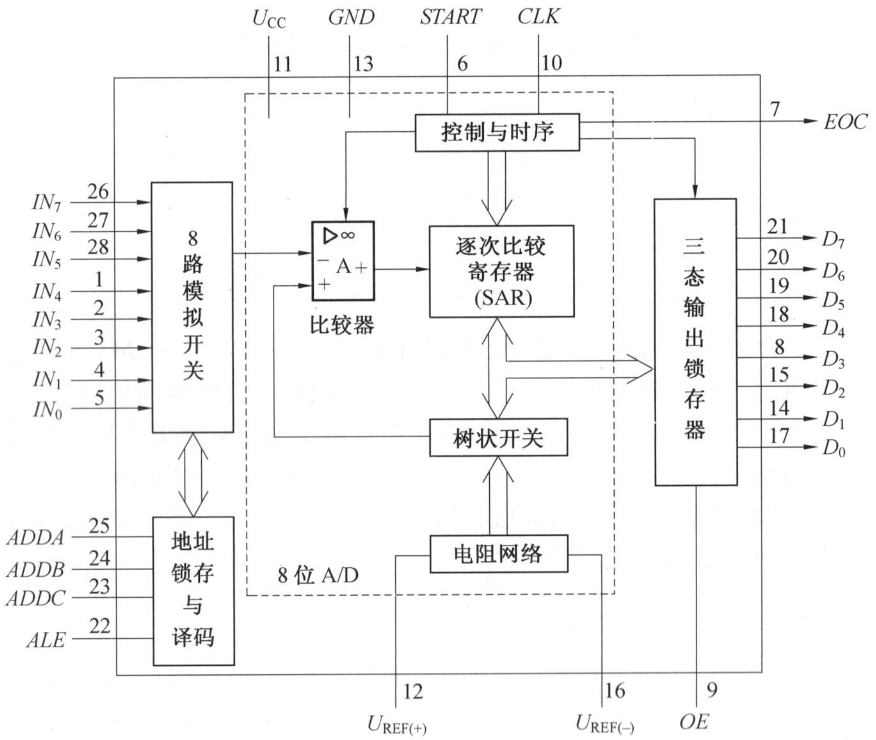

图 8.19　ADC0809 内部结构框图

④ 控制与状态信号：*ALE* 为地址锁存允许信号，高电平有效。当 *ALE* 为高电平时，3 位地

址 *ADDA*,*ADDB*,*ADDC* 存入锁存器。*CLK* 为时钟脉冲输入,频率范围设计为 10 ~ 1 280 kHz。*START* 为 A/D 转换的启动信号,它是一个正脉冲信号,在 *START* 的上升沿,将逐次比较寄存器清零,在 *START* 的下降沿开始转换。*EOC* 为转换结束标志,高电平有效。在 *START* 的上升沿到来后,*EOC* 变为低电平,表示正在进行 A/D 转换;A/D 转换结束后,*EOC* 变为高电平。所以,*EOC* 可以作为通知数据接收设备开始读取 A/D 转换结果的启动信号,或者作为向微处理器发出的中断请求信号 *INT*(或 $\overline{INT}$)。*OE* 为输出允许信号,高电平有效。

⑤电源、地:U_{CC} 为工作电源。$U_{REF(+)}$,$U_{REF(-)}$ 为基准电压源的正端和负端。*GND* 为接地端。

(3)ADC0809 的工作过程。

ADC 的工作过程大致如下:输入 3 位地址信号,地址信号稳定后,在 *ALE* 脉冲的上升沿将其锁存,从而选通将进行 A/D 转换的那路模拟信号;发出 A/D 转换的启动信号 *START*,在 *START* 的上升沿,将逐次比较。

寄存器清零,转换结束标志 *EOC* 变为低电平,在 *START* 的下降沿开始转换;转换过程在时钟信号 *CLK* 的控制下进行;转换结束后,转换结束标志 *EOC* 变为高电平;在 *OE* 端输出高电平,转换结果输出。

如果在转换的过程中接收到新的转换启动信号(*START*),则逐次比较寄存器被清零,正在进行的转换过程被终止,然后重新开始新的转换。若将 *START* 和 *EOC* 短接,则可实现连续转换,但第一次转换必须用外部启动脉冲。

在 ADC0809 典型应用中,它与微处理器的连接关系如图 8.20 所示。

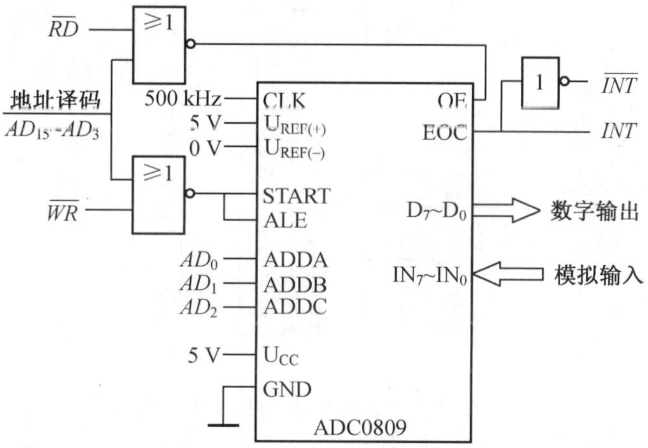

图 8.20 ADC0809 的典型连接图

ADC 和 DAC 是现代电子系统中非常重要的接口电路,它们在通信、测量和自动控制等诸多领域都有着很广泛的应用。

8.2.5 数据采集与控制系统

数据采集与控制系统是一个闭环系统,其工作就是实时采集表征受控对象状态的各种物理量,依据这些物理量判断受控对象当前的工作状态,并根据要求做出相应的控制和执行操作。

在数据采集与控制系统中，通过传感器或其他方式采集到的物理量多数是模拟量，模拟信号必须经过必要的处理（如放大、滤波等）后被转换成数字信号，以便数字系统（计算机、微处理器等）进行处理，再将处理后的结果转换成相应的模拟信号，送给控制单元和执行单元，实现控制操作。以上整个过程都是在控制器的统一管理和调度下进行的。在这个系统中，ADC 和 DAC 是必不可少的关键器件。

图 8.21 所示为典型的数据采集与控制系统——加热炉温度控制系统。

在该系统中，受控对象是 8 个加热炉，需要采集并控制的物理量是加热炉的温度。加热炉的燃料是天然气，通过调节阀门的开度来调节天然气的流量，从而改变炉内的温度。加热炉的温度由热电偶检测，热电偶是一种将温度信号转换为电信号的传感器，它的输出信号一般在 100 mV 以下。经过信号调理电路变成 0 ~ 2 V 的信号，再由 ADC 转换成数字信号，送给控制和处理电路；控制和处理电路根据给定的温度要求和炉内的实际温度的偏差，按照一定的算法计算出输出的数字量；该数字量经过 DAC 转换成模拟信号后送到执行单元，调节阀门开度，从而改变炉内的温度。

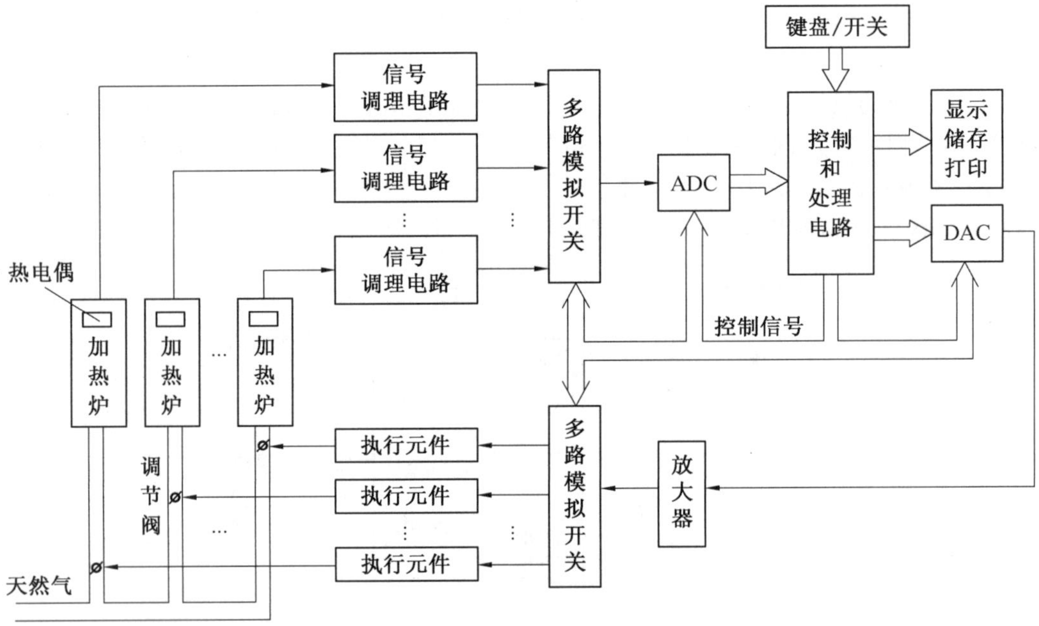

图 8.21　加热炉温度控制系统框图

多路模拟开关用于实现对 8 路模拟信号的分时 A/D 转换，如果 ADC 本身是多通道的，则不再需要外接多路模拟开关。如果 ADC 内部没有采样/保持电路，则图 8.21 中还要加入采样/保持电路。图中的键盘/开关用于设置温度或系统的工作状态。控制和处理电路除了控制温度采集、A/D 转换和 D/A 转换外，还可以将采集到的温度值存入存储器、送显示器显示或直接打印输出等。

本章小结

ADC 和 DAC 作为模拟电路和数字电路之间的“接口”和“桥梁”，在现代电子系统中的应用非常广泛。目前，集成 ADC 和 DAC 芯片的种类繁多，性能也越来越先进，可以满足不同场合的需要。

本章重点介绍了常用的几种 A/D 和 D/A 转换电路的原理和特点，以及典型的集成 ADC 和 DAC 芯片的选择原则、性能指标和转换原理。并以一个典型的实例说明 ADC 和 DAC 的应用。

本章需要掌握的重点内容有：

(1)在 D/A 转换电路中，有权电阻网络、T 型网络、倒 T 型网络和双极性电阻网络转换电路等。前 3 种是单极性 D/A 转换电路，输出模拟信号的极性仅取决于参考电压的极性，其中倒 T 型电阻网络应用最为广泛。双极性 D/A 转换电路输入的数字量是有符号的，一般采用补码或偏移二进制码。

(2)A/D 转换的主要过程是量化和编码。量化过程有两种方式，只舍不入方式和四舍五入方式。主要介绍了并行比较型 ADC，逐次逼近型 ADC 和双积分型 ADC 的转换技术原理。这 3 种类型的 ADC 在转换速度和精度上有鲜明的特点：并行比较型 ADC 转换速度最快，但转换精度较低；双积分型 ADC 转换精度可以做得很高，但转换速度较慢；逐次逼近型 ADC 在转换速度和转换精度上都处于中间水平，应用最为广泛。

(3)选择集成 ADC 和 DAC 时，在它们的众多技术指标中，转换速度和转换精度是两个最重要的指标。转换精度由分辨率和转换误差两个因素决定。

习　题

8.1　画出 D/A 转换器的结构框图，并简要说明转换过程？

8.2　D/A 转换的误差分为几类？分别画图说明。

8.3　与 T 型电阻网络 DAC 电路相比，倒 T 型电阻网络 DAC 电路有何优点？

8.4　在图 8.2 所示的 4 位权电阻网络 DAC 电路中，若 $U_{REF}=-5$ V，则当输入数字量各位分别为 1 和全部为 1 时，输出的模拟电压分别为多少？

8.5　在图 8.3 所示的 4 位 T 型电阻网络 DAC 电路中，若 $U_{REF}=5$ V，$R=2$ kΩ，试分别计算当 $D=(1001)_2$ 和 $D=(1111)_2$ 时，$I_\Sigma=?$，$U_0=?$

8.6　将图 8.6 所示的倒 T 型电阻网络 DAC 电路扩展为 10 位，$U_{REF}=-10$ V，为了保证由 U_{REF} 偏离标准值所引起的输出模拟电压误差小于 $0.5U_{LSB}$，试计算 U_{REF} 允许的最大变化量。

8.7　一个 8 位 D/A 转换器的最小输出电压为 0.02 V，当输入代码为 11011001 时，输出端电压为多少？

8.8　简述 A/D 转换的 4 个过程？

8.9　简述采样定理？

8.10　常用 A/D 转换的量化方式有两种，分别说明这两种方式。

8.11　试画出逐次逼近式 ADC 结构图，并简述其工作过程。

8.12　在图 8.16 所示的逐次逼近型 ADC 中，设 $n=4$，参考电压 $U_{REF}=-16$ V，输入的模拟电压采样值为+9.8 V。试求：

(1)量化单位 $\Delta=?$

(2)仿照表 8.2，列表说明逐次逼近的转换过程。

(3)若时钟频率为 10 kHz，这次 A/D 转换需要多长时间？

(4)如果电路不引入偏移电压，最后的结果是多少？

8.13　在如图8.17所示的双积分型ADC中，时钟频率为500 kHz，分辨率为10位。试问：

(1)采样电路的最高采样频率允许是多少？

(2)若参考电压 $U_{REF}=-15$ V，当采样电压值为12 V时，输出的数字量 $D=$？

8.14　由DAC0832构成的双极性D/A转换电路如图8.12所示，试推导输出模拟电压 U_{O2} 的表达式。

8.15　如果11位A/D转换器的满刻度电压为10 V，当输入电压为5 mV时，输出的二进制代码是多少？

8.16　如果要将一个最大幅值为5.1 V的模拟信号转换为数字信号，要求模拟信号每变化20 mV能使数字信号最低位发生变化，所用的A/D转换器至少要多少位？

第9章　数字系统设计实例

在前面的章节里，介绍了数字电路的基本分析方法和设计方法，以及常用数字逻辑器件的基本功能及应用。掌握了数字电路设计理论，接下来就通过一些实例来提高对数字电路的综合设计能力。

本章精选了八个实例，由简单模块设计到复杂逻辑系统设计，均体现了数字逻辑电路设计的综合应用。通过设计实例掌握数字逻辑系统概念与设计的一般流程，掌握数字逻辑系统设计的基本技能。本章对设计的功能要求、电路组成及电路实现等进行了详细介绍。所有设计实例均经过 Proteus 仿真验证和实际电路板的连接实现。

9.1　数字电子时钟的设计

9.1.1　功能要求

设计一个能够准确计时的数字电子时钟，要求以数字形式显示时、分和秒。

9.1.2　电路组成

数字电子时钟的计时周期为 24 小时，显示满刻度为 23 小时 59 分 59 秒。一个基本的数字电子时钟电路主要由时钟显示电路、显示译码器、“时”“分”“秒”计数器和秒脉冲发生电路组成。其中，秒脉冲发生电路用来产生整个系统的基准信号——秒脉冲信号。“秒计数器”设计为六十进制计数器，对秒脉冲信号进行计数，每计 60 秒发出一个“分脉冲”信号，该信号将作为“分计数器”的脉冲信号。“分计数器”也采用六十进制计数器，每累计 60 分钟发出一个“时脉冲”信号，该信号作为“时计数器”的脉冲信号。“时计数器”采用二十四进制计数器，可实现对一天 24 小时的累计。“时”“分”“秒”计数器的输出值首先送译码器进行译码，然后由七段数码管显示。

数字电子时钟的电路组成框图如图 9.1 所示。

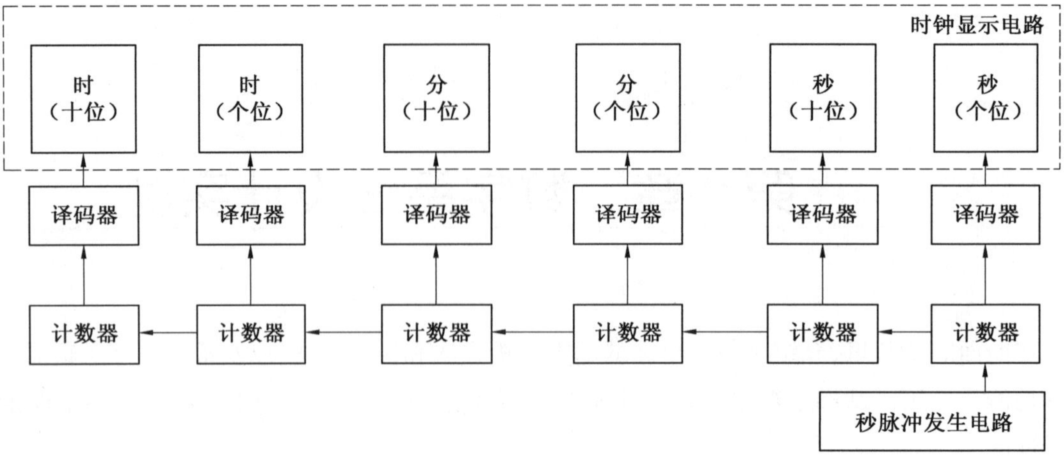

图 9.1　数字电子时钟电路组成框图

9.1.3　电路实现

数字电子时钟电路如图 9.2 所示。

(1)秒脉冲发生电路

秒脉冲发生电路的设计方法很多,本设计采用 555 定时器产生秒脉冲信号。电路的设计、参数选择及测试方法参见 7.4 节相关内容。

(2)六十进制计数器电路

“秒计数器”由两片十进制可逆计数器 74192 构成,采用反馈清零法设计成六十进制加法计数器。详细设计过程参见 6.1.2 节相关内容。由于 74192 的异步清零端 R_D 为高电平有效,因此六十进制计数器的反馈清零端 $R_D = Q_{22}Q_{21}$,即计数器计数到 0110 0000 状态时清零。

“分计数器”和“秒计数器”的设计方法完全相同,仅是计数对象不同。“秒计数器”的加计数脉冲来自于秒脉冲发生电路的输出端,“秒计数器”是每秒加 1;“分计数器”的加计数脉冲来自于“秒计数器”的反馈输出端,“分计数器”是每 60 秒加 1。

(3)二十四进制计数器电路

“时计数器”由两片 74192 级联构成,构成二十四进制的加法计数器,同样采用反馈清零法,$R_D = Q_{21}Q_{12}$。

“时计数器”的加计数脉冲来自于“分计数器”的反馈输出端,即每 60 分“时计数器”加 1。

由于 74192 的 R_D 为异步清零端,所以电路计数到 60 秒、60 分和 24 小时都会产生“毛刺”。可以通过选用具有同步清零端的计数器来避免“毛刺”的产生。

(4)时钟显示电路

时钟显示电路由显示译码器 4511 和 6 个共阴极数码管构成。4511 和数码管连接时必须接限流电阻,阻值通常为 300 Ω ~ 1 kΩ,具体连接方法参见 4.3.3 节相关内容。

受篇幅限制,图 9.2 中省略了秒脉冲发生电路,电路组成可参考图 9.4。仿真时的秒脉冲信号是直接接入 Proteus 中的时钟信号 DCLOCK。

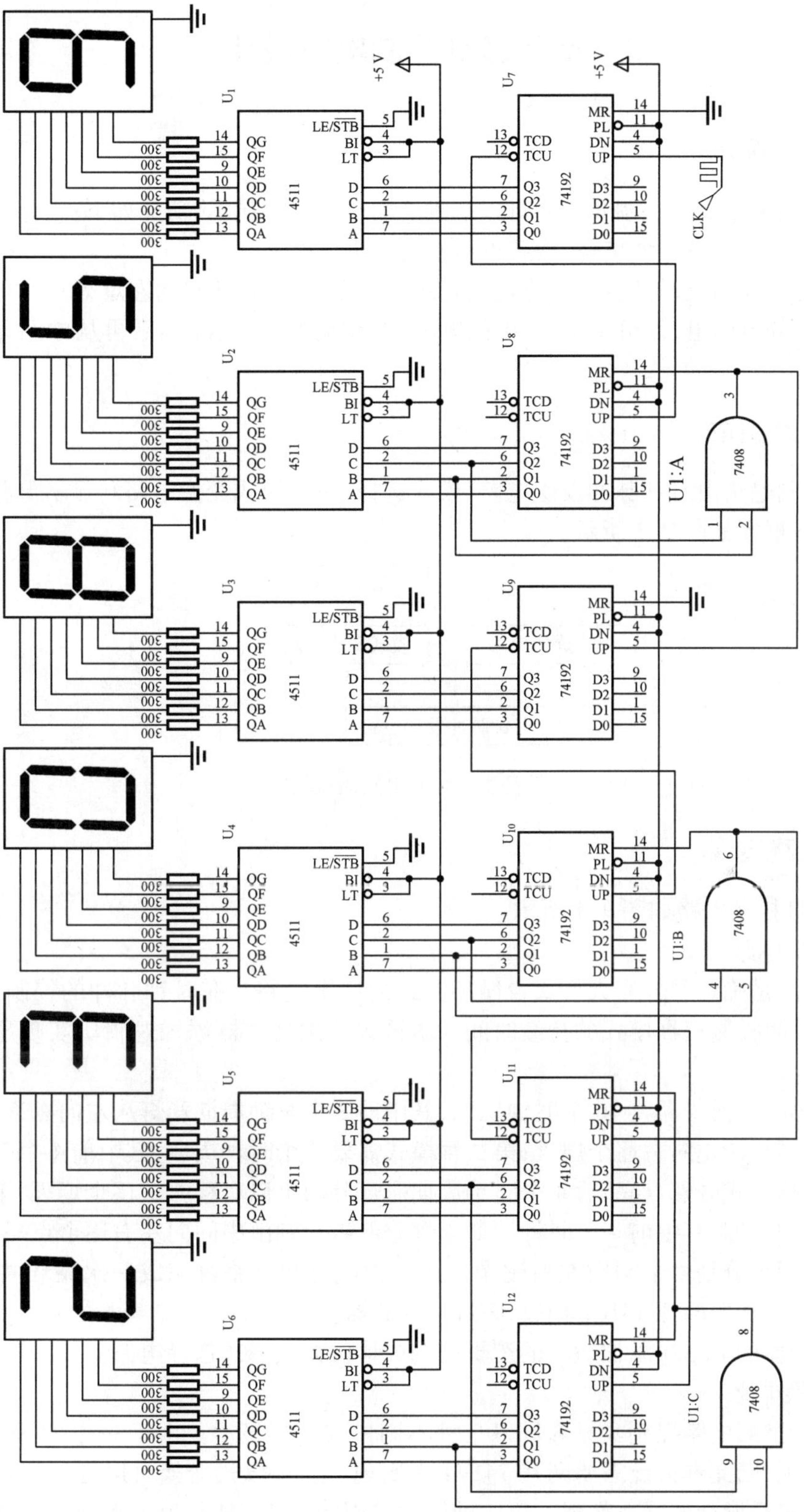

图 9.2　数字电子时钟电路

9.2 循环彩灯控制电路设计

9.2.1 功能要求

循环彩灯控制电路要求控制 8 只彩灯以三种不同模式循环显示,功能如下:

(1)8 路彩灯从左至右逐个点亮,然后再从左至右逐个熄灭;

(2)8 路彩灯分成两组,每组 4 个,分别从右向左点亮,然后再从右向左熄灭;

(3)8 路彩灯分成两组,每组 4 个,从中间开始,分别向两边点亮,然后再从中间开始分别向两边熄灭。

9.2.2 电路组成

循环彩灯控制电路由时钟脉冲发生电路、模式选择电路、模式变换电路和显示电路等四部分组成,电路组成框图如图 9.3 所示。

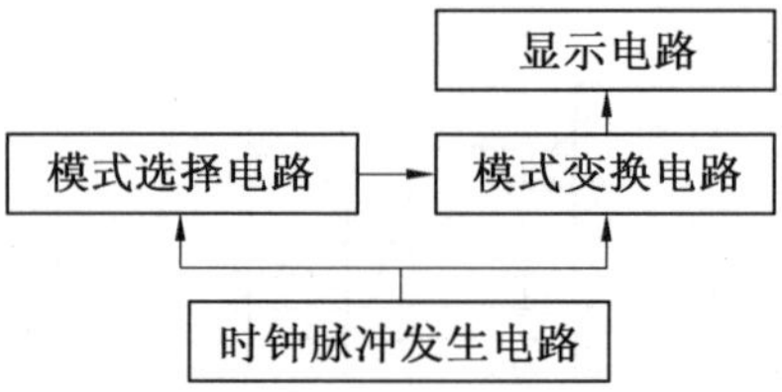

图 9.3 循环彩灯控制电路组成框图

9.2.3 电路实现

8 路循环彩灯控制电路如图 9.4 所示。

(1)模式选择电路

模式选择电路是确定彩灯亮灭方式及循环方式的逻辑电路。在时钟脉冲的控制下,选择电路显示模式,同时控制三种模式的持续时间。本设计采用计数器添加逻辑门实现显示模式的选择。

根据要求,第一种模式需要 16 个时钟周期,其中前 8 个时钟周期彩灯从左向右逐个点亮,后 8 个时钟周期彩灯从左向右逐个熄灭;第二种模式需要 8 个时钟周期,其中前 4 个时钟周期彩灯分两组以右移方式分别点亮,后 4 个时钟周期彩灯分两组以右移方式逐个熄灭;第三种模式也需要 8 个时钟周期,其中前 4 个时钟周期彩灯分两组分别由中间向左右逐个点亮,后 4 个时钟周期彩灯分两组分别由中间向左右逐个熄灭。由此可知电路每完成一次循环共需要 32 个时钟周期,本设计选用两片 74161 构成 32 进制计数器。

同时,将计数器的输出端添加适当的逻辑门构成移位方式模式选择电路。

(2)模式变换电路

由功能要求可知,电路控制 8 只彩灯以三种不同模式循环显示。由于一片 74194 只能控制 4 只彩灯的亮灭,因此本设计需要两片 74194 来实现。三种模式变换可以通过将移位寄存器 74194 设计成扭环形计数器来实现。第一种模式采用两片 74194 级联实现十六进制扭环计

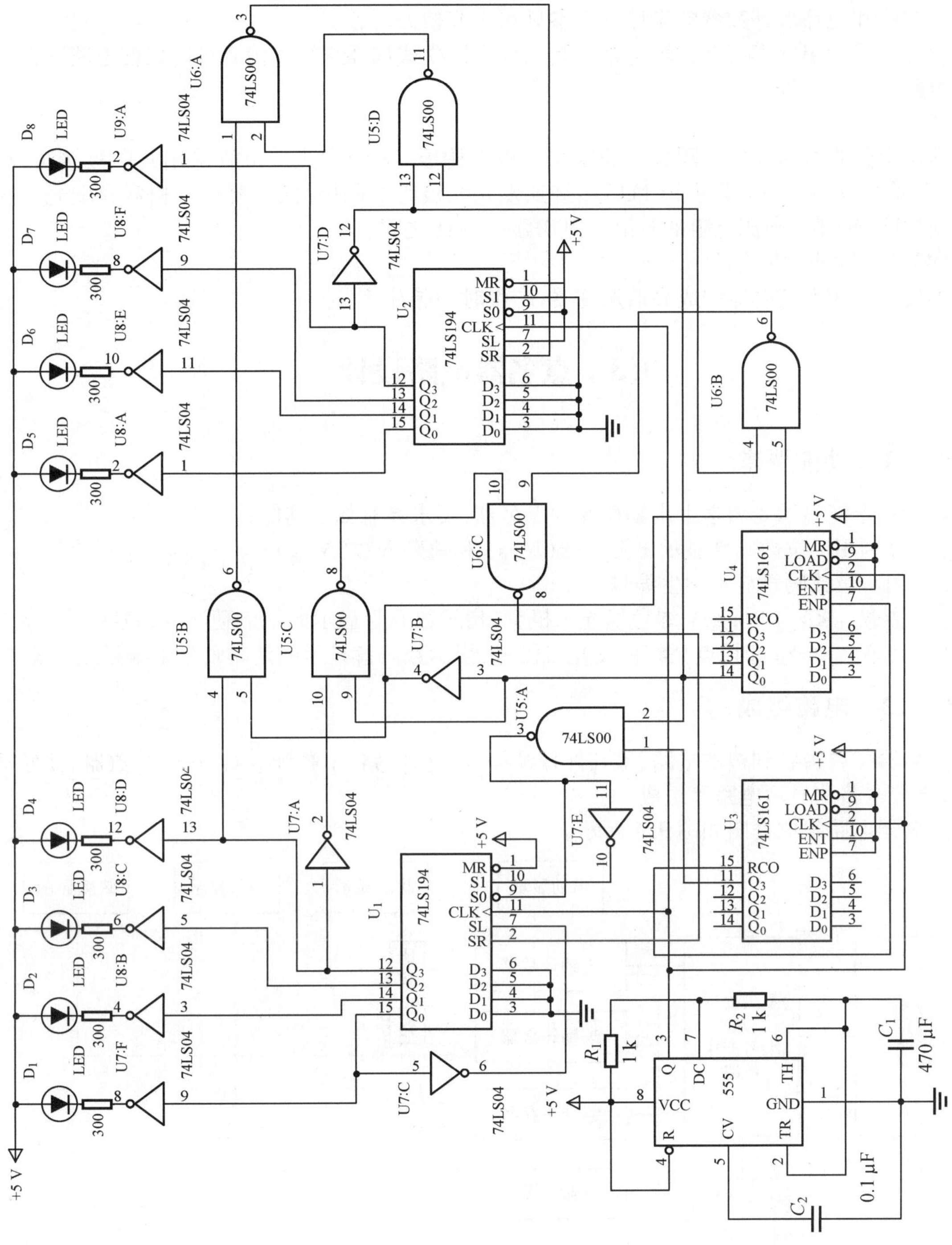

图 9.4　循环彩灯控制电路

数器,采用右移方式;第二种模式分别用两片 74194 构成八进制扭环形计数器,均采用左移方式;第三种模式用两片 74194 构成八进制扭环形计数器,一个左移方式,一个右移方式。74194 的级联方法和扭环形计数器的设计原理参见 6.2 节相关内容。

设计中采用小规模组合逻辑电路控制三种变换模式循环进行。读者可以根据电路图自行分析电路的工作过程。

(3)显示电路

本例中的彩灯由 8 个不同颜色的发光二极管构成。8 个发光二极管采用共阳极接法,故 74194 的输出端需加反相器(非门)后连接到发光二极管的阴极,同时要在反相器和发光二极管之间加限流电阻,限流电阻的阻值在 300 Ω ~ 1 kΩ 之间。

(4)时钟脉冲发生电路

本例采用 555 定时器构成多谐振荡器,产生时钟脉冲信号。

9.3 点名器电路设计

9.3.1 功能要求

设计一个能显示 8 名学生出勤情况的点名器,要求具有如下功能:

(1)分别用 1 位数码管显示出勤人数($N_{出勤}$)和缺勤人数($N_{缺勤}$);

(2)用 4 位数码管显示学生编号;

(3)当 $N_{出勤}<N_{缺勤}$时,点亮绿色发光二极管,指示数码管显示的是出勤学生编号;

(4)当 $N_{出勤}\geqslant N_{缺勤}$时,点亮红色发光二极管,指示数码管显示的是缺勤学生编号。

9.3.2 电路组成

点名器主要由签到按键电路、签到处理及编号产生电路、出勤计数器、缺勤计数器、编号寄存器、比较电路和显示电路等组成。

点名器电路组成框图如图 9.5 所示。

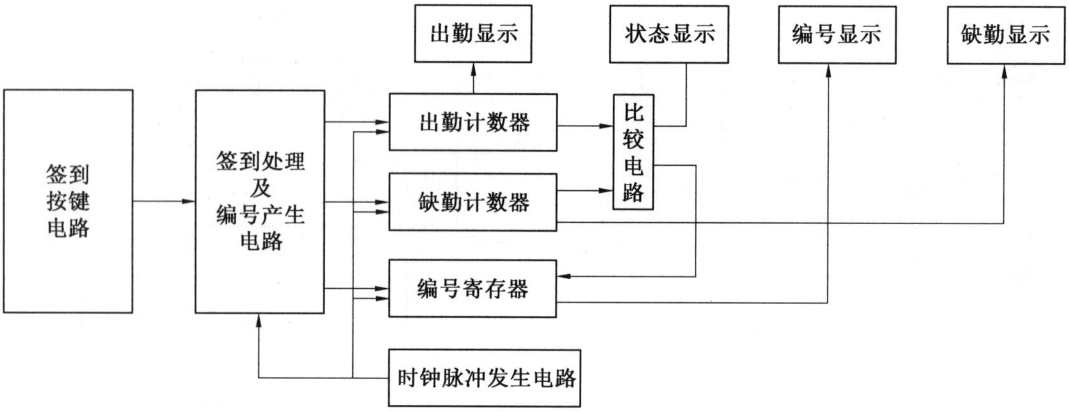

图 9.5 点名器电路组成框图

9.3.3 电路实现

点名器控制电路如图 9.6 所示。

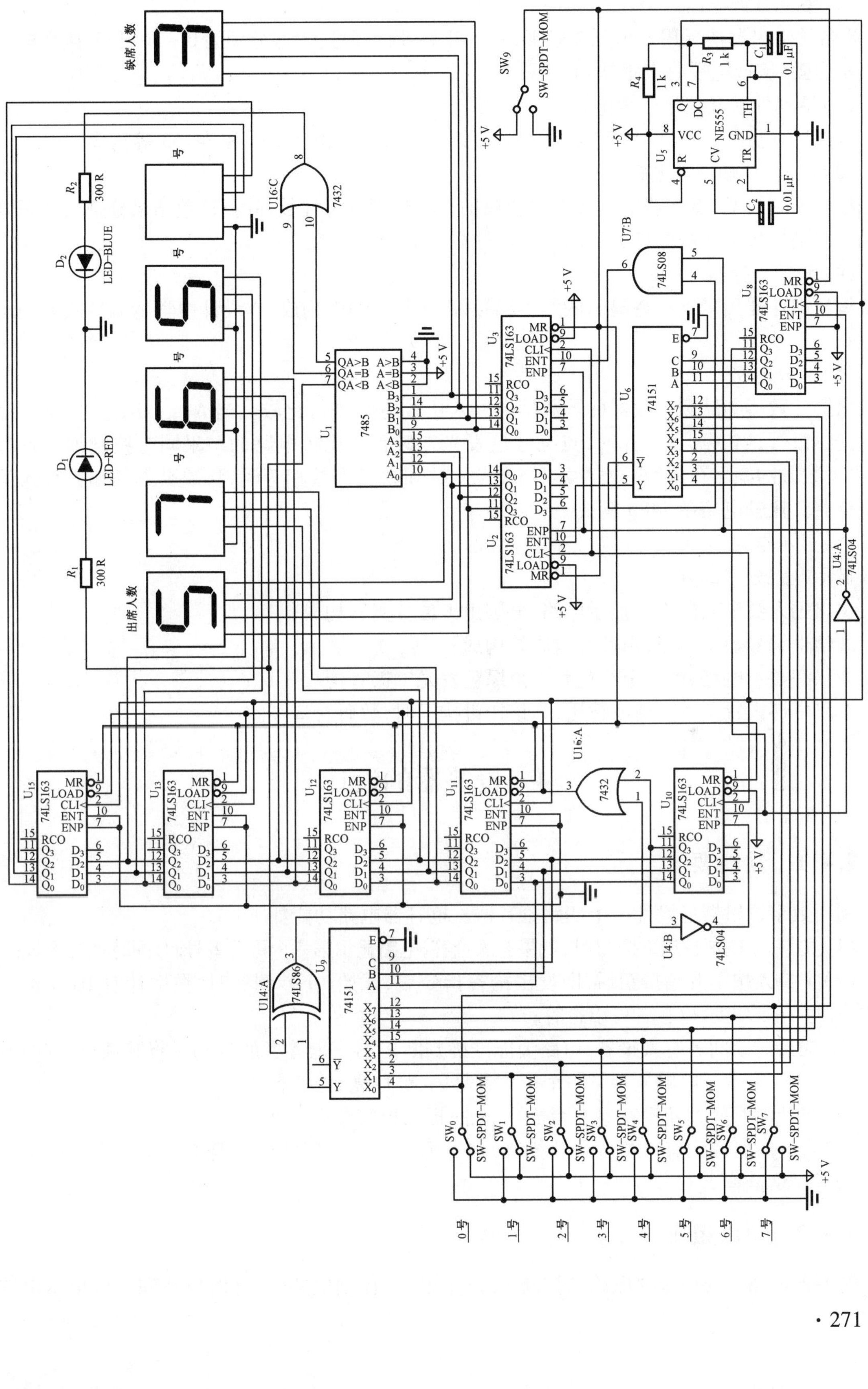

缺席人数
出席人数
号
0 号
1 号
2 号
3 号
4 号
5 号
6 号
7 号
LED-BLUE
LED-RED
300 R
7485
74151
74LS163
74LS08
74LS04
74LS86
7432
NE555
SW-SPDT-MOM
0.1 μF
0.01 μF
1 k
+5 V

图 9.6　点名器控制电路

(1)签到按键电路

8 名学生出勤情况用 8 个开关模拟,并对开关进行编号,编号分别为 0 ~7。开关接高电平时表示出勤,接低电平时表示缺勤。

(2)签到处理及编号产生电路

签到后,电路对 8 个学生依次进行编号,编号产生电路由 74151 和 74163 等构成。

(3)出勤/缺勤计数电路

根据签到情况,点名器对出勤人数和缺勤人数分别进行计数,并将计数结果分别送数码管显示。出勤计数器和缺勤计数器均由同步计数器 74163 实现。

(4)编号寄存器

编号寄存器用来寄存待显示的学生编号,由 4 片 74163 构成,本设计中学生编号从大到小寄存。

(5)比较电路

出勤计数器和缺勤计数器的计数结果送入比较电路进行比较。当 $N_{出勤} < N_{出勤}$ 时,点亮绿色发光二极管;当 $N_{出勤} \geqslant N_{缺勤}$ 时,点亮红色发光二极管。比较电路的结果同时控制编号寄存器,将少数方的编号存入编号寄存器,当出勤人数和缺勤人数相等时,将缺勤方的编号存入编号寄存器。比较电路由 7485 构成。

(6)显示电路

显示电路分三部分:

①出勤人数和缺勤人数显示电路,分别由 1 位数码管构成;

②学生编号显示电路,由四位数码管构成;

③状态显示电路,由 1 个红色和 1 个绿色发光二极管构成。

电路中还设置了一个清零按键,当该按键按下时,数码管清零。

9.4 抢答器的设计

9.4.1 功能要求

利用数字逻辑器件设计一个四路抢答器。抢答器电路功能如下:

(1)主持人未按下开始按钮时,如果有人抢答,电路显示第一个抢答者号码,同时红灯警告;

(2)主持人按下开始按钮后,即发出抢答指令后,开始 10 秒倒计时,在倒计时 10 秒的时间内,红灯闪烁,提示抢答者可以抢答;

(3)倒计时期间若有人抢答,电路要能准确判断出第一抢答者的号码并将其锁存,同时其他组抢答信号无效。电路显示第一个抢答者号码,绿灯亮,抢答有效;

(4)当计时时间到而没有参赛者抢答,电路提示抢答结束,红灯亮;

(5)若计时时间到有参赛者继续抢答,则显示抢答者号码并红灯警告。主持人清除信号后开始下一轮抢答。

9.4.2 电路组成

抢答器电路主要由抢答电路、时钟脉冲发生电路、控制电路、倒计时电路和报警提示电路等构成。抢答器电路组成框图如图 9.7 所示。

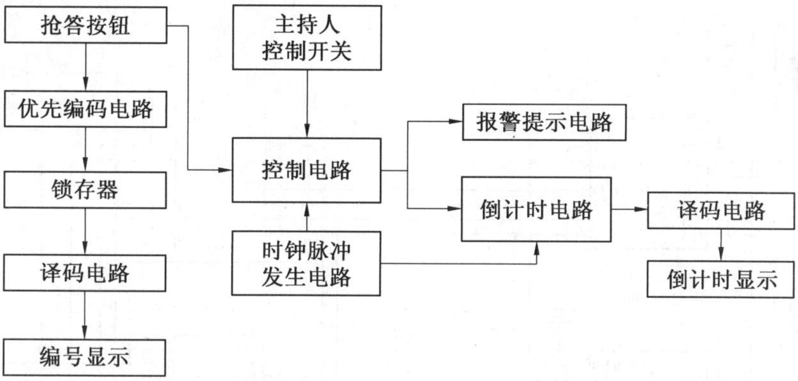

图 9.7　抢答器电路组成框图

9.4.3　电路实现

抢答器电路如图 9.8 所示。

(1)抢答电路

抢答电路主要由抢答按钮、优先编码器 74148、数据锁存器 74373、显示译码器 4511 和共阴极数码管构成。实现的功能是准确判断出第一抢答者的号码并将其锁存,同时经译码后送数码管显示。同时使其他组抢答信号无效。

根据要求,抢答未开始时,参赛者的抢答按钮均处于断开状态,数码管显示 0。抢答开始后,抢答器处于等待工作状态,当参赛者按下抢答按钮(设参赛者 1 为第一抢答者),数码管显示第一抢答者的号码“1”。由于锁存器 74373 锁存了第一抢答者的号码,其他参赛者即使再按下抢答按钮,数码管仍然显示号码“1”。

(2)时钟脉冲发生电路

时钟脉冲发生电路由 555 定时器构成。

(3)控制电路

控制电路由主持人控制开关、74161 和逻辑门组成。主持人控制开关有两个作用,其一控制倒计时电路的启动、停止和保持;其二控制报警电路的工作状态。

(4)倒计时电路

倒计时电路由两片 74192 构成,实现 10 秒倒计时。主持人按下控制开关后,电路进行 10 秒倒计时。当倒计时时间到而无参赛者抢答时,数码管显示 0 且保持不变;倒计时期间有参赛者抢答时,倒计时停止。电路中用一片 74161 控制倒计时电路的工作。

(5)报警提示电路

报警电路由组合逻辑门和发光二极管组成,主要功能如下:

①主持人控制开关未按下,有参赛者抢答红灯亮,表示违规。

②主持人控制开关按下,无参赛者抢答时,红灯闪烁,表示时间未到,提示参赛者可以抢答。

③主持人控制开关按下,且在倒计时 10 秒范围内,有参赛者抢答,红灯灭,绿灯亮,表示抢答有效。

④主持人控制开关按下,且倒计时 10 秒到,有参赛者抢答,红灯亮,抢答无效。

受篇幅限制,图 9.8 中省略了限流电阻。4511 与数码管连接时必须接限流电阻。

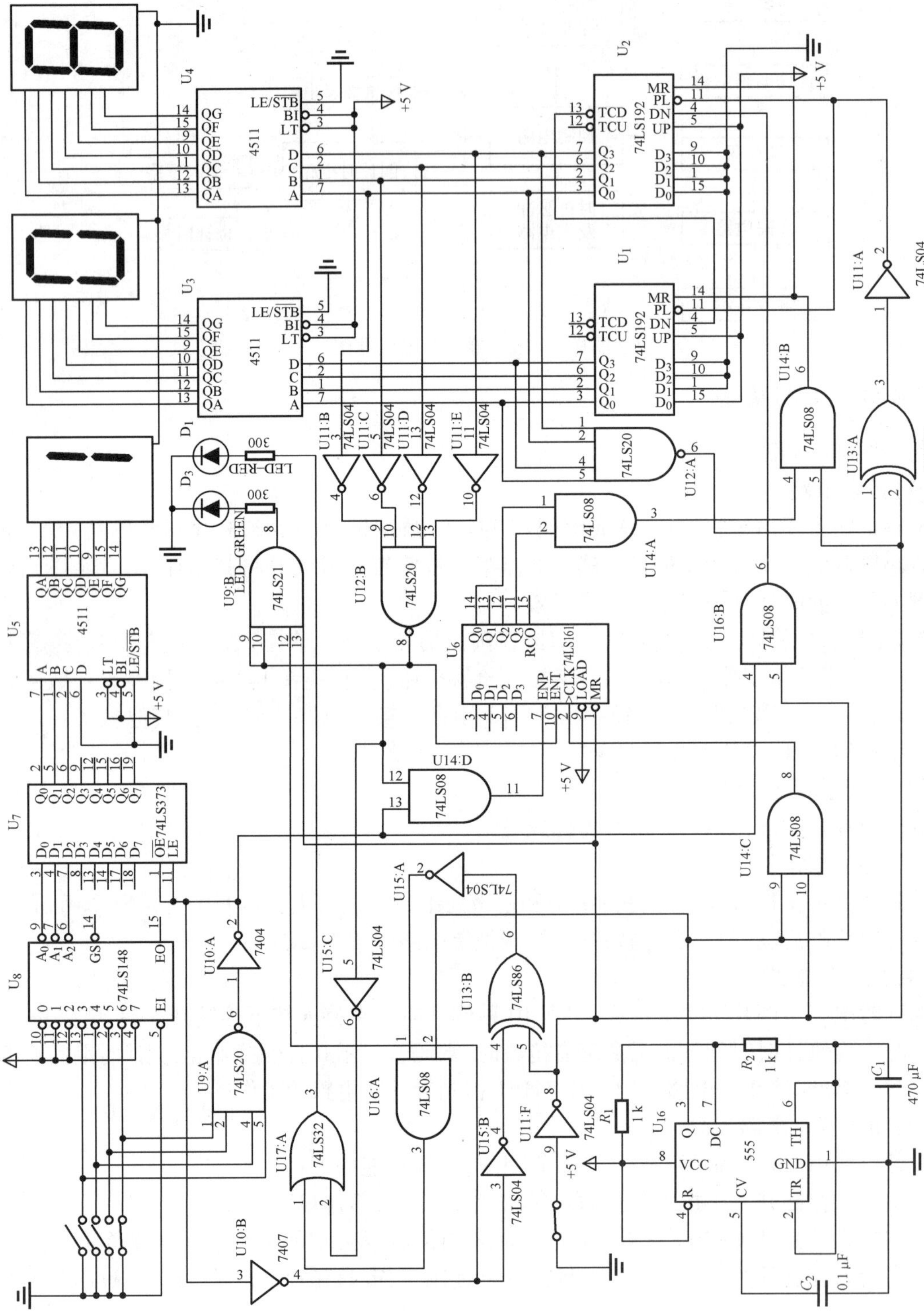
U4
4511
U3
4511
U5
4511
U7
74LS373
U8
74LS148
U2
74LS192
U1
74LS192
U6
74LS161
U16
555
U12:A
74LS20
U12:B
74LS20
U9:A
74LS20
U9:B
74LS21
U14:A
74LS08
U14:B
74LS08
U14:C
74LS08
U14:D
74LS08
U16:A
74LS08
U16:B
74LS08
U13:A
74LS86
U13:B
74LS86
U11:A
U11:B
U11:C
U11:D
U11:E
U11:F
74LS04
U15:A
U15:B
U15:C
U17:A
74LS32
U10:A
7404
U10:B
7407
D1
LED-RED
D3
LED-GREEN
300
R1
1 k
R2
1 k
C1
470 μF
C2
0.1 μF
+5 V

图 9.8　抢答器控制电路

9.5　交通灯控制电路设计

9.5.1　功能要求

利用数字逻辑器件设计交通灯控制电路，实现十字路口车辆的正常通行，要求实现的功能是：

(1)各道先左转，再直行，左转红灯亮后，直行绿灯亮；

(2)左转、直行每次通行时间各 20 s；

(3)每次绿灯转为红灯前，黄灯先亮 5 s。

9.5.2　电路组成

交通灯控制电路主要由时钟脉冲发生电路、20 秒/5 秒倒计时电路、模式控制电路、倒计时显示电路和交通灯译码与显示电路组成。

交通灯控制电路组成框图如图 9.9 所示。

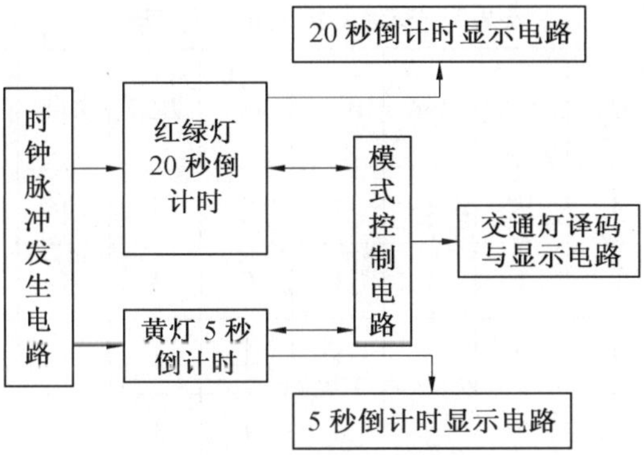

图 9.9　交通灯控制电路组成框图

9.5.3　电路实现

交通灯控制电路如图 9.10 所示。

(1)时钟脉冲发生电路

时钟脉冲发生电路由 555 定时器构成。

(2)倒计时电路

倒计时电路分两部分。第一部分采用两片十进制计数器 74192 芯片构成二十进制减法计数器，实现红灯、绿灯的 20 秒倒计时。第二部分采用一片 74192 芯片，构成五进制减法计数器，实现黄灯的 5 秒倒计时。倒计时电路均采用反馈置数法。

(3)模式控制电路

模式控制电路采用一片四位二进制计数器 74LS161 和组合逻辑门组成，74161 采用反馈清零法接成八进制，实现八个状态(见表 9.1)的切换。74161 的时钟周期信号取自两个倒计时电路的反馈信号，控制 74161 的输出状态。74161 的输出控制两个倒计时电路的切换和交通灯的亮灭变化。

(4)倒计时显示电路

倒计时时间显示电路采用4511和共阴极数码管构成,图9.10省略了限流电阻,此处不再赘述。

(5)交通灯译码与显示电路

交通灯译码与显示电路由12个数码管、74138译码器和组合逻辑门组成,译码器74LS138控制4个绿灯和4个黄灯,4个红灯由小规模组合逻辑电路组成的译码器控制。

交通灯的亮灭状态受控于模式控制电路。

9.5.4 交通灯控制电路状态表及输出方程

(1)交通灯控制电路状态表

交通灯控制电路状态表如表9.1所示。设十字路口交叉的两条道路分别为A道和B道。*ALG*为A道左转绿灯,*ALY*为A道左转黄灯,*ALR*为A道左转红灯,*ASG*为A道直行绿灯,*ASY*为A道直行黄灯,*ASR*为A道直行红灯,*BLG*为B道左转绿灯,*BLY*为B道左转黄灯,*BLR*为B道左转红灯,*BSG*为B道直行绿灯,*BSY*为B道直行黄灯,*BSR*为B道直行红灯。电路中交通灯采用共阳极接法,所以输出为低电平时,灯点亮。

表9.1 交通灯控制电路状态表

控制器状态 $Q_2Q_1Q_0$	*ALG*	*ALY*	*ALR*	*ASG*	*ASY*	*ASR*	*BLG*	*BLY*	*BLR*	*BSG*	*BSY*	*BSR*
000	0	1	1	1	1	0	1	1	0	1	1	0
001	1	0	1	1	1	0	1	1	0	1	1	0
010	1	1	0	0	1	1	1	1	0	1	1	0
011	1	1	0	1	0	1	1	1	0	1	1	0
100	1	1	0	1	1	0	0	1	1	1	1	0
101	1	1	0	1	1	0	1	0	1	1	1	0
110	1	1	0	1	1	0	1	1	0	0	1	1
111	1	1	0	1	1	0	1	1	0	1	0	1

(2)输出方程

根据状态表列出各个状态的输出方程:

$$ALG=\overline{\overline{Y_0}}=\overline{Q_0\cdot Q_1\cdot Q_2};\quad ALY=\overline{\overline{Y_1}}=\overline{\overline{Q_0}\cdot Q_1\cdot Q_2};\quad ALR=\overline{Q_2}\cdot\overline{Q_1}$$

$$ASG=\overline{\overline{Y_2}}=\overline{Q_0\cdot\overline{Q_1}\cdot Q_2};\quad ASY=\overline{\overline{Y_3}}=\overline{\overline{Q_0}\cdot\overline{Q_1}\cdot Q_2};\quad ASR=\overline{Q_2}\cdot Q_1$$

$$BLG=\overline{\overline{Y_4}}=\overline{Q_0\cdot Q_1\cdot\overline{Q_2}};\quad BLY=\overline{\overline{Y_5}}=\overline{\overline{Q_0}\cdot Q_1\cdot\overline{Q_2}};\quad BLR=Q_2\cdot\overline{Q_1}$$

$$BSG=\overline{\overline{Y_6}}=\overline{Q_0\cdot\overline{Q_1}\cdot\overline{Q_2}};\quad BSY=\overline{\overline{Y_7}}=\overline{\overline{Q_0}\cdot\overline{Q_1}\cdot\overline{Q_2}};\quad BSR=Q_2\cdot Q_1$$

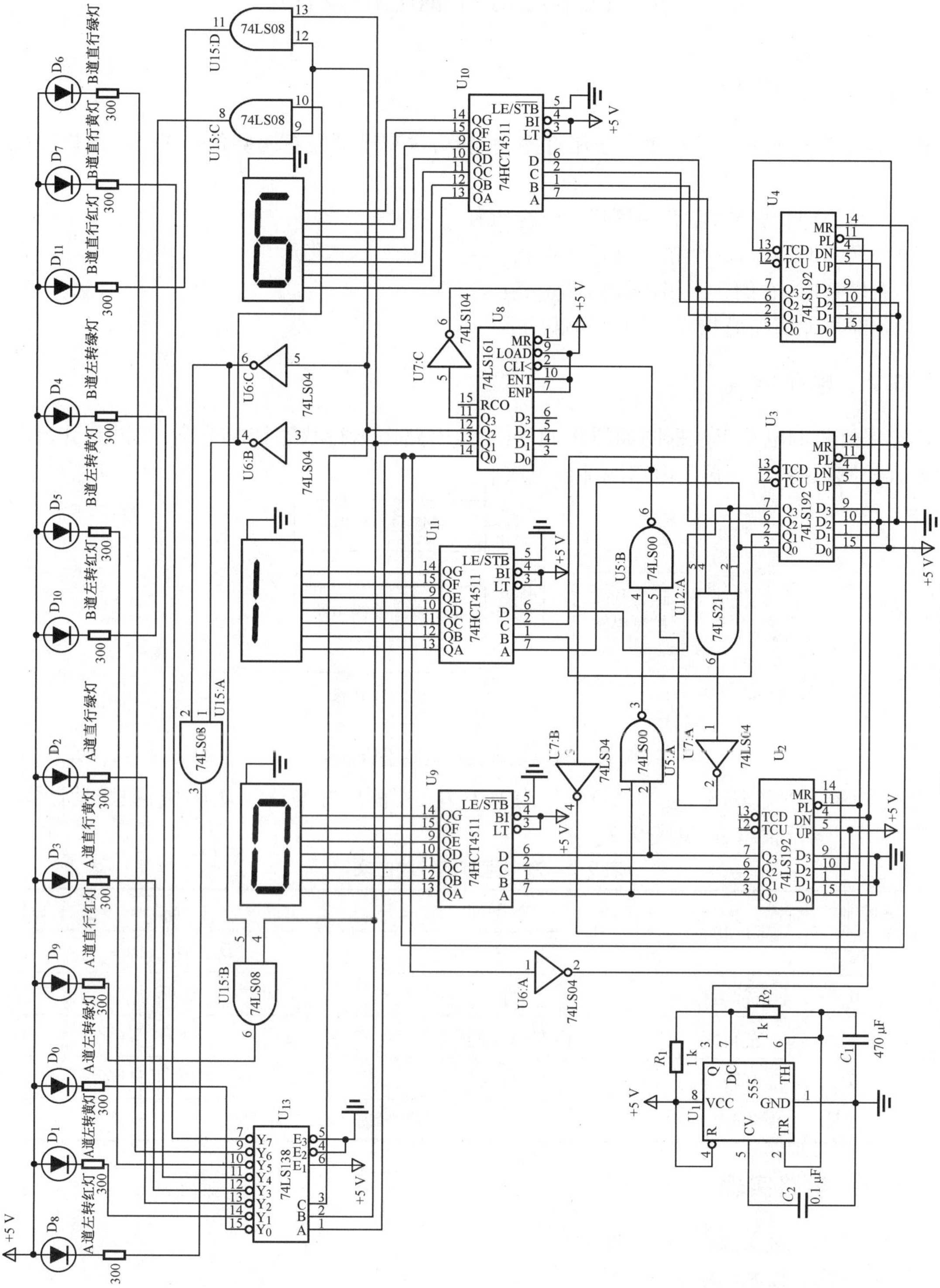

图 9.10　交通灯控制电路

9.6 汽车尾灯控制电路设计

9.6.1 功能要求

利用数字逻辑器件设计一个汽车尾灯控制电路,汽车尾部左右两侧各有3个指示灯,功能要求如下:

(1)汽车正向行驶时,左右两侧指示灯全灭;

(2)左转弯时,左侧3个指示灯循环点亮;

(3)右转弯时,右侧3个指示灯循环点亮;

(4)临时刹车时所有指示灯同时闪烁。

9.6.2 电路组成

汽车尾灯控制电路组成框图如图9.11所示。电路由运行状态控制电路、三进制计数器、显示方式控制电路、尾灯显示电路四部分组成。

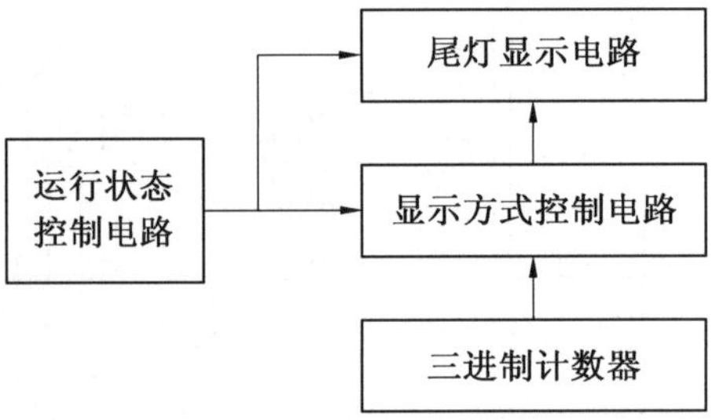

图9.11 汽车尾灯控制电路组成框图

电路有两个开关 S_1、S_0,左侧尾灯编号为 $D_1D_2D_3$,左侧尾灯编号为 $D_4D_5D_6$,根据设计要求列出汽车尾灯运行状态表,见表9.2。

表9.2 汽车尾灯运行状态表

开关控制		运行状态	左尾灯	右尾灯
S_1	S_0		D_1 D_2 D_3	D_4 D_5 D_6
0	0	正常运行	灯灭	灯灭
0	1	左转弯	由左向右循环亮	灯灭
1	0	右转弯	灯灭	由右向左循环亮
1	1	刹车	6个灯随着 CLK 脉冲闪烁	

9.6.3 电路实现

汽车尾灯控制电路如图9.12所示。

(1)运行状态控制电路

运行状态控制电路由开关 S_1、S_0 和小规模组合逻辑电路构成。设运行状态控制电路的输出为 F_1 和 F_2,输出状态与 S_1、S_0 和脉冲信号 CLK 的关系见表9.3。

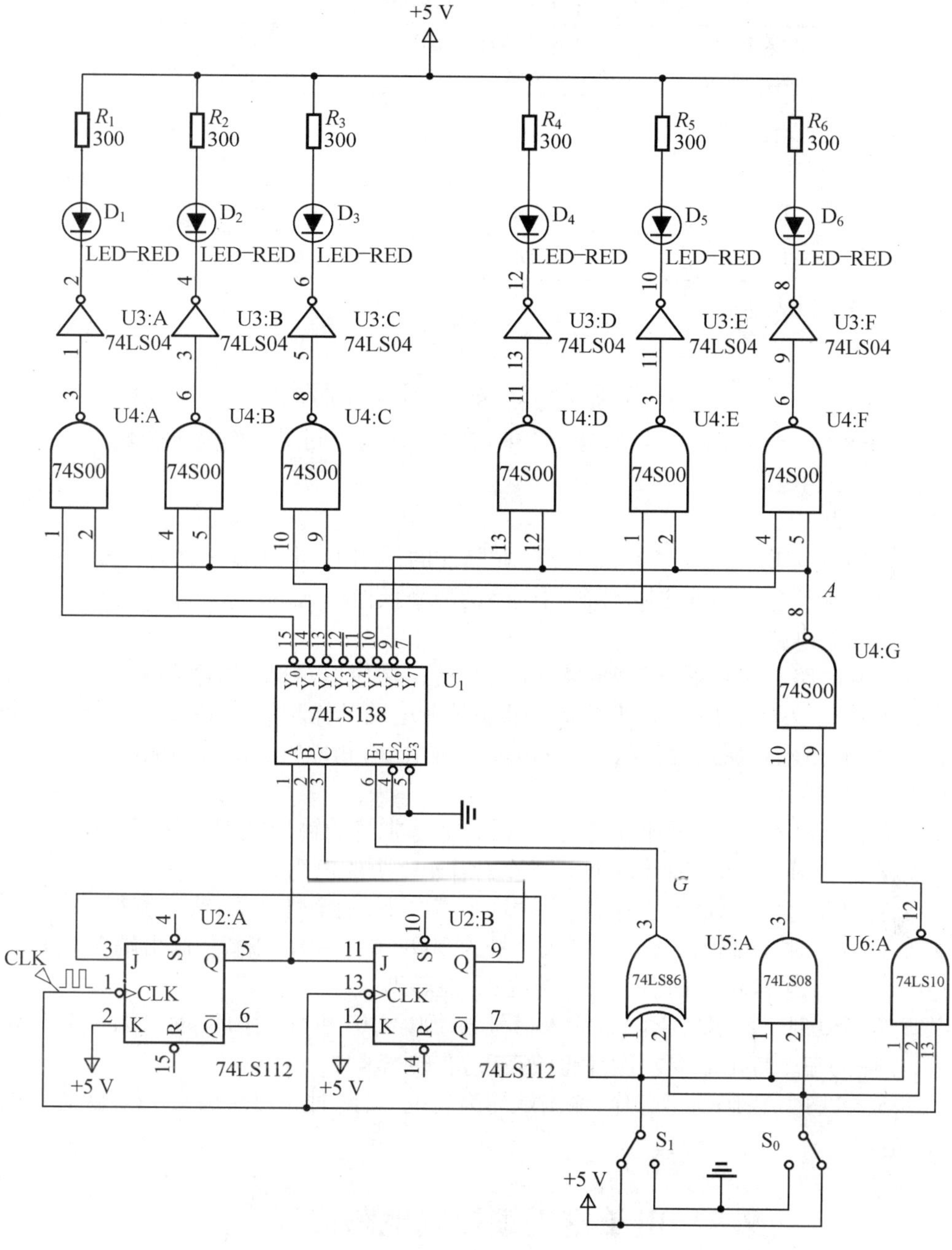

图 9. 12　汽车尾灯控制电路

表 9.3　运行状态控制电路功能表

开关状态 S_1 S_0	脉冲信号 CLK	输出信号 F_1 F_2
0　0	×	0　1
0　1	×	1　1
1　0	×	1　1
1　1	CLK	CLK

由表 9.3 可得逻辑表达式：

$$F_1 = S_1 \oplus S_2$$

$$F_2 = \overline{S_1 S_0} + S_1 S_0 \cdot CLK = \overline{S_1 S_0 \cdot \overline{S_1 S_0 \cdot CLK}}$$

其中，F_1用来控制 74138 译码器，F_2与 74138 的输出共同控制尾灯的亮灭变化。

(2)显示方式控制电路

①三进制计数器

三进制计数器由双 JK 触发器 74112 实现，在脉冲的作用下，电路输出状态为 00→01→10 往复循环，74112 的两个输出端分别接译码器电路的两个低位输入端。

②显示方式控制电路

显示方式控制电路由 3-8 线译码器 74138 和逻辑门构成。74138 的输入端 C 接开关 S_1，B，A 接计数器的输出 $Q_B Q_A$，使能端 E1 接运行状态控制电路的输出 F_1。逻辑门部分由 6 个与非门构成，与非门的输入分别接运行状态控制电路的输出 F_2和译码器的输出端。

(4)尾灯显示电路

尾灯采用发光二极管，为了增加驱动能力，在 6 个与非门的输出端都连接了非门 7404，因此发光二极管采用共阳极接法，并且每个二级管均需连接限流电阻。

当开关 $S_1 S_0$=00 时，译码器不工作，输出端均为高电平，六个灯全灭；汽车直行。

当开关 $S_1 S_0$=01 时，译码器工作，且输入信号为 000→001→010 循环，输出端 $Y_0 Y_1 Y_2$轮流输出低电平，左侧的三个灯由左向右循环轮流亮灭，左转弯。

当开关 $S_1 S_0$=10 时，译码器工作，且输入信号为 100→101→110 循环，输出端 $Y_4 Y_5 Y_6$轮流输出低电平，右侧的三个灯由右向左循环轮流亮灭，右转弯。

当开关 $S_1 S_0$=11 时，译码器不工作，输出端均为高电平，此时非门输出与 CLK 状态相同，6 个灯闪烁，刹车。

9.7　电子密码锁控制电路设计

9.7.1　功能要求

设计一个可重置密码的电子密码锁控制电路，要求密码锁在打开的状态下可设置 4 位密码；密码锁在上锁状态下，只有输入正确的 4 位密码才能打开。

9.7.2　电路组成

电子密码锁控制电路由编码及控制电路、密码存储电路、开锁按键存储电路、密码比较电路和开锁控制电路组成。电子密码锁电路组成框图如图 9.13 所示。

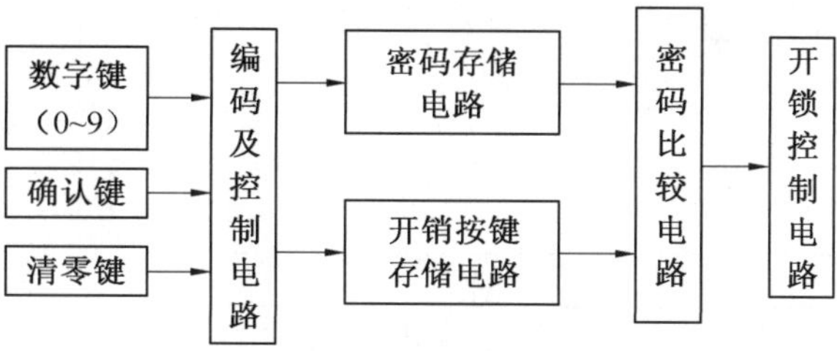

图 9.13　电子密码锁电路组成框图

9.7.3　电路实现

电子密码锁电路如图 9.14 所示。

(1)编码及控制电路

编码及控制电路由密码设置切换开关、按键输入电路、编码电路及按键控制电路 4 部分组成。

①密码设置切换开关

密码设置切换开关由 4 个单刀双掷开关构成,如图 9.14 中的 SW1,SW2,SW3 和 SW4。在需要设置密码时,4 个开关接按键控制电路的输出端;在密码设置完成后,4 个开关必须接地。

②按键输入电路

电子密码锁控制电路共设置 12 个按键:10 个数字键,1 个清零键和 1 个确认键。其中数字键用来输入 0–9;清零键用于电路清零;确认键用于设置密码后的确认。

③编码电路

本设计采用 74148 作为按键编码器,由于 74148 为 8 线–3 线编码器,只能对 8 个信号进行编码,因此选用 2 片 74148 级联成 16 线–4 线编码器,选择其中的 12 路输入,作为 12 个按键信号的输入端。74148 的级联扩展方法参见 4.2.2 节相关内容。编码电路的扩展输出端作为整个电路的时钟控制信号,在无按键输入的情况下时钟信号为低电平,当有按键输入时时钟信号由低电平跳变成高电平,按键释放后,时钟信号变为低电平。

④按键控制电路

按键控制电路是设置(或输入)密码的控制单元。电路采用同步计数器 74163 和小规模组合逻辑器件组成,计数器的时钟脉冲信号与编码电路的输出使能端相连,有键按下时,编码器的使能端输出高电平,键释放后使能端输出低电平。当计数器 74163 的输出 $Q_1Q_0=00$ 时,组合逻辑控制电路的第一路输出 1,如果此时电路处于密码设置状态,则编码电路和密码存储电路连接,将输入的数字送到第一个密码寄存器存储;如果此时电路处于密码输入状态,则将输入的数字送到开锁按键存储电路的的第一个寄存器存储。同理,当 Q_1Q_0 等于 01,10,11 时,根据电路状态将输入的第二、第三和第四位数字分别送到相应的寄存器存储。

在密码输入状态下,4 位密码全部输入完成后,按下确认键,密码控制电路将 4 个寄存器置成保持状态,不再接收数字输入;此时应将四个密码设置切换开关全部接地,阻断密码输入电路和密码存储电路的联系,电路不能设置密码。

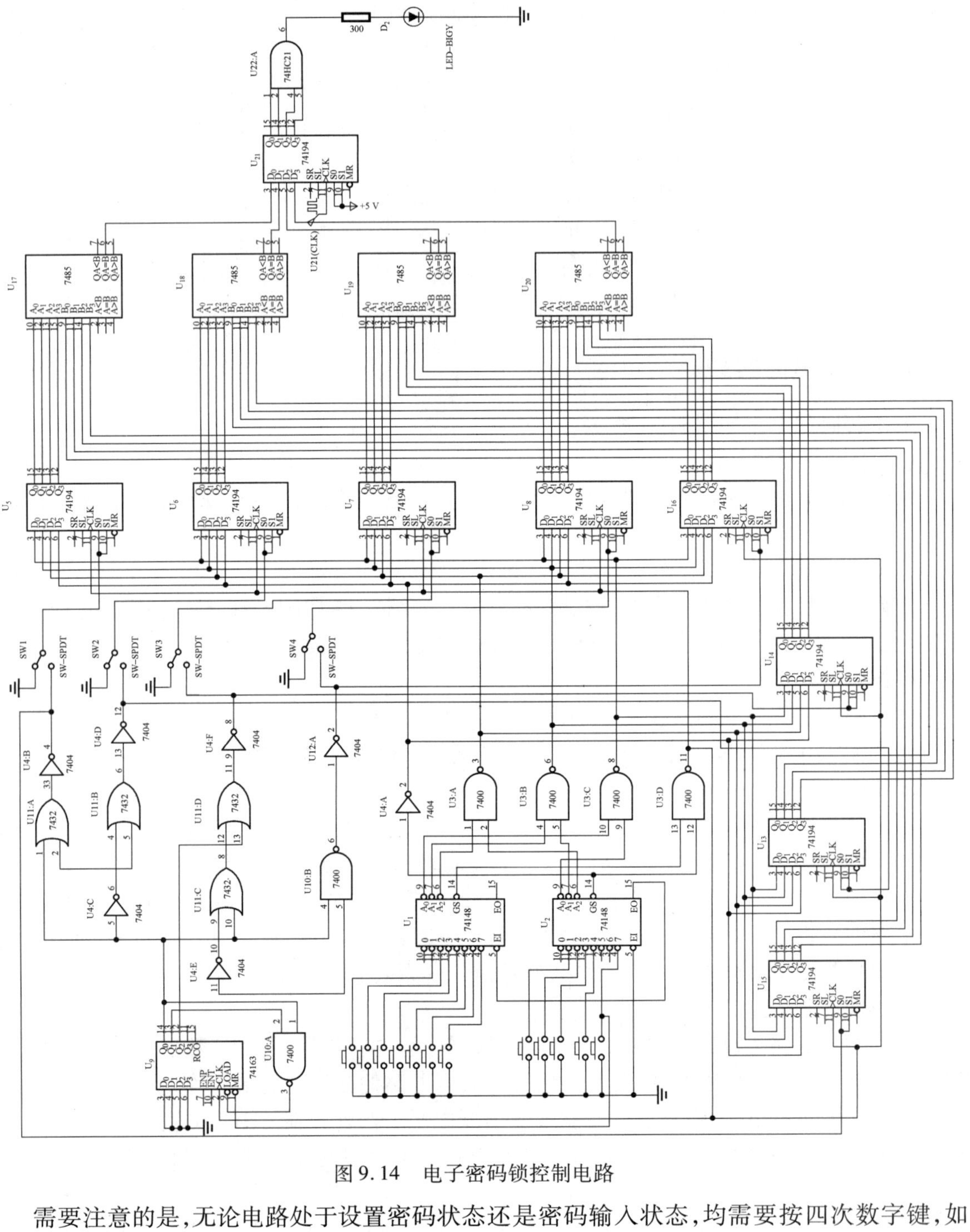

图 9.14　电子密码锁控制电路

需要注意的是，无论电路处于设置密码状态还是密码输入状态，均需要按四次数字键，如中途输入错误，可以按下清零键重新输入。

(3)密码存储电路

密码存储电路由 4 个移位寄存器 74194 组成，用来存储设置的 4 位密码。74194 的 S_1S_0 并接在一起，当 $S_1S_0=11$ 时，并行置数，将密码值送入寄存器；当 $S_1S_0=00$ 时，寄存器处于保持状态，不再接收编码器的数据。

(4)开锁按键存储电路

开锁按键存储电路仍采用74194存储输入的密码，其工作原理和密码存储电路相同，不再赘述。

(5)密码比较电路

密码比较电路由4片7485组成，每片7485的 $A_3A_2A_1A_0$ 接密码存储器的并行输出端，而7485的 $B_3B_2B_1B_0$ 接开锁按键存储电路的并行输出端，当 $A_3A_2A_1A_0=B_3B_2B_1B_0$ 时，比较器7485的输出端 $A=B$ 输出1,4个7485的 $A=B$ 端分别与开锁寄存器74194的并行置数端相连。

(6)开锁控制电路

开锁控制电路由开锁寄存器74194、四输入与门和指示灯组成。设置开锁寄存器的 $S_1S_0=11$，即开锁寄存器一直处于置数状态，如果开锁寄存器74194输出为1111，则四输入与门输出高电平，开锁指示灯亮，开锁成功。

9.8　信号的A/D和D/A转换

9.8.1　功能要求

用ADC0808和DAC0832完成以下功能：

(1)用ADC0808实现A/D转换，输入电压范围0～5 V，转换结果分别用两位数码管和8个发光二极管显示；

(2)用DAC0832实现D/A转换，输入数字量为ADC0808的转换结果。

9.8.2　电路组成

电路由A/D转换电路、D/A转换电路和显示电路三部分组成，电路组成框图如图9.15所示。

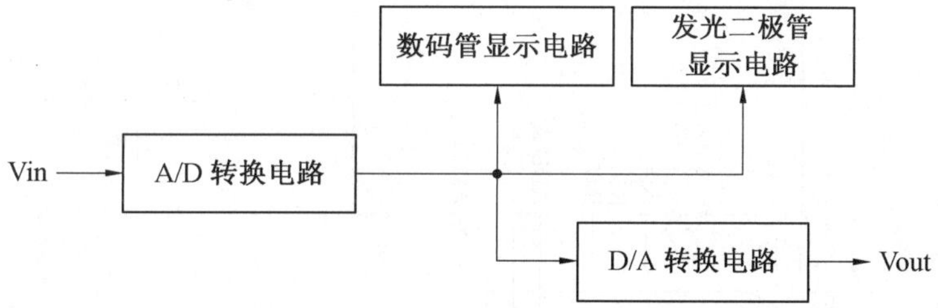

图9.15　A/D和D/A转换电路组成框图

9.8.3　电路实现

电路如图9.16所示。

(1)由于Proteus中ADC0809没有模型库，不能仿真，A/D转换电路采用的是8位ADC0808。ADC0808除了精度高于ADC0809外，其他方面均与ADC0809相同。在精度要求不高的场合，两种型号的芯片可以替换。A/D转换的原理和ADC0809的使用方法参见8.2节相关内容。

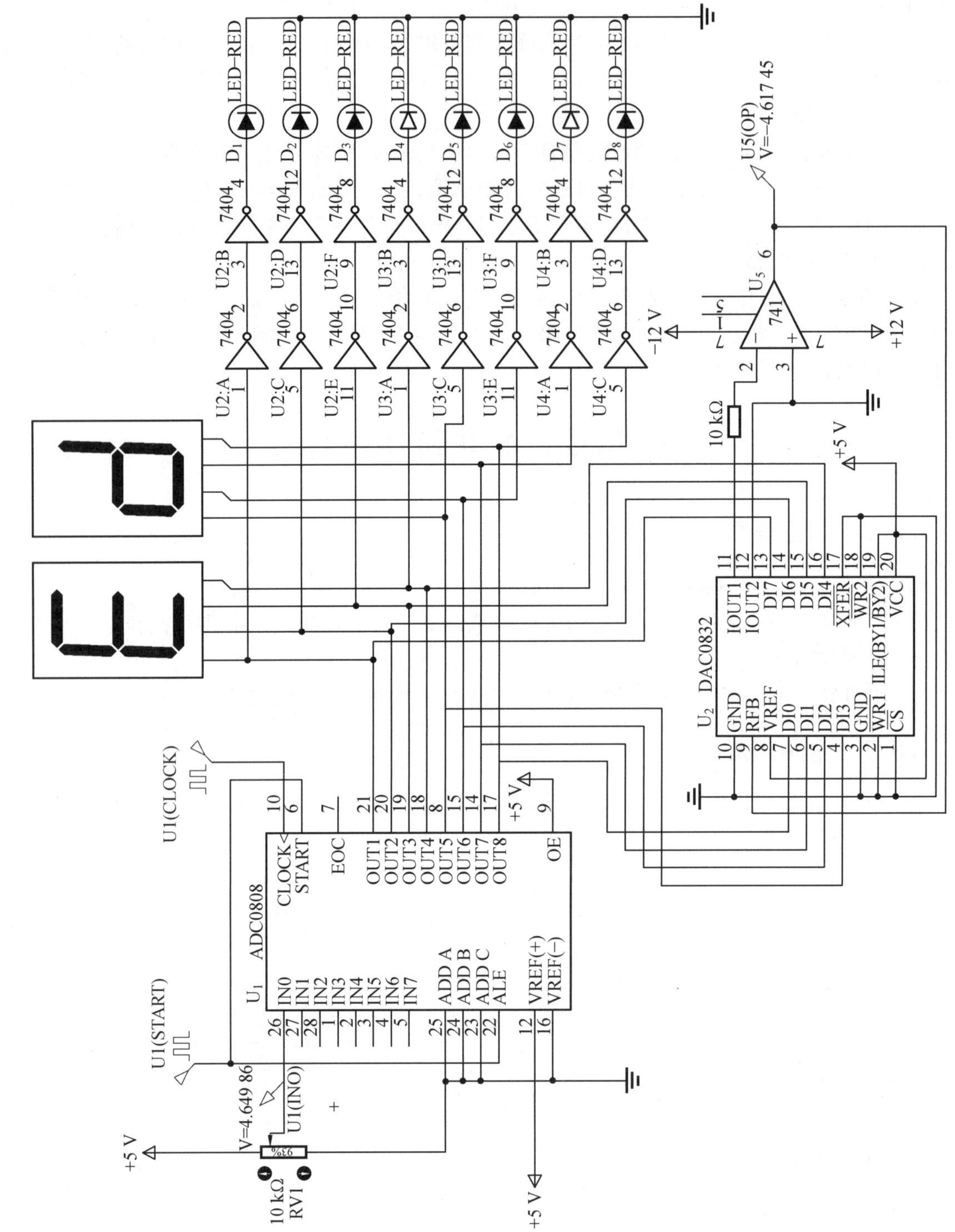

图 9.16　信号的 A/D 和 D/A 转换电路

(2)D/A 转换电路采用的是 8 位 DAC0832,由于 DAC0832 是电流型 D/A 转换器,需要外接运算放大器实现电流到电压的转换,本设计选用 uA741 实现相应转换。ADC0832 的使用方法参见 8.1 节相关内容。

(3)显示电路由两位数码管和8个发光二极管共同显示A/D转换的结果。

图9.16中选用的是Proteus模型库中的BCD码数码管。实际连接电路时,需接显示译码器,可参见4.3.3节相关内容。

9.8.4 转换结果理论分析

由图9.16可见,输入电压为4.649 88 V,参考电压为+5 V,根据A/D转换的公式可得

$$D=K\frac{u_{\mathrm{i}}}{U_{\mathrm{REF}}}=255\times\frac{4.649\ 88}{5}=237.143\ 88\approx237=(11101101)_2=(\mathrm{ED})_{16}$$

量化误差 $\varepsilon=0.143\ 88$。

将11101101进行D/A转换,参考电压为+5V,D/A转换的结果输入到运算放大器的反相输入端,根据D/A转换公式可得

$$U_0=-\frac{U_{\mathrm{REF}}}{2^n}\sum_{i=0}^{n-1}D_i\times2^i=-\frac{5}{256}\times237\approx-4.628\ 9$$

实际输出结果为-4.617 45,转换误差为 $\varepsilon\approx0.011\ 46$。

附录　常用元器件一览表

附表 1　Proteus 常用电工器件一览表

中文名称	英文名称	常用器件	Proteus 中的名称	备注
电阻	Resistance	0.6W metal film	RES	电阻种类很多,可以根据电路实际情况选择
电位器		variable	POT	可变电阻
8 电阻排			Rx8	8 电阻排,无公共端
8 电阻排			RESPACK-8	带公共端的 8 电阻排
电感	Inductance	realind	INDUCTOR	可按具体电路要求选择电感种类
电容	capacitor	realcap	CAP	可按具体电路要求选择电容种类
电池	battery	ACTIVE	BATTERY	直流电源,可以修改电源幅值
电源	Source		V3PHASE	三相电压源
			VCCS	电压控制电流源
			VCVS	电压控制电压源
			CCCS	电流控制电流源
			CCVS	电流控制电压源
			VSIN	正弦电压源
			VSSFM	调制信号电压源
			VEXP	指数电压源
			VPULSE	脉冲电压源
			VPWLIN	分段线性电压源
			VSOURCE	直流电压源
			ISIN	正弦电流源
			ISSFM	调制信号电流源
			IEXP	指数电流源
			IPULSE	脉冲电流源

续附表 1

中文名称	英文名称	常用器件	Proteus 中的名称	备注
			IPWLIN	分段线性电流源
			CSOURCE	直流电流源
			CLOCK	时钟信号
电机	Motor		MOTOR	有几种电机,可根据实际需要选择
变压器	Transform	TRAN-2P2S	TRANSFORM	普通变压器
开关	Switch	SW-SPST	SWITCH	运行时可以实时闭合和断开
继电器	relay	T92S7A12-240	RELAYS	带两个常开常闭触点的继电器
蜂鸣器	Buzzer		BUZZER	

附表 2　Proteus 常用模拟器件一览表

中文名称	英文名称	常用器件	Protues 中名称	备注
单片集成函数信号发生器	—	ICL8038	ICL8038	有多种波形输出的精密振荡集成芯片
集成运算放大器	—	μA741	UA741	线性集成电路
集成运算放大器	—	OP07	OP07	超低失调电压运算放大器
二极管	Diodes	1N4001	1N4001	反向电压 50 V,正向电流 1 A
二极管	Diodes	1N4148	1N4148	小型高速开关二极管
稳压二极管	Zener Diodes	1N4745	1N4745A	稳定电压 16 V
稳压二极管	Zener Diodes	1N4735	1N4735A	稳定电压 6.2 V
二极管整流桥	bridge	BR	2W005G	额定值:电压 50 V,电流 2 A
三极管	Transistors	NPN	NPN	NPN 双极性晶体管
三极管	Transistors	BDX53	BDX53	NPN 晶体管
三极管	Transistors	BDX54	BDX54	PNP 晶体管
三极管	Transistors	555	555	定时器/振荡器
定时器	Timer	TR	TRAN-2P2S	
变压器	transformers			
天线	Antenna		AERIAL	
铃、钟	Bell		BELL	
晶体振荡器	Crystal		CRYSTAL	
熔断器	Fuse		FUSE	
灯泡	Lamp		LAMP	
麦克风	Microphone		MICROPHONE	
扬声器	Speaker		SPEAKER	

附表 3 Proteus 常用数字电路器件一览表

元件名称	中文名	说明
7407	驱动门	
1N914	二极管	
74Ls00	与非门	
74LS04	非门	
74LS08	与门	
74LS390 TTL	双十进制计数器	
GROUND	地	
POWER	电源	
7SEG	4 针 BCD-LED	输出从 0 ~ 9 对应于 4 根线的 BCD 码
7SEG	3 线 - 8 线译码器电路 BCD - 7SEG 转换电路	
CMOS 4000 Series	CMOS 4000 系列 IC	CMOS 电平
Adders	加法器	
Buffers & Drivers	缓冲和驱动器	
Comparators	比较器	
Counters	计数器	
Decoders	译码器	
Encoders	编码器	
Flip-Flops & Latches	触发器和锁存器	
Frequency Dividers & Timer	分频和定时器	
Gates & Inverters	门电路和反相器	
Memory	存储器	
Misc Logic	杂合逻辑器件	
Multiplexers	数据选择器	
Multivibrators	多谐振荡器	
Phase-Locked Loops PLL	锁相环	
Registers	寄存器	
Signal Switcher	信号开关	
LED-RED	红色发光二极管	
LED-GREEN	绿色发光二极管	
LED-YELLOW	黄色发光二极管	

续附表3

元件名称	中文名	说明
7SEG-BCD	7段BCD数码管	
7SEG-DIGITAL	7段数码管	
7SEG-COM-CAT-GRN	7段共阴极绿色数码管	
7SEG-COM-AN-GRN	7段共阳极绿色数码管	
TTL 74 Series	74系列IC	标准型
TTL 74ALS Series	74ALS系列IC	先进低功耗肖特基
TTL 74AS Series	74AS系列IC	先进肖特基
TTL 74F Series	74F系列IC	高速
TTL 74HC Series	74HC系列IC	超高速CMOS CMOS电平
TTL 74HCT Series	74HCT系列IC	超高速CMOS TTL电平
TTL 74LS Series	74LS系列IC	低功耗肖特基
TTL 74S Series	74S系列IC	肖特基
CLOCK	时钟信号源	

参考文献

[1] 邓元庆，贾鹏. 数字电路与系统设计[M].2 版. 西安:西安电子科技大学出版社,2013.

[2] 闫石. 数字电子技术基础[M].6 版. 北京:高等教育出版社,2016.

[3] 邹红. 数字电路与逻辑设计[M].2 版. 北京:人民邮电出版社,2017.

[4] 王毓银，陈鸽，杨静,等. 数字电路逻辑设计[M].2 版. 北京:高等教育出版社,2007.

[5] 杨志忠，卫桦林. 数字电子技术基础[M].2 版. 北京:高等教育出版社,2009.

[6] 杨颂华，冯毛官，孙万蓉，等. 数字电子技术基础[M].3 版. 西安:西安电子科技大学出版社,2016.

[7] 康华光. 电子技术基础 数字部分[M].6 版. 北京:高等教育出版社,2013.

[8] 杨春玲,王淑娟. 数字电子技术基础[M]. 北京:高等教育出版社,2011.

[9] 范立南. 数字电子技术[M]. 北京:清华大学出版社,2014.

[10] 薛宏熙,胡秀珠. 数字逻辑设计[M].2 版. 北京:清华大学出版社,2012.

[11] 白中英. 数字逻辑与数字系统[M].4 版. 北京:科学出版社,2007.

[12] 赵明. 电工学实验教程[M].2 版. 哈尔滨:哈尔滨工业大学出版社,2016.

[13] 赵明. Proteus 电工电子仿真技术实践[M].2 版. 哈尔滨:哈尔滨工业大学出版社,2017.